肉羊养殖提质增效技术

ROUYANG YANGZHI TIZHI ZENGXIAO JISHU

主编 牛春娥

甘肃科学技术出版社

图书在版编目(ＣＩＰ)数据

肉羊养殖提质增效技术/牛春娥主编.－－兰州：
甘肃科学技术出版社,2021.11
ISBN　978-7-5424-2885-1

Ⅰ．①肉...Ⅱ．①牛...Ⅲ．①肉用羊–饲养管理
Ⅳ．①S826.9
中国版本图书馆CIP数据核字(2021)第246278号

肉羊养殖提质增效技术

牛春娥　主编

责任编辑　刘　钊
封面设计　孙顺利

出　版　甘肃科学技术出版社
社　址　兰州市曹家巷1号　　　　　　邮　编　730030
网　址　www.gskejipress.com
电　话　0931-2131572（编辑部）　　　0931-8773237（发行部）

发　行　甘肃科学技术出版社　　　　印　刷　甘肃日报报业集团有限责任公司印务分公司
开　本　787mm×1092mm　1/16　　印　张　24.75　　插　页　2　　字　数　520千
版　次　2022年3月第1版
印　次　2022年3月第1次印刷
印　数　1~3000
书　号　ISBN　978-7-5424-2885-1　　　定　价　89.00元

编委会

主　　编：牛春娥

副主编：杨博辉　王贵波　窦永喜　赵小莉

　　　　岳耀敬　靳善宁　徐振飞　郭天芬

参　　编：(按拼音排序)

曹　杰　郭婷婷　耿智广　何治锋

李国智　李　媛　李建烨　李世恩

刘建斌　刘雨田　梁军锋　梁万鹏

梁永虎　卢曾奎　马　涛　浦亚斌

孙渭博　施海娜　唐兴江　王　芳

王鹏忠　文亚洲　吴　怡　魏彩虹

谢文章　杨红善　杨　晓　袁　超

周学辉　曾玉峰　朱正生　张金霞

张卫兵　张小甫　赵崇学　赵过存

前　言

我国是世界肉羊养殖大国,也是世界羊肉生产消费大国,2020年底全国羊饲养量超过3亿只,羊肉总产量492万 t ,羊肉消费总量529万 t 。由此可见,我国羊肉产量还远不能满足消费需求,缺口来源主要依赖进口,肉羊养殖还有很大的发展空间。

近年来,随着我国肉羊养殖模式逐步由千家万户粗放的散养式向适度规模化舍饲养殖的转变,肉羊养殖的产能效益有所提高,特别是对"十三五"以来的脱贫攻坚起到了非常重要的推进作用。但是,与发达国家相比,我国的肉羊养殖过程技术干预少,标准化水平差,个体产能和养殖效益仍然较低。2015年由中国农业科学院兰州畜牧与兽药研究所牵头实施的中国农业科学院科技创新工程绿色养殖协同创新项目"肉羊绿色提质增效技术集成模式研究与示范"(CAAS-XTCX2016011-02),先后以甘肃省肃南县、永昌县、环县及内蒙古巴彦淖尔市为示范基地,联合中国农业科学院院属9个研究所13个创新团队,针对我国肉羊产业存在的重大科学问题和技术需求,围绕肉羊杂交、繁育、饲草栽培、营养调控、饲养管理、疫病净化控制、养殖环境调控、废弃物资源化利用、羊产品精细化加工、羊肉质量安全监控及溯源等肉羊全产业链关键技术开展协同创新和集成示范,取得了非常好的效果。示范区母羊繁殖成活率提高了38%左右,祁连山牧区草场载畜量降低了30%,育肥羔羊平均日增重提高103g,每只肥羔增加产值300元以上,对示范基地的脱贫攻坚工作起到了非常重要的推动作用。本书就是该项目实施过程中肉羊养殖环节相关技术的提炼和总结,内容通俗易懂,实操性强,旨在为肉羊养殖一线的管理者、生产者和服务者提供技术支撑和参考。同时,为我国肉羊产业的提档升级和乡村振兴战略的顺利实施提供了技术支撑。

本书的出版过程得到了中国农业科学院科技创新工程绿色养殖

协同创新任务"肉羊绿色提质增效技术集成模式研究与示范"(CAAS-XTCX2016011-02)和中国农业科学院科技创新工程"羊高产高效技术集成研究与示范应用"项目的资助,也得到了各章节作者的大力支持,在此一并表示感谢!错误和不足之处在所难免,敬请批评指正。

编　者

2021年9月9日

目　录

第一章　优质饲草高产栽培技术

第一节　苜蓿高产栽培技术

随着畜牧业的发展及退耕还林还草政策的实施,我国的草产业取得了长足的发展。紫花苜蓿是一种多年生豆科牧草,优质苜蓿是牛羊等草食动物植物性蛋白质饲料的主要来源,具有高产优质、适应性强、适口性好及便于加工贮藏等特点,因此在国内种植面积很大。

一、环境条件

(一)气候条件

紫花苜蓿栽培地域要求年平均气温5℃以上,且10℃以上的年积温超过1700℃,极端最低温-30℃,最高温35℃。紫花苜蓿适合生长在年降水量400～800mm的地区,不足400mm的地区需要选择耐旱品种并给予灌溉;如果降雨量超过1000mm,则要配置排水设施。

(二)土壤条件

播种紫花苜蓿的地块要求砂土和黏土比例适中,土层深厚、土壤松散、通气透水、保水保肥,最好排灌方便,地下水位在1.5m以下,土壤pH值在6.5～8.0,可溶性盐分在0.3%以下。

栽培苜蓿的地块要求自地表0.9～1.0m以下没有限制根系生长的限制层,硬质层浅,岩石层或地下水位高的地块,会限制根系生长,不适合栽培苜蓿;在易干旱地区,土层深度小于0.9m,很难保证有充足的水分供苜蓿良好生长或保证植株存活;粗沙等轻质土保水性差、蒸发量高、易干旱,除非具备灌溉条件,否则不宜栽培苜蓿;中等质地的土壤如壤土、淤沙土和沙质壤土最好。

地表平坦且排水良好的地块栽培苜蓿,不仅能获得高产,并能持久利用。山地或者坡度较大的地块,栽培苜蓿持久性差且产量低。

栽培苜蓿的地块含水量不能太大,要有良好的排水能力,土壤湿度过大,易导致根腐病等土传病害的严重发生,从而导致苜蓿植株的死亡;同时,苜蓿根系对缺氧环境比较敏感,当土壤达到最高持水量或被淹一定时间后,苜蓿就会死亡。因此,在地下水位高或排水不良的地块,一般每隔80m挖一条1.0m深的排水沟,确保及时排出积水。表层以下土壤的颜色在一定程度上能够反映该土壤的排水能力,灰色及杂色土壤排水性差,棕色或红色土壤排水性良好。

二、土壤调节和改良

苜蓿种植前最好对土壤的理化指标进行检测,根据检测结果确定肥料种类、施肥量等施肥计划,以改良或调节土壤质量,达到高产的目的。

(一)用石灰调节土壤pH值

如果土壤检测结果呈酸性,可施用石灰,在调节土壤酸碱度的同时提供钙或镁。适宜的酸碱度不仅能增强根系对营养元素的吸收,促进有益微生物的生长,还能降低铝、锰等有害元素的危害。最好在播种前6～12个月施用石灰并翻耕,使其作用于耕作层。

pH为4.5～5.0的土壤,每亩施用石灰150kg;pH为5.0～5.5的土壤,每亩施用石灰120kg;pH为5.5～6.0的土壤,每亩施用石灰80kg;pH为6.0～6.5的土壤,每亩施用石灰50kg。

(二)用肥料改良土壤

磷的含量水平对幼苗的影响最大,在含磷低的土壤,施用磷肥可以促进根系的快速生长和幼苗成功建植。苜蓿幼苗对钾肥的需求量相对较低,但钾肥对已经建植好的苜蓿地的高产和再生非常重要。

施用粪肥或化肥都可提高土壤肥力,播前施入足量的农家肥做底肥,一般1500kg/亩。农家肥不足时可施入一定量的复合肥20kg/亩,或使用苜蓿专用肥45～55kg/亩。

当土壤含氮量低于15mg/kg或土壤有机质含量低于1.5%时,可在栽培时施氮肥以增加产量;当土壤氮含量高于15mg/kg且土壤环境适于根瘤菌固氮时(土壤pH值为6.2～7.5,且土壤固氮菌丰富),用氮肥做基肥不仅不能增加产量,还会抑制根瘤菌生长,影响固氮。

三、品种选择

苜蓿品种很多,国内目前共有苜蓿品种101个,其中育成品种44个,不同品种的生产性能和适应的气候条件各有不同,在种植苜蓿之前要了解当地的气候条件和土壤类型,以选择适宜栽培的品种,达到优质高产的目的。苜蓿选种时应依次考虑以下因素,利用年限、发芽率、产草量、蛋白质含量、抗病虫害能力、抗倒伏性能等,以及秋眠级(以2～4的品种为宜)、种子价格。引进品种至少要在当地经过了3年以上的适应性试验才可大面积栽培。

四、播种

(一)播前准备

1.种子质量

种子要符合国家种子分级标准,颗粒饱满、整齐度高,纯度和净度不低于95%,发芽率不低于90%,种子不得携带检疫对象。

2.播种量

每亩地的播种量因气候条件、土壤条件、播种方式、利用目的及种子本身的纯净度和发芽率略有差异。土壤贫瘠、干旱少雨、苜蓿品种分枝较少的,每亩地的播种量要多一些;条播的种子用量要比撒播的种子用量少一些;盐碱地应适当增加播种量。制种田播种量为6.0～7.5kg/hm²;草用苜蓿地条播播种量为10～15kg/hm²,撒播比条播种子用量增加20%。实际生产中可以用下式来计算播种量:

实际播种量(kg/hm²)=种子用价为100%的播量/种子用价;

其中,种子用价=种子发芽率(%)×种子净度(%)。

3.根瘤菌接种

从未种过紫花苜蓿的地块在种苜蓿前必须接种根瘤菌。根瘤菌剂有液体和固体两种,液体菌剂要求活菌数5亿/mL以上,有效期3～6个月;固体菌剂要求活菌数1亿/g以上,有效期6～12个月;黏合剂一般采用羧甲基纤维素钠、阿拉伯树胶、木薯粉、胶水等;干燥剂用钙镁磷肥等。接种方法:选用苜蓿根瘤菌剂,将黏合剂与根瘤菌剂充分混合,用包衣机将混合液均匀喷布在种子上;也可手工包衣(用手工混合均匀即可)。根瘤菌接种的用量一般为每千克种子8～10g。经根瘤菌剂包衣的种子应避免阳光直射,避免与农药和化肥接触,已接种的种子不能与生石灰接触,接种的有效期为3个月,也就是说接种后的种子放置3个月后播种时应重新接种。

4.整地

紫花苜蓿是深根型植物,种子小,幼苗顶土力弱。播种前必须将地块深翻,深翻深度为25～30cm,在翻地基础上,将土壤中的石块、遗留块根、塑料薄膜等杂物捡干净,采用圆盘耙、钉齿耙耙碎土块,平整地面。使土壤颗粒细匀,孔隙度适宜。

(二)播种时间

根据当地气候条件、土壤水分状况及栽培用途确定适宜播种期。不同的气候以及土壤环境是决定紫花苜蓿播种时间的关键因素,所以大家要掌握好科学的种植时间,也可以请教专业技术人员,这样相对更有保证。

1.春播

春播时间一般是春季4月中旬至5月下旬,利用早春解冻时土壤中的返浆水分抢墒播种。春播的前提是必须有质量良好的秋耕地。另外,春季幼苗生长缓慢,而杂草生长快,春播一定要注意杂草防除。

2.夏播

夏播时间一般是6～7月,夏季播种前要先施用灭生性除草剂消灭田间杂草,然后整地播种,同时要注意收看天气预报,尽可能避免播后遭遇暴雨和暴晒等恶劣天气。

3.秋播

无霜期及日照时间较长的地区可以采用秋播,秋播对紫花苜蓿种子发芽及幼苗生长有利,出苗齐,保苗率高,杂草危害轻。秋播在8月中旬以前夏末秋初进行,以使紫花苜蓿停止生长前株高可达5cm以上,根系固定且扎根较深,具备一定的抗寒能力,使幼苗安全越冬。

夏末秋初播种要点:一要保证有足够的水分,以利于快速发芽;二要保证霜冻来临之前有足够的积温用于植株根系生长。因此,北方最晚播种时间要在致死霜冻之前6周,即8月中旬以前完成。夏末秋初播种后,气候和土壤条件较好,所以成活率相对较高,是比较理想的播种时间。

(三)底肥

底肥可以用农家肥和化肥。播前结合整地每亩施入农家肥3000~5000kg、过磷酸钙50kg做底肥。

(四)播种方式

(1)条播:产草田行距为15~30cm,播带宽3cm;制种田行距为60~90cm。

(2)撒播:用人工或机械将种子均匀地撒在土壤表面,然后轻耙覆土镇压。这种方法适于地多的山区及杂草不多的地块。坡地及果树行间也可采用撒播。

(3)垄作条播:产草田行距为40~50cm,播带宽3cm。

(4)免耕播种:在荒坡地或退化草原播种时,土壤潮湿条件下,每亩可先施用20kg复合肥、200kg有机肥,也可将有机肥与苜蓿种子(1.5~2.0kg/亩)同时均匀撒播,然后用耙子耙一遍即可。在比较平坦的地方,可用免耕机(开沟镇压播种机)播种。

(五)播种深度

播种深度以1.5~2.0cm为宜。既要保证种子接触到湿润土壤,又要保证子叶能破土出苗。具体深度要根据土壤、墒情及季节不同来确定,沙质土壤宜深种,黏土宜浅种;土壤墒情差的宜深种,墒情好的宜浅种;春季宜深种,夏、秋季宜浅种。干旱地区可以采取深开沟、浅覆土的沟播办法播种。

(六)镇压

播种后要及时镇压,确保种子与土壤充分接触。湿润地区根据气候、土壤和土壤水分状况决定镇压与否。

五、田间管理

(一)除草

播种当年应除草1~2次。杂草少的地块用人工拔除,杂草多的地块可选用化学除草剂。播种后出苗前可选用都尔、乙草胺(禾耐斯)、普施特等苗前除草剂,用量及用法参照厂家说明;苗后除草剂可选用豆施乐或精禾草克等。除草剂宜在出苗后15~20d,杂草3~5叶期施用,用法及用量参照厂家说明。产出青干草的杂草率应控制在5%以内。

(二)追肥

追肥在第一茬草收割后进行,以磷肥、钾肥为主,氮肥为辅,氮磷钾比例为1:5:5。

(三)灌水

第1次收割后视土壤墒情灌水1次,水质要符合GB 5084标准要求。

(四)松土

早春土壤解冻后,紫花苜蓿未萌发之前进行浅耙松土,以提高地温,促进发育,这样做有利于返青。

六、病虫害防治

以下病虫害的化学防治,均应视病虫害严重度连续防治2~3次,施药间隔期7~15d,施药安全间隔期内严禁饲喂家畜。

(一)病害防治

1.苜蓿褐斑病

(1)农业措施　选用抗病品种;在病害没有蔓延时尽快收割;与禾本科牧草混播;合理施肥,施肥量不宜过多;清除田间的病株残体和杂草,以控制翌年初的侵染源。

(2)化学防治　在病害发生初期,喷施75%百菌清可湿性粉剂500~600倍液,或50%苯菌灵可湿性粉剂1500~2000倍液,或70%代森锰锌可湿性粉剂600倍液,或70%甲基托布津可湿性粉剂1000倍液,或50%福美双可湿性粉剂500~700倍液。

2.苜蓿锈病

(1)农业措施　选用抗病品种;增施磷、钾肥和钙肥,少施氮肥;合理排灌,避免田间积水,勿使草层湿度过大;发病严重的草地要尽快收割,不宜留种。

(2)化学防治　在锈病发病前喷施70%代森锰锌可湿性粉剂600倍液,或波尔多液(硫酸铜:生石灰:水=1:1:200)喷雾。发病初期至中期喷施20%粉锈宁乳油1000~1500倍液,或75%百菌清可湿性粉剂每亩用100~120g,加水70L,均匀喷雾。

3.苜蓿霜霉病

(1)农业措施　选用抗病品种;合理灌溉,草地积水时,应及时排涝,防止草层湿度过大;增施磷肥、钾肥和含硼、锰、锌、铁、铜、钼等微量元素的微肥。铲除田间杂草及系统受害的苜蓿单株。

(2)化学防治　用0.5:1:100波尔多液,或45%代森铵水剂1000倍液,或65%代森锌可湿性粉剂400~600倍液,或70%代森锰可湿性粉剂600~800倍液,或40%乙磷铝可湿性粉剂400倍液,或70%百菌清可湿性粉剂按每亩采用150~250g加水75L搅拌均匀喷施。

4.苜蓿白粉病

(1)农业措施　选用抗病品种;苜蓿收获后,在入冬前清除田间枯枝落叶,以减少翌年初的侵染源;发病普遍的草地提前刈割,减少菌源,减轻下茬草的发病;少施氮肥,适当增施磷、钾肥及含硼、锰、锌、铁、铜、钼等微量元素的微肥,以提高抗病性。

(2)化学防治　用70%甲基托布津1000倍液,或40%灭菌丹800~1000倍液,或50%苯菌灵可湿性粉剂1500~2000倍液,或20%粉锈宁乳油3000~5000倍液喷雾。

5.苜蓿黄萎病

(1)农业措施　选用抗病品种;实行轮作倒茬或与禾本科牧草混播;在入冬前清除草地中的枯枝落叶及病株残体,减少翌年初的侵染源。

(2)化学防治　播前用多菌灵、福美双或甲基托布津等药物处理种子;在发病前用50%福美双可湿性粉剂500~700倍液喷雾;病害发生后可用50%多菌灵可湿性粉剂700~1000倍液喷雾。

6.苜蓿根腐病

(1)农业措施　选用抗病品种;实行轮作或与禾本科牧草混播;及时排水,搞好田间卫生。

(2)化学防治　播前用50%苯菌灵可湿性粉剂1500~2000倍液,或70%代森锰锌可湿性粉剂600倍液,或70%甲基托布津可湿性粉剂1000倍液喷雾对土壤进行处理。

(二)虫害防治

1.苜蓿蚜虫

(1)天敌防治　利用苜蓿田间天敌,进行生物防治,当田间瓢蚜比大于1:200时建议不进行化学防治。

(2)农业措施　合理安排收割时间,应在蚜虫常发季节到来之前尽快收割;同时应尽量选用抗蚜虫的苜蓿品种。

(3)化学防治　每亩用50%抗蚜威可湿性粉剂按10~18g加水30~50L,或4.5%高效氯氰菊酯乳油30mL,或5%凯速达乳油30mL兑水喷雾。

2.蓟马

(1)天敌防治　利用天敌(如蜘蛛和捕食性蓟马)防治蓟马。

(2)农业措施　返青前烧茬;虫害大发生前,尽快收割。

(3)化学防治　4.5%高效氯氰菊酯乳油1000倍液,或50%甲萘威可湿性粉剂800~1200倍液,或每亩10%吡虫啉可湿性粉剂20~30g、70%艾美乐水分散粒剂2g兑水喷雾。

3.小地老虎

(1)天敌防治　利用天敌(如寄生螨、寄生蜂等)防治小地老虎。

(2)农业措施　消灭杂草;在小地老虎发生后,及时灌水,可杀灭潜伏于土缝、杂草中的成虫,取得一定的防治效果。

(3)化学防治　施用毒土和毒沙:用50%辛硫磷乳油按每亩50mL加水适量,与125~175kg细土混拌均匀后顺垄撒于幼苗基部。喷施药液:用50%辛硫磷乳油1000倍液喷施在幼苗根际处,防效良好。利用毒饵:用50%辛硫磷乳油按每亩50mL拌炒熟的棉籽饼5kg,制成毒饵散放于田埂或垄沟。

4.华北蝼蛄

(1)农业措施　利用深耕翻土等栽培技术措施改变蝼蛄的生存环境或直接杀灭。

(2)化学防治　用50%辛硫磷乳油,以0.1%~0.2%有效剂量拌种;或选用50%辛硫磷乳油与蝼蛄喜食的多汁的鲜菜、块根、块茎或用炒香的麦麸、豆饼等混拌制成毒饵或毒谷,撒于田埂或垄沟。

七、越冬防寒

(一)中耕培土

在紫花苜蓿越冬困难的地区,可采用大垄条播,垄沟播种,秋末中耕培土,厚度3~5cm,以减轻早春冻融变化对紫花苜蓿根颈的伤害。

（二）入冬前灌水

在霜冻前后灌水 1 次（大水漫灌），以提高紫花苜蓿越冬率。

八、收获

（一）收割时间

现蕾末期至初花期收割，最迟开花不能超过 20%，也就是每个枝杆上开的花不能超过 2 朵，当站在地边，能看见眼前的苜蓿有开花，距离远一点就看不见开花，这时候是最佳收割时期。超过 20% 的花盛开，苜蓿的营养就会大大降低。另外，收割完第一茬，大概间隔 20～30d 就可收割第二茬，两茬之间间隔 1 个月左右收割比较好。收割前要关注天气预报，须 5d 内无降雨，以避免雨淋后霉烂造成损失。

（二）收获方法

采用人工收获或专用牧草压扁收割机收获。割下的紫花苜蓿需在田间晾晒，使含水量降至 18% 以下方可打捆贮藏。

（三）留茬高度

紫花苜蓿收割留茬高度为 5～7cm，秋季最后 1 茬留茬高度可适当高些，一般 7～9cm。

（四）收获

寒冷地区 1 年可收 2～4 茬。秋季最后 1 次收割需距初霜期 30～45d，以保证在进入越冬期前有足够的生长期，若无法保证，则可将最后一次收割推迟到入冬后紫花苜蓿已停止养分回流之后再进行。

九、水肥高效利用

（一）施肥

施肥有利于增加苜蓿产量。足量施肥能促进苜蓿迅速再生，使多次收割成为可能。苜蓿和禾本科作物相比更需肥，特别是氮、钾、钙肥，苜蓿从土壤中吸收营养物质与小麦相比，氮、磷均多 1 倍，钾多 2 倍，钙多 10 倍。每生产苜蓿干草 1000kg，需磷 2.0～2.6kg，钾 10～15kg、钙 15～20kg。通过合理使用磷肥和钾肥，在苜蓿的栽培大部分地区均可获得增产。

施肥最好在播前测定土壤肥力状况，作为确定施肥量的依据。常用的施肥方法有：播种时施少量的氮肥（如二铵 1～2kg/亩）做种肥，随播随施，以保证苜蓿幼苗迅速的生长。磷肥可在播种前和播种时施用，以条状施于种子下面效果最好，尽量一次施足磷肥，也可酌情追施，常用的有过磷酸钙，施用量一般为 50～100kg/亩。钾肥可以和磷肥同时混施，以节省施肥成本，一次性施用钾肥 37kg/亩。对于已定植的苜蓿，应在秋季或在收割后立即施用腐熟的农家肥，建议每年使用农家肥 1000～2000kg/亩。

（二）灌水

苜蓿主根很发达，主根入土深度可达 2～4m 甚至 10m，能够利用浅层或深层的土壤水分，因此抗旱能力很强。但苜蓿需水量大，每生产 1kg 干物质需 800kg 的水，苜蓿产量大致与水分供应成正比。在半干旱气候条件下,降水大概能满足每亩250～500kg产量的需要,但在水分充足时每亩的产量可能会达到1300～1700kg。苜蓿既耐旱又喜水。虽然有较强的抗旱能力,但在灌溉条件下,可以显著增加收割次数,提高产量和品质。如果有灌溉条件,灌冻水很必要,有利于苜蓿安全越冬。春旱可灌一次返青水。此外,要视苜蓿生长状况和天气情况灌水。灌水时应注意,幼苗期少灌水,以利扎根;收割后灌水应在割后5～7d,再生芽出生后浇水;灌水多少要以充分浸润土壤为度。苜蓿最忌积水,连续水淹1～2d即大量死亡,因而要注意排水。

第二节　饲用燕麦高产栽培技术

燕麦(Avena spp. L.)属于一年生禾本科燕麦属植物,分为皮燕麦(如普通燕麦,A. sativa)和裸燕麦(莜麦,A. nuda)两类,皮燕麦主要用于饲料和饲草,也大量用于制作燕麦片。裸燕麦可做粮食、饲料和饲草等。燕麦草营养价值高,干物质采食量大,适口性好。干草蛋白含量在6%～10%,最高可达14%～15%,NDF消化率可达45%～55%,干物质消化率可达75%以上。燕麦草产奶净能与同生育期收割的苜蓿相同,且过瘤胃蛋白含量高,不会造成瘤胃酸中毒,适合各类羊的饲养。同时,燕麦草与苜蓿有很好的营养互补性,苜蓿草与燕麦草在瘤胃中的降解恰好能够产生某些粗纤维分解菌生长所需要的异丁酸、戊酸以及小肽和氨基酸,这些物质能极大刺激粗纤维分解菌的活性,从而增进羊对纤维性物质的消化率,并改善瘤胃环境的生理参数。另外,在羊日粮中添加苜蓿与燕麦草时瘤胃真菌的游动孢子数目增加,且二者共同作用产生的细胞壁成分町能促进纤维分解菌的集群,改善粗饲料的利用效率,这说明苜蓿草和燕麦草存在着正组合效应,在羊日粮中结合使用燕麦草既可增进羊对纤维性物质的消化率,改善瘤胃环境,满足羊营养需要,又可显著提高羊对粗饲料的利用率,降低饲养成本。

一、环境条件

种植燕麦的土地应该地势平坦,耕作层深厚肥沃,活土层25cm以上,且土体结构良好,无明显障碍因子。高产田0～20cm内的土壤有机质含量应在1.2%及以上,全氮(N)应该在0.08%及以上,速效磷(P_2O_5)应大于等于15mg/kg,速效钾(K_2O)含量应大于等于100mg/kg。

二、品种选择

种植饲用燕麦应选择通过省级或国家品种审定委员会审定,适宜该生态区域气候环境条件栽培的燕麦品种;且各生育期植株生长健壮,无病虫,符合品种特征特性,种子质量符合国家标准规定的品种。

三、播种

（一）播前准备

1.精选种子

播前要精选种子,去除病粒、瘪粒、烂粒等不合格种子,并选晴天晒种 1～2d。播种用的种子纯度应大于等于99%,净度大于等于99%,发芽率大于等于85%,水分小于等于13%。

2.土壤处理

燕麦播种前最好对土壤进行防虫处理,特别是地下害虫比较多的地区。一般情况下,地下害虫重发区每亩可用40%辛硫磷乳油或40%甲基异硫磷乳油0.3kg、加水1～2kg、拌细土25kg制成毒土,播种前均匀撒施地面,随犁地时翻入土中,起到防虫的作用。

（二）精细整地

秋作物成熟后及早收获腾茬,耙糖保墒,入冬前灌足冬水。如播种前遇旱,土壤墒情不足时,应根据"宁可稍晚播几天,也要保证足墒播种"的原则及时浇足底墒水,使耕作层0～20cm 范围内的土壤含水量满足播种要求,一般壤土地要达到16%～18%、黏土地要达到20%～22%。

（三）科学施肥

1.施肥原则

(1)尽量增施有机肥,提倡有机无机配合施用。

(2)氮肥总量控制、分期调控,合理分配氮肥基肥和追肥的比例。

(3)磷肥和钾肥的施用应依据土壤丰缺状况实行恒量监控;其他微量元素根据实际情况缺什么补施什么,一年两熟栽培区应增加磷肥施用量。

2.施肥量

种植燕麦一般每亩需要施磷肥(P_2O_5)5～7kg,钾肥(K_2O)4～6kg。同时应大力推广化肥深施技术,坚决杜绝地表撒施。中、高产田应将需要施用的有机肥、磷肥、钾肥和50%的氮肥施作底肥,在拔节期再追施剩余的50%氮肥。对于连年秸秆还田的地块,可少施钾肥,增施5kg碳铵,以加速秸秆腐熟速度。

3.整地

种植燕麦的土地,提倡用大型机械深耕25m以上,耕后机耙2～3遍,除净根茬,耙碎较大土块,达到上虚下实,地表平整。旋耕的土地需要旋耕2遍,旋耕深度15cm左右,并要耙平压实。连续旋耕2～3年的麦田必须深耕或深松一次,然后再耙平压实。

4.播种期土壤墒情指标

最适宜燕麦播种出苗的是0～10cm土壤层的墒情,播种时,该土层的含水量应为田间总持水量的70%～80%,高于85%或低于60%均不利于全苗和齐苗。底墒不足的麦田应在播前10～15d施肥、翻耕后进行灌水造墒。一般年份每亩灌底墒水60～80m³,9月份降水少于常年时应取上限(80m³/亩),多于常年时应取下限(60m³/亩),确保灌底墒水后0～10cm土体的贮水量达到田间持水量的85%以上。

（四）播种期及播种量

北方在4月中下旬播种。一般每亩播种量7～8kg。

（五）播种方式

采用宽窄行或窄行等行距播种。高产田块采用20cm等行距，或15cm×25cm宽窄行栽培；中产田采用20～23cm等行距栽培。可适用机播和人工撒播。

（六）播种深度

播种深度以3～4cm为宜，要做到深浅一致，落籽均匀。旋耕播种田，一定要在播前或在播种的同时镇压踏实土壤，防止播种过深。

四、田间管理技术

（一）及时浇水

种植燕麦的土地在播种前或上年冬季入冬前一定要浇足水。

（二）查苗补种

燕麦播种出苗后应及时检查出苗情况，对缺苗断垄（10cm以上无苗为"缺苗"；17cm以上无苗为"断垄"）的地方，用同一品种的种子浸种至露白后及早补种；或在3叶期至4叶期，在同一田块中稠密处选择有分蘖的带土苗，移栽至缺苗处。移栽时覆土深度要掌握"上不压心，下不露白"。补苗后压实土壤再浇水，确保麦苗成活。

（三）适时中耕

每次降雨或浇水后要适时中耕保墒，破除板结，灭除杂草，促进根蘖健壮生长。对群体偏大、生长过旺的地块，可采取中耕断根或镇压措施，控旺转壮。

（四）肥水管理

(1)对整地质量高、底肥充足、生长正常、群体和土壤墒情适宜的地块入冬前一般不再追肥浇水。

(2)对底肥施用不足，有缺肥症状的土地，应在入冬前分蘖盛期结合浇水每亩追施尿素8～10kg。

(3)对秸秆还田、旋耕播种、土壤悬空不实或缺墒的麦田必须进行冬灌。冬灌时间一般在日平均气温3℃左右时进行，在上大冻前完成。提倡节水灌溉，禁止大水漫灌。

五、病虫及杂草防控

冬前应重点搞好农田化学除草，同时加强对地下害虫的防治，对地下害虫危害较重的农田，每亩用40%甲基异柳磷乳油或50%辛硫磷乳油500mL加水750kg，在植株根部浇灌，防治蛴螬、金针虫。

防控燕麦地里的野燕麦、看麦娘、黑麦草等禾本科杂草，每亩用6.9%骠马乳油60～70mL加30kg水进行叶面喷雾；防治节节麦、雀麦，每亩可用3%世玛30g或3.6%阔世玛20g兑水30kg喷雾；防治播娘蒿、荠菜、猪殃殃等阔叶类杂草，每亩可用75%苯磺隆（阔叶净、巨星）干悬浮剂

1.0～1.8g或10%苯磺隆可湿性粉剂10g或20%使它隆乳油50～60mL,加水30～40kg均匀喷雾。

六、收割

以收取燕麦草为主时,适宜的收获期为乳熟期,最迟不要超蜡熟期。以收取籽粒为主时,如果采用人工收割,适宜的收获期为蜡熟末期;采用联合收割机收割时,适宜收获期为完熟初期,此时茎叶全部变黄、茎秆有一定弹性,籽粒呈现品种固有色泽,含水量降至18%以下。

第三节　青贮玉米高产栽培技术

玉米按收获物和用途划分为籽粒玉米、青贮玉米、鲜食玉米三大类型,青贮玉米是指在适宜时期内收获包括果穗在内的全部绿色植株,经切碎、加工,用青贮发酵的方法来制作青贮饲料,以饲喂牛、羊等草食家畜的一种玉米。青贮玉米与一般普通(籽粒)玉米相比,具有生物质产量高、纤维品质好、持绿性好,且干物质和水分含量适宜用厌氧发酵的方法进行封闭青贮等特点。

国内青贮玉米的品种主要有两类,一类是普通青贮玉米,主要以植株高大,生物产量和籽粒产量均较高的杂交种为主,如中北410、中原单32等。第二类是特用玉米,主要以高油青贮玉米为主,这是一种新型的优质青贮玉米类型,籽粒的含油量一般在6%以上,高于普通玉米近50%以上,蛋白质含量也较高,具有营养全面、能量高等特点;目前推广的高油青贮玉米品种有高油4515、青油1号、青油2号、油饲67等。青贮玉米应有较强的抗病性和较好的保绿性,生物质产量鲜重一般每亩5～8t,最高产量可达到10t以上。

一、选地及整地

(一)土地选择

选择交通方便、土质疏松、有机质含量丰富、土地肥力中等、pH5.3～7.8、排水良好的耕地种植青贮玉米效果较好。选择坡地时,坡度应在25°以下。

(二)整地

(1)除杂:清除杂草、石块、塑料等杂物。

(2)翻耕:翻耕深度为15～25cm,耕后耙平,要求土块细碎、地面平整。

(3)免耕:在一些土壤水肥条件较好、土质较为松软的地块,前茬收获后,可进行免耕播种。

(4)基肥:在耕作前应施基肥,基肥以农家肥为主,根据土壤肥力状况确定施肥量。氮肥不能施用过多,以免造成徒长。

二、品种选择

(一)品种选择的原则

青贮玉米品种选择主要从以下几个方面来考虑:第一生物产量高;第二品质好(干物质含量适当、淀粉含量高、籽粒含油量和粗蛋白含量相对较高、中性洗涤纤维和酸性洗涤纤维含量低);第三籽粒与纤维的消化率高;第四品种的持绿性好(适口性好);第五抗性好(抗倒、抗病好);第六耐密;第七肥料利用率高(氮素)。另外,还要查看该品种的审定公告,是不是适合该区域种植及试验示范的效果。

单位面积产草量是青贮玉米选种的重要指标,也是最直观的指标,单产越高越好。但是品质绝对不容忽视,也就是要重视可消化营养物质的产量。因此,应该选择单产高、营养物质含量丰富且消化率高的品种。粮饲兼用型品种果穗较为发达、籽粒产量较高,营养物质含量高;成熟期茎叶青绿,消化率高。部分专用青贮型品种单产和消化率较高,但果穗发育较差,籽粒产量较低,营养物质含量可能偏低。另外,选种时抗病虫等抗逆性亦很重要,应选择对种植区常见病虫害具有较好抗性的品种,选择抗倒伏且适合当地气候和土壤环境的品种。直观地看,青贮玉米要叶片宽大,茎叶夹角较小,适合密植栽种,干物质中粗蛋白含量7.0%～8.5%以上,粗纤维含量20%～35%。

(二)不同区域适宜的青贮玉米品种

北方春播玉米区的适宜品种有:京科青贮516、登海青贮3930、雅玉青贮8号、雅玉青贮26、晋单青贮42、辽单青贮625、豫青贮23、京科青贮301、中农大青贮67、中北青贮410、奥玉青贮5102、屯玉青贮50、三北青贮17、辽单青贮529、郑青贮1号、雅玉青贮27、强盛青贮30、登海青贮3571、锦玉青贮28、龙优1号、龙牧1号、龙牧3号、龙牧5号、吉青7号、辽青85、黑饲1号、吉饲8号、吉饲11号、辽原2号、龙牧6号、龙育1号、龙巡32号、新青1号、新沃1号。

黄淮海夏播玉米区的适宜品种有:雅玉青贮8号、雅玉青贮26、晋单青贮42、京科青贮301、中北青贮410、奥玉青贮5102、屯玉青贮50、郑青贮1号、华农1号青饲、中原单32号。

西南山地玉米区的适宜品种有:晋单青贮42、辽单青贮178、雅玉青贮04889、华农1号青饲、中原单32号。

南方丘陵玉米区的适宜品种有:雅玉青贮8号、晋单青贮42、中农大青贮67、中北青贮410、奥玉青贮5102、雅玉青贮27、辽单青贮178、雅玉青贮04889、华农1号青饲、中原单32号、耀青2号。

西北灌溉玉米区的适宜品种有:雅玉青贮26、津青贮0603、金刚青贮50、铁研青贮458、雅玉青贮79491、郑青贮1号、雅玉青贮27、强盛青贮30、登海青贮3571、新多2号、中原单32号、新青1号、新沃1号、耀青2号。

(三)部分高产品种介绍

1.京科青贮516

由北京市农林科学院玉米研究中心培育。在东北、华北地区出苗至青贮收获需115d,株型半紧凑,株高310cm,鲜产4～6t/亩。适宜在北京、天津、河北北部、辽宁东部、吉林中南部、黑龙江第一积温带、内蒙古呼和浩特、山西北部春播区种植。

2.登海青贮3930

由山东登海种业股份有限公司培育。出苗至青贮收获需120d左右。株型紧凑,株高300cm,鲜产3.5~5.0t/亩。适宜在北京、天津、河北北部、辽宁东部、内蒙古呼和浩特、福建中北部春播区种植。

3.雅玉青贮8号

由四川雅玉科技开发有限公司培育。在南方地区种植,出苗至青贮收获需88d左右。株型平展,株高300cm,鲜产4~6t/亩。适宜在北京、天津、山西北部、吉林、上海、福建中北部、广东中部春播区和山东泰安、安徽、陕西关中、江苏北部夏播区种植。

4.雅玉青贮26

由四川雅玉科技开发有限公司培育。出苗至青贮收获需125d左右。株型平展,株高360cm,鲜产3.5~4.5t/亩。适宜在北京、天津、山西北部、吉林中南部、辽宁东部、内蒙古呼和浩特、新疆北部春玉米区和安徽北部、陕西中部夏玉米区种植,纹枯病重发区慎用。

5.晋单青贮42

由山西省强盛种业有限公司培育。出苗至青贮收获需106d,株型半紧凑,株高275cm,鲜产4~6t/亩。适宜在北京、天津、河北、辽宁东部、吉林中南部、内蒙古中西部、上海、福建中北部、四川中部、广东中部春播区和山东中南部、河南中部、陕西关中夏播区种植。

6.辽单青贮625

由辽宁省农业科学院玉米研究所培育。在沈阳地区出苗至成熟需136d,株型半紧凑,株高270cm,鲜产3.5~4.5t/亩。适宜在北京、天津、河北北部春玉米区种植。

7.豫青贮23

由河南省大京九种业有限公司培育。在东北、华北地区出苗至青贮收获期需117d。株型半紧凑,株高330cm,鲜产约5.0t/亩。适宜在北京、天津、河北北部(张家口除外)、辽宁东部、吉林中南部和黑龙江第一积温带春播区种植。

8.津青贮0603

由天津市农作物研究所培育。在西北地区出苗至青贮收获需114d。株型半紧凑,株高300cm,鲜产约6t/亩。适宜在宁夏中部、新疆北部、内蒙古呼和浩特春播区种植。

9.金刚青贮50

由辽阳金刚种业有限公司培育。在西北春玉米区出苗至青贮收获需124d,株型半紧凑,株高310cm,鲜产6~7t/亩。适宜在内蒙古呼和浩特、宁夏中部、新疆北部春播区作专用青贮玉米品种种植,大斑病重发区慎用。

10.铁研青贮458

由铁岭市农业科学院培育。在西北地区出苗至青贮收获需122d。株型半紧凑,株高300cm左右,鲜产5.5~6.0t/亩。适宜在新疆北部、内蒙古呼和浩特春播区作专用青贮玉米品种种植。

11.雅玉青贮79491

由四川雅玉科技开发有限公司培育。在西北地区出苗至青贮收获需122d,株型紧凑,株高355cm,鲜产7t/亩以上。适宜在宁夏中部、新疆北部(昌吉除外)春播种植,大斑病、小斑病和矮花叶病高发区慎用。

12.京科青贮301

由北京农林科学院玉米研究中心培育。出苗至青贮收获需110d左右,株型半紧凑,株高290cm,鲜产5.0~6.0t/亩。适宜在北京、天津、河北北部、山西中部、吉林中南部、辽宁东部、内蒙古呼和浩特春玉米区和安徽北部夏玉米区种植。

13.中农大青贮67

由中国农业大学培育。在东北地区出苗至成熟需133d。株型半紧凑,株高290~320cm,鲜产4.0~5.0t/亩。适宜在北京、天津、山西北部春玉米区及上海、福建中北部种植,丝黑穗病高发区慎用。

14.中北青贮410

由山西北方种业股份有限公司培育。在东北、华北春玉米地区出苗至青贮收获需111d,株型半紧凑,株高310cm,鲜产4.5~6.0t/亩。适宜在北京、天津、河北北部、山西北部春玉米区及河北中南部夏播玉米、福建中北部种植,矮花叶病高发病区慎用。

15.奥玉青贮5102

由北京奥瑞金种业股份有限公司培育。在北京地区出苗至籽粒成熟需130d,株型半紧凑,株高305cm,鲜产4.0~5.0t/亩。适宜在北京、天津、河北北部春玉米区,陕西关中西部夏玉米区及江苏南部、上海、广东、福建种植。

16.屯玉青贮50

由山西屯玉种业科技股份有限公司培育。在晋东南地区出苗至成熟需127~133d,株型半紧凑,株高280cm,鲜产4.0~5.0t/亩。适宜在辽宁东部、吉林中南部、天津、河北北部、山西北部春播区和陕西关中夏播区种植。

17.三北青贮17

由三北种业有限公司培育。出苗至青贮收获需123d左右,株型半紧凑,株高280cm,鲜产4.0~5.0t/亩。适宜在北京、辽宁东部、吉林中南部、内蒙古呼和浩特、河北承德和唐山春玉米区种植。

18.辽单青贮529

由辽宁省农业科学院玉米研究所培育。出苗至青贮收获需125d左右,株型半紧凑,株高290cm,鲜产4.0~5.0t/亩。适宜在黑龙江第一积温带上限、河北承德、内蒙古呼和浩特春玉米区种植。

19.郑青贮1号

由河南省农业科学院粮食作物研究所培育。出苗至青贮收获需124d左右。株型半紧凑,株高270cm,鲜产4.0~5.0t/亩。适宜在山西北部、新疆北部春玉米区和河南中部、安徽北部、江苏中北部夏玉米区种植。

20.雅玉青贮27

由四川雅玉科技开发有限公司培育。出苗至青贮收获需126d左右,株型紧凑,株高320cm,鲜产4.0~5.0t/亩。适宜在北京、天津、河北承德、吉林中南部、新疆昌吉、广东北部春播玉米区种植。

21.强盛青贮30

由山西强盛种业有限公司培育。出苗至青贮收获需106d左右,株型半紧凑,株高310cm,鲜产4.5~6.0t/亩。适宜在北京、天津、河北北部、辽宁东部、吉林中南部、黑龙江第一积温带、内蒙古呼和浩特、山西北部、新疆北部、宁夏中部春玉米区种植,纹枯病重发区慎用。

22.登海青贮3571

由山东登海种业股份有限公司培育。出苗至青贮收获需105d左右,株型半紧凑,株高300cm,鲜产4.0~5.0t/亩。适宜在北京、天津、河北北部、山西中部、吉林中南部、辽宁东部、宁夏中部、新疆北部、内蒙古呼和浩特春播区种植,纹枯病重发区慎用。

23.辽单青贮178

由辽宁省农业科学院玉米研究所培育。在南方地区出苗至青贮收获需90d,株型半紧凑,株高265cm,鲜产3.5~4.5t/亩。适宜在浙江、广东北部、福建北部、四川简阳和眉山地区种植,纹枯病重发区慎用。

24.锦玉青贮28

由辽宁锦州农业科学院玉米研究所培育。在东北、华北地区出苗至青贮收获需116d左右,株型半紧凑,株高300cm,鲜产4.0~5.0t/亩。适宜在北京平原地区、天津、河北北部、山西中部、辽宁东部、吉林中南部、黑龙江省第一积温带、内蒙古呼和浩特春播区种植。

25.雅玉青贮04889

由四川雅玉科技开发有限公司培育。在南方地区出苗至青贮收获需98d。株型半紧凑,株高280cm,鲜产4.0~5.0t/亩。适宜在四川、上海、浙江、福建、广东种植。

26.高油青贮1号(青油1号)

由中国农业大学新选育的抗病、青贮型高油玉米品种。株高340cm,穗位144cm,穗长22~25cm,穗粗4.9cm,穗行数16~18行,行粒数45~48粒,千粒重302g,出籽率84.7%;果穗长筒形,籽粒黄色,半马齿型;油分含量7.0%~7.5%,每亩籽粒产量550~600kg,干物质消化率较高,专用性强、活秆成熟,保绿性好,可作为青贮高效型品种。华北、东北春玉米区生育期130~135d。该品种株型高大,抗倒伏,高抗大斑病、小斑病、青枯病,高抗丝黑穗病、病毒病等多种病害,适宜区广,稳产性好。

27.青油2号

由中国农业大学新选育的高油青贮型玉米新品种,实现了籽粒及秸秆双优质。株型平展,株高300cm左右,穗位高140cm左右;果穗筒形,穗长25cm左右,穗粗5cm左右,穗行数16~18行;籽粒黄色,半马齿形,籽粒品质好,粗蛋白质含量8.2%,含油量8.6%左右,达到国家高油玉米标准,青贮品质优良。该品种抗玉米大斑病、青枯病、矮花叶病、粗缩病、穗腐病、小斑病等。叶色深绿,持绿性好,根系发达,高度抗倒伏。春播生育期130d左右,夏播100天左右。一般鲜草产量6~8t/亩。

28.龙牧1号

由黑龙江省畜牧研究所培育而成,生育期120~130d,粮饲兼用。株高250~280cm,鲜产

3.5～4.0t/亩,抗大斑病。适宜在黑龙江省北纬47°以南地区种植。

29.龙牧3号

由黑龙江省畜牧研究所培育而成,生育期125d。多茎多穗型。株高280～310cm,鲜产3～5t/亩。抗倒伏,对大斑病具有一定抗性。适宜在黑龙江省中南部和西部地区种植。

30.龙牧5号

由黑龙江省畜牧研究所培育而成,生育期115d,多茎多穗型。株高280～300cm,鲜产3.8～4.5t/亩,对大斑病具有一定抗性。适宜在黑龙江省第二、三作物积温带及西部干旱半干旱地区种植。

31.吉青7号

由吉林省农业科学院玉米研究所培育而成,生育期120d,株高300～320cm,鲜产3.5～5.0t/亩。抗倒伏,抗叶斑病和黑粉病。适宜在东北地区种植。

32.辽青85

由辽宁省农业科学院玉米研究所培育而成,生育期134d(沈阳),株高310cm,鲜产3.5～5.0t/亩。抗倒伏,耐盐碱,抗丝黑穗病、青枯病、大斑病和小斑病,适宜在辽宁南部地区种植。

33.华农1号青饲玉米

由华南农业大学培育的早熟玉米品种,生育期80～90d,多茎多穗型,株高210～230cm,鲜产4～6t/亩。耐高温,能忍受35℃以上的高温;耐酸,在pH4.4的酸性土壤中生长良好;抗大斑病和小斑病,适宜在北京以南地区种植。

34.新多2号

由新疆牧畜科学院草原研究所培育而成,生育期110～120d,属中熟型品种,多茎多穗,幼嫩果穗可加工制作玉米笋罐头。株高210～230cm,鲜产4～9t/亩,适宜在新疆种植。

35.中原单32号

由中国农业科学院原子能所培育而成,属中早熟品种,粮饲兼用,半紧凑型,株高220～320cm,秸秆鲜产2～3t/亩,籽粒产量0.5～0.7t/亩,蛋白质含量高,抗倒伏,耐旱、涝、耐阴雨、高温和冷害,抗病。适宜于黄淮海地区夏播,华中、华南、中南、西南以及新疆地区春、夏、秋播。

36.黑饲1号

由黑龙江省农科院玉米研究中心抗病育种室育成的青贮型玉米品种,生育期125～128d。株型较紧凑,株高300～330cm,秸秆鲜产4.8～6.0t/亩,籽粒产量0.4t/亩。抗倒伏,抗丝黑穗病、青枯病、大斑病和小斑病,适宜于黑龙江省种植。

37.吉饲8号

由吉林省农业科学院玉米研究所培育而成,生育期130d,粮饲兼用,半紧凑型,株高310～340cm,鲜产5.5～6.5t/亩,籽粒产量0.68t/亩。抗倒伏,抗丝黑穗病、黑粉病、茎腐病、弯孢菌叶斑病、大斑病和小斑病。适宜于东北三省种植。

38.辽原2号

由辽宁省农科院玉米研究所育成的高产、多抗、粮饲兼用玉米品种。生育期130d左右,株高315cm,秸秆鲜产4～5t/亩,籽粒产量0.5～0.6t/亩。抗倒伏,抗丝黑穗病、青枯病、大斑病和小斑病。适宜于辽宁省南部和无霜期较长地区种植。

41.龙辐单208

由黑龙江省农业科学院培育的粮饲兼用型玉米品种。生育期125～128d,株型较紧凑,株高300～340cm,鲜产4.6～6t/亩,蜡熟期全株干物质粗蛋白质含量11.5%,总可消化养分含量75.3%。抗倒伏,抗丝黑穗病、青枯病、大斑病和小斑病。适宜于黑龙江省种植。

40.龙牧7号

由黑龙江省农业科学院畜牧兽医分院培育。生育期125～130d,株型紧凑,株高290～320cm,鲜产4～5t/亩。抗倒伏,抗丝黑穗病、青枯病、大斑病和小斑病。适宜于黑龙江省种植。

41.龙育1号

由黑龙江省农业科学院作物育种研究所培育。生育期132d,出苗后115d达到乳熟末期,株高320cm,鲜产5～6t/亩。抗倒伏,抗丝黑穗病、青枯病、大斑病和小斑病。适宜于黑龙江省种植。

42.新青1号

由新疆维吾尔族自治区农科院粮作所培育,2002年通过全国牧草品种审定。春播生育期110d,多茎多穗型,株高300cm,鲜产4.5～5.5t/亩,水肥条件好时可达7t/亩。全株干物质粗蛋白质含量10.0%。适宜于新疆、甘肃、陕西、内蒙古、河北等地区种植。

43.新沃1号

由新疆沃特草业有限公司培育。生育期125～130d,多茎多穗型,株高280～320cm;鲜产4.6～6t/亩,水肥条件好时可达7t/亩。蜡熟期全株干物质粗蛋白质含量7.9%。适宜于无霜期110d以上地区种植。

44.耀青2号

由南宁耀州种子有限责任公司培育。在华东地区春播或秋播出苗至乳熟后期需90～100d。株高280～300cm,鲜产5～6t/亩。蜡熟期全株干物质粗蛋白质含量9.8%。抗倒伏,抗丝黑穗病、青枯病、大斑病和小斑病。适宜于华东、华南和西北地区种植。

三、种子处理

（一）晒种

在播种前选择晴天,将种子摊在干燥向阳的晒坝上,连续曝晒2～3d,并注意翻动,使子晾晒均匀。可提高出苗率13%～28%。

（二）浸种

在播种前用冷水浸种12h或55℃～57℃的温水浸种4～6h,可缩短玉米吸胀时间,提早出苗;温水浸种还可杀死种子表面的病菌。

（三）种子包衣

有条件的地方,在播种前选用安全的玉米专用包衣剂进行包衣,可有效控制玉米苗期病虫害。

四、播种

（一）时间

常规播种,当地温稳定在8℃~10℃后可以播种。还可以采用地膜覆盖栽培、育苗移栽。四川盆地内与多花黑麦草轮作种植饲用玉米,在5月上旬播种或移栽,可延长多花黑麦草的利用时间,提高产草量。

（二）种肥

一般每公顷施氮肥45~60kg、磷肥60~75kg、钾肥60~75kg,采取条施或穴施,要与种子隔离,以防烧种缺苗。用复合肥作种肥时,可酌情增减。

（三）播种量

合理密植有利于高产,若采用精量点播机播种,播种量为2.0~2.5kg/亩,若采用人工播种,播种量为2.5~3.5kg/亩。一般青贮玉米的亩保苗数为5000~6000株。

（四）播种方法

采用大垄条播,实行垄作,垄距60cm,株距15~20cm,单条播或双条播都可,但双条播可获得较高产量。

（五）与秣食豆混种

青贮玉米与秣食豆混播是一项重要的增产措施,同时还可大大提高青贮玉米的品质。以玉米为主栽作物,在株间混种秣食豆。秣食豆是豆科作物,根系有固氮功能,并且耐阴,可与玉米互相补充,合理利用地上地下资源,从而提高产量,改善营养价值。混播量为:青贮玉米1.5~2.0kg,秣食豆2.0~2.5kg。根据收割成熟程度,保苗5000~10000株/亩。

五、田间管理

（一）间苗与定苗

(1)间苗　当玉米叶片达到3~4片叶时应该及时间苗。

(2)定苗　在达到4~6片可见叶时,应该及时定苗,做到"四去四留",即去弱留壮、去小留齐、去病留健、去杂留纯,苗不足时要及时补苗。

（二）中耕

在6~7片叶时结合追肥进行中耕除草。一般定苗后要进行2~3次中耕除草。

（三）追肥

(1)苗肥:一般用农家肥1000~1700kg/亩和尿素5~6kg/亩混合施用。应做到小苗浅施,离苗5~6cm施肥;大苗深施,离苗17~20cm处施肥。

(2)拔节肥:6片叶全展后开始拔节,用农家肥1000~1700kg/亩,尿素13~20kg/亩,距植株10~17cm处挖窝深施,同时浅中耕培土盖窝。

(3)穗肥:在玉米雄穗抽出前,用农家肥1000~1700kg/亩和尿素20kg/亩混合施用。

六、刈割

(一)刈割时期

适宜刈割时期为蜡熟期或乳熟期,当玉米籽实进入乳熟末期至蜡熟前期,此时收获可获得产量和营养价值的最佳值。乳熟期刈割的青贮玉米种植密度应稍高些。收获时应选择晴好天气,避开雨季收获,以免因雨水过多而影响青贮饲料品质。青贮玉米一旦收割,应在尽量短的时间内完成青贮,不可拖延过长时间,避免因降雨或本身发酵而造成损失。

(二)刈割方法

大面积青贮玉米地都采用机械收获,一边收割一边切短装入拖斗车中,运回青贮窖装填入窖。小面积的青贮玉米可用人工收割,把整棵的玉米秸秆运回青贮窖附近后,切短装填入窖。

在收获时一定要保持青贮玉米秸秆有一定的含水量,正常情况下要求青贮玉米的含水量为65%~75%,水分过高或水分过低都容易使青贮料发生霉变,因此选择适宜的收割时期非常重要。如果青贮玉米秸秆在收获时含水量过高,应在切短之前进行适当的晾晒,水分过低应适当加水,刈割时注意留茬高度,不能将地面泥土带到饲料中。

第四节　饲用甜高粱高产栽培技术

高粱是中国最早栽培的禾谷类作物之一,东北各地栽培最多。饲用甜高粱又叫糖高粱,是普通籽粒高粱的一个变种。饲用甜高粱及其杂交种是用于牧草生产的专门化品种,有初生根、次生根和支持根三种根系,根系发达,最大入土深度可达到1.4~1.7m;茎秆直立,株高3~5m,分蘖能力较强,茎叶繁茂、生长旺盛,叶片长50~135cm、宽6~13cm;茎秆糖分含量8%~19%,糖分主要贮存于茎髓中,糖分含量高是饲用甜高粱的最大特点,其碳水化合物含量是玉米的两倍多,它在我国种植适应范围广,主要用于制作青贮料,调制干草和用作青绿饲料。

饲用甜高粱具有抗旱、耐涝、耐盐碱,生长迅速、糖分积累快、产量高、对土壤条件要求不高等优点。比较适应温暖湿润的气候,种子发芽最适温度20℃~30℃,最低温度8℃~10℃,生长最适温度25℃~30℃,生长发育要求大于10℃的有效积温900℃~2200℃,耐热不耐寒。甜高粱生长最适宜的年降水量为400~800mm,抗旱性较强,在干旱条件下能有效利用土壤深层水分,生长期水分不足植株呈休眠状态,一旦获得水分即可恢复生长。再生性好,主茎受伤害后,叶芽萌发成新枝,北方地区可以刈割2~3次。在新鲜的饲用高粱茎叶中,含有氢氰酸,会引起家畜中枢神经系统障碍,导致呼吸困难,甚至死亡;另外,种子中含有单宁,有苦涩味,不易消化,在使用时应注意。

一、选地与整地

（一）选地

饲用甜高粱是一种耐瘠薄、耐盐碱的作物，对土壤的适应性很广，沙土、黏土、旱坡、低洼易涝的地块均可种植，在肥沃、有机质含量高、土壤结构性好的砂质壤土中种植产量最高，黏性土壤可能造成出苗困难，沙性土壤易出现脱肥早衰。应优先选择土壤耕层深厚、富含有机质的壤土种植。较适宜pH6.5～8.0、盐分0.5%～0.9%的土壤，盐碱地种植饲用甜高粱，不仅能获得高产，而且还可改良土壤。种植饲用甜高粱的地前茬最好是豆科、麦类、玉米等作物，切忌连茬种植。

（二）整地

精细整地是确保甜高粱出苗率的重要技术措施，首先应该对前茬作物的根须、秸秆进行清理，再施足底肥，一般每亩施农家肥4000kg，尿素10～15kg，复合肥20～25kg，硫酸锌2kg。然后深耕20cm左右，整平耙细，至土壤细暄、上虚下实，以达到播种的条件。起垄或早春顶浆打垄，及时镇压，以保水蓄墒供种子发芽。在低洼地块种植时，应设置排水沟。

二、选种

目前，国内外饲用甜高粱品种很多，下面介绍部分国内育成品种和国外引进品种，以供各地引种和试种时参考。

（一）国内育成品种

1.原甜杂一号

由中国农业科学院原子能应用研究所利用引进的不育系7504A和RIO杂交培育而成。在山东春播条件下生育期125d，在河南春播约比"RIO"早熟一周。株高300cm以上，亩产茎秆2500kg左右，汁液的糖锤度8%，亩产籽粒300～400kg左右。

2.辽饲杂一号

辽宁省农业科学院利用TX623A和恢复系1022杂交而成。在沈阳地区种植生育期134d左右，株高320～350cm，播后70～75d即可用于青贮，亩产鲜草3000～5000kg，籽粒300～400kg。该品种在我国深圳、云南、上海、河南、河北、北京、天津、辽宁、吉林和黑龙江的佳木斯等地均可种植。

3.辽饲杂十二号

辽宁省农业科学院利用LS3A和RIO杂交而成。在沈阳地区种植生育期125～130d，株高340cm，亩产鲜茎叶3600～5000kg，籽粒300kg以上，具有抗倒伏、抗旱和耐涝的特性，该品种适宜辽宁、河北、河南、安徽、山东、广西、吉林、黑龙江和北京等地种植。

4.沈农二号

沈阳农业大学利用TX623A和ROMA杂交而成。在沈阳地区生育期为130d左右，株高可达3.5m左右，茎秆糖锤度16%，亩产鲜草3600～5000kg。该品种适宜在沈阳及其以南种植，特别适合在北京、天津、河南、河北、广西等地种植。在山西、山东、湖南和贵州等地试种也获得了成功。

5.沈农甜杂一号

沈阳农业大学利用623A和6993杂交而成。在沈阳地区生育期135d,株高322cm,亩产茎秆2300kg以上,茎秆糖锤度15.3%,亩产籽粒约300kg。该品种适宜在沈阳及其以南地区种植。

6.吉甜5号

适宜在海拔2300m以下的地区种植,在海拔2000m以下地区种植,行距40cm、株距30cm、株高314~337cm,每亩产鲜草7000~9000kg,茎秆糖锤度14%~16%,籽粒成熟期收获。在海拔2000~2300m种植,行距40cm、株距20cm,株高208~266cm,每亩鲜草产量5000~7000kg,茎秆糖锤度11%~13%,孕穗期收获。

(二)国外品种

1.RIO(丽欧)

RIO(丽欧)是原产于美国的早熟品种,株高约404cm,生育期122d左右,无灌溉条件下亩产鲜草3500~4000kg,出汁率58.2%,汁液的糖锤度为14%~18%,籽粒产量每亩250kg。该品种20世纪80年代曾在华北地区大面积推广,全国有24个省市自治区也进行了引种,但由于没有注意品种的提纯复壮,因此品质已有所下降。

2.BAILEY(贝利)

BAILEY(贝利)原产于美国,中晚熟品种,平均株高421cm,生育期约139d,亩产鲜草5000kg左右,茎秆的出汁率为65.7%,汁液的糖锤度14%~16%,亩产籽粒175kg左右。该品种容易感染玉米矮花叶病。

3.BRANDES(布兰德斯)

BRANDES(布兰德斯)原产于美国,极晚熟品种,平均株高339cm,生育期164d,亩产鲜草秆3500kg左右,汁液的糖锤度13%~16%。该品种对玉米矮花叶病有很高的抗性,可作为抗病育种材料。

4.BRAULEY(市劳利)

BRAULEY(市劳利)原产于美国,早熟品种,平均株高301cm,生育期为110d,亩产茎秆3500kg左右,占植株总鲜重的66.9%,出汁率56.1%,汁液的糖锤度16%~18%,亩产籽粒200kg左右。

5.COLLIER(科利尔)

COLLIER(科利尔)原产于美国,早熟品种,平均株高358cm,生育期115d,亩产茎秆4000kg左右,占植株总鲜重的68.9%,出汁率为58.3%,汁液的糖锤度14.4%~17.5%,亩产籽粒150kg左右。

6.COWLEY(考利)

COWLEY(考利)原产于美国,极晚熟品种,平均株高388cm,生育期为163d,亩产茎秆4500kg左右,出汁率61.4%,汁液的精锤度18.9%,亩产籽粒200kg左右。

7.DALE(戴尔)

DALE(戴尔)原产于美国,早熟品种,平均株高359cm,生育期115d,亩产茎秆5000kg左右,占植株总鲜重的76.5%,出汁率为64.2%,汁液的糖锤度15.7%,亩产籽粒250kg左右。

8.WHITE AFRICA(非洲白)

WHITE AFRICA(非洲白)是原产于澳大利亚的早熟品种,平均株高375cm,生育期约124d,亩产茎秆5000kg左右,占植株总鲜重的76.4%,出汁率为63.0%,汁液的糖锤度10%～14%,亩产籽粒175kg左右。

9.M－81E

M－81E是原产于美国的极晚熟品种,我国引进后曾在北京地区种植,平均株高428kg,生育期达163d。4月下旬播种,8月底抽穗,10月中旬成熟,亩产茎秆5000kg左右,出汁率为66.9%,汁液的糖锤度15%～16%,亩产籽粒350kg左右。该品种是非常优秀的高产品种,在湖南常德地区种植,青饲料产量是丽欧(RIO)的2.6倍,但它比较容易感染玉米矮花叶病和锈病。

10.MER 72-3

MER 72-3是原产于美国的早熟品种,中国引进后在北京地区试种,平均株高为359cm,生育期122d。5月下旬播种,8月中旬抽穗,9月下旬成熟。亩产茎秆4500kg左右,占植株总鲜重的65.5%。出汁率为59.1%,汁液的糖锤度17%～20%,亩产籽粒300kg左右。

11.RADAR(拉达尔)

RADAR(拉达尔)是原产于澳大利亚的早熟品种,我国引进后在北京种植,平均株高为342cm,4月底播种,8月上旬抽穗,9月中旬成熟,生育期123d。亩产茎秆3250kg左右,占植株总鲜重的71.5%,出汁率为65.5%,汁液的糖锤度10%～14%,亩产籽粒190kg左右。

12.SS20(大力士)

SS20(大力士)是原产于美国的杂交品种,引进后在北京种植,平均株高350cm,4月20日前后播种,7月底到8月初收第一茬青贮草,鲜草(茎叶)产量5000～6000kg,10月上旬收第二茬,鲜草(茎叶)产量可达2000～4000kg。

三、播种

(一)播前种子处理

为保证播种后出齐苗,播前必须做发芽试验,以便根据发芽势和发芽率确定播种量。种子一般都选大粒饱满的种子,不仅出苗率高,而且幼苗生长健壮。播前进行晒种,促进种子后熟。在播种前2周进行包衣处理。

(二)播期时间

饲用高粱种子发芽的最低温度为8℃～10℃,播种过早容易出现"粉种",发病也重,当5cm深处土层的地温稳定在10℃～12℃时即可播种。具体播种时间还应考虑品种、土质、地势等条件因素。

(三)播种方法

饲用甜高粱一般采用起垄播种的方法,用做青贮时垄距为40～60cm,用做青饲时垄距为30～35cm。降雨较多地区垄上条播,干旱地区垄沟播种,深沟浅种,开沟深度10cm左右。播种量应根据种子的发芽率、墒情整地质量等确定,一般每公顷播种量22.5～30.0kg,沿开沟处均匀撒开。播种深度3~4cm,最深不宜超过6cm。播种后及时镇压,使种子与土壤紧密接触,促进种子吸水发芽。

四、田间管理

（一）定苗

出苗后3~4片真叶时进行间苗,5~6片叶时定苗,定苗株距为10~13cm,每亩留6000~8000株。定苗时选壮苗、拔除弱苗。

（二）中耕除草

1.中耕

饲用甜高粱幼苗期生长缓慢,易受杂草危害,应及早中耕除草,苗期一般中耕除草两次。第一次结合定苗进行,10~15d后苗高20~30cm时进行第二次中耕,同时培土。中耕主要利用锄、犁、铲蹚,幼苗期根浅苗小,中耕时注意掌握苗旁浅、行间深的原则,做到不伤苗、不压苗,不漏草。

2.除草

危害饲用高粱的杂草主要是马唐、狗尾草、藜、牛筋草等。除中耕除草外,也可用化学药剂除草,化学除草包括播后苗前土壤处理、苗后适期喷洒农药或者两者结合。播种后出芽前常用的药剂有扑灭津50%可湿性粉剂、50%利谷隆可湿性粉剂,都具有很好的除草效果。注意饲用高粱在5叶前和8叶后对除草剂敏感,选用苗后除草剂应在5~8叶期内用药。

（三）施肥

1.基肥

饲用甜高粱对氮肥需求量大,基肥以有机肥为主,应占总施肥量的80%,实际生产中要求每亩施基肥3~4t。基肥施用一般结合秋季整地或春季翻耕进行,把基肥均匀撒在地表,翻耕后与土壤充分混合。

2.追肥

高粱拔节期和抽穗期是两个需肥的高峰期。一般每亩追施尿素、硫酸铵等15~20　kg。追肥可一次也可两次施用,一次追肥在拔节期进行,如果分两次追肥,应掌握"前重后轻"的原则,分别在拔节期和抽穗期进行。追肥方法:在离根部5cm左右条施或穴施,然后立即蹚地,覆土盖严,防止肥料挥发流失降低肥效。在高粱生长期植株发黄,表现脱肥时,要及时追肥。

五、病虫害防治

（一）炭疽病、紫斑病、丝黑穗病、条纹病防治

1.种子处理

在播种前2周进行包衣,用40%萎锈灵、10%福美双包衣防止炭疽病和紫斑病效果较好。也可用25%的粉锈宁可湿粉剂,按种子量的0.3%~0.5%拌入,防止丝黑穗病效果很好。

2.化学防治

发病初期及时喷洒25%炭特灵可湿性粉剂或50%杀菌王可溶性粉剂,可有效防治炭疽病

和紫斑病。用20%叶青双可湿性粉剂、50%杀菌王水溶性粉剂喷雾,可有效防治条斑病。

(二)高粱虫害防治

苗期危害高粱的主要有蛴螬、蝼蛄和金针虫等地下害虫,中、后期有粘虫、蚜虫、玉米螟等。

防治地下害虫的关键时间是在播种期,施用毒土、毒饵,用50%辛硫磷乳油、50%甲胺磷与沙土混合,撒施于作物根部防治小地老虎;用50%对硫磷乳油、50%甲胺磷等与菜叶、块根茎等混拌,撒施于田间地埂,防治蛴螬、蝼蛄,或采用药物拌种防治。中后期用40%乐果乳剂、高效氯氰菊酯等,防治粘虫、蚜虫和玉米螟等。也可释放赤眼蜂,利用白僵菌生物防治玉米螟。

六、收获

甜高粱茎秆中糖分含量最高时期为蜡熟末期籽粒变黑时,此时干物质积累达到最大值,水分含量在20%左右,茎秆含糖量和出汁率最高,因此,这个时期是青贮甜高粱的最佳收割时期。作为青饲用的甜高粱,在植株长到2m至抽穗期间刈割饲用;作干草用的,在抽穗期刈割,过晚刈割,茎秆粗老,纤维素增多,适口性变差;青贮甜高粱在乳熟期收割,收割时留茬高3～5cm,使秸秆入青贮窖时不带泥土,保证青贮饲料的质量。

第二章 优质饲草加工技术

第一节 苜蓿干草收储加工技术

一、刈割

刈割时间是保证苜蓿干草良好营养物质的关键。苜蓿最大的特点是蛋白质含量高,而蛋白质主要存在于苜蓿的叶片中,叶片比例越高其蛋白含量也越高。随着苜蓿生长期的延长,叶片比例和蛋白含量会越来越低,茎秆比例和产量越来越高,也就是说苜蓿越早收割蛋白质含量越高,但产量相对较低;越晚收割蛋白质含量越低,但产量越高。苜蓿的收割时间应根据产量和蛋白质含量综合考虑,找到一个最佳的收获时机,使产量和质量达到一个平衡点,根据大量的试验研究发现,在苜蓿的现蕾期或初花期收割比较合理,即以百株开花率在10%以下收割为宜。同样的品种和相同的种植条件,如果在看到第一朵花后就收割,即现蕾期收割,蛋白质含量可达到20%以上;如果在初花期收割,即10%以下开花时收割,其粗蛋白可达18%以上;如果盛花期收割,即50%左右开花时收割,蛋白质就会降到16%以下;如果结荚期收割,茎秆的木质素会大大提高,蛋白质含量显著下降,苜蓿品质严重降低。

苜蓿一年收割几次是根据当地的气候条件确定,能收割4次的,一般安排在春季(5月10日)、早夏(6月20日)、晚夏(8月5日)和秋季(9月20日)收割。春季和早夏质量下降速度快,收割时间延长不能超过10d。两茬之间的收割间隔时间以35~40d为宜。因此,广大种植户一定要安排好生产,适时收割,以保证苜蓿草的质量。

二、干燥

苜蓿干草调制中,要想最大限度地减少营养物质损失,就必须加快干燥速度,使分解营养物质的酶尽早失去活性,并且要及时堆放,避免阳光曝晒,减少苜蓿中胡萝卜素的损失。常用的干燥方法有自然干燥法和人工干燥法。

(一)自然干燥法

1. 地面晾晒

地面晾晒法就是把收割的苜蓿草原地铺成10~15cm厚的草层,含水量降至50%左右时用搂草机集成小垄,有利于苜蓿干燥。苜蓿的茎秆和叶片的含水量差别很大,一般茎秆是叶片的2倍。在自然干燥过程中,叶片的干燥速度比茎秆快得多,要等到茎秆的水分达到安全值进行打捆时,只要轻微移动叶片就会严重脱落,因此苜蓿在常规干燥中总营养损失约20%,可消化粗蛋白损失30%。地面晾晒中,搂草、打捆操作营养损失最大,可达15%~20%(因叶片脱落),其次是呼吸,约损失10%~15%,然后酶的作用使营养损失约5%~10%,最后是雨淋,损失约5%,另外,地面晾晒苜蓿中的胡萝卜素损失最大,晾晒一天,损失达96%。

地面晾晒要缩短晒制时间,关键是给草垄创造良好的通风条件,苜蓿收割后,应尽量摊晒均匀,以加快干燥速度。另外,选择最佳的翻晒作业时间,既能加速苜蓿干燥速度,又能最大限度保存叶片,是减少苜蓿干草损失的重要环节,一般最后一次翻晒,应该在含水量高于40%时进行,也可利用晚间或早晨翻晒,此时叶片坚韧,干物质损失少。

2. 压裂茎秆干燥法

苜蓿叶片的干燥速度比茎秆快得多,干燥时间长短主要取决于茎秆干燥所需的时间,只有加快茎的干燥速度,才能缩短干燥全过程,因此常选用割草压扁机,将茎秆压裂,破坏角质层、维管束和表皮,使之暴露于空气中,加快茎内水分的散失速度,使茎秆和叶片干燥时间的差距缩短,苜蓿各部位的干燥速度趋于一致,使整个干燥时间缩短30%~50%,减少呼吸作用、光化学作用和酶的活动时间,减少苜蓿营养损失,显著提高苜蓿干草粗蛋白和胡萝卜素水平。

(二)人工干燥

1. 高温烘干

为解决自然干燥法营养物质损失大的问题,可采用人工加热的方法,使苜蓿水分快速蒸发至安全值,以减少苜蓿营养成分损失。通常采用高温快速烘干机,其烘干温度可达500℃~1000℃,苜蓿干燥时间仅有3~5min,采用高温烘干后的干草,其中的杂草种籽、虫卵及有害杂菌全部被杀死,有利长期保存,但其烘干成本较高。一些发达国家多采用这种方法。

2. 干燥剂干燥

干燥剂干燥是借助化学制剂破坏苜蓿表面的蜡质层结构,促使植株内的水分蒸发,加快干燥速度。目前,国外应用较多的干燥剂有氯化钾、碳酸钾、碳酸钠、碳酸氢钠、碳酸钾与长链脂肪酸的混合液、碳酸钾与长链脂肪酸甲基脂混合液等。使用干燥剂干燥时,含水量高的苜蓿干燥效果好于含水量较低的;另外,气候条件越好,干燥剂的效果也越好,因此,在实际生产运用中,在喷洒干燥剂后应立即收割,或者在收割的同时进行喷洒。

有试验报道,对已经刈割的苜蓿草垄喷洒2%的碳酸钾液,干燥速度比压扁茎秆快43%;如果在苜蓿收割压扁前喷洒2%的碳酸钾液,干燥效果更好。这种干燥方法可缩短干燥时间1~2d,减少干燥过程中叶片的损失,不仅使总产量损失降低13%~22%,营养损失率减少近50%,而且可明显改善干草品质和适口性,提高干草营养物质的消化率。缺点是成本提高,且调制的干草色泽略差。

(三)干燥过程中应该注意的事项

(1)干燥过程中切忌雨淋,雨淋不仅延长了干燥时间,营养物质损失大,而且很容易造成霉变。因此,确定刈割时间时应参考天气预报,错开雨天。

(2)尽可能缩短干燥的时间,这样可减少干物质和营养物质的损失,也可减少遭受雨、露淋湿的机会。采用有压扁功能的割草机,可以使植株各部分的含水量均匀一致,有效缩短干燥时间。

(3)收割后在原地摊开曝晒6～7h,使之凋萎;在此期间翻晒2～3次,尽快使植株含水量降到50%以下,促使植物细胞尽早死亡,饥饿代谢尽快停止,减少营养损失。

(4)植株含水量降低到50%后,用搂草机搂成松散的草垄,继续晾晒数小时,含水量40%(叶子开始脱落以前)左右时,用集草器集成小草堆,晴天干燥1.5～2.0d就可调制成干草。

(5)晒制过程中,搂草、翻草、搬运及堆垛等一系列生产环节,应尽量选择在早晨或傍晚湿度较大时进行。

三、打捆

为便于贮存和运输,常将调制的干草打成干草捆,可分为低密度草捆和高密度草捆。一般低密度草捆由捡拾打捆机在田间直接作业而成,高密度草捆在低密度草捆的基础上由二次压缩打捆机打成,当苜蓿干草含水量降至14%以下,且干燥均匀、无发霉时可直接打成高密度草捆。如果是为了避雨进行抢收,苜蓿收割后,在田间自然状态下晾晒至含水量为20%～25%时用捡拾打捆机将其打成低密度草捆(20～25kg/捆,体积约为30cm×40cm×50cm),运回后继续晾晒至水分降低到14%左右时,用固定式打捆机将低密度草捆打成高密度草捆(45～50kg/捆,体积约为30cm×40cm×70cm)。实行高水分打捆,可缩短晾晒时间,减少呼吸,减少叶片损失及破碎,但要求实行小捆型,防止苜蓿草捆霉烂变质。国外在制作高水分草捆时常添加丙酸(丙酸钙和丙酸钠,是防腐剂),以防止霉变,保存营养。

四、苜蓿草捆储存

(一)入库准备工作

(1)入库(棚)前做好库房清理、除湿、消毒等工作。储备库的进出通道需保持通风良好。

(2)入库前检查温度、湿度、防火、防鼠等监测系统,检修储藏设施。

(3)入库前对草捆的含水量、品质和霉变情况进行抽检,按苜蓿干草的等级、批次分开储藏,不合格草捆禁止入库。

(二)签发标签

标签上应注明苜蓿干草的名称、收获日期、产地、茬次、等级、营养指标(CP、NDF、Ash)、水分含量、吨位、堆垛位置、入库时间。

(三)入库码垛

1. 方形草捆

草垛不得依靠梁柱,距墙不少于50cm,采用纵横交叉码垛法,码垛需整齐、稳固,第一层草捆应离地面10cm以上,第二层草捆开始,每层设置1～2个25～35cm通风道,根据储藏库(棚)高度确定堆垛高度,一般7～9层,草垛以宽4～6m、长15～20m为宜,每垛之间留2m通风道,水分含量低的码在里面,水分含量高的码在外面,通风道应整洁无杂物。

2. 圆形草捆

草垛不得依靠梁柱,距墙不少于50cm,采用压缝式码垛法,码垛要稳固、不易倒塌,垛底的底层排列成正方形或者长方形,第二层开始压缝码垛,即上层草捆的中间在下层两个草捆的中间。根据库(棚)高度确定码垛的高度,一般7～9层,草垛以宽4～6m、长15～20m为宜,每垛之间留2m通风道,水分含量低的码在里面,水分含量高的码在外面,通风道应整洁无杂物。

（四）储藏条件

(1)储藏库(棚)温度应不超过20℃,空气相对湿度应小于60%,否则需要强制通风降温。

(2)入库时低密度草捆含水量应小于18%,高密度草捆安全含水量应小于14%。

(3)做好储藏库(棚)内的防鼠防虫工作,尽量避免阳光直射,严防雨淋和漏水等。

（五）储藏管理

(1)大型储藏库应每天记录库房内的温度和相对湿度,发现异常时要及时通风调整;每周检查草捆含水量,应保持在安全含水量以下;发现霉变草捆应及时移除,并对环境进行消毒。

(2)储藏期间定期检查虫、鼠害情况。苜蓿干草捆在常规条件下安全储藏时间应不超过两年,干草长期贮存后干物质含量及消化率降低,胡萝卜素被破坏,草香味消失,适口性也差,营养价值下降,因此干草捆不适宜太长时间贮存。对草捆进行及时、科学合理的堆垛,是苜蓿贮存过程中减少干草营养损失不可忽视的关键环节。贮存草捆的草库(棚)应建在干燥阴凉通风处,堆垛时,草捆间要留有通风口,以利于空气流动。含水20%以上的草捆,堆垛时可加入干草防腐添加剂,一般苜蓿干草含水20%～25%时,用0.5%丙酸喷洒;含水25%～30%时,用1%丙酸喷洒贮藏效果好。防腐添加剂中含多种乳酸发酵微生物,通过发酵产生乳酸、乙酸和丙酸,以降低草捆的pH值,抑制有害微生物繁殖,防止草捆发热腐烂,同时,可使干草获得较佳的颜色和气味。另外,在苜蓿贮存过程中要常备杀虫灭鼠药,草捆用塑料袋包装,提高草捆商品化水平,远离火源。

五、苜蓿干草质量评价

（一）苜蓿干草感官指标

优质苜蓿干草的标准色泽是青绿色,没有发霉或感染病虫害;气味芳香浓郁,无异味;含水量为15%～18%;叶片含量为30%～40%,且茎秆质地柔软,含少量杂草,无泥土等有害杂质;无白毛状物质或褐色斑点等病虫害感染特征。劣质苜蓿干草的色泽是淡黄色或浅白色,有褐色斑点或白毛状物质(常因刈割太晚或受雨淋所致),叶片含量为10%～20%,或伴有腐臭气味,或感染病虫害。劣质苜蓿干草营养价值低,对家畜健康不利。

农业行业标准NY/T1170-2006《苜蓿干草分级标准》中对苜蓿干草捆的感官指标要求如表2-1所示。

表2-1　感官指标

项目	指标
气味	无异味或有干草芳香味
色泽	暗绿色、绿色或浅绿色
形态	干草形态基本一致,茎秆叶片均匀一致
草捆层面	无霉变,无结块

（二）苜蓿干草物理学评价

　　苜蓿干草物理学评价指标主要有产草量、鲜干比和茎叶比。其中,产草量是指单位面积的干草产量,是衡量苜蓿品种产量的重要指标,产草量高才有推广种植的价值;鲜干比反映苜蓿干草干物质的累积程度,这个指标主要决定苜蓿干物质的产量;茎叶比是衡量苜蓿干草营养价值和经济价值的指标,苜蓿干草茎叶比决定了苜蓿干草的营养物质含量。茎叶比值大表明苜蓿中的粗蛋白质含量低而粗纤维含量较高,营养价值低,相反,茎叶比值小表明苜蓿的粗蛋白质含量高而粗纤维含量较低,营养价值高。总之,苜蓿的产草量说明苜蓿干草产量的价值,茎叶比说明苜蓿干草品质的价值。如果需要对苜蓿干草进行评价,首先应进行物理学评价,如需进一步确定苜蓿干草营养价值,还需进行化学成分评价。

（三）苜蓿干草化学评价

　　苜蓿干草化学评价是指通过化学分析方法精准测定苜蓿干草中各营养成分的含量,这是评价苜蓿干草品质最重要的科学依据。在未经动物试验之前,其评价结果应视为潜在的饲用价值。目前,中国苜蓿干草市场交易时,其品质评价主要依据农业行业标准NY/T1170-2006《苜蓿干草分级标准》(表2-2)和2018年颁布的中国畜牧业协会的团体标准T/CAAA001-2018《苜蓿干草质量分级》(表2-3)来评价。

表2-2　NY/T1170-2006苜蓿干草捆分级

单位:%

质量指标	特级	一级	二级	三级
粗蛋白质	≥22.0	≥20.0 < 22.0	≥18.0 < 20.0	≥16.0 < 18.0
中性洗涤纤维	< 34.0	≥34.0 < 36.0	≥36.0 < 40.0	≥40.0 < 44.0
杂类草含量	< 3.0	≥3.0 < 5.0	≥5.0 < 8.0	≥8.0 < 12.0
粗灰分		< 12.0		
水分		≤14.0		

表2-3　T/CAAA001-2018苜蓿干草捆分级

单位:%

质量指标	特级	优级	一级	二级	三级
粗蛋白质	≥22.0	≥20.0 < 22.0	≥18.0 < 20.0	≥16.0 < 18.0	< 16.0
中性洗涤纤维	< 34.0	≥34.0 < 36.0	≥36.0 < 40.0	≥40.0 < 44.0	> 44.0
酸性洗涤纤维	< 27.0	≥27.0 < 29.0	≥29.0 < 32.0	≥32.0 < 35.0	> 35.0
相对饲用价值	> 185.0	≥170.0 < 185.0	≥150.0 < 170.0	≥130.0 < 150.0	< 130.0
杂类草含量	< 3.0	< 3.0	≥3.0 < 5.0	≥5.0 < 8.0	≥8.0 < 12.0
粗灰分			< 12.0		
水分			≤14.0		

（四）卫生安全限量指标

苜蓿干草捆中的重金属和亚硝酸盐等无机污染物,黄曲霉毒素B_1、赭曲霉毒素、玉米赤霉烯酮、呕吐毒素等真菌毒素,氰化物、游离棉酚等天然植物毒素,六六六、DDT等农药污染物及沙门氏菌、霉菌、细菌等微生物污染物必须符合GB 13078-2017《饲料卫生标准》的要求。详细限量指标见表2-4。

表2-4　苜蓿干草中卫生安全限量指标

限量指标(mg/kg)	限量值	限量指标	限量值	限量指标	限量值
砷	≤4	黄曲霉毒素B_1（μg/kg）	≤30	氰化物（mg/kg）	≤50
铅	≤30	赭曲霉毒素（μg/kg）	≤100	游离棉酚（mg/kg）	≤20
汞	≤0.1	玉米赤霉烯酮（mg/kg）	≤1	异硫氰酸酯（mg/kg）	≤100
镉	≤1	呕吐毒素（mg/kg）	≤5	六六六（mg/kg）	≤0.2
铬	≤5	T-2毒素（mg/kg）	≤0.5	DDT（mg/kg）	≤0.05
氟	≤150	霉菌总数（CFU/g）	< 4×10^4	多氯联苯（μg/kg）	≤10
亚硝酸盐	≤15	沙门氏菌（CFU/g）	不得检出	六氯苯（mg/kg）	≤0.01

（五）苜蓿干草等级判定规则

苜蓿干草等级判定,首先看感官指标和卫生安全指标,这两项指标符合要求后,再根据理化指标定级;定级时按单项指标最低值所在等级定级。感官指标不符合要求或有霉变及明显异物(如铁块、石块、土块等)的判定为不合格产品。

第二节 燕麦干草收储加工技术

一、刈割

(一)刈割时间

燕麦的刈割时间与品质有很大的关系,燕麦收获期越早,粗蛋白含量越高,消化率也高(ADF低),但是产草量和干物质含量低,动物采食量大(NDF低);收获期越晚,粗蛋白含量越低,粗纤维含量越高,动物的采食量和消化率越低(ADF低)。因此,确定燕麦的刈割时间,主要取决于饲草的用途。用于饲喂泌乳期的羊需要早刈割,抽穗期燕麦的粗蛋白含量比乳熟期高三分之一左右;如果用于空怀母羊、怀孕前期母羊、公羊和育肥羔羊,则可以在乳熟期刈割,以提高产草量。国产燕麦孕穗期的能量与现蕾期苜蓿的相当,抽穗期的能量与初花期苜蓿相当,开花期的能量与开花期苜蓿的相当,乳熟期的能量与结荚期苜蓿相当。开花期-乳熟期刈割的国产燕麦干草的产奶净能在 1.1 ~ 1.4Mcal/kg,如果在抽穗期刈割,燕麦干草的产奶净能更高,饲喂时可以全部使用优质燕麦干草,不必添加大量玉米,既可以满足羊的营养和能量需要,也不会造成瘤胃酸中毒。因此,饲用燕麦干草的收割时间应该确定在孕穗后期和抽穗初期,确保蛋白质含量和能量的同时,干草产量也相对较高。

(二)刈割留茬高度

燕麦收割时留茬的高度对燕麦干草的干燥速度有一定的影响,而干燥速度对干草品质影响比较大。留茬高度要足够支撑割倒的燕麦草,使其与地面之间有一定的空隙,以提高燕麦干草的干燥速度。澳大利亚出口燕麦草收割时一般留茬10cm以上,我国大部分地区机械收割留茬高度也是10cm。

(三)刈割方向

如果播种行距大于12.5cm,割草方向要与播种方向垂直,以保证草条离开地面;如果是转圈播种的则需要转圈割草,使大多数草落在播种行间,但是搂草时需要注意避免将土带入草捆,影响干草品质;如果是往复式播种的,刈割方向应该垂直往复播种的方向,使大部分割倒的草被茬口支撑离开地面;如果是对角播种,则使用往复式或转圈式割草,保证割草方向与播种方向不一致,降低干草损失。

(四)压扁

燕麦收割时使用带强力压扁的收割设备,根据燕麦的田间密度随时调整压扁辊的孔隙度和压力,将燕麦草的茎秆全部压扁和破裂,这样干燥速度会提高一倍,提高干草品质。

二、晾晒

（一）摊晒

燕麦刈割后避免淋雨，应及时使用摊晒机将割倒的燕麦草于收割后的草茬上摊薄晾晒，减少与地面接触，加快干燥速度，一般摊晒 2 ~ 3 d，期间需要翻草 1 ~ 2 次。翻草时要注意避免将泥土或石块带入干草中，影响干草的品质。

（二）翻晒和并拢

翻晒至含水量 40% 左右时，将燕麦草搂集并拢成草垄再晾晒，草垄条的宽度与打捆机捡拾器的宽度吻合，以确保打捆时所有的草都能被捡起，均匀喂入打捆机。搂草必须在含水量大于 30% 时进行，含水量低于 30% 时停止搂草，一般搂草要选择早晨或者傍晚燕麦返潮时进行，避免叶片脱落，营养损失。

三、打捆

（一）打捆水分控制

燕麦打捆时的含水量应小于 14%，否则需要使用防腐剂，防止发霉变质。因为临近冬季，可以在水分 20% 左右时打捆。

燕麦打捆前水分检测包括水分仪测定法和直观经验法，水分仪测定法比较客观准确，但是测量范围受到限制，而且测试取样的代表性非常重要，如果取样代表性不够，有时反而会误导你，因此，在生产实践中，水分仪法一般只作为直观经验法的补充，大面积的水分检查还是需要直观经验来判断。

一般打捆前一天下午到地里检查水分，主要凭直观经验法检查，检查者两手抓一束燕麦草来回折，经过 3 个来回还没有折断，表明燕麦草的含水量高，不符合打捆要求。检查者也可用锤子在黑色金属表面上砸燕麦草的茎节，观察出水情况来判断水分含量。经验法判断达到打捆要求时，可以先预打 2 捆，再用水分测定仪测水分，确定达到要求后再批量打捆。傍晚空气湿度变化剧烈时，要边打捆边检测水分，建议每打 5 ~ 10 个捆，检测一次水分。特别要关注草垄下面和中间、地边和地角、地势较低的地方、拖拉机可能碾压过的地方的燕麦草的水分。

（二）打捆方法及要求

用自动捡拾打捆机进行打捆，可以是方捆，也可以是圆捆。一般方形绳捆密度要高于 150kg/m³，方形钢丝捆密度要高于 250kg/m³。

四、燕麦草捆储存

（一）入库准备工作

(1)入库(棚)前做好库房清理、除湿、消毒等工作。储备库的进出通道需保持通风良好。

(2)入库前检查温度、湿度、防火、防鼠等监测系统，检修储藏设施。

(3)入库前对草捆的含水量、品质和霉变情况进行抽检，按燕麦干草的等级、批次分开储藏。不合格草捆禁止入库。

（二）入库码垛

1. 方形草捆

草垛不得紧靠梁柱，距墙不少于50cm，采用纵横交叉码垛法，码垛需整齐、稳固，第一层草捆应离地面10cm以上，从第二层草捆开始每层设置1～2个25～35cm通风道，堆垛高度一般7～9层，每个草垛的大小以宽4～6m、长15～20m为宜，草垛之间需留2m的通风道，水分含量低的草捆码在内层，水分稍高的草捆码在外层，通风道应整洁通风。

2. 圆形草捆

草垛不得紧靠梁柱，距墙50cm以上，采用压缝式码垛法，码垛需稳固，防止倒塌，每垛的最底层码成正方形或者长方形，从第二层开始压缝码垛，即上一层草捆的中间压住下一层两个草捆的中间。根据储藏库（棚）高度确定堆垛高度，一般以7～9层为宜，每个草垛的大小以宽4～6m、长15～20m为宜，草垛之间应留2m的通风道，水分含量低的草捆码在内层，水分稍高的草捆码在外层，通风道应整洁通风无杂物。

（三）储存条件

(1)储藏室的温度不宜超过20℃，空气相对湿度应小于60%。

(2)入库的低密度燕麦干草捆安全含水量应小于18%，高密度燕麦干草捆安全含水量应小于15%。

(3)当储藏设施内的温度超过20℃、湿度超过60%时，需开启通风设施，强制通风降温、降湿。

（四）储存期管理

燕麦草储存期内应每天记录库房内的温度和相对湿度，发现异常要及时通风调整；每周检查草捆含水量，应保持在安全含水量以下；发现霉变的草捆应及时移除，并对环境进行消毒。储藏期间要定期检查虫、鼠害情况，及时处理。

五、燕麦干草质量评价

（一）燕麦干草分级类型

1. A型燕麦干草

A型燕麦干草的特点是含有8%~14%的粗蛋白质（干物质基础），有的甚至可达到14%以上。主要产自我国内蒙古阿鲁科尔沁旗、内蒙古通辽市、内蒙古乌兰察布、河北坝上地区、吉林省白城市、黑龙江省、甘肃省定西市等，以及美国、加拿大等国。

2. B型燕麦干草

B型燕麦干草的特点是含有15%以上的水溶性碳水化合物，部分可达到30%以上。主要产自甘肃省山丹县、青海省黄南州，以及澳大利亚等国。

（二）燕麦干草感官要求

燕麦干草要求表面绿色或浅绿色，因日晒、雨淋或贮藏等原因导致干草表面发黄或失绿的，其内部应为绿色或浅绿色；无异味或有干草芳香味；无霉变。

（三）燕麦干草分级指标

A型燕麦干草的分级指标见表2-5，B型燕麦干草的分级指标见表2-6。资料来源T/CAAA002-2018《燕麦干草质量分级》。

表2-5 A型燕麦干草捆质量分级指标要求

质量指标	特级	一级	二级	三级
粗蛋白质（%）	≥14.0	≥12.0＜14.0	≥10.0＜12.0	≥8.0＜10.0
中性洗涤纤维（%）	＜55.0	≥55.0＜59.0	≥59.0＜62.0	≥62.0＜65.0
酸性洗涤纤维（%）	＜33.0	≥33.0＜36.0	≥36.0＜38.0	≥38.0＜40.0
水分（%）		≤14%		

注：中性洗涤纤维、酸性洗涤纤维及粗蛋白含量均为干物质基础。

表2-6 B型燕麦干草捆质量分级指标要求

质量指标	特级	一级	二级	三级
水溶性碳水化合物WSC（%）	≥30.0	≥25.0＜30.0	≥20.0＜25.0	≥15.0＜20.0
中性洗涤纤维（%）	＜50.0	≥50.0＜54.0	≥54.0＜57.0	≥57.0＜60.0
酸性洗涤纤维（%）	＜30.0	≥30.0＜33.0	≥33.0＜35.0	≥35.0＜37.0
水分（%）	≤14%			

注：中性洗涤纤维、酸性洗涤纤维及粗蛋白含量均为干物质基础。

（四）卫生安全限量指标

燕麦干草中的重金属和亚硝酸盐等无机污染物，黄曲霉毒素 B_1、赭曲霉毒素、玉米赤霉烯酮、呕吐毒素等真菌毒素，氰化物、游离棉酚等天然植物毒素，六六六、DDT等农药污染物及沙门氏菌、霉菌、细菌总数等微生物污染物必须符合GB 13078-2017《饲料卫生标准》的要求。详细限量指标见表2-7。

表2-7 燕麦干草中卫生安全限量指标

限量指标	限量值	限量指标	限量值	限量指标	限量值
砷（mg/kg）	≤4	黄曲霉毒素 B_1（μg/kg）	≤30	氰化物（mg/kg）	≤50
铅（mg/kg）	≤30	赭曲霉毒素（μg/kg）	≤100	游离棉酚（mg/kg）	≤20
汞（mg/kg）	≤0.1	玉米赤霉烯酮（mg/kg）	≤1	异硫氰酸酯（mg/kg）	≤100
镉（mg/kg）	≤1	呕吐毒素（mg/kg）	≤5	六六六（mg/kg）	≤0.2
铬（mg/kg）	≤5	T-2毒素（mg/kg）	≤0.5	DDT（mg/kg）	≤0.05
氟（mg/kg）	≤150	霉菌总数（CFU/g）	＜$4×10^4$	多氯联苯（μg/kg）	≤10
亚硝酸盐（mg/kg）	≤15	沙门氏菌（CFU/g）	不得检出	六氯苯（mg/kg）	≤0.01

（五）燕麦干草质量分级判定规则

（1）燕麦干草质量分级判定前先检查感官指标和卫生安全指标，这两个指标符合要求后，再根据化学指标定级。不符合感官要求和卫生安全指标的为不合格产品。

（2）A型燕麦干草以中性洗涤纤维、酸性洗涤纤维、粗蛋白质三个指标确定等级。以三个指标中最低等级为准。

（3）B型燕麦干草以中性洗涤纤维、酸性洗涤纤维、水溶性碳水化合物三个指标确定等级。以三个指标中最低等级为准。

澳大利亚进口燕麦的品质指标一般为：粗蛋白含量≥7%，NDF≤60%，ADF≤38%，干物质消化率（IVD）≥60%，代谢能（ME）≥8MJ/kg，钾含量≤2%，水溶性碳水化合物（WSC）≥14%。

国产优质燕麦干草的品质指标一般为：粗蛋白7%～14%，NDF46%～64%，ADF28%～35%，dNDF（30h）大于45%～57%，干物质消化率（30h）为68%～74%，可溶性碳水化合物大于15%，钾含量1.0%～2.2%。

第三节　全株玉米青贮技术

青贮是将含水率为65%～75%的青绿饲料切碎后，在厌氧环境下，通过乳酸菌的发酵作用，抑制各种杂菌的繁殖而得到的一种发酵后的粗饲料。青贮饲料气味酸香、柔软多汁、适口性好、营养丰富、利于长期保存，是反刍家畜优良的饲料来源。玉米青贮料营养丰富、气味芳香、消化率较高，粗蛋白质含量可达7%以上，同时还含有丰富的糖类和能量。

青贮的全过程是一个复杂的生物化学反应的过程，是各类微生物兴衰变化的结果。参与青贮发酵作用的微生物很多，其中以乳酸菌为主。青贮饲料调制的成败，主要决定于乳酸生成的程度，其产生越充分，青贮的质量就越好。青贮时产生乳酸的必要条件是原料要含有一定的糖分、适宜的水分及密闭厌氧的环境，整个青贮过程就是创造有利于乳酸菌生长条件和抑制腐败菌生长繁殖的过程。新鲜原料青贮前，植物细胞并未死亡，还在进行有氧呼吸，分解原料中的有机物产生二氧化碳和水，消耗氧气，并产生大量的热量。此时如果空气越充足，分解作用就越剧烈，温度也越高，养分消耗越多。因此，及时排除空气，尽快创造无氧环境条件，可以减少因呼吸作用所致的损失。同时，青饲料上附着许多微生物，这些微生物利用青贮原料的可溶性碳水化合物为养分，进行生长繁殖。各种微生物生长繁殖的条件是不同的，对青贮有利的微生物主要是乳酸菌，乳酸菌最适宜在无氧的并含有一定量糖类的环境中生长繁殖；对青贮不利的微生物有腐败菌，腐败菌最适宜在有氧和非酸性环境中生长繁殖。在青贮的最初几天，好氧菌大量繁殖，随着好氧菌数量的增多，氧气消耗量越来越多，青贮环境中的氧气逐渐减少并产生大量的酸，开始逐渐形成有利于乳酸菌生长的条件，乳酸菌开始大量生长繁殖并产生乳酸，使原料中的酸度增加。当原料中的酸度进一步增加并达到一定浓度时，各种腐败菌、霉菌等失去生存条件并停止活动,同时也抑制了乳酸菌自身的活动,使青贮饲料中的pH值始终维持在相对稳定的状态,青贮料就不再发生变化,并能长期保存。

随着中国畜牧业的迅速发展,天然草地或种植牧草短缺导致我国肉羊养殖受到饲料资源紧缺的制约。青贮饲料能够最大限度地保留其营养物质,易于消化吸收,且适口性好、蛋白质含量高、纤维含量低、性价比高。为获得足够的优质粗饲料,我国开始实施"粮改饲"政策,玉米种植面积逐年增加,反刍动物粗饲料来源由传统的玉米秸秆青贮向全株玉米青贮过渡。

一、青贮设施建设技术

(一)青贮设施建设选址

青贮设施一般选择在地势较高、土质坚硬,地面干燥、地下水位低,靠近畜舍、远离污染源的地方建设。既要方便加工调制,也要方便取用饲喂,符合养殖场的全面布局和整体规划。

(二)青贮设施的类型

青贮设施的类型比较多,主要有青贮窖、青贮壕、青贮塔等形式,可根据生产规模、经济条件、加工饲喂方便等条件选择合适的青贮设施。每种青贮设施的形式都有各自的优缺点,一般选用青贮窖的比较多。青贮窖以其结构简单、经久耐用、易调制、方便取用而被广大养殖户普遍采用。青贮窖又分为地上式、半地下式和地下式。一般在斜坡地用半地下式青贮窖,而在平坦的地面用地上式青贮窖较好。最好能在青贮窖上搭遮雨棚,防止雨水渗入青贮料中能最大限度地提高青贮的质量和利用率。

(三)青贮窖的设计

(1)青贮窖的规模和规格

青贮窖总规模根据青贮饲料的年需求量和每立方米的容积量来确定,一般每立方米的容积量与青贮的饲草种类有关,青贮切碎的全株玉米,容重一般为500~650kg/m³,去穗的玉米秸秆,容重一般为450~500kg/m³,苜蓿、燕麦等,容重一般为400~550kg/m³。用总需要量除以单位容积来计算青贮窖的总规模。

确定青贮窖的总规模后,需要根据每天的饲喂量来确定每个青贮窖的规格,一般青贮窖的高度不超过4.0m,宽度不小于6.0m,长度在40.0m以内为宜;特别要注意的是青贮窖的宽度,既要有利于机械压窖操作,也要保证每天的取草厚度不少于30.0cm。也就是说宽度要根据每天的取草量和青贮压窖设备规格来确定。确定好每个青贮窖的规格后,再根据青贮饲料的实际需要量建设数个连体青贮窖。

(2)青贮窖的设计要方便加工调制和取用饲喂,为方便大型机械的使用,一般以长方形为宜。其中两个长面和一个宽面均为墙体,另一个宽面敞开,便于青贮作业及取草。

(3)青贮窖底部要有一定的坡度,坡比一般为1:(0.02~0.05),开口一端为坡底,在坡底设计渗出液收集池,或者排水沟。

(4)青贮窖的墙体宜采用钢筋混凝土结构,墙体顶端厚度60~100cm;如果采用砖混结构,墙体顶端厚度应以80~120cm为宜,每隔3~5m添加与墙体厚度一致的构造柱,墙体上下分别建设圈梁加固。窖底用混凝土结构浇筑,厚度不低于30cm。

(四)青贮窖建设施工要求

根据设计要求,地上式青贮窖先要挖基础至老土层,用毛石混凝土砌基础,用水泥标砖砌墙,规格为38墙,中间5m处加砖柱。三面砌墙,一面敞开,是加工调制和取用的通道。内墙用C20的水泥砂浆抹平抹光,窖底用C15的混凝土砼筑厚30cm,抹平抹光。青贮房的建设同青贮窖相似,就是建好基础,把房屋的三面墙作为青贮窖的墙面,一面开口用木板作挡板。墙顶2m处做三角屋架,三角屋架上辅木条,两面流水,用石棉瓦或其他瓦盖顶。建设青贮窖(房)要求牢固、不透水、不透气、方便实用。

二、全株玉米青贮技术

(一)青贮前的准备

新建青贮窖必须晾晒几天,手摸窖壁没有潮湿感方可青贮。旧的青贮窖青贮前要清理窖内杂物,并用石灰水进行消毒处理,确保清洁、干燥,要注意检查青贮窖的地面、墙壁等,如有破损或渗漏要及时修复后再使用。

青贮前,检修各类青贮用机械设备,保证其运行良好,准备好青贮加工必需的添加剂等材料,以确保青贮过程顺利,尽快完成,提高青贮的效率。

(二)全株玉米收割

1. 收割时间

全株玉米青贮一定要控制好收割时机,这是决定青贮质量的重要因素。过早收割,秸秆与籽粒营养不充分,且水分含量高;过晚收割,玉米芯坚硬,影响青贮质量和饲喂效果,一般通过测定干物质含量以准确判断收割时间。美国规模牧场青贮玉米收获时干物质一般为32%～38%,国内牧场由于青贮理念、玉米品种、青贮资源、收获机械等条件制约,青贮收获时干物质一般较低,在25%～30%之间。在生产实践中,有一种简单有效的判断方法就是观察玉米乳线(乳线是玉米籽粒成熟灌浆过程中乳状部分和蜡状部分的分界线),当乳线达到玉米籽粒长度的2/5时,全株青贮干物质含量约为30%。如图2-1中的玉米乳线位置接近2/5,这时就可以准备收割青贮了。也可以根据经验,在玉米的乳熟后期到蜡熟前期,即整株含水量在65%～70%、籽粒含水量在45%～60%的时候收割。老百姓也可以在正常收获籽粒前15～20d收割青贮。

目前国内青贮玉米收获普遍偏早,收获过早的青贮玉米水分含量大、干物质含量低,青贮损失比较大,而且在青贮压窖过程和发酵初期容易损失更多细胞内容物,也就是青贮过程中渗出液比较多,这些渗出液中包含了大量的糖、脂肪和蛋白质等营养物质,占青贮玉米10%的能量,这些营养物质的流失,严重影响全株玉米青贮的质量。

图2-1　乳线位置接近2/5　的玉米横切图

2. 留茬高度

青贮玉米收割留茬高度要求在15~25cm之间,推荐以25cm为宜,最短不要少于15cm。因为玉米近地15~25cm部分茎秆木质化严重,消化率很低,同时会携带各种杂菌、泥土等,严重影响青贮品质,甚至会导致青贮变质。因此,即使留茬高度每增加1cm,每亩青贮鲜重减少约9kg,也建议大家尽量增加留茬高度,以保证青贮质量。

3. 切割长度

切割长度取决于青贮玉米干物质含量,干物质含量越高切割长度要越短,干物质含量越低切割长度可以稍长一些,但是切割长度均不应大于2cm。需要注意的是,由于切割刀具保养不及时,会导致机器设定值和实际切割长度有偏差,青贮切割时要进行设备参数设置调试,确保切割长度在2cm以内。如果是揉丝粉碎,长度可以为3cm。

4. 籽粒破碎

籽粒破碎可以提高玉米籽粒淀粉的利用率,未破碎的籽粒很难被吸收,白白损失大量营养物质。籽粒破碎程度一般以一粒籽破碎为3~4瓣为宜,直观判断方法是使用一个1L的纸杯,自然装满1平杯青贮料,摊开后挑选出其中破碎程度大于原籽粒一半的籽粒,如果这样的籽粒小于等于2个,则破碎程度良好;如果为2~4个,则破碎程度一般,如果大于4个,则破碎程度差,需要重新调试设备。

目前,市面上大部分型号的青贮收割机都具有籽粒破碎功能,不过为了减少油耗、加快收割速度,一些收割机主人选择不安装此配件,或在收割时不开启,导致籽粒没有破碎,给青贮者造成很大的损失。因此青贮玉米收割时,一定要检查或者提醒老板开启籽粒破碎功能,确保青贮玉米的质量。

(三)装窖

装窖前要对青贮窖进行彻底清洁和消毒,同时在窖壁上铺垫一层无毒无害的塑料膜。切短的青贮原料要及时迅速地装入青贮窖内,尽量随切随装,边装填边压实,每装填1层,压实1

次,装填1层的厚度不得超过30cm。

青贮原料装填时,建议从一端窖口开始堆放,以楔形向另一端平移,每层铺设的青贮料不超过30cm厚,并保证青贮斜面与地面的夹角稳定在30°。斜面坡度过大、过陡,影响压窖机械爬坡,不易压实;斜面坡度过小,青贮接触空气概率增大,有氧呼吸损失增加。

装填进料速度要尽可能快,确保从原料装填至密封不应超过3d。进料速度受收割、运输、过磅、卸料、推料、压窖速度和天气等因素影响,在青贮准备阶段要协调好各环节的关系,准备好各环节所用的机械设备,同时要预先关注天气预报,以确保各环节协调配套。其中,压窖速度是影响进料速度最主要的因素,而压窖速度取决于压窖机械的装配重量,两者之间有2.5倍关系,即压窖机械每小时能压好的青贮料的重量是它自身重量的2.5倍。例如,如果有2台自重为18t的压窖机械(不包括推料机械),那么每小时能压好的青贮总量就是90t,所以想提高装填速度,在不降低青贮密度标准的情况下,必须增加压窖设备。其次影响青贮速度的是运输,为了提高装填速度、减少运输成本及运输过程中的发热损失,建议运输距离不超过50km。

装填的过程中根据需要可以添加发酵菌剂,以提高发酵速度和青贮品质。目前,乳酸菌在国外牧场的青贮中使用广泛,具有加速青贮发酵、抑制青贮开窖后二次发酵的作用。质量好的乳酸菌可以减少10%以上干物质的损失。市面上常见的青贮乳酸菌分为同型的植物乳杆菌和异型的布氏乳杆菌,前者能在青贮发酵初期快速产生乳酸,降低pH值,抑制有害杂菌;而布氏乳杆菌能在青贮开窖后持续保护青贮,抑制青贮发热损失,使得青贮更加一致、更加适口。一般来说,含有2种成分的混合产品具有复合效果,更利于青贮保存。但目前市面上的同类产品种类繁多,质量参差不齐,牧场在挑选产品时,一定要仔细查看产品说明书中的主要成分和对应含量,更重要的是乳酸菌活性,要保护青贮的实际能力。总的来说,选择青贮乳酸菌时,大品牌的产品在效果和稳定性方面更受牧场青睐。

(四)压窖

装填和压窖应该交替进行,装填一层压实一层,压窖力度越大越好,原料挤压越实越好。一般情况下,压实后原料体积会缩小50%以上,密度达到650kg/m³以上。特别要注意窖壁周边及四角要压实。因此,压窖机械的选择非常重要,推荐采用压窖机或其他大中型轮式机械进行压窖,建议不要使用链轨式工程机械,因为链轨车与青贮料接触面积大、压强小,不易压实和压平,而且速度慢、压窖效率低,另外,链轨式工程机械容易破坏窖面,使青贮中混入石块,影响家畜采食。一般推荐使用车况较好的50轮式铲车,该类铲车市面上很常见,而且工作效率高。而国外较为多见的是双排轮胎拖拉机,该拖拉机自重更重,压窖效率更高,更容易将青贮坡面压平,同时还能通过增加配重来提高压窖密度。

压窖时,压窖机械的行走速度不要过快,匀速在5km/小时以内,以保证压窖效果。同时,压窖机械要以半个轮胎宽度的距离依次从窖的一侧向另一侧平移,确保压窖密度均匀。另外,为方便压窖车辆靠近窖墙作业,应在推料时有意识地多推向两侧,将青贮窖横截面做成"U",这样压窖车辆便可很容易地靠近窖墙,确保靠墙青贮料能被压实,铺在窖墙上的塑料不被蹭破。

（五）密度控制

青贮是一种厌氧发酵的过程，因此，青贮窖压实密度越大，空气排出的越多，青贮料发酵速度越快，干物质损失越少，发酵品质更好，保质期更长。但考虑到压窖成本、压窖速度等因素，建议青贮压窖密度以 $650kg/m^3$ 为宜。建议在装填压窖过程中，最好每天测定青贮密度，及时调整压窖和进料速度，确保青贮密度。但需要注意的是，设备压不到的地方就不要堆料，压好的青贮不要重复铲压。压窖结束后，要确保原料装填高于窖口，一般小型青贮窖，原料以高出窖口 0.5～0.7m 为宜，大型青贮窖原料高出窖口 0.7～1.0m 为宜，并且要中间高，四周低，便于雨水排出，防止积水。

（六）封窖

装填压实完成之后，立即将窖壁上铺垫的塑料膜拉起盖在窖顶，上面再盖一层黑白塑料膜密封，密封后塑料膜上再盖 30cm 厚的细土或者用重物镇压，确保密封效果。另外，为防止冬天结冰，还可再盖一层干玉米秸秆、稻秸或麦秸。如果用轮胎镇压，最好将轮胎一劈为二倒扣压窖，一是节省轮胎、降低劳动强度；二是避免轮胎积水、滋生蚊蝇。在贮存过程中要经常检查青贮设施的密封性，顶部出现积水时要及时排除，及时补漏。

如果是大型牧场的大型青贮窖，装填完成时间在 3d 以上时，可以采取边装填、边压窖、边封窖的方法，以缩短青贮暴露在空气中的时间，减少青贮有氧呼吸损失。即当一侧青贮料压至高出窖口时开始封窖，每压好一段距离黑白膜同步往前推进封窖。封窖 20d 以内，原料会有一些下沉，应及时填土，并经常检查，发现裂缝、破口、空隙时应及时修补压实。

（七）取饲

玉米青贮料发酵完成并进行质量评价后，根据评价结果确定能不能饲喂和饲喂量。将表层有霉变的部分废弃，达到饲喂标准的青贮料方可取料饲喂。

1. 取料

取料要从一端开始，沿青贮窖纵切面从上往下垂直切取，切面整齐，随用随取，尽量缩短青贮饲料与空气接触的时间。根据每次的饲喂量取用，每天取用厚度应不少于 30cm。每次取完后尽量用塑料膜或草帘覆盖切取面，防止风吹、暴晒和雨淋。青贮窖一经打开，必须连续取用，不得长时间放置，否则长时间暴露在空气中会出现二次发酵。每次取料前应检查取料面的品质，发现霉变及时剔除，当天取的青贮料要当天喂完。

2. 饲喂

（1）训饲

初次饲用青贮玉米料的家畜，刚开始有些不太适应，一般经过 3～5d 的训饲后，即可大量投喂。对常年饲喂青贮料的家畜则不必训饲。

（2）合理搭配干草

如果青贮玉米秸秆铡得过细，对牛羊的反刍不利，因此在大量投喂玉米青贮料时，每天应适当补饲优质干草。

（3）一年四季均衡供给

因为青贮饲料可长期保存，不受季节限制，因此一年四季都可保证青贮饲料的均衡供应。

三、全株玉米裹包青贮技术

裹包青贮就是利用机械设备将全株玉米刈割、揉切、压缩打捆，然后再用具有拉伸和黏附性能的薄膜缠绕裹包后形成密封的厌氧环境，进行发酵青贮的技术。

（一）裹包青贮前准备

1. 现场准备

现场查看要作业的地形，地块较大时可划分成几个区域分别进行作业，作业地块地表平坦，土壤含水量应小于25%，或能确保作业的机械轮胎不下陷。青贮前一定要制定作业计划，规划作业路线，标识障碍物。

2. 机械准备

选择适合的收割机械、包膜机械，并进行全面检修和保养，确保能安全顺利地完成作业。收获作业机械需配备机械操作人员1名，辅助作业人员2~3名。

3. 裹包青贮专用拉伸膜准备

青贮专用拉伸膜宜选用聚乙烯膜(PE膜)，或氧阻隔膜(OB膜)，禁止使用再生塑料生产的拉伸膜。拉伸膜应具有良好的机械特性、特别高的耐穿刺性、足够高的拉伸强度、较高的黏附性，且性质稳定，不透明，能抗阳光(紫外线)损伤。厚度应不小于25μm。拉伸膜颜色有白色、黑色和绿色三种，因地制宜地选用不同颜色的拉伸膜。

（二）裹包青贮加工工艺

1. 收割打捆

应在青贮玉米的乳熟期至蜡熟期收割，茎秆含水率在65%~70%，且不倒伏为宜。收割作业速度应符合机械技术要求，作业幅宽宜控制在割台宽度的90%，喂入量不应超过作业机械的规定值。作业机械田间停车和地头转弯时，应该继续保持作业装置动力，待已喂入玉米完全切碎排出后，方可停机或切断作业装置动力，以免造成机械堵塞。收割留茬高度15~20cm，切割长度3~5cm。

裹包青贮应采用收割粉碎打捆一体化机械收割、粉碎和打捆，草捆的形状一般均打为形状规则的圆柱形，且结构紧实，密度650~700kg/m³。根据需要选择打捆机规格，体积较小的打捆机所打草捆：直径为55~60cm，高65~70cm，体积0.154~0.198m³，重量55~70kg；大型的打捆机所打草捆：直径120~125cm，高120~125cm，体积1.356~1.533m³，重量600~750kg。

2. 草捆缠网与包膜

当打捆机械完成打捆作业时，便开启缠网机械，对草捆进行缠网，以防止破损和散落。缠网结束后草捆就会从捆仓中卸出，落到随行的裹包机上，用青贮专用膜进行包裹，一般包裹4~6层为宜。

（三）裹包青贮的堆放与管理

裹包后的全株玉米青贮捆可以在自然环境下堆放，裹包青贮存放在地面平整、排水良好、没有杂物和其他尖利物的地方，裹包的堆放层数，小型圆捆可堆放2~4层，大型圆捆可堆放1~2层。裹包青贮一般经过42~56d时间即可完成发酵，进行饲喂。存放过程中要经常检查青贮裹包的密封情况,如有破损及时修补。

(四)裹包青贮的优点

裹包青贮与常规青贮一样,具有干物质损失较小、可长期保存、质地柔软、适口性好、消化率高、营养成分损失少等特点。裹包青贮还有以下几个优点:首先,制作不受时间、地点的限制,不受存放地点的限制,若能够在棚室内进行加工,也就不受天气的限制。其次,与其他青贮方式相比,裹包青贮过程的封闭性更好,渗出液损失少,通过渗出液损失的营养物质更少,而且不存在二次发酵的现象。裹包青贮的运输和使用都比较方便,更适合小规模场户或没有青贮窖的场户,更有利于商品化推广。

(五)裹包青贮的缺点

裹包青贮虽然有很多优点,但同时也存在着一些不足。一是这种包装比较容易被损坏,一旦拉伸膜被损坏,酵母菌和霉菌就会大量繁殖,导致青贮饲料变质、发霉。二是容易造成不同裹包之间水分含量参差不齐,出现发酵品质差异,从而给日粮的营养设计带来困难,难以精准掌握供给量。

四、全株玉米袋式青贮技术

袋装青贮指将全株玉米经收割、切碎和搅拌等一系列工艺加工后,用机械压缩成型,直接装入塑料袋进行密封贮存的饲料。

(一)袋装青贮的生产流程

袋装青贮的生产流程见图2-2。

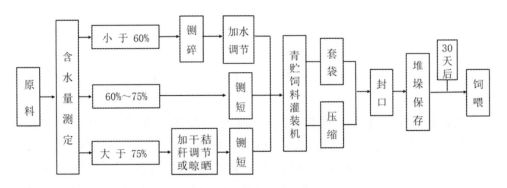

图2-2　袋装青贮的生产流程

(二)袋装青贮的生产工艺

1. 原料收割

袋装全株青贮玉米宜在乳熟期到蜡熟期收割,最好能够揉丝切碎,切割长度视青贮原料质地的粗细、软硬而定,以1.5~2.0cm为宜。

2. 原料水分的控制

青贮料含水量应控制在65%~75%,水分含量大于75%,需加干物料调节或晾晒;水分含量小于60%,需加水调节。

3. 青贮袋

青贮袋应选择气密性好、强度大且无毒的聚乙烯塑料袋。厚度为 0.08mm 以上，大小（长×宽×高或具有相同体积的圆形塑料袋）根据需要可选择以下两种规格：第一种，装料前规格 1000mm×305mm×205mm，装料封口后物料袋尺寸为：600mm×305mm×205mm，装料约 30kg；第二种，装料前规格 1250mm×455mm×275mm，装料封口后物料袋尺寸：750mm×455mm×275mm，可装料约 60kg。

4. 青贮灌装机械

青贮灌装机应经过相关有资质的鉴定部门鉴定合格，具有成形与压缩部件，压缩形式为机械式或液压式，可移动作业，也可固定作业，压力大于 300kN，压缩部件能将准备好的物料直接压入塑料袋，成形装置边角圆润，套袋方便快捷，袋的破损率小，能够连续、稳定作业。

5. 灌装压缩

按要求准备好青贮原料和塑料袋，启动灌装机器，空运转 5min，然后将相应规格的塑料袋套在成形腔外，将揉丝粉碎后的原料装满喂料斗，启动压缩装置，通过成型腔将物料直接压入包装袋，原料装满包装袋并达到预定压实密度后退出成型腔，在原料不产生过量回弹的情况下，包装袋裹紧物料。立即夹紧袋口，拿下装满原料的包装袋，立即用机械封口或人工扎口，袋口应封严，防止漏气致青贮饲料腐烂变质。原料压实密度应大于 650kg/m³。

（三）袋装青贮的管理

贮存场地要平整，无尖锐物，防止牲畜践踏，防禽、鸟和鼠类破坏，严禁与有毒、有害、有腐蚀性和挥发性气味的物品混存。袋装青贮堆垛贮存时，30kg 的小袋不宜超过 7 层，60kg 的大袋不宜超过 5 层。贮存过程中要随时检查包装袋是否有损坏，及时修补漏洞，严防气体进入而致青贮饲料腐烂。

五、全株青贮玉米品质评价

青贮完成后，经过 20d 左右的发酵和 20d 左右的熟化即可开窖（包、袋）饲喂。此时的青贮料气味芳香、适口性好、消化率高。饲喂前要检查气味、颜色等，同时应采样进行发酵品质评价和卫生安全检测。

1. 感官评价

一看颜色：优质青贮饲料的颜色非常接近于作物原来的颜色。若青贮前的饲料为绿色，青贮后呈绿色或黄绿色的为佳。中等质量的青贮饲料呈黄褐色，品质差的青贮饲料为褐色或暗绿色。黑褐色为变质色，这样的青贮饲料不能饲喂。

二闻气味：优质青贮饲料通常具有轻微的酸香味和水果香味，或类似于刚切开的面包的气味。酸味较重的青贮料品质较差。若有陈腐的脂肪臭味或令人作呕的气味，是青贮失败的标志。若有霉味，则表明青贮饲料压实不严引起霉变。若有类似猪粪的臭味，则表明蛋白质变性分解。有异味的青贮饲料不能饲喂家畜。

三查质地：优质青贮饲料质地紧密，植物的茎叶和籽粒能清晰辨认，保持原来形状。略带黏性但不粘手的青贮品质较差。劣质的青贮饲料茎叶结构被破坏或质地黏腐粘手，甚至结块。

四尝味道：优质青贮饲料，味甘甜，有酸味。有异味的则表明品质低劣。

2. 安全指标

全株玉米青贮料中黄曲霉毒素 B_1 含量要小于等于 10μg/kg、赤霉烯酮要小于等于 500μg/kg、呕吐毒素应小于等于 5mg/kg、T-2 毒素应小于等于 500μg/kg、伏马毒素（B_1+B_2）应小于等于 60mg/kg、赭曲霉毒素应小于等于 100μg/kg。

3. 有机酸含量

每千克干物质中乳酸含量应大于等于 485g，乙酸含量小于等于 8.5g，丁酸含量小于等于 0.63g。

4. 营养成分和发酵品质

营养成分和发酵品质评价见表 2-8。

表 2-8　全株青贮玉米营养成分和发酵品质评价指标

	营养成分评价					发酵品质评价		
评分	干物质（%）	粗蛋白（%）	NDF（%）	ADF（%）	淀粉（%）	评分	氨态氮/总氮（%）	pH
8	≥30	≥8.0	≤45	≤23	≥25	15	≤5	3.8 ~ 4.2
6	≥25<30	≥7.5	>45≤50	>23≤26	≥20<25	13	>5≤10	3.6 ~ 3.8 或 4.2 ~ 4.7
4	<25	≥7.0	>50≤55	>26≤29	≥15<20	11	>10≤15	≥4.7 或 ≤3.6

注：数据来源 DB5/T 956-2016，表中数值均为干物质基，且评分越高品质越好。

第四节　苜蓿青贮技术

　　紫花苜蓿是一种优良的牧草品种，具有适应性强、产草量高、品质优良且可频繁刈割等特点，是世界上栽培面积最大的牧草种类。目前我国苜蓿的主要产品为干草，且调制干草的方法多为自然晾晒。由于大部分苜蓿主产区雨热同季，苜蓿干草调制不仅难度大，而且晾晒过程中还会因雨淋、落叶、长时间晾晒等因素的影响，造成干草产量损失高达 30% 左右、蛋白质损失 10% 以上，如果收割后遭遇阴雨天，很容易造成发霉变质，损失更大。青贮是解决上述问题较为理想的技术措施。其原理是在密闭的环境中，利用植物细胞和好氧微生物的呼吸作用，耗尽原料压实后残余的少量氧气，造成厌氧环境，使苜蓿青贮原料所附着的乳酸菌快速繁殖，并快速将青贮原料中的碳水化合物（主要是糖类）转变成以乳酸为主的有机酸，当乳酸积累到 0.65% ~ 1.30%（优质青贮料可以达到 1.5% ~ 2.0%）时，青贮料 pH 值下降到 4.2 以下，大部分微生物停止发酵，从而抑制丁酸菌的繁殖，甚至乳酸菌本身也受到抑制，使青贮料达到长期贮存的效果。但是，紫花苜蓿是一种高蛋白、低碳水化合物和高水分的豆科牧草，且表面附着的乳酸菌很少,有害细菌与有益细菌的比例高达10∶1。因此,苜蓿青贮技术难度较大,需要高度重视。目前苜蓿青贮的方法主要有半干青贮、高水分青贮等。

一、苜蓿半干青贮技术

苜蓿半干青贮就是将晾晒至萎蔫的苜蓿(水分含量55%~65%)置于密封的青贮设施中,在厌氧条件下进行的以乳酸菌为主导的发酵过程,使酸度上升,pH值下降,抑制有害微生物的活性,使青绿苜蓿得以长期保存的加工方法。

(一)半干青贮方式

1. 裹包青贮

将紫花苜蓿刈割、晾晒、切碎、打捆后,使用具有拉伸和黏着性能的薄膜缠绕裹包后形成密封厌氧条件进行的青贮。裹包青贮是苜蓿常用的青贮方式,方便快捷,成包周期短,受收割速度和规模影响较小,青贮失败的风险小,品质有保障。建议小农户或者小规模种养户优先选择使用该青贮方式。

2. 窖贮

将紫花苜蓿刈割、晾晒、切碎后,利用青贮窖青贮。这种方法适合大型牧场,或者苜蓿种植规模大、能够机械收割的农场。窖贮的装窖周期容易受收割速度及天气的影响,存在一定的风险,建议小农户或者小规模种养户不使用这种方式。

3. 堆贮

将紫花苜蓿刈割、晾晒、切碎后,利用水泥地坪逐层堆积、压实青贮。这种青贮压实密封效果不好,青贮质量很难保障,一般不推荐选择。

(二)贮前准备

根据种植规模、苜蓿生长情况和设施条件选择青贮方式和青贮设备的容量。青贮前,清理青贮设施内的杂物,检查青贮设施的质量,达到清洁无污染、不漏气、不漏水的标准。

青贮前检修各类青贮用机械设备,包括收割、切碎、运输等设备,使其运行良好,并能保证不影响整个青贮进程和质量。同时,准备青贮加工必要的材料,如塑料膜、添加剂、轮胎和黏合剂等。

(三)苜蓿收割

青贮用紫花苜蓿的适宜收获期为现蕾期至初花期。也就是从50%的植株出现花蕾的时候到10%的植株开花的时期。收割时留茬高度一般为5~8cm。

(四)晾晒

苜蓿刈割后原地或者拉至晒场进行晾晒,含水量为55%~65%时即可切碎青贮。生产实践中,晾晒水分判断方法主要为直观法,即观察叶片开始卷缩,茎秆下半部分叶片个别开始脱落,叶柄较易折断,压迫茎秆时能挤出水分,茎的表皮可用指甲刮下,叶片颜色由鲜绿色变成深绿色,茎秆颜色基本未变,这时候水分含量最适宜苜蓿半干青贮。苜蓿青贮原料的含水量保持均匀一致对保证青贮质量非常重要,因此,晾晒过程中要注意监测水分的变化,保证制作青贮时苜蓿的水分含量在合理的范围内。如果苜蓿水分含量过高,会有液体渗出导致养分流失,也不利于发酵过程。如果苜蓿太干(含水量<50%),很难压紧压实,同时青贮容易发热或发霉,导致青贮失败。

(五)切碎

用专业的粉碎或者揉丝机械,对晾晒至水分含量达到要求的苜蓿进行切碎或揉丝,裹包青贮时苜蓿切碎长度以2~3cm为宜,窖贮和堆贮时苜蓿切碎长度3~5cm为宜。苜蓿太长不容易压紧压实,尤其是在青贮苜蓿水分含量偏低时;切的太短,不利于家畜反刍,影响新陈代谢。

(六)青贮添加剂的使用

相对于禾本科牧草,苜蓿制作青贮较难,这是因为苜蓿含糖量低,缓冲能力强,因此建议使用青贮添加剂来辅助发酵并防止腐败。大多数青贮添加剂的成分是乳酸菌及酶,可以增加乳酸菌的数量和生长速度,乳酸菌形成的有机酸会降低pH值,有助发酵。另外一些添加剂的成分是抑制剂,如丙酸和乙酸,会减缓所有微生物的生长(包括有氧菌和厌氧菌)。添加剂有利于苜蓿养分保存,提高苜蓿的适口性和家畜的采食量。

根据青贮添加剂的成分和用量来选择使用添加剂,建议选用乳酸菌制剂、有机酸制剂以及富含可溶性糖的添加剂,以弥补苜蓿中糖分含量不足的缺点,促进发酵。乳酸菌和有机酸添加剂应符合GB/T 22142、GB/T 22141、NY/T 1444和DB15/T 1454的要求。添加方法包括选用与添加剂物理性状(液态、固态等)相适应、易控制添加量的设备,在切碎过程中喷(或撒)添加剂,要将添加剂与青贮苜蓿充分搅拌,混合均匀。每克苜蓿中添加的菌群数称做CFU,一种添加剂的CFU最少为1×10^5,一般而言,CFU越大,效果越好。另外,添加进去的微生物菌群适宜生存的pH、温度和湿度范围越宽,能够利用进行发酵的植物糖种类越多,效果也越好。

建议切碎的同时喷洒青贮乳酸菌,以科迪华先锋公司(原杜邦先锋公司)的先牧1152促发酵乳酸菌为例,常用包装是每瓶200g,可以处理250t苜蓿青贮。根据每天每台收割机(粉碎机)的作业亩数和收获青贮苜蓿的吨数来准备当天需要的青贮添加剂的量。用水量和稀释倍数可根据喷头喷水量来定,一般按每吨苜蓿500ml水稀释0.8g添加剂喷洒。先牧1152青贮添加剂可使苜蓿青贮后在7d内pH值降低到4.5以下,特别是在前四天,能产生大量乳酸菌,促进快速发酵,减少养分损耗,以制作出优质的苜蓿青贮。

(七)青贮制作

1.堆贮和窖贮

堆贮和窖贮装填时,原料装填要迅速、均一,装填与压实作业同时交替进行,原料每装填一层压实一次,每层装填厚度不得超过15cm,采用压窖机或其他大中型机械压实。窖贮原料宜高出青贮窖壁30cm以上。从原料装填至密封不宜超过3d;分段密封作业时,每段密封时间不超过3d。装填压实后立即用塑料薄膜密封,塑料薄膜外面放置轮胎或者垫土镇压,每平方米保证一片轮胎。

2.裹包青贮

苜蓿裹包青贮的原料切割长度控制在2~3cm,水分含量控制在55%~65%,采用收割粉碎打捆一体机收割、粉碎和打捆,也可将收割粉碎后的原料拉回打包场地进行打捆和裹包。一般均打为形状规则的圆柱形草捆,且结构紧实,密度 650~700kg/m³。根据打捆机规格,体积较小的打捆规格:直径为 55~60cm,高 65~70cm,体积 0.154~0.198m³,重量 55~70kg;大型的打捆规格:直径 120~125cm,高 120~125cm,体积 1.356~1.533m³,重量 600~750kg。

当打捆机械完成打捆作业时,便开启缠网机械,对草捆进行缠网,以防止破损和散落,缠网层数应不少于4层。缠网结束后草捆就会从捆仓中卸出,落到随行的裹包机上,用青贮专用拉伸膜进行包裹,一般包裹 4~6 层为宜。拉伸膜的选择参照全株玉米裹包技术。

(八)青贮后管理

(1)窖贮、堆贮应经常检查塑料薄膜、设施的密封性,及时补漏。顶部出现积水应及时排除;防鼠防鸟。

(2)裹包青贮存放在地面平整、排水良好、没有杂物和其他尖利物的地方,集中堆垛存放,圆柱形裹包以底面着地的方式放置,可依草捆的重量调节堆垛层数,一般不超过2层。储存期内根据存放条件采取防晒、防雨、防鼠和防鸟的措施,减缓拉伸膜的老化,防止老鼠、鸟等对拉伸膜的破坏。定期检查,发现堆垛的裹包发生底层压迫变形时,及时调整堆垛层数;发现有拉伸膜破损,要及时修补。

(九)取饲

苜蓿半干青贮时间至少需要 3~4 周,然后才能饲喂,以保证发酵效果。使用时,最好每天刨去15cm以上,切面要整齐,以防止切面发热和腐烂。

二、苜蓿高水分窖式青贮技术

苜蓿高水分窖式青贮就是在紫花苜蓿适宜刈割期,采用边刈割、边切碎、边添加乳酸菌制剂、边装填入青贮窖压实发酵的青贮技术。半干青贮需要对刈割的苜蓿原料进行晾晒至萎蔫,与半干苜蓿相比虽然缩短了晾晒时间,但仍然存在雨淋的风险,未能从根本上解决雨季苜蓿收获和贮藏的安全问题。高水分青贮技术的特征在于原料不经晾晒,刈割粉碎后直接入窖青贮,能较好地解决苜蓿饲料实际生产中的晾晒以及带来的风险问题。

(一)原料收获与运输

高水分窖式青贮时,苜蓿在初花期刈割,要求土地达到机械收获作业条件,且至少未来24h内无降雨。青贮原料含水量以 60%~75% 为宜,如果水分不符合要求,可用营养添加剂来调节。收割留茬高度以 5~8cm 为宜,原料切碎长度为 2~3cm。从原料装满运输车到倾倒入窖的时间不宜超过4h。

(二)添加剂使用

由于苜蓿自身含糖量很低,在高水分青贮时,需要加入适量的营养添加剂,以调节水分含量,同时增加原料含糖量,提高发酵速度和发酵品质。建议每装填一层原料,均匀喷洒10%~12%的玉米粉或麦麸等。最好用地磅称量每车原料的重量,以准确计算出需添加的营养添加剂的量。同时,建议原料中选择添加一些青贮添加剂来辅助发酵和防止腐败,青贮添加剂的使用可参照苜蓿半干青贮技术。

（三）装窖

1.铺设青贮专用膜

自上而下沿青贮窖壁将青贮专用膜铺开，膜的末端距青贮窖底约50cm左右，多余部分放至青贮窖壁上或青贮窖外。

2.铺设禾本科碎草

原料入窖前，在青贮窖底部均匀铺一层禾本科碎草，且压实后的总厚度达到30cm左右，禾本科碎草的压实按照常规青贮的压窖方法进行。

3.原料装填

底部装好30cm厚的禾本科碎草后就可以装填苜蓿原料了，装填方法参照全株玉米窖式青贮。倾倒原料时，运输车要保持缓慢前进的状态，速度一般小于5km/h。原料逐层装填，每一层厚度为10~15cm。

（四）压实密封

装填、压实和封窖应交替进行，边装填边压窖。压窖方法参照全株玉米窖式青贮，将压实密度控制在600~650kg/m³。采用分段密封的方法，装填3~5h密封一次。中途停止作业的时间小于5h，则需临时对斜面进行密封镇压，再次继续作业时，沿原斜面继续装填。停止作业时间大于5h，需要即时封窖，再次作业时，去除镇压物，沿斜面重新装窖。密封时将窖壁上铺设的塑料膜拉起铺在窖顶的原料上，然后在上面再盖一层塑料膜，确保覆盖严实，无漏水风险。然后，在塑料薄膜上自下而上摆放一层废旧轮胎或沙袋等无棱角、无尖锐物的重物，放置密度每平方米应大于1个，在塑料薄膜四周应加大摆放密度。

（五）贮后管理

青贮封窖后，要经常检查青贮窖排水设施，保证排水通畅，防止倒灌。定期检查青贮窖顶部薄膜的平整度，如发现低洼，及时填入碎草，覆盖土壤并踩平，防止积水渗入。定期检查青贮膜是否破损，若发现破损，应及时用专用胶带封堵，防止透气。

三、青贮苜蓿品质评价

（一）感官评价

在自然光下查看苜蓿青贮料的色泽和结构；同时抓起自然状态下的青贮料，贴近鼻尖嗅闻气味；用手指捻搓青贮料，通过触觉评价质地。

正常的青贮苜蓿颜色应为绿色、黄绿色、暗绿色或黄褐色，不能为褐色或黑色。气味以酸香味或稍有酒精、醋酸味为佳，不能有霉味、腐臭味或氨味。茎叶质地结构清晰或基本保持原状、松散、柔软湿润。如果颜色变黑，或者有霉味、腐臭味或氨味，或者出现茎叶模糊、腐烂、黏滑或干硬均视为青贮失败。

（二）干物质

苜蓿青贮料干物质含量应为30%~40%；水分含量60%~70%；粗灰分含量应低于12%。

（三）青贮苜蓿质量分级

目前，我国还没有青贮苜蓿的质量分级的国家和行业标准，一些苜蓿生产大省订立了地方标准,综合这些地方标准和行业习惯,青贮苜蓿料质量分级指标应该包括pH值、氨态氮、乳酸、乙酸、丁酸、粗蛋白、中性洗涤纤维、酸性洗涤纤维等,具体指标见表2-9。

表2-9 苜蓿青贮料质量分级

项目	等级			
	一级	二级	三级	四级
pH	≤4.3	>4.3,≤4.6	>4.6,≤4.8	>4.8,≤5.2
氨态氮/总氮,%	≤10.0	>10.0,≤15.0	>15.0,≤20.0	>20.0,≤30.0
乳酸,%	≥75.0	<75.0,≥60.0	<60.0,≥50.0	<50.0,≥40.0
乙酸,%	≤20.0	>20.0,≤30.0	>30.0,≤40.0	>40.0,≤50.0
丁酸,%	0	≤2.0	>2.0,≤10.0	>10.0
粗蛋白,%	≥20.0	<20.0,≥18.0	<18.0,≥16.0	<16.0,≥15.0
中性洗涤纤维,%	≤35.0	>35.0,≤40.0	>40.0,≤44.0	>44.0,≤45.0
酸性洗涤纤维,%	≤30.0	>30.0,≤33.0	>33.0,≤36.0	>36.0,≤37.0

(四)苜蓿青贮的优点

苜蓿青贮相对调制干草,青贮叶片损失小,受气候影响也小,所以养分保存的好。夏季制作青贮,一般只需要在田间晾晒2~6h,春秋季节也只需晾晒15~20h。另外,制作青贮减少了机械对土地的碾压。苜蓿青贮含水量高、消化率和适口性都更好,更适合调制全混合日粮,尤其是在炎热的夏天家畜更喜欢采食青贮苜蓿。

(五)苜蓿青贮的缺点

制作青贮田间损失很小,但是,所有的青贮密封后在发酵完成前都有一定程度的有氧腐败,开窖后如果管理不当,青贮苜蓿暴露在空气中,酵母和霉菌很容易快速繁殖导致青贮腐烂,青贮的化学成分、pH值及温度等都发生变化。霉菌产生的毒素达到一定浓度时,家畜采食了会中毒,饲喂发霉变质的青贮苜蓿会造成很大的损失。发霉的青贮苜蓿常呈白色,也可能是其他颜色,这取决于霉菌种类。另外,青贮苜蓿过程使大量的苜蓿蛋白转化为非蛋白氮,这种蛋白在瘤胃内分解速度很快,很多直接被转化成尿素排出体外,而苜蓿干草里的蛋白被瘤胃微生物分解的速度较慢,青贮苜蓿的消化吸收率可能会低于苜蓿干草。此外,青贮含水量高,长距离运输存在一定困难。

第五节 饲用燕麦青贮技术

饲用燕麦是一种一年生优质禾本科牧草,属于燕麦属中的皮燕麦,主要用于生产优质饲草,具有抗逆性强、纤维结构合理、营养价值和消化率高等优点。

在中国燕麦种植区,收获的燕麦既可用来调制干草,也可制作青贮饲料,但调制干草易受天气影响,导致养分损失甚至腐败,青贮是在不适合调制燕麦干草时的一种更好地利用方式。同时,燕麦青贮具有青绿多汁、适口性好、耐储藏等特点,还具有易收获、易调制、机械化程度高、天气影响小等优点,对于提高燕麦草的利用和解决家畜饲料来源具有重要作用。

一、贮前准备

根据生产经营实际确定青贮调制量和青贮形式(窖式、裹包、袋式),检修青贮加工相关设备,确保清洁且运转良好。检查青贮窖,及时修复破损,清理杂物,并对窖内壁进行冲洗、消毒、覆膜。准备专用青贮拉伸膜或者青贮袋,准备好青贮添加剂并计算好添加量。

二、刈割

燕麦青贮时宜在抽穗期至乳熟期之间进行刈割,最迟不应超过蜡熟期。刈割留茬高度5~10cm。原料切碎长度控制在1~4cm,但不同生理期收割的燕麦品质差异较大。因此,一定要准确判断,具体方法如下:

抽穗期:饲用燕麦穗部从旗叶叶鞘管中抽出1/3~1/2时为开始抽穗的标准,整块田地的燕麦50%以上植株抽穗时称为全田的抽穗期。

乳熟期:饲用燕麦种子成熟过程中的第一个时期。胚乳细胞中的绿色液汁开始转为白色乳汁,此时植株大部分仍为绿色,仅下部叶片开始转黄,籽粒含水分较高。茎叶中的养分大量转运至籽粒,并转化积累成干物质,是粒重增长的关键时期,这个阶段就是乳熟期。

蜡熟期:饲用燕麦籽粒脱水,胚乳凝缩呈蜡状,粒色由绿转黄,显现本品种的固有色泽。植株中部叶片开始转黄,光合面积急剧下降,胚乳中仍缓慢积累干物质,这个阶段就是蜡熟期。

三、水分调节

燕麦青贮时的含水量应控制在60%~75%,刈割后如果原料含水量高于75%,应进行晾晒处理,此期间应每隔4~5h进行1次含水量监测。

四、添加剂的使用

在刈割、切碎、打捆或装窖等环节中选择合适时机,喷洒青贮添加剂并充分混匀。添加剂使用应符合GB/T22142-2008《饲料添加剂有机酸通用要求》和NY/T 1444-2007《微生物饲料添加剂技术通则》的规定。

五、青贮方法

(一)窖式青贮

1. 填装、压实

原料填装应迅速且均匀,填装与压实作业交替进行。青贮原料由窖内侧向外侧呈楔形填装。填装一层压实1次,每层厚度以20cm为宜,压实密度达到650kg/m³以上。装填压实作业过程中,确保青贮窖中燕麦密度均匀且不得有其他异物带入。

2. 密封

填装压实后立即密封。在青贮窖顶部铺设至少3层无毒无害塑料薄膜,并在塑料薄膜外铺设一层强度大且具有防水性能的苫布或塑料布,推荐使用青贮专用黑白膜,并在上面放置重物镇压或覆盖细土,特别是苫布与地面和窖壁接触部位必须密封严实,确保不漏雨、不透空气。

3. 青贮管理

每周进行2次密封检查,及时清理窖顶和排水沟的积水,发现苫布出现破损立即修补,防止霉变的发生。如果已经发生霉变,但霉变程度较小时,将霉变部分以及周围15cm处的青贮料取出后,进行修补。如霉变深度在30cm以上或有严重臭味,需进行局部深挖并在深挖部位喷淋甲酸来控制霉变。

(二)裹包青贮

1. 打捆

燕麦裹包青贮的原料切割长度应控制在2~3cm,水分含量控制在60%~70%,采用收割粉碎打捆一体化机械收割、粉碎和打捆,也可将收割粉碎后的原料拉回打包场地,进行打捆和裹包。一般均打为形状规则的圆柱形草捆,且结构紧实,密度650~700kg/m³。目前,市场上的打捆机规格分为两种,一种是体积较小的打捆机,其打捆规格为底面直径55~60cm、高65~70cm,体积0.154~0.198m³,重量55~70kg,用这种打捆机打的裹包青贮密度较小、重量轻,不宜长期贮存,但搬运方便,适合小规模养殖户。另一种是大型打捆机,其规格为底面直径120~125cm,高120~125cm,体积1.356~1.533m³,重量600~750kg,用这种打捆机打的青贮包密度大,发酵效果好,能够长期贮存,缺点是搬运不方便,需要专业装载设备,适合大规模养殖企业使用。

2. 草捆缠网与包膜

打捆机械完成打捆作业后,开启缠网机械,对打好的草捆进行缠网,以防止破损和散落,缠网层数应不少于4层。缠网结束后草捆就会从捆仓中卸出,落到随行的裹包机上,用青贮专用拉伸膜进行包裹,一般包裹4~6层为宜。拉伸膜的选择参照全株玉米裹包青贮标准。

3. 裹包青贮管理

裹包青贮存放在地面平整、排水良好、没有杂物和其他尖利物的地方,裹包圆捆的堆放层数,小型圆捆可堆放2~4层,大型圆捆可堆放1~2层。裹包青贮一般经过40~60d即完成发酵,可以进行饲喂。存放过程中要经常检查青贮裹包的密封情况,如有破损及时修补。同时注意防虫蛀、鸟啄和鼠害。

(三)袋装青贮

1. 青贮袋

青贮袋应选择气密性好、强度大且无毒的聚乙烯塑料袋,厚度为0.08mm以上,大小(长×宽×高或具有相同体积的圆形塑料袋)根据需要可选择以下两种规格,第一种规格:装料前1000mm×305mm×205mm,装料封口后物料袋大小为600mm×305mm×205mm,可装青贮料约30kg;第二种规格:装料前1250mm×455mm×275mm,装料封口后物料袋大小750mm×455mm×275mm,可装青贮料约60kg。

2. 灌装压缩

用青贮灌装机械进行灌装压缩,青贮灌装机应经过相关有资质的鉴定部门鉴定合格,具有成形与压缩部件,压缩形式为机械式或液压式,可移动作业,也可固定作业,压力大于300kN,压缩部件能将准备好的物料直接压入塑料袋,成形装置的边角要圆润,套袋方便快捷,袋的破损率小,能够连续稳定作业。

按要求准备好青贮原料和塑料袋,启动灌装机器,空运转5min,然后将相应规格的塑料袋套在成形腔外,将揉丝粉碎后的原料装满喂料斗,启动压缩装置,通过成型腔将物料直接压入包装袋,原料装满包装袋并达到预定压实密度后退出成型腔,在原料不产生过量回弹的情况下,使包装袋裹紧物料,立即夹紧袋口,拿下装满原料的包装袋,用机械封口或人工扎口,袋口必须密封严实,防止漏气致青贮饲料腐烂变质,也可在扎袋前在袋口处的青贮原料上喷洒甲酸,防止霉菌生长,原料压实密度应大于650kg/m³。

3. 袋装青贮的管理

贮存场地要平整,无尖锐物,防止牲畜践踏,防禽、鸟、鼠类破坏,严禁与有毒、有害、有腐蚀性和挥发性气味的物品混存。袋装青贮堆垛贮存时,30kg的小袋不宜超过7层,60kg的大袋不宜超过5层。贮存过程中要随时检查包装袋是否有损坏,及时修补漏洞,严防气体进入而致青贮饲料腐烂变质。

六、青贮燕麦草质量评价

(一)感官评价

颜色:在自然光线条件下,目测正常青贮燕麦的颜色应为浅绿色、黄绿色或黄褐色,没有褐色或黑褐色,没有明显霉斑。

气味:正常的青贮燕麦,贴近鼻尖嗅气味,有酸香味或柔和酸味,无刺激的酸味、臭味、氨味和霉味。

质地:用手指搓捻,感受青贮燕麦的组织完整性以及是否发生霉变,青贮成功的燕麦应该质地疏松、柔软、不成团、无结块。

如果发现颜色深暗,或者变成黑色;气味酸臭,或者有比较重的氨味和霉味;或者出现茎叶模糊、腐烂、质地黏滑或干硬均视为青贮失败或者变质,不得用于饲喂家畜。

(二)干物质含量

燕麦青贮饲料的干物质含量不应低于30%。

(三)燕麦青贮质量分级

目前,我国还没有青贮燕麦质量分级国家标准,表2-10是中国畜牧业协会标准T/CAAA 004-2018《青贮饲料燕麦》中对燕麦青贮料的质量分级指标,大家可以参照。

表2-10　燕麦青贮料质量分级

项目	等级			
	一级	二级	三级	四级
pH值	≤4.4	>4.4,≤4.6	>4.6,≤4.8	>4.8,≤5.2
氨态氮/总氮(%)	≤10.0	>10.0,≤20.0	>20.0,≤25.0	>25.0,≤30.0
乳酸(%)	≥75.0	<75.0,≥60.0	<60.0,≥50.0	<50.0,≥40.0
乙酸(%)	≤10.0	>10.0,≤20.0	>20.0,≤30.0	>30.0,≤40.0
丁酸(%)	0	≤5.0	>5.0,≤10.0	>10.0
粗蛋白(%)	≥9.0	<9.0,≥8.0	<8.0,≥7.0	<7.0,≥6.0
中性洗涤纤维(%)	≤55.0	>55.0,≤58.0	>58.0,≤61.0	>61.0,≤64.0
酸性洗涤纤维(%)	≤34.0	>34.0,≤37.0	>37.0,≤40.0	>40.0,≤42.0
粗灰分(%)	<10			

注:表中乙酸、丁酸以占总酸的质量比表示;粗蛋白、中性洗涤纤维、酸性洗涤纤维、粗灰分以占干物质的量表示。

资料来源:T/CAAA 004-2018青贮饲料　燕麦。

第六节　玉米秸秆黄贮技术

玉米是我国第一大粮食作物,2018年总播种面积4213万hm2,占中国粮食总播种面积的35.4%,年产玉米秸秆约2.3亿t,玉米除了直接食用和作为工业原料外,大部分用于畜禽养殖。玉米籽粒和秸秆都是优质的饲料原料,被称为"饲料之王",籽粒是重要的能量饲料,全世界约有65%的玉米作为饲料原料,我国70%以上的玉米用作饲料。秸秆则是优质的粗饲料,玉米秸秆中粗纤维含量为20%～45%,粗蛋白含量2%～5%,是潜在的、巨大的饲料资源。美国玉米秸秆的饲料利用率约73%,澳大利亚高达90%以上,而在中国因广大农民认识不足,玉米秸秆的饲料化率仅为7%左右,造成严重的环境污染与资源浪费。

营养价值低、适口性差是玉米秸秆作为草食家畜粗饲料来源的制约因素,因此,如何提高玉米秸秆的营养价值以及适口性一直是饲料学者关注的科研课题。对玉米秸秆进行科学合理地处理,制成营养价值和适口性高的粗饲料,不仅可以保护生态环境,而且可以促进畜牧业发展,提高玉米秸秆的生态效益和经济效益。玉米秸秆黄贮就是对玉米秸秆的一种饲料化加工技术,是将收获籽粒后的玉米茎叶粉碎后置于密封的青贮设施中,调节水分含量,在厌氧环境下进行的以乳酸菌为主导的发酵过程,黄贮可使秸秆的酸度下降而抑制微生物的存活,不仅可使秸秆饲料得以长期保存,而且可显著改善玉米秸秆的适口性,提高玉米秸秆的利用率。

一、贮前准备

黄贮前首先要选择合适的青贮窖,新建的青贮窖必须晾晒几天,手摸窖壁没有潮湿感方可青贮;旧的青贮窖青贮前要清理窖内杂物,并用石灰水进行消毒处理,确保清洁、干燥。同时,要注意检查青贮窖的地面、墙壁等,如有破损或渗漏要及时修复后再使用。

开始黄贮前,检修各类机械设备,使其运行良好。准备好黄贮加工必需的添加剂、覆盖薄膜、镇压重物等材料,以确保整个黄贮过程顺利,提高黄贮的工作效率。

二、收割

黄贮所用的玉米秸秆必须在籽粒收获后1周内收割,收割时间越早秸秆品质越好,也可在收获籽粒的同时收割秸秆,收割留茬高度在25～30cm,推荐以30cm为宜,最短不要少于25cm。

三、切割长度

黄贮玉米秸秆干物质含量高,切割长度宜短一些,一般1.0～2.0cm,建议1.5cm,最大长度不应大于2cm。需要注意的是,由于切割刀具保养不及时,导致机器设定值和实际切割长度有偏差,所以黄贮切割时要进行设备参数设置调试,确保切割长度在2cm以内。建议黄贮秸秆最好用揉丝粉碎机,以破坏玉米秸秆坚硬的外皮,确保发酵效果,提高消化率。

四、添加剂选用和水分调节

(一)添加剂选择和用量

应选用促进乳酸菌发酵、保证秸秆黄贮成功的各种乳酸菌和纤维素酶等生物添加剂,商品化的生物添加剂具体用量按照产品说明书进行添加;使用自主筛选培养的乳酸菌制剂时,添加在每克玉米秸秆原料中的有效活菌数应不低于105个。

(二)秸秆含水量判断

抓起粉碎或揉碎秸秆原料,用手握紧,若手上有水分,但不明显,此时秸秆含水率应在50%～55%;感到手上潮湿时秸秆水分含量应在40%～50%;没有潮湿感时水分含量在40%以下。

(三)添加剂使用和水分调节

将添加剂与调节原料水分所用水混合均匀后,在常温下放置1～2小时,活化菌种形成菌液,在原料粉碎或揉丝时将其均匀喷洒至原料上。当玉米秸秆原料水分含量低于40%时,用水量应为原料的0.3%;当原料含水量居于40%～50%时,用水量不应超过原料的0.2%。

五、填装与压实

原料装填应迅速均一,装填与压实作业交替进行。黄贮加工量在300m³以下时,可平铺分层装填;加工量超过300m³,原料应由内向外呈楔形分层装填。原料每装填一层压实一次,每层装填厚度不得超过20cm,应采用压窖机或其他轮式机械反复镇压,压实密度应在400kg/m³以上。装填压实作业过程中,不得带入外源性异物。

六、密封

装填压实作业结束之后，立即密封。从原料装填至密封不应超过3d，如果采用分段密封的作业办法，每段密封时间不超过3d。最后采用无毒无害塑料薄膜覆盖，塑料薄膜外面放置重物镇压。

七、贮后管理

应经常检查设施密封性，及时补漏；顶部出现积水应及时排除。

第三章　肉羊场建设与经营

第一节　肉羊场建设布局

一、羊场选址要求

羊场场址的选择应根据经营方式和规模不同,从羊的生物学特性和行为需求出发,结合当地的环境、资源等基础条件,以有利于肉羊生产、管理、销售和防疫,保证当地的生态环境不受影响为宗旨,选择地势高燥,背风向阳,排水便利,不易陷落、滑坡、塌方,不影响居民卫生安全,交通方便,饲草料资源丰富,取水、用电方便,远离污染的地方建设肉羊场。切忌在洼涝潮湿的地方和风口地带建设羊场。如果因地形条件限制,确需在山坡处建设羊场,则坡度不宜超过20°,且山坡方向以坐北朝南或坐西北朝东南为宜。根据我国不同地区的自然条件,肉羊场选址应满足以下要求。

(一)地形地势要求

(1)山区建场应尽量选择在背风向阳、面积较大的缓坡地带,坡面向阳,总坡度不超过25°,建筑区坡度应在2.5°以下。如果坡度过大,不仅施工中需要填充大量的土方,增加工程投资,而且建成投产后也会给场内运输和管理工作造成不便。山区建场还要注意地质构造情况,避开断层、易滑坡、易塌方的地段,同时,也要避开坡底和谷地以及风口,以免受山洪和暴风雪的袭击。

(2)平坦、开阔的平原地区,场址应选择在较高的地方,以利于排水,地下水位应低于地面建筑物地基深度0.5m以下。

(3)靠近河流、湖泊的地区,场地应比当地水文资料中最高水位高1~2m,以防涨水时被水淹没。

(4)场区土质以透水性好的沙壤土为佳。黏性过重、透气透水性及排水性差的土质地带,不适宜建羊场。

(二)周边的饲草料资源

饲草料是肉羊赖以生存的最基本的条件,在以放牧为主的羊场,应有足够的可供放牧的草场。以舍饲为主的农区、垦区和较集中的肉羊育肥区,必须要有足够的饲草、饲料基地或者便利的饲料原料来源。羊场附近应有丰富的饲草资源,特别是像苜蓿、燕麦、玉米秸秆、大豆秸等优质农副产品秸秆资源,切忌在草料缺乏或者附近无放牧草场的地方修建羊场。

(三)水源

羊场要求四季供水充足,取用方便,最好使用自来水、泉水、井水或流动的河水,并且水质良好,水中大肠杆菌数、固形物总量、硝酸盐和亚硝酸盐的总含量等指标应符合农业行业标准《无公害食品 畜禽饮用水水质标准》(NY5027-2001)的要求。

对肉羊场而言,建立自己的水源,确保供水安全是十分必要的。选址前要了解水源的情况,包括地面水(河流、湖泊)的流量,汛期水位,地下水的初见水位和最高水位,含水层的层次、厚度和流向。同时还要了解水质情况,包括酸碱度、硬度、透明度,有害化学物质及其他污染源等,并应提取水样做水质的物理、化学和生物污染等水质检测,以综合评估其供水能力和水质能否满足肉羊场生产、生活及消防用水的要求。在仅有地下水源的地区建场,应先钻一眼井取水,如果钻井时出现任何意外,如水流速度慢、出现泥沙或水质问题,最好另选场址,以减少损失,切忌在严重缺水或水源严重污染的地方修建羊场,如羊场附近有排放污水的工厂,应将羊场建于工厂的上游。

羊场选址还要避开人类生活用水水源,防止羊粪尿等污水对居民水源造成污染。

(四)供电

肉羊场要有可靠的供电条件,以满足饲草料加工及管理人员办公和生活需要。因此,选址前需了解电源与羊场的距离,最大供电允许量,是否经常停电,有无可能双路供电等。建设肉羊场通常要求有二级供电电源,如果只有三级以下供电电源时,则需自备发电机,以保证场内供电的稳定可靠。另外,为减少供电投资,应尽可能靠近输电线路,以缩短新线路架设距离。

(五)交通

肉羊场应建在交通便利的地方,便于饲草和羊只的运输。羊场距公路、铁路等交通要道的远近应综合考虑交通运输便利、防疫安全、水电资源和电讯条件,距离乡镇不少于500m,距离一般道路500m以上、交通干线1000m以上,与村落保持150m以上的距离,并尽量选择在村落下风向,场区应低于农舍和生活水源。

(六)防疫

羊场场址及周围地区必须为无疫病区,放牧地和打草场均未被污染。羊场应远离居民区、闹市区、学校和交通要道,选址最好有天然屏障,如树林、高山、河流等,使外界人畜不易接近。应尽量避开其他场区的羊群转场通道,以便在一旦发生疫病时及时隔离和封锁。选址时要充分了解当地和周围的疫情状况,切忌将羊场建在羊传染病和寄生虫病流行的疫区,也不能将羊场建在化工厂、屠宰场、制革厂等易造成环境污染的企业的下风向。

二、肉羊场的布局

(一)肉羊场合理布局的原则

肉羊场的布局规划以有利于肉羊生产为原则,尽量做到建筑物配置紧凑,运输、供水和供电线路最短,便于机械化操作,使整个生产流程通畅,劳动效率高,建设投资少,生产成本低。同时,要求场区内有良好的小气候环境,利于安全防疫和防止对外部环境的污染。

1. 功能区划分要规范合理

根据肉羊场的生产工艺要求,结合当地气候条件、地形地势及周围环境特点,因地制宜,做好各功能区规划。生产区、生活区、管理区以及生产区内各功能区间的布局以方便生产、有利于防疫、防止环境污染为宜,能合理组织场内外人流和物流,创造最有利的环境条件和低劳动强度的生产联系,实现高效生产。

2. 因地制宜,降低成本

充分利用场区原有的自然地形、地势,使建筑物长轴尽可能顺场区的等高线布置,尽量减少土石方工程量、基础设施工程费用和基本建设费用等。

3. 朝阳通风,安全清洁

肉羊场建筑物应具有良好的朝向,满足冬季采光、夏季遮阳避暑、雨季防潮防汛的要求,保证能自然通风,并有足够的防火间距。有利于肉羊粪尿、污水及其他废弃物的处理和利用,确保其符合清洁生产的要求。

4. 既要节约用地,又要留有余地

在满足生产要求的前提下,建筑物布局紧凑,节约用地,少占或不占耕地,并为今后的发展留有余地。特别是对生产区的规划,必须兼顾将来技术进步和发展的可能性,可按照分阶段、分期、分单元建场的方式进行规划布局,以确保发展的协调和一致。

5. 美观环保,创造安全良好的小气候环境

生活区、生产区、管理区之间以及各功能区域四周应该有绿化隔离带,有利于净化空气,减少尘埃和噪音,美化环境,创造安全良好的场区小气候环境。

(二)肉羊场功能分区

肉羊场按照功能分为生活管理区、生产辅助区、生产区、隔离区。各区应该严格分开,间隔300m以上。各区的排列次序应考虑与外界接触的频繁程度、风向、地势等因素,一般排列次序如图3-1和图3-2所示。

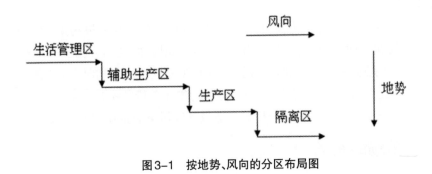

图3-1 按地势、风向的分区布局图

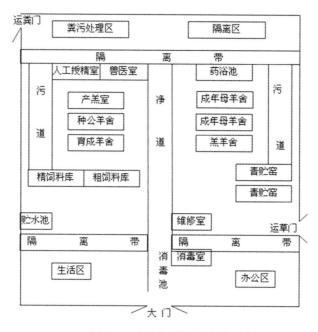

图3-2　肉羊场平面布局图示例

1. 生活管理区

生活管理区是与生产经营管理有关的区域及职工生活区域,主要包括办公室、实验室、资料信息室、档案室、接待室、会议室、食堂、职工宿舍、卫生间、传达室、值班室、更衣室、消毒室等。

生活管理区因外来人员较多,应与生产区严格分开,并设置一定的缓冲地带,一般距离不少于30～50m。生活管理区应安排在地势较高的上风处或者侧风处,并且应在紧邻场区大门内侧集中布置,最好能由此看到全场的其他区域。羊场的大门应位于场区主干道与场外道路连接处,并设置外来人员及车辆强制消毒设施,设置门卫值班室。通向生产区的入口处设置更衣室、消毒室和车辆消毒设施。

2. 辅助区

辅助区主要是供水、供电、供热、设备维修、物资仓库、饲料贮存等设施。辅助区与生活管理区之间没有严格的界限要求,但是,应靠近生产区的负荷中心布置,且饲料仓库的入口(即卸料口)应开设在辅助区,而出口(即取料口)应设在生产区,禁止外界车辆进入生产区,确保辅助区与生产区的运料车互不交叉使用,防止相互污染和疫病传播,辅助区各设施之间要布局合理,间隔规范。

3. 生产区

生产区包括羊舍、剪毛室、采精室、人工授精室、胚胎移植室、肉羊装车台、药浴池、饲料加工调制设施等。生产区应设在生活管理区常年主风向的下风向。生产区内的主要设施是羊舍,羊舍的布局应按种公羊舍、妊娠羊舍、分娩舍、羔羊舍、生长测定舍、育成羊舍、装羊台等依次从上风向到下风向排列。生产区内严禁设置其他经济类动物圈舍。

4. 隔离区

隔离区包括病羊隔离区、病死羊处理区、粪便污水贮存处理区等。隔离区设在全场常年主导风向的下风处，位置在全场最低处。该区域应该建高围墙或绿化隔离带与其他各区域严格分开，间距不小于100m。隔离区内的粪便污水处理设施和其他设施之间也应当保持一定的卫生防疫间距。隔离区有专用通道与生产区和外界相通，应专人管理，进出严格消毒。

三、肉羊养殖设施及设备

肉羊养殖的设施设备包括饲喂设施、饲料贮藏加工设施、兽医防疫设施、剪毛和称重设备、采精配种设施、粪便贮存和处理设施、污水处理设施、尸体无害化处理设施、环保设施、水电供应设施、消防设施等。这些设施设备的购置和建设应因地制宜、安全适用，既要符合羊的生物学特点，又要便于日常操作、清洁和消毒。

（一）饲喂设施

饲喂设施是肉羊养殖的必备设施，饲喂设施的设置既要符合羊的采食特点，又要尽量做到节省饲料，易于清洁。

1. 饲槽

饲槽是舍饲养羊必备的非常重要的饲喂设施。主要用于饲喂精料、颗粒料、青贮料。饲槽的设置应该高低适中，方便采食，有利于保持草料卫生，减少浪费，便于添料、清扫和消毒，而且应坚固耐用。因此，建造时应该遵循：第一，既可保证羊只自由采食，又能防止羊只跳进槽内弄脏草料，或者把草料弄到外面造成浪费。第二，槽深要适当，保证羊嘴能接触到饲槽底部各部位，以便把槽里的饲草料全部吃净。第三，槽的边缘要圆滑，防止划伤羊只，饲槽上应设置隔栏，防止羊只采食时拥挤。根据建造方式和用途，饲槽可分为固定式和移动式。

（1）移动式饲槽

移动式饲槽大多用木料或铁皮制作，坚固耐用、制作简单、便于携带。一般长150~200cm，上宽35cm，下宽30cm，上边缘卷成圆形。既可以饲喂草料，也可以供羊只饮水。移动式饲槽具有移动方便，存放灵活的特点，适合养羊少的农户，或小规模肉羊场。

（2）固定式饲槽

固定式饲槽一般设在羊舍或运动场上，用砖石、水泥砌成长条状，上宽下窄，槽底呈圆形。上口宽30~35cm，下口宽25~30cm，深18~25cm，饲槽上缘距离地面40~50cm。在饲槽上方设置颈枷隔栏固定羊头，可限制羊乱占槽位抢食造成采食不均，也可方便打针、修蹄等。颈枷可用钢筋制成，一般每隔30~40cm设一个，大小以能固定羊头为宜，上宽下窄（上宽18cm，下宽10~12cm）。在颈枷上方可设置一个活动木板或铁杆，当羊进入槽位，头伸进颈枷时，将木板或铁杆放下系住，正好落在羊颈部上方，木板或铁杆距槽边25~30cm。饲槽的长度因饲养羊的数量而定，大羊每只约30cm，羔羊20cm。单列式护栏外设计的饲槽外侧应高出内侧12~15cm，横截面呈汤勺型，防止羊在食草过程中将草料拱出槽外造成浪费。设计在羊舍地面中间的饲槽，一般为双列式，外形为"U"字型，上宽35~40cm，深25cm。

（3）羔羊补饲槽

羔羊补饲槽包括槽架和料盆。槽架为立体支架结构,分为上层支架和下层支架,下层支架设置有料盆,用于羔羊专用补饲,下层支架到地面的高度与羔羊肩节高度一致;上层支架边缘与下层支架边缘之间设置颈枷,颈枷的高度只能容许羔羊通过,料盆边缘与料盆中心的水平距离与羔羊肩胛到吻尖间长度一致,这样羔羊能采食完补饲料而不残留,而且能避免过度拥挤、抢食和踩踏等。

(4)羔羊自动哺乳器

羔羊自动哺乳器的构成包括盛液容器、液体输送管道、哺乳装置、控制器、清洗系统和支架等。盛液容器是一个圆柱形带盖的不锈钢桶,桶内底部安装电热管和温度传感器,桶底部中心处有不锈钢管道和桶下电磁阀控制液体流出。圆形不锈钢管道有向上分支路和向下分支路,分别是自来水的进水口和清洗出水口,都安装有电磁阀。当控制器设定的清洗时间到时,进水口打开,自来水进入液体输送管道和盛液桶中,清洗后从出水口流出,自动完成清洗工作。羔羊自动哺乳器能代替母羊和饲养员哺乳,能自动进行煮沸消毒、巴氏消毒或保温,亦能定时哺乳,具有自动清洗功能。

2. 草架

草架是饲喂青粗饲料的用具,一般用木材或钢筋制成,能保护饲草不受污染和减少浪费,使羊在采食时均匀排列,避免相互干扰。草架有移动式、悬挂式和固定式等多种形式。常见的有单面草架、双面草架和圆形草架。单面草架靠墙设置,与墙形成一个上宽下窄的直角三角形,采食面有用木料或钢材制成的隔栏,隔栏间距15~20cm,羊可将头伸进栏内采食。双面草架从侧面看为三角形,上宽下窄,用钢筋或木条制成,间距为10cm,可从两面采食。双面草架下部可以安装饲槽板,使之组合成联合饲喂架。

圆形草架多用钢材制成,放在活动场中央,圆形圈内装草,羊从圆形圈的外周采食。为了防止羊进入圆形圈内或从上方采食,要求装草的圆形圈高在1m以上,周围设置隔栏,隔栏间距15~20cm,下面是两种常见草架的制备方法。

简易草架的制作方法:先用砖头砌成一堵墙或直接利用羊圈的围墙,然后将数根1.5m以上的木杆或竹竿下端埋入墙根底部,上端向外倾斜25°,并将各个竖杆的上端固定在一根横杆上,横杆的两端分别固定在墙上即可。

木制活动草架制作方法:先做一个长3m、宽3m、高1m的长方的立体框,再用1.5m长的木条制成"V"字型的栅栏式装草架,栅栏木条间隔12~18cm,最后将装草架固定在立体木框里面即成。

(二)栅栏设施

1. 分群栏

分群栏用于种羊鉴定、羊群防疫、驱虫和称重等日常管理和生产活动,可以提高工作效率,降低劳动强度,减轻羊只痛苦。分群栏由许多栅栏连接组成,可以是固定的,也可以临时搭建,其规模视羊群的大小而定。分群栏的入口处为向外张开的喇叭形,入口进去后是一个窄长的通道,通道的宽度比羊体稍宽,羊在通道内只能一排单向前行,通道的长度视羊的多少而定,在通道两侧可根据需要设置若干个小圈,圈门可以向两边开启,且大小相同。

2. 母仔栏

母仔栏是母羊产羔时必不可少的设施,目的是使产羔母羊及羔羊有一个安静的、不受其他羊只干扰的环境,便于母羊补料和羔羊哺乳,有利于产后母羊和羔羊的护理。母仔栏有活动式和固定式两种,大多采用活动式,可用钢筋、木条、铁丝网或木板制成,一般是用合页将两块栅栏板连接而成,每块栏板高1m,长1.2~1.5m,板宽1.5m,然后在羊舍一角呈直角展开,并将其固定在羊舍墙壁上,可围成1.2m×1.5m或1.5m×1.5m的母仔间,供一个母羊和一个或多个羔羊使用。活动母仔栏依产羔母羊的多少而定,一般按10只母羊一个母子栏配备。

3. 羔羊补饲栏

羔羊补饲栏是为了便于给出生10~14天后的羔羊补饲草料而设置的隔离母羊和羔羊的栅栏,保证羔羊能自由采食而不受母羊干扰。羔羊补饲栏应设置在母羊圈内适当的位置,一般靠近圈的一侧墙边,保证羔羊能自由出入,而母羊不能通过。一般是用木栅栏做围墙,用两根圆木作门柱,栅栏隔距15cm。补饲栏的大小依羔羊数量多少而定。

4. 活动围栏

活动围栏在肉羊养殖中用途非常广泛,常用于将不同年龄、性别和类型的羊相互分开并限制在一定范围内,以便于进行科学管理和日常生产活动,通常设在羊舍内和运动场四周。围栏也常常用来制作母仔栏、羔羊补饲栏以及分群栏等。活动围栏的高度视用途而定,一般羔羊1.0~1.5m,成年羊1.5~2.0m,活动围栏可用木栅栏、钢丝网、钢管、原竹等制作,必须足够结实。围栏的结构有重叠式、折叠式和三脚架式等类型。

5. 颈枷

舍饲肉羊饲槽前应设置颈枷,以固定羊只安静采食,防止拥挤和抢食。可采用简易木制颈枷,也可用钢筋焊制,制成活动铁框,在羊只进入饲槽铁栅栏后,放下铁框卡住羊颈,达到固定羊的目的。

(三)药浴设施

1. 药浴池

为了防治疥癣等体外寄生虫病,每年要定期给羊群进行药浴。药浴池是肉羊场通用的固定式药浴装置。应设置在对人、畜、水源和环境不造成污染的地点,药浴池一般为长方形水沟状,用水泥建成,池深0.8~1.0m,长5.0~10.0m,上口宽0.6~0.8m,底宽0.4~0.6m,以一只羊通过而不能转身为宜。药浴池入口处设置待浴羊圈,也可用活动围栏围成,池的入口端为陡坡,方便羊只迅速入池。出口端为台阶式缓坡,并设置滴流台,以便浴后羊只缓慢走出的同时身上多余的药液流回池内。待浴羊圈和滴流台的大小可根据羊只数量确定。整个药浴池及滴流台的地面必须用水泥浇筑,防止药液渗入土壤。药浴池旁应设置炉灶,以便烧水配药。

2. 帆布药浴池

帆布药浴池一般用防水性能好的帆布制成,形状为直角梯形,上边长3.0m,下边长2.0m,深1.2m,宽0.7m,池的一端呈斜坡,便于浴后羊只走出药浴池,另一端垂直,防止羊只下池后返回。药浴池外侧有池套环,安装前按照药浴池的大小在地面挖一个等容积土坑,然后将撑起的帆布浴池放入,四边的套环用木棒固定,加入药液即可药浴。药浴完毕洗净帆布,晒干后放置。这种帆布浴池体积小,轻便灵活。

3. 活动药浴槽

活动式药浴槽一般是用2~3mm厚的钢板制成,可同时容纳2只大羊或者3~4只小羊进行药浴。

4. 淋浴机械

淋浴机械是近年来研制的用于羊群药浴的装置,可提高药浴的速度,降低劳动强度,提高工作效率,同时也能有效地减少羊只伤亡。

(1)流动药浴车

流动药浴车是一种小型流动药浴装置,目前应用的主要型号有9A-21型新长征1号羊药浴车、9LYY-15型移动式羊药浴机、9AL-2型流动小型药浴机以及9YY-16型移动式羊只药浴车等。其中,9YL-1型移动式畜用药浴机,以2.9kW汽油机为动力,驱动2ZC-22自吸泵,每小时药淋300~400只羊,流动式药浴车使用方便,工作效率高。

(2)9AL-8型药淋装置

9AL-8型药淋装置由机械和建筑两部分组成。机械部分包括上淋管道、下喷管道、喷头、过滤筛、搅拌器、螺旋式阀门、水泵和柴油机等;地面建筑包括淋场、待淋场、滴液栏、药液池和过滤系统等,可使药液回收,过滤后循环使用。工作时,用295型柴油机或电动机带动水泵,将药液池内的药液送至上、下管道,经喷头对圆形淋场内的羊进行喷淋。上淋管道末端设有6个喷头,利用水流的反作用,可使上淋架均匀旋转,圆形淋场直径为8m,可同时容纳250~300只羊淋药。

(四)草料库

1. 草棚

干草棚用于贮备干草或农作物秸秆,供肉羊冬、春季食用。干草棚一般用砖或土坯砌成,或用栅栏、网栏围成,上面盖以遮挡雨雪的材料即可。有条件的羊场可建成半开放式的双坡式草棚,四周的墙用砖砌成,屋顶用石棉瓦覆盖,这样的草棚防雨防潮效果更好。棚内地面应高出外部地面,便于排水,且应用钢筋或木条搭建贮草架,避免饲草直接接触地面引起发霉变质。

2. 饲料库

饲料库主要用于存放谷物、饼类和各种辅助性用料,有封闭式、半敞开式和棚式等几类。饲料库应靠近饲料加工车间,且运输方便,库内地面及墙壁平整,库房内要求通风良好、干燥防潮、易于清洁,地面用方木条搭制贮料架,确保底层饲料与地面之间有20cm以上的通风空间,饲料库四周应设排水沟。

(五)供水设施

1. 贮水设施

没有自来水的地区,应在羊舍附近修建水井、水塔或贮水池等贮水设施,并通过管道引入羊舍或运动场。水源与羊舍应相隔一定距离,以免污染。

2. 饮水槽

饮水槽一般固定在羊舍或运动场上,可用镀锌铁皮制成,也可用砖、水泥制成。饮水槽底部设置排水口,以便清洗水槽,保证饮水卫生。水槽高度以羊方便饮水为宜,长度以羊群的数量确定。

(六)人工授精室

人工授精室一般建在安全、清静、向阳、工作方便的地方,要求保温、采光好,易于清扫和消毒,北方地区应设置取暖设施。人工授精室包括采精室、精液处理室和输精室。

1. 采精室

采精室是采集公羊精液的地方,房间面积10m²左右,要求地面既有利于冲洗,又要防滑,一般以混凝土地面为宜。墙壁与屋顶应洁净、不落灰尘、不掉墙皮。采精室里最主要的设施就是假台羊,假台羊应该牢固地保定在木制或者钢制支架上。为了方便放置采精用品,可在距离台羊较近的墙壁上安装一个搁架,搁架高150cm左右,既方便采精人员拿取,又防止公羊撞倒。为了保险,在假台羊的后部地面上要铺设防滑垫,防止采精人员及公羊打滑,影响采精效果。

2. 精液处理室

精液处理室通常设在采精室的隔壁,并在隔墙上安装一个两边都能打开的柜子,在精液处理室准备好采精用品后放到柜子里,从采精室可以方便拿取,同样采集好的精液放进柜子,处理人员从精液处理室也很方便拿取。这样既方便操作,确保精液不被污染,同时,两个房间工作人员互不干扰,提高劳动效率。

3. 输精室

输精室要求光线充足,窗户面积不小于1.5m²,窗户下缘距地面0.5m左右,输精室内安装输精用母羊保定架。

(七)兽医室

兽医室包括兽药保存室和操作准备室,通常设在隔离区。要求房间布局合理,通风、采光良好,便于各种操作。室内设有上下水,有足够负荷的电源,内墙和地板应防水,便于消毒,操作台面要防水、耐酸碱和有机溶剂等。

兽药保存室必须配备冰箱等低温和冷冻设备,兽药保存室的面积以养殖规模而定,一般5000只以内15~20m²即可,要有温湿度控制设置。

准备操作室可根据养殖规模设置剖检间、样品保藏间、病原和血清检测间、洗涤消毒间等。每间面积10~20m²,也可在一个大房间内设置不同的分区,但要防止各分区内相互污染。操作准备室内应配备冰箱、冰柜、生物显微镜、高压灭菌器、消毒柜、手术器械及产科设备等。选择配备酶标检测系统、培养箱、纯水生产系统、酸度计、水浴锅、电子天平和移液器等。

(八)其他常用机械设备

1. 饲草料收贮加工机械

(1)割草机

割草机的功能是将牧草收割后再将其茎和叶压扁,加快茎秆中的水分蒸发,使茎和叶的干燥时间趋于一致,缩短30%~50%的干燥时间,同时又不损伤叶片。割草机的主要结构有割台、压扁辊等,工作时牧草经切割台被割取后送入压辊压扁,然后在地面上形成一定形状和厚度的草铺。根据工作原理的不同,割草机分为往复式割草机和圆盘式割草机。

往复式割草机需要配套的拖拉机动力相对较小,幅宽选择范围大,机械造价相对较低,投资少,但运行成本较高。目前市场上常见的有美国纽荷兰公司生产的472型、488型、499型和1465型等,国内使用较多的是488型。国产往复式割草机主要有迪尔－佳联生产的幅宽3m的725型割草机。

圆盘式割草机使用高速旋转的圆盘上的刀片冲击切断牧草茎秆,特别适合收割高而且茎秆较粗的作物,作业幅宽大,工作效率高,需要配套的拖拉机功率较大,机械造价高,但运行成本相对较低。目前市场上销售的有法国KUHN(库恩)公司生产的FC202R、FC250RG、FC302RG等,割幅一般在2~3m。国内使用较多的是FC202R和FC250RG,国产的有上海世达尔现代农机有限公司生产的MDM系列圆盘式割草机。

(2)搂草机

搂草机是将割后铺放在地上的牧草搂集成条,以便收集打捆,也可用于割后牧草的翻晒,搂草机可分为横向和侧向两类,目前应用较多的是栅栏式256型搂草机,工作幅宽2.5m,或者3.8~4.3m可调,国产搂草机,工作幅宽4.6m。

(3)打捆机

打捆机是将收割后的牧草压缩包装成一定形状的捆,便于贮存和运输,打捆机分为方捆机和圆捆机。方捆机有小型和大型,小型方捆机可以在牧草水分相对较高时进行打捆,牧草的收获质量较高,饲喂方便,造价相对较低,且草捆可人工装卸,适于长途运输。大型方捆机作业效率高,但打捆机造价高,投资大,打成的草捆必须采用机械化装卸与搬运。圆捆打捆机比小型方捆机效率高,可在打捆后进行裹包,直接制作青贮饲料,但草捆必须用机械化装卸,不适合长途运输和山区小农户饲用。

(4)玉米秸秆青贮机

玉米秸秆是农区养羊的主要青贮饲料原料,因此,我国针对玉米青贮的机械也较多,如黑龙江省赵光机械厂、内蒙古赤峰鑫秋农牧机械有限公司生产的小型牵引式青贮收割机;现代农装北方(北京)农业机械有限公司、中国农机院生产的PPC-6.0型青贮切碎机、燕北畜牧机械集团有限公司生产的0QS-1300型青饲切碎机。

(5)粉碎机

粉碎机是粉碎饲料原料的设备,包括精料粉碎机和饲草粉碎机,其中精料粉碎机有普通锤片粉碎机、水滴粉碎机和立轴式粉碎机等,常用的是普通锤片式粉碎机,其占地面积小、粉碎效率高、耗电量小,如9FQ-400型饲料粉碎机等。水滴型粉碎机是对普通锤片式粉碎机的改进,这类粉碎机可实现粗、细、微细三种粉碎形式,粉碎效率提高15%。如SFJ黄蜂系列水滴式粉碎机等。立轴式粉碎机也是锤片粉碎机的升级产品,它的粉碎过程可分成预粉碎和主粉碎两个区域,采用了大面积的360°环筛,底部设有筛板,粉碎机转子上的立板能够产生一定的风压,取代了排料中的吸风系统,使粉碎后的物料能够快速排出,筛面黏附物料少,筛孔通过率高,既减少了物料在粉碎过程中的损失,有效提高了粉碎效率,同时,省去了独立吸风系统的投资,节约25%的粉碎电耗。这种粉碎机粉碎后的物料粒度均匀,潜在的细粉少,因此,不适合物料的细粉碎。饲草粉碎机主要用于粉碎各种干、鲜饲草,如玉米秸秆、豆秸、花生秧和干杂草等,这种粉碎机结构简单,使用方便,在肉羊饲养场使用率较高。如9CJ-500型饲草粉碎机。

(6)饲料混合机

目前国内常用的饲料混合机种类主要有卧式环带混合机、立式混合机和双轴桨叶式混合机等。其中,卧式混合机以对流混合为主,混合效率高,混合质量好,卸料迅速,物料在机内残留少,不仅能混合散落性好的饲料,而且能混合散落性差、黏附力较大的饲料,甚至还可加入一定量的液体饲料。缺点是所需动力较大,占地面积相对较大,常见的有SLHY系列卧式混合机。立式混合机以扩散混合为主,适于粉状配合饲料的混合,这种混合机配套动力小,占地面积小,一次装料多。但每批混合时间长,生产效率较低。双轴桨叶混合机的混合方式为集合式(扩散、对流和剪切混合),混合速度快,一般混合一批饲料约需1~3min;混合均匀度高,混合均匀度变异系数小于5%;混合物料范围广,特别是黏性物料,甚至可混匀含20%左右液体物料的饲料。双轴桨叶式混合机结构紧凑,噪音小,能耗低,操作简单,使用方便,常用的有SJHJ系列双轴桨叶混合机。

(7)TMR(全混合日粮)饲料搅拌机

TMR日粮是一种将粗料、精料、矿物质、维生素和其他添加剂充分混合,并能满足舍饲肉羊营养的全混合日粮。TMR饲喂技术在国内外肉羊养殖中已经广泛使用,采用该技术可有效避免营养失衡,提高饲料转化率,降低饲喂成本,减少饲料浪费,同时可降低劳动强度,提高劳动效率。TMR饲料搅拌机有卧式搅拌机和立式搅拌机。

(8)颗粒饲料机

颗粒饲料是肉羊育肥、羔羊早期补饲的主要饲料类型,颗粒饲料机是将搅拌均匀的粉状饲料压制成颗粒状饲料的设备,目前应用较多的有环模制粒机和平模制粒机。环模式颗粒饲料机具有自动化程度高、饲料质量均匀、可连续作业、产量高,使用寿命长、维修成本低等特点,如SZLH系列环模颗粒饲料机。平模式颗粒饲料机有动辊式、动模式和动辊动模式三种,结构简单、造价低、使用方便,特别适用于加工纤维性的物料,是中、小型舍饲肉羊场理想的颗粒饲料机,常用的有ZLSP系列平模颗粒机。

2. 消毒设施设备

消毒是疾病综合防治中的一个重要环节,通过科学的、合理的、有效的消毒,切断传染病的传播途径,减少养殖场和畜禽舍病原微生物数量,就可以减少或避免传染病的发生。

(1)消毒池

在羊场门口和人员进入生产区的通道口,分别修建消毒池,以对进入车辆和人员进行常规消毒。消毒池常用钢筋水泥浇筑,车辆用消毒池长4.00m,宽3.00m,深0.15m。池底低于路面,坚固耐用,不透水,在池上设置棚盖,以防下雨时雨水稀释药液,并设排水孔以便更换药液。人用消毒池长2.5m,宽1.5m,深0.1m。将草垫浸湿药液放入池内进行消毒,且消毒液应经常更换,确保有效。

(2)消毒室

消毒室应建在通往生产区的入口处,房间内部用铁管围成"弓"字型的消毒通道,通道的地面上铺设用2%火碱液浸湿的地毯或者麻袋,墙壁中部或者房顶设紫外线灯或者臭氧发生机,紫外灯与人体之间的距离不应超过2m,否则无效。

(3)其他可移动消毒器械

可移动消毒器械包括消毒机、喷雾器等,主要用于圈舍、地面等固定设施的消毒。比如广泛用于卫生防疫、动物检验检疫、屠宰场、养殖场等场所的便携式电动气溶胶喷雾消毒器,是一种普及型气溶胶喷雾消毒器械,体积小、重量轻,使用方便,能对消毒场所的空气和物品表面同时进行消毒,工作效率高,消毒效果好,且节约消毒药液。PARU高压清洗消毒机是一种多功能防疫消毒器,采用30～100μm的超微粒子,对人及畜禽进行彻底的防疫消毒。

3.清粪设备

羊场的清粪方式可分为人工清粪、自流式清粪、水冲清粪等。清粪设备按照工作原理可分为输送器式和自落积存式。其中输送器式清粪设备主要有刮板式、传送带式和螺旋式三种,刮板式使用较广,刮板自动收放,板位可调,摩擦小,清粪干净,且操作简单,可实现无人化管理,手动临时清粪和自动定时清粪任意转换,常见的有拖拉机悬挂式刮板清粪机、往复刮板式清粪机。自落积存式清粪设备包括漏缝地板、舍内粪坑和铲车。舍内粪坑位于漏缝地板的下面,由混凝土砌成,上盖漏缝地板,坑深1.5～2.0m,用铲车清粪,运输至堆粪场。

第二节　肉羊舍的建造

一、肉羊舍设计的基本原则

羊舍是肉羊场生产区的主体建筑,羊舍建设是否合理关系着羊场的经济效益,甚至决定着养羊生产的成败。修建羊舍的目的是为了保暖、遮风避雨,为肉羊创造良好的生活环境,保障肉羊的健康和生产活动的正常运行。羊舍的建设要结合当地气候环境,南方地区以防暑降温为主,北方地区以防寒保温为主。羊舍建设要便于羊群的饲养及管理,圈内光线充足,空气流通、圈舍结构选择南北朝向,不同类型羊舍要布局合理,且有利于防疫,确保工作人员出入、饲喂、清扫等操作方便,同时要经济实用,尽量降低建设成本。

(一)科学合理

肉羊舍的设计要根据肉羊喜欢游走、耐寒冷、忌潮湿和怕闷热的生物学特性,夏季要防暑,冬季要防寒,地面既要保持干燥,又要确保柔软洁净,便于消毒。

(二)环保、健康

羊舍建设要严格按照兽医防疫要求,合理规划,正确布局羊舍的位置和间距,规范消毒设施和粪污处理设施,以利于防疫措施的实施,减少疫病的发生。

（三）经济、高效、适用

羊舍建设应与整个羊场羊群的组成和周转方式、草料运输和给饲、饮水供应、粪便清理、羊群免疫接种、试情配种、采精输精、接产护理等生产工艺相适应，以保障生产的顺利进行和畜牧兽医技术措施的实施，有利于减轻劳动强度，提高管理效率。另外，羊舍修建还应尽量利用自然条件，就地取材，降低工程造价和设备投资，以降低生产成本，加快资金周转。

二、肉羊舍设计要求及参数

（一）肉羊舍的面积

肉羊舍面积的大小要根据当地的气候条件、饲养数量、饲养方式及饲养品种而确定，不同品种、不同性别、不同年龄和生理状态的肉羊所需羊舍面积不同。羊舍面积的确定原则是保证羊只能够自由活动，不拥挤，能保持舍内空气清新干爽，羊只生活健康舒适，便于管理。同时，又要节约用地和建材，降低投资，提高效益。表3-1是各类肉羊羊舍比较适宜的占用面积。

表3-1   各类肉羊所需羊舍面积

（m²/只）

羊 别	绵 羊	山 羊
成年公羊（群养）	1.5～2.0	2.0～2.5
成年公羊（独养）	4.0～6.0	4.0～6.0
育成公羊	0.7～0.9	0.7～1.0
冬季产羔母羊	1.4～2.0	1.4～2.0
春季产羔母羊	1.1～1.6	1.1～2.0
成年母羊（空怀）	0.8～1.0	0.8～1.1
育成母羊	0.7～0.8	0.7～0.8
育肥羊	0.7～0.8	0.7～0.8
去势羔羊	0.6～0.8	0.6～0.8
3～4月龄羔羊	0.3～0.4	0.3～0.4

肉羊羊舍的建筑面积根据不同类别的羊养殖数量计算，但是每幢肉羊羊舍的建筑面积不宜超过300m²。产羔期间在生产母羊舍中应单独隔出独立的育羔室，面积按生产母羊总数占用面积的20%～25%计算；运动场面积是羊舍面积的2.0～2.5倍，或者按每只羊4m²计算。表3-2是不同规模肉羊群所需羊舍、运动场、草料堆放场所需面积。

表3-2   不同规模肉羊群所需羊舍、运动场及草料堆放场面积

羊群规模（只）	50	100	200	500	1000
肉羊舍面积（m²）	45～55	90～110	180～220	400～500	800～1000
运动场面积（m²）	90～150	180～280	360～550	800～1300	1600～2500
草料堆放地面积（m²）	10	20	40	100	200

（二）肉羊羊舍的高度、长度和跨度

肉羊羊舍的高度应根据肉羊的类型、饲养规模及气候条件确定，一般冬季寒冷的地区舍内净高2.2～2.5m，气温较高的地区舍内净高2.5～2.8m。双坡式肉羊羊舍净高不低于2.0m，单坡式肉羊羊舍前墙高度不低于2.5m，后墙高度不低于1.8m。拱形屋顶，檐高不小于2.4m。

肉羊羊舍的跨度以肉羊舍的类型而定，单坡式肉羊舍跨度一般为5.0～6.0m，双坡单列式肉羊羊舍跨度为6.0～8.0m，双坡双列式肉羊羊舍跨度10.0～12.0m，拱形屋顶的跨度9.0～12.0m。单坡式肉羊羊舍跨度小，自然采光好，适合小规模羊群的饲养，双坡式肉羊羊舍跨度大，保温性能好，但自然采光差，通风不好，适合寒冷地区使用。肉羊羊舍的长度以饲养数量、建筑布局及建筑材料规格而定。

（三）通风采光要求

肉羊羊舍应保持干燥，舍内湿度以50%～70%为宜，舍内温度也不宜过高，一般肉羊羊舍冬季保持在0℃以上，羔肉羊羊舍和产羔羊舍应在8℃以上，夏季肉羊羊舍温度不超过30℃。山羊肉羊羊舍温度应略高于绵羊肉羊羊舍温度。因此，为了保持羊舍内温度和湿度，就必须控制肉羊羊舍内的通风，即使肉羊羊舍内温、湿度适宜，又能充分排出羊舍内污浊空气，保持羊舍内空气新鲜，一般情况下，冬季成年绵羊通风换气参数为0.6～0.7m³/(min·只)，育肥羔羊0.3m³/(min·只)；夏季成年绵羊通风换气参数为1.1～1.4m³/(min·只)，育肥羔羊0.65m³/(min·只)。如果采用管道通风，羊舍内排气管横截面积为0.005～0.006m²/只。山羊羊舍的通风换气参数略低于绵羊羊舍。羊舍通风要特别注意在确保有足够新鲜空气的同时又能避免贼风，一般采用屋顶开设通气孔的方式，孔上安装活门，夏季可以打开窗户，以辅助通风，冬季可以关闭，以助羊舍内保暖。

光照是促进肉羊正常生长发育不可缺少的环境因子，自然光照的合理利用，不仅可以改善舍内温度，还可起到很好的杀菌和净化空气的作用，羊舍的采光主要依靠窗户。因此，羊舍的南北墙均应开设窗户，南墙窗户的面积以占地面面积的10%左右为宜，北墙窗户面积约为南墙窗户的50%～60%，窗户距地面的高度应在1.5m以上，保证冬季阳光能照进羊舍。

羊舍温度、湿度、气流、光照强度及噪声控制指标见表3-3。

表3-3 羊舍温湿度及环境要求

项目	指标范围	
	羔羊	成年羊
温度（℃）	10～25	5～30
湿度（%）	30～60	30～70
气流（m/s）	0.15～0.5	0.2～1.0
光照强度（lx）	30	30～70
噪声（dB）	≤70	≤80

三、肉羊羊舍布局

(一)肉羊羊舍的朝向

肉羊场羊舍朝向应根据当地的地理纬度、地段环境、局部气候及建筑用地的实际情况确定,确保冬季能最大限度地利用太阳辐射能,使阳光更多的照进羊舍,以提高舍内温度,另一方面可以合理地利用主导风向,改善通风条件,避免夏季过多的热量进入羊舍内,以创造更好的羊舍环境。

肉羊羊舍朝向的选择应充分利用原有地形、地势,在满足采光、通风的前提下,尽量使建筑物长轴沿场区等高线布置,以最大限度减少土石方工程量和基础工程费用。根据我国地处北纬20°~50°,太阳照射角度冬季小、夏季大的特点,羊舍的朝向一般应坐北朝南或南偏西不超过15°为宜。

肉羊羊舍朝向的选择与场区主导风向关系密切,主导风向直接影响冬季肉羊羊舍的热量损耗和夏季舍内的通风。当羊舍墙面法线与主导风向的夹角为30°~60°时,羊舍内低速区(涡风区)面积减小,能够改善羊舍内气流分布的均匀性,可提高通风效果。如果冬季主导风向与羊舍纵墙垂直,则羊舍的热量损耗最大。因此,要综合考虑当地的气候、地形等特点,兼顾通风散热和保温节能等因素合理确定羊舍朝向。

(二)羊舍的排列

羊舍的排列应以产房为中心,周围依次为羔羊舍、育成羊舍、母羊舍及带仔母羊舍,公羊舍建在成年母羊舍与育成母羊舍之间,隔离羊舍建在远离其他羊舍、地势较低的下风向。清洁通道与排污通道分设,办公区与生产区隔开,其他设施则以方便防疫和管理为宜。根据场区的地形条件,羊舍在场区的排列可选择单列式、双列式或者多列式。

1. 单列式

单列式羊舍是所有羊舍在同一水平线上按照同一方向前后依次排列,左右两侧一侧为清洁通道,一侧为排污通道,这种排列方式使场区内净污通道分工明确,但会使道路和工程管线线路过长。单列式排列方式适合小规模或场区地形狭长的羊场,不适合地面宽阔的大型羊场。

2. 双列式

双列式羊舍是两排羊舍在清洁通道两侧按照同一方向前后依次排列,排污通道设在两列羊舍的外侧。这种排列方式既能保证清洁通道与排污通道分流明确,又能缩短道路和工程管线的长度。

3. 多列式

多列式羊舍是多个单列羊舍并排排列,每列羊舍之间设置清洁通道或者排污通道,确保每列羊舍都有净道和污道,而且净道和污道要分道明确,避免因管线交叉而相互污染。

(三)羊舍间距

羊舍排列间距要科学合理,避免间距过大,浪费土地资源,增大道路、管道等基础设施投资,管理不便。同时也要避免间距太小,羊舍之间互相干扰,影响采光、通风,不利于防疫等。

羊舍间距的设计,要综合采光、通风、防疫和消防几个方面的要求来考虑。

根据我国的地理位置和日照特点,满足采光要求的羊舍间距(L)与羊舍檐口高度(H)的关系为 $L = （1.5 \sim 2）H$,纬度低的地区,系数取小值,纬度高的地区,系数取大值。

根据防疫要求,羊舍间距(L)与羊舍檐口高度(H)的关系为 $L = （3 \sim 5）H$,以避免前排羊舍排出的有害气体对后排羊舍的影响,减少相互感染。

参照民用建筑防火要求,羊舍间距(L)与羊舍檐口高度(H)的关系以 $L = （3 \sim 5）H$ 为宜,也就是羊舍间距以 8 ~ 12m 为宜。

综合以上各因素,羊舍间距重点考虑防疫要求,因此,一般来说,当没有舍外运动场时,每相邻两幢长轴平行的羊舍间距以 8 ~ 15m 为宜,有舍外运动场时,相邻运动场护栏间距以 5 ~ 8m 为宜。每相邻两幢肉羊舍端墙之间的距离不小于 15m。

四、羊舍建筑施工要求

羊舍是供羊休息、生活的场所,是肉羊健康高效养殖的关键。羊舍的建筑直接影响着羊的生长发育、健康繁殖及生产性能的发挥,因此,羊舍建筑应符合不同性别、不同年龄和生长阶段肉羊的不同需求。羊舍的基本构造包括墙体、柱子、基础、地面(楼板)、屋顶、门窗及内外装修等。

(一)地基

基础是羊舍的墙体或柱子埋入地下的部分,也是羊舍的主要承重结构,它承担着通过墙体和柱子传递的羊舍的全部负载,并再将其传递给地基。地基和基础支撑着羊舍的地上部分,保证羊舍坚固、耐用和安全。因此,地基必须具有足够的承重能力和抗冲刷强度,膨胀性小,下沉度应小于 2 ~ 3cm。基础必须具备坚固、耐久、防潮、防冻和抗机械作用等能力。一般基础比墙体宽 10 ~ 15cm,加宽部分常做成阶梯形,以增大底部面积。基础的地面宽度和埋置深度应根据羊舍的总荷载、地基的承载能力、土层的冻涨程度及地下水位状况计算确定。北方基础埋置深度应在土层最大冻结深度以下,但应避免将基础埋置在受地下水浸湿的土层中。一般可选择砖、石、混凝土或钢筋混凝土等作为羊舍基础建材。

(二)墙体

墙体是羊舍主要构造部分,具有承重、分割空间和围护作用。墙体对羊舍温度的影响非常大,冬季通过墙体散失的热量占整个羊舍总失热量的 35% ~ 40%,因此,羊的墙体必须做好保温隔热处理。墙体的厚度应根据承重和保温隔热要求经计算来确定,当保温隔热要求高时,可作空气隔层,也可在墙内或者墙面加保温层。另外,外墙与地面接触的勒脚部分要做好防潮处理,防止雨水和空气中水汽侵蚀。墙体的建筑必须具备坚固、耐久、抗震、耐水、防冻、结构简单、表面平整、便于清扫和消毒等优点。

(三)柱子

柱子是根据需要设置的羊舍承重构件,如用于立贴梁架、敞棚、羊舍外廊等的承重时,一般采用独立柱,可用木材、砖或者钢筋混凝土;如用于加强墙体的承重能力或稳定性时,则做成与墙体合为一体但凸出墙面的壁柱。独立柱的定位一般以柱截面几何中心与平面纵、横轴线相重合;壁柱的定位则纵向以墙的定位轴线为准,横向以柱的几何中心与墙的横向轴线相重合。

(四)屋顶

屋顶是羊舍上部的围护结构,主要起挡风、避雨雪和遮阳光的作用,对冬季保温和夏季隔热都有重要意义,因此,屋顶必须做好保温隔热处理,通常用多层建筑材料如玻纤瓦、双层隔热瓦、农作物秸秆等,增加屋顶的保温性。另外,屋顶还要求承重、防火、防水、不透气、结构轻便、造价低等。屋顶的建造形式有坡顶式、平顶式和拱形屋顶等。

坡顶式屋顶可分为单坡式、联合式、双坡式、半钟楼式和钟楼式。单坡式屋顶跨度小,结构简单,采光好,适用于单列式羊舍。双坡式屋顶跨度大,易于修建,保温隔热性能好,适宜于各种规模的各种羊群的羊舍建筑。联合式屋顶跨度小,采光比单坡式差,保温性能优于单坡式。钟楼式和半钟楼式屋顶是在双坡式屋顶的单侧或双侧增设天窗以加强通风和采光,但这种屋顶造价高,适用于温暖地区大跨度羊舍使用。

平顶式屋顶可分为柔性防水屋顶和刚性防水屋顶,柔性防水屋顶是在楼板表面做了一层20mm厚的水泥砂浆,然后每刷一层沥青铺一层油毡,最上一层油毡上面刷沥青后铺一层绿豆砂。刚性防水屋顶是在楼板上表面铺一层40mm厚的细石混凝土,或做20mm厚的防水水泥砂浆面层。在平顶型屋顶上做保温层,必须先在楼板上涂两道沥青作隔气层,再按需要厚度铺保温层,然后按上述方法做屋面。

拱形屋顶根据所用材料可分为砖拱屋顶和钢筋混凝土薄壳拱屋顶,砖拱屋顶的施工一般是现场支模砌筑,薄壳拱屋顶是先预制好拱形屋顶,然后现场吊装。

常使用的屋顶保温材料有岩棉制品、膨胀珍珠岩及其制品、膨胀蛭石及其制品和泡沫塑料等。岩棉具有隔热性能好,容重小,导热系数低,不易燃烧,耐腐蚀,隔音等优点,其制品有岩棉被、岩棉毡等。泡沫塑料具有重量轻,弹性好,导热系数低,吸水性小,隔热保温,吸音、防震等特点,广泛用于屋顶、墙体及供热管道的保温隔热处理。膨胀性珍珠岩是火山喷出的酸性玻璃质溶岩,膨胀性蛭石是一种云母属的矿物,以高温焙烧后体积膨胀,这两种材料均可用于屋顶、墙体和地面的填充保温以及保温抹面等。

(五)顶棚

顶棚是将屋顶与羊舍内空间隔开的结构,顶棚与屋顶之间形成较大的空气层,封闭的空气具有良好的隔热保温作用,也可减少太阳辐射,降低舍内温度。另外,对于采用负压机械纵向通风的羊舍,顶棚可大大减少过风面积,显著提高通风效果。因此,合理的顶棚建造,对于羊舍内环境控制具有重要的作用。顶棚建造要求防火,导热性小,不透水,不透气,结构简单,轻薄耐用,平滑且以白色为宜,以增加羊舍内的亮度。

(六)门

根据开启形式,羊舍的门可分为平开门、折门、弹簧门和推拉门,根据门扇的多少分为单扇门、双扇门和四扇门。羊舍通向舍外的门叫外门,外门的设置除常规的隔离、保温防寒外,要尽量方便工作人员日常管理操作,因此,外门的宽度以作业、运输车辆的大小为参考,一般单扇门宽0.9~1.0m,双扇门宽1.2m以上,折门或推拉门宽度1.5m以上,羊舍门高以2.1~2.4m为宜。每栋羊舍一般在两端墙面各设1个外门,门的位置正对舍内中央通道,如果大跨度的羊舍也可在端墙上的除粪通道上增设2个外门,较长的羊舍或有运动场的羊舍也可在纵墙上开设门,门的位置选择向阳避风的一侧。羊舍的门应向外开启,不应设置门槛和台阶。

(七)窗

窗户是羊舍通风采光的主要设施,按开启形式可分为平开窗、旋转窗和推拉窗。平开窗分单扇、双扇和多扇窗,结构简单,使用方便,外开时不占舍内面积,便于安装窗纱。旋转窗有上悬窗、中悬窗和下悬窗,旋转窗开启时窗扇均水平旋转,且窗扇须向外倾斜,防止雨水进入舍内。推拉窗分为左右推拉和上下推拉。

窗户多设在南、北墙或屋顶上,窗户的多少和大小均根据当地的气候条件确定,一般南墙窗户面积约为地面面积的10%左右,北墙窗户面积为南墙窗户面积的50%~60%。寒冷地区在保证采光和通风的前提下尽量少开窗,并尽量减小窗户面积,炎热地区可适当多设窗户或加大窗户的面积,窗户距地面高度应不小于1.2m。

(八)地面

羊舍地面是羊采食、饮水、休息、排泄等一切生命活动和生产活动的场所,羊舍地面既要平整、坚固、便于清洗和消毒,又要防滑、防潮、有弹性、耐踩踏、耐腐蚀,保温隔热性能好。羊舍地面有实体地面和缝隙地板两种。

1. 实体地面

实体地面的构造分为基层、垫层和面层。一般情况下,先垫铺5~7cm厚的炉渣或黄沙作基层,也可直接用黏性较好的素土夯实作基层,然后浇捣5~8cm厚的混凝土作垫层,再用1:2的水泥砂浆作2~2.5cm厚的面层,最后撒一层1:1的干水泥黄沙,打磨成麻面。寒冷地区可在垫层下铺白灰渣、空心砖,或增设保温层,以提高实体地面的保温效果。另外,实体地面向排尿沟的方向应有1.0%~1.5%的坡度,确保冲洗用水及粪尿的顺利排出;羊舍地面应高于舍外地面20~30cm,地面呈2°~5°坡度的斜面,料槽处高,通风口处低。实体地面必须用油毡纸加沥青等材料进行防潮处理,常见的实体地面及其优缺点如下所述。

土质地面属于暖地(软地面)类型,地面柔软、富有弹性、防滑、保温效果好、造价低。但耐踩踏和防潮性差、易损坏、不便清洁消毒。用土质地面时,可混入石灰增强坚固性,也可用三合土地面。

砖砌地面属于冷地面(硬地面)类型。砖的空隙较多,导热性小,具有一定的保温性能,但是砖吸水性强,能吸入大量的水分,破坏了自身的导热性能而变冷变硬,且容易被冻裂破碎,不耐踩踏,易损坏,不便清扫消毒。如果用砖砌地面,砖宜立砌,不宜平砌,以减小每块砖的踩踏和受损面积。

水泥地面属于硬地面,结实、不透水、便于清扫消毒,但地面太硬,导热性强,保温效果差,造价较高。如果采用水泥地面,可将表面打磨成麻面,以防滑。

2. 漏缝地板

漏缝地板是集约化养羊中常用的地面类型,缝隙地板一般采用木条、竹条、混凝土、塑料、铸铁及金属网等材料建造,目前使用较多的是塑胶地板,其表面平滑、稳固耐用,不伤羊。建造要求材料有足够的强度,漏缝间隙宽1.5~2.0cm,漏条的间距或金属网的网眼要小于羊蹄的面积,以免羊只踩空受伤,也不能太小,以使羊粪能顺利落下。

采用漏缝地板的羊舍应该配备污水处理设施,且应及时清理粪尿,防止湿气太重以及粪尿对空气造成的污染。

(九)运动场

运动场是羊舍不可缺少的部分,一般建在羊舍的侧面或者背面,通常以两排羊舍中间的空地作为运动场,运动场的面积应是羊舍面积的 2.0～2.5 倍,成年羊的运动场可按每只羊 $4m^2$ 计算。运动场的地面应低于羊舍地面 20～30cm,且向外有 5°～10° 的坡度,外设排水沟,便于清扫和排水,保持干燥。运动场的地面以沙质土壤为宜,也可用砖砌或者三合土夯实地面,要求平整而不光滑、坚实而有弹性,防止滑伤或者引发蹄病。运动场周围可用木板、木条、竹条等设置围栏或者用砖砌围墙,高 1.2～1.5m,可设置遮阳棚或者种树,避免夏季太阳曝晒。

五、肉羊羊舍的类型

肉羊羊舍的类型因各地的自然环境、经济条件、饲养方式和管理水平等差异而不同。根据羊舍四周墙壁密闭程度,羊舍可分为封闭式、半封闭式和开放式;根据屋顶结构,羊舍可分为单坡式、双坡式和圆拱式;根据建筑材料可分为砖木结构、土木结构及敞篷结构等。

(一)开放式羊舍

开放式羊舍三面有墙,朝阳的一面没有墙,敞开向外延伸成运动场。其敞开的一面朝南,冬季阳光能够进入舍内,夏季阳光只能照到屋顶,其他三面的墙壁具有遮阴、避雨、挡风的作用。另外,还有四面均无墙,仅有顶棚,四周敞开的开放式羊舍,采光通风良好,施工简单,造价低,投资少,但是保温性能差,适合我国长江以南天气较热的地区。

1. 单坡开放式羊舍

这类羊舍一般东、西、北面有墙,南面敞开,中间设有运动场,运动场可根据分群饲养需要隔成若干圈。羊舍跨度为 4.0～4.5m,前高 2.0～2.5m,后高 1.7～2.0m,长度可根据饲养数量确定。饲槽、水槽等设置在运动场内,阴雨多的地区在饲槽上面可加盖开放式防雨遮阳棚。这类羊舍结构简单,施工方便,造价低。但是保温性差,防疫难度大,适合小规模农区肉羊饲养。如果寒冷地区采用这种羊舍,也可在运动场上边加盖塑料大棚,使整个羊舍的后半部分为单坡式硬棚顶,前半部分为拱形塑料棚顶,这种羊舍也叫半棚式塑料暖棚羊舍。

2. 双坡开放式羊舍

双坡开放式羊舍也叫凉棚,只起到遮阴、避雨、挡风雪的功能,用料少、施工方便、造价低,适合南方天气较热的地区,或者用于北方夏天的凉棚。这类羊舍保温性能差,防疫难度大。

3. 楼式开放型羊舍

楼式羊舍有上下两层结构,隔层为漏缝式地板,距地面 2.0m 左右,下设积粪斜面和粪尿沟,外面设有运动场,运动场一侧设有排水暗沟,卫生条件好。在炎热、多雨、潮湿的夏季和秋季,上层养羊,通风凉爽、干燥防潮;在寒冷多风的冬季和春季,将下层清理消毒后养羊,上层可贮存饲草。

(二)半开放式羊舍

半开放式羊舍指三面有墙,正面上部敞开,下部仅有半截墙的羊舍。其敞开的部分冬季可以进行封闭,增加保温性能。这种羊舍建设成本低,可根据季节和气候的变化进行调整,适合我国中部或西部地区肉羊的饲养。

1. 单坡半开放式羊舍

单坡半开放式羊舍前墙高1.8～2.0m,后墙高2.2～2.5m,羊舍宽度5.0～6.0m,长度根据饲养数量而定;羊舍的门高1.8～2.0m,宽1.0～2.0m,妊娠后期母羊、哺乳母羊及种公羊舍门宽度要大一些。前窗距地面高度1.0～1.2m,后窗距地面高度1.4～1.5m,宽1.0～1.2m,窗间距不超过窗宽的2倍。羊舍地面以黏土或者混凝土为宜,舍内地面高于舍外20~30cm,并呈后高前低的斜坡状。运动场地面比羊舍地面低15～30cm,比场外地面高30cm左右,运动场围栏(墙)高1.2～1.5m,门宽1.0～1.5m、高1.5m。

2. 双坡半开放式羊舍

双坡半开放式羊舍屋顶中间有屋脊,屋脊两侧为对称的双坡,东、西、北三面的围墙与屋顶相接,南面墙高1.2～1.5m,北面墙上开设窗户,南面墙上开设圈门,靠北墙留有1.7m宽的操作通道,靠近通道一侧的围栏内设有食槽、水槽和盐槽。这种羊舍面积大,饲养管理条件好,适合各种肉羊的饲养,但造价相对较高。

(三)封闭式羊舍

封闭式羊舍指通过墙体、屋顶、门窗等围护结构形成全封闭状态的羊舍。这种羊舍四周均有墙,北墙留有窗户,南墙留有通往运动场的门。舍内饲养设备齐全,饲养管理全在舍内。封闭式羊舍密闭性好,跨度大,通风换气依赖于门窗和通风管道,可增设加温、通风设备,便于人工控制羊舍的温湿度等环境条件,有利于防疫,是北方寒冷地区工厂化养羊的理想圈舍,特别适用于待产母羊。封闭式羊舍也分为单坡式和双坡式两种。

六、典型羊舍建设实例

(一)单列式暖棚羊舍建设

单列式暖棚羊舍适合北方气温较低地区的农牧户及中小规模肉羊场。

1. 建筑要求

(1)场地选择

场地选择应符合GB/T18407.3的规定,距离国道、铁路、城镇、居民区和公共场所1000m以上,周围2000m以内无大型化工厂、采矿厂、皮革厂、肉品加工厂、屠宰厂及畜牧场。应选择地势较高、向阳、背风、干燥、水源充足、水质良好、地段平坦且排水良好之处,应避开冬季风口、低洼易涝、泥流冲积的地段,并要考虑饲草(料)运送和管理方便。

(2)建筑朝向

羊舍朝向可采用坐北朝南,偏西不大于10°,也可根据不同地区的自然气候条件选择最佳角度。

(3)通风与采光

为满足采光、冬季保温防潮、夏季降温及排除舍内污浊空气的需要,圈舍不宜封闭,宜在北墙开设窗户,后屋面间隔一定距离设通风孔。夏季温度过高时,在龙骨架上加盖一层遮阳网。

(4)湿度

羊舍内相对湿度不宜超过75%。

(5)照明及供电设施

羊舍内安装照明设施,供电系统设计应符合GBJ 52《工业与民用供电系统设计规范》的规定,确保安全用电。

(6)防疫

应严格按照兽医卫生防疫要求进行。净污分道,防止交叉;应设兽医室、药浴池、死尸处理区等。入口处设消毒槽,饲养区四周设置防疫沟或隔离带。

(7)防火

应达到GB 50016的要求。草料堆或草料库宜设在圈舍侧风向处,并保持20m以上距离。要配备必要的防火设施、设备及工具等。

2. 单列式暖棚羊舍外观设计

羊舍外观设计包括:长度、跨度、高度、屋面等,单列式暖棚羊舍外观设计详细见图3-3和图3-4。

图示说明:A,前屋面;B,后屋面;C,前墙;D,龙骨;E,侧门;F,通气孔;G,后墙;H,脊柱高;J,运动场。

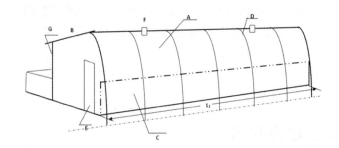

图3-3　单列式暖棚羊舍正面示意图

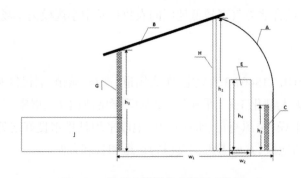

图3-4　单列式暖棚羊舍侧面示意图

3. 单列式暖棚羊舍设计参数

羊舍长度(L_1):羊舍长度根据饲养规模和不同生长阶段不同类型羊占地面积计算,总长度以不超过60m为宜。

羊舍跨度(W_1):羊舍跨度以6～8m为宜。

羊舍高度(H):屋脊高度(h_1)为2.5～3.5m,前墙高(h_2)1.0～1.2m,后墙高(h_3)2.0～2.2m。

棚面(A):棚面由龙骨支撑,上覆塑料棚膜或阳光板。龙骨间距1.0～1.2m,龙骨从屋脊顶端延伸到前墙或前墙外地面,气候寒冷地区应将龙骨延伸到前墙外地面,龙骨应有适宜的弧度。

后屋面(B):后屋面宽度超出后墙0.5m,坡度由屋脊高度和后墙高度决定。

门:侧门E:宽(W_2)1.2～1.5m,高(h_4)2.0～2.2m,后墙门:宽1.0～1.2m,高1.2m。

窗户:羊舍北墙设窗户,长度0.8m、宽度0.6m、高度1.2m,窗户间距3.0m。

羊舍间距:规模较大需建设2栋以上羊舍时,横向间距为屋脊高的2倍,纵向间距根据道路和绿化带确定。

4. 单列式暖棚羊舍舍内平面布局

单列式暖棚羊舍舍内采用单列南走道形式,走道宽1.2～1.5m,饲槽宽0.25～0.35m、槽深0.15～0.20m、槽沿高0.15～0.20m,走道高度与饲槽高度持平或略高于饲槽。每隔7.0m设一个隔栏,以便分群。

5. 羊舍附属结构

(1)运动场(J)

圈舍北侧设运动场,运动场设补饲栏、水槽、遮阳棚。运动场面积以棚舍建筑面积的2～3倍为宜。

(2)母羊产羔栏

繁育羊舍内设产羔栏,有活动式和固定式两种,大多数采用活动栏板,由两块栏板用合页连接而成,每块栏板高1.0m、长1.2m,将活动栏在羊舍一角成直角展开,并将其固定在羊舍的墙壁上,可供一母双羔或一母多羔使用。

(3)羔羊补饲栏

繁育羊舍内或运动场设羔羊补饲栏,中间设小料槽,栅栏间距13cm为宜,小羊羔可自由进出,大羊不能进入。

(4)产羔舍

产羔舍所需面积可按羊舍建筑面积的1/10计算。

(5)羊床占地面积

不同类肉羊羊床占地面积范围如表3-3所示。

表3-3 不同类肉羊羊床占地面积

羊别	面积(m^2)
母羊	1.1～1.6
羔羊	0.6～0.8
种公羊	4.0～6.0
育肥羊	1.0～1.2

(6)供水设施

在羊舍内和运动场设饮水装置,有稳定的水源,水质符合 NY 5027 畜禽饮用水质标准,冬季水温应保持在0℃以上。

6.建筑材料

(1)墙体

可用土坯、砖等材料,也可用复合夹芯板等新型材料。

(2)门窗

可用木料等材料,也可采用塑钢等新型材料。

(3)屋面

后屋面采用草泥或复合夹芯板等新型材料,采光部分采用阳光板、白色透明不凝结水珠塑料薄膜或玻璃等透光材料。

(4)地面

采用三合土、砖或混凝土等。

(5)结构骨架

后屋面采用钢材、木料等,龙骨采用竹竿、钢管等。

7.施工技术要点

(1)场地平整

在主体建筑施工前应进行场地平整,场地应有1%～2%的排水坡度。

(2)地基与基础

地基开挖前应按图纸定位放线;开挖后应验槽,遇土质土层结构复杂情况时,应采取专门的地基处理方法处理。具体施工可按 GB 50202 中次要建筑的要求执行。对个别特殊地区可按当地习惯施工。

(3)墙体

用复合夹芯板等新型材料时,施工可根据厂家提供的建设安装要求进行,并用隔栏对墙体进行局部保护。用砖、毛石、砌块等砌筑的承重墙体,施工时可按 GB 50203 中次要建筑执行。建造土板或土坯墙时,表面可用草泥或沙灰抹面,但须进行防水处理。墙上留门洞口时应避开冬季主导风向。

(4)地面

地面应铺设在均匀密实的基土上,遇不良基土时应换土或进行加固。地面材料宜选用保温和排水良好的三合土或砖。三合土可按石灰:砂:骨料(体积比)1:2:4～1:3:6的比例,虚铺厚度为220mm,夯至150mm为宜;黏土砖地面下应设150mm灰土垫层。

(5)骨架结构

简易的钢、木骨架结构,施工时应用铁钉、铁丝、木楔、螺丝钉等连接固定,与两端墙体连接用草泥固定密封。骨架采用轻钢结构和木结构时,施工可分别按 GB 50018、GB 50017、GB 50205 中的次要建筑执行,但轻钢结构骨架的耐腐蚀、耐久性要求应适当高于次要建筑标准。

(6)塑料薄膜

在龙骨上覆盖塑料薄膜时,周围余出0.3～0.4m,拉紧铺平并固定在围墙、屋檐上,四周封严;将龙骨两端固定在屋檐、前墙或地面上。覆膜后每隔2.0m在膜面上拉压膜绳固定。

（7）门窗

圈门必须坚固灵活,门向外开,不设门槛或台阶。窗户宜采用推拉窗或旋转窗,安装高度距羊舍内地面不小于1.2m。

（8）圈舍使用

圈舍建成风干后方可使用。使用前,应进行彻底消毒,检查圈舍、设施、设备是否完好,是否有引起羊只损伤的利器、钝器等物件。特别要注意易损部件如门窗等是否有保护措施。

第三节　肉羊场经营及效益测算

经营是指企业经营者为了获得最大的物质利益,以适度规模的企业为载体,运用适宜的经济手段和最少的物质消耗创造尽可能多的能够满足人们各种需要的产品的经济活动。企业的经营活动应该包括业务范围和经营规模的确定、经营管理模式的选择和盈利能力的测算。

一、肉羊养殖规模确定依据

肉羊产业链包括肉羊种羊的培育—繁殖—育肥—活羊交易—屠宰—精深加工—销售,肉羊养殖场的经营范围可涉及肉羊种羊的培育—繁殖—育肥—活羊交易等环节,处在肉羊产业链的前端,其产品主要是活羊。肉羊养殖企业可以根据经营规模选择其中的任意一个或者多个环节作为自己的经营范围,比如涉及"种羊培育—繁殖"两个环节的种羊场、涉及"种羊培育—繁殖—育肥—活羊交易"的大型综合性肉羊场、涉及"繁殖—育肥—活羊交易"的大中型肉羊场,或者只进行羔羊"育肥"的小规模羊场。

肉羊养殖场的规模应该依据投资者的经济实力、技术力量、饲草料资源以及市场需求(销路)等因素综合确定。

1. 经营者的经济实力

经营者的经济实力是投资规模的主要确定因素,肉羊养殖除场地建设、设施设备购置、种羊引进等一次性固定投资外,用于饲草料供应、卫生防疫、人工工资等日常运转的流动资金需求量较大,而且绝对不容许资金断流,一旦资金断流,饲草料供应不足,将严重影响养殖场的效益甚至危及羊场的存活。因此,在投资建场之前,投资人应对自己可用于羊场建设运转的资金进行充分的评估,以选择适合自己经济实力的投资规模,以实现投资收益最大化。

2. 技术力量

技术力量也是确定肉羊场规模的主要因素,如果投资人的资金允许,而且投资人具有一定的专业技能或者具有可支配的稳定的育种技术团队,则投资人可以选择"种羊培育—繁殖"两个环节的种羊场,或者"种羊培育—繁殖—育肥—活羊交易"的大型综合性羊场,或者

"繁殖—育肥—活羊交易"的大中型羊场。如果投资者有一定的资金支持,但是没有稳定的技术团队,则最好不要涉及种羊培育环节,可以选择引进种羊,进行"繁殖—育肥—活羊交易"的大中型羊场。如果投资者是农户个体饲养,有一定的资金支持,可以选择"繁殖—育肥",或者只进行羔羊短期"育肥"的小规模羊场。

3. 饲草料资源

饲草料供应是肉羊养殖的保证,肉羊场周边应有广泛的饲草料资源,不论是选择投资大中规模的肉羊场还是农户选择小规模的肉羊养殖场之前,均应对可利用的饲草料资源进行充分的调研评估,确保肉羊场有充足的饲草料资源。

4. 市场需求

市场需求是肉羊养殖效益的保障,如果市场需求疲软,或者没有明确的市场销路,就会造成商品羊流转受阻,育成的商品羊不能及时出售,导致饲养期延长,饲养成本增加,效益降低甚至亏损。因此,投资人在建场前应对周边的市场需求及可利用的销售渠道进行充分评估,选择适合的投资规模,最大限度地降低投资风险。

二、肉羊养殖规模测算

1. 我国肉羊养殖适度规模测算

一般而言,可以用于衡量肉羊饲养规模的指标有总存栏数量、能繁母羊存栏数量和年出栏数量。能繁母羊是养殖场(户)的养殖基础,在畜群中作用较为突出,直接决定着养殖场(户)肉羊存栏数量和出栏水平,在畜群中所占比例一般为50%左右。年存栏数量和出栏数量对于肉羊养殖场(户)来说具有较强的季节性规律,特别是在牧区,母羊春季产羔,且上半年草原牧草旺盛,饲养成本相对较低,因此,总存栏量较多,而下半年随着枯草期的临近,养殖场(户)出于草料条件、饲养成本等方面的考虑,会将肉羊及时出栏,存栏逐渐下降。但是,相比之下,能繁母羊存栏数量较为稳定,所以,一般采用能繁母羊数量作为肉羊饲养规模的主要衡量指标。年出栏量代表肉羊场(户)的产出水平,直接决定羊肉的市场供给,是当前市场经济条件下较为适合市场经济意识的一个规模指标。肉羊出栏量与能繁母羊的存栏量之间存在较为固定的比例关系,据监测统计,牧区与非牧区肉羊年出栏量与能繁母羊存栏量的比例分别为83.05∶100和116.35∶100。总之出栏率越高,说明羊场的产出越高,效益相对较高。

三、肉羊产业组织模式

肉羊产业链就是肉羊产品从生产(牧户)到加工(企业),再到运输、销售及消费(餐桌)的整个链条。这个链条组织中的构成要素包括生产者、中间商、屠宰场、加工企业和消费终端。根据这些组成要素之间的关系,我国目前肉羊产业的组织模式大概有以下几种。

1. 传统的散户式产业模式

这是一种传统的羊肉产业链的组织模式,是以市场交易模式下肉羊生产、屠宰加工、羊肉销售等各环节均没有形成合作组织联盟,都是以散户形式出现在产业链条内。其组织模式形式如图3-5所示。养殖场(户)可以自由选择销售方式,或者自己将活羊拉到食品厂所在地销售,或者销售给前来收购的中间商,由中间商销售给屠宰场或者食品厂,再由食品厂加工后销往本地消费者、批发商、零售商或者经第三方销往全国各地。这种组织模式中,养殖场(户)没有形成统一的联盟,力量没有集中,对于来自市场波动和自然灾害的冲击没有反抗能力,甚至由于产业链条较长,养殖场(户)不了解市场需求,只能依照食品场或者中间商收购的价格来销售,再加上饲养成本高,养殖场(户)的利益很难保障。另外,由于中间商与牧户之间是一种完全竞争模式,牧户没有义务必须将自己的活羊卖给中间商,使中间商不能完全对供应数量和质量做出保证,大大增加了屠宰场或食品厂肉源供应的不稳定性。因此,这种组织模式使整个产业链较为松散,各环节不确定因素增多,数量、质量及售价都难以保障,各环节风险增大。

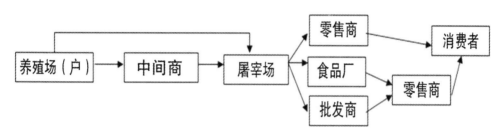

图3-5　散户式组织模式

2.以企业为中心的横向一体化组织模式

这种组织模式是以企业为中心,农(牧)户自愿参加与企业组成合作联盟,联盟内部采用统一的饲养品种和统一的销售渠道,企业提供种公羊,由农(牧)户自己繁育,羔羊断奶或者到规定月龄后,企业按照统一标准进行收购。同时,企业与屠宰场或者食品厂签订协议(组成合作联盟),收购来的羔羊全部提供给屠宰场或者食品厂,食品厂再与消费终端(零售商)组成合作联盟,将肉羊屠宰加工包装之后销往全国各地,如餐饮业、各大超市、商店等(如图3-6)。这种经营模式,对于分散居住的农(牧)民来说,解决了种羊的供应及商品羊的销售问题,避免了商品羊"卖不出去"的风险,降低了销售成本,保障了养殖户的经济收入。对于食品厂来讲,合作社企业提供了稳定可靠的肉源和肉品质量,降低企业原料采购和质量安全风险。

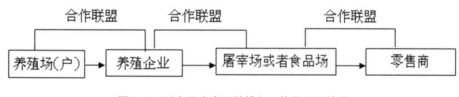

图3-6　以企业为中心的横向一体化组织模式

3.以养羊合作社为中心的横向一体化组织模式

这种组织模式首先是养羊场(户)之间建立了一种合作联盟,即养羊合作社(图3-7),甚至有些合作社可以建立自己的屠宰厂和冷藏库,合作社内实行种公羊统一管理供应、统一配种、统一饲料供应、统一防疫、活羊统一收购、统一屠宰、统一销售。养羊合作社再以一种联盟的身份与一些大型餐饮集团或者超市签订供需协议,由其将养羊合作社提供的羊肉销售到餐饮终端消费环节,从而实现肉羊生产、加工、运输、销售等一体化。

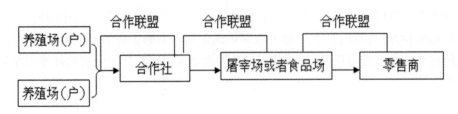

图3-7　以合作社为中心的横向一体化组织模式

这种组织模式在大大降低养羊场(户)的劳动成本的同时,对于商品羊的销售也是一种保障。不仅如此,养羊合作社成为一些餐饮集团肉羊供应的基地,价格方面也是高于其他地方的收购价格。由于这种组织模式的产业链条比较短,养羊合作社的养殖场(户)可以很快收到市场及消费者所反馈的信息,以便调整自己的产业生产结构及生产品种类型,更好地迎合市场的需要;对于餐饮集团来讲,因为有了稳定的肉源基地,数量和质量上有了保障,消除了货源供应的不确定性,降低了经营风险。

四、肉羊场经营模式

经营模式就是企业根据经营宗旨和业务范围确定的为实现其既定价值所采取的某一类方式方法的总称,包括三个方面的内涵,一是确定企业实现什么样的价值,也就是在产业链中的定位;二是企业的业务范围和规模;三是企业如何或者采取什么样的手段来实现价值。

1. 商品肉羊饲养的"订单模式"

商品肉羊饲养的"订单模式"是肉羊养殖企业与农户签订肉羊饲养协议,农户按照企业提供的圈舍设计方案要求,建设肉羊饲养圈舍,养殖企业给农户提供断奶羔羊,由农户按照企业提供的饲养技术饲养,农户饲养2个月后,公司将按照提供的羔羊数量强制收回,扣除羔羊原始体重,农户饲养每增重0.5kg,公司给农户折算现价报酬;或者对增重部分按肉羊市场价格核算总增加效益,然后由公司与农户按一定比例进行分成。这种经营模式使企业与农户之间相互制约和监督,以实现互利共赢。在羊舍等固定资产方面的投资降低了农户违约的概率,而按比例分成的利益分配制度降低了企业的监督成本、调动了农户饲养的积极性,企业和农户之间形成了紧密的利益共同体。该模式最大限度地降低了农户养殖成本(羔羊购置成本),有利于规模化养殖的推行。

2. 种羊生产的"寄养模式"

种羊生产的"寄养模式"与商品肉羊饲养的"订单模式"比较相似,但具体饲养要求却更加严格。养殖企业与农户签订种羊饲养协议,农户按照企业提供的圈舍设计方案要求,建设肉羊饲养圈舍,养殖企业给农户提供健康种羊,农户必须严格按照企业提供的饲养技术进行饲养,同时,企业对农户在每只种羊每天的精料补充量、月平均增重量、配种率、死亡率等指标上提出具体的量化要求并监督执行。种羊产羔断奶后,公司对按照协议价格回收羔羊。这种模式比较适合种羊场,采取这种模式扩繁、选育种羊,降低了企业的资金约束,提高了相关品种或品系的选育速度,扩大选育群体。

3. 种羊场+合作社

这种模式一般是以村为单位,建立养羊合作社,合作社与种羊场签订协议,由种羊场提供种羊、技术服务和饲料,并保障种羊回收。由合作社担保,种羊场无偿将种羊提供给农户,由农户饲养。同时,种羊场为每只种羊每天提供全价颗粒饲料,农户无力承担相关费用时可以赊销,其价款在种羊回收时扣除。企业与农户订立收购合同,扣除仔羊原有重量,活羊以高于商品羊的价格回收。由于种羊回收价格较高,避免了农户将种羊卖给其他商贩的违约风险。对于企业来说大约有50%以上回收的羊是作为种羊,企业也从中获得了较多的利益。这种模式做到了企业和农户的双赢。

4. 产业间纵向"六方合作+保险"模式

"六方合作+保险"模式是四川在发展生猪产业过程中提出的一整套完整的运行机制,现在正在向肉羊产业推广。该模式主要内容是:"六方合作"即"金融机构+担保公司+饲料企业+种畜场+肉食品加工企业+协会农户"的合作,是各利益主体之间,在政策引导下,以诚信为基础、金融为依托、协会为平台、利益为纽带的多方合作新机制,是集金融支持、良种推广、饲料经营、政策保险、技术服务、订单收购、风险防范为一体的产业化系统工程。

"六方合作"的运作模式是农发行向获得政府下达饲料粮储备计划的饲料加工企业和种羊场发放饲料粮储备贷款,农业产业化担保公司提供一定额度的信用担保,饲料加工企业向协会农户赊销、配送优质无公害饲料,种羊场向协会养殖户(场)提供质优价廉的种羊,协会农户按标准化要求饲养,加工企业以"优质、优价"订单收购协会农户养殖的活羊,并代饲料加工企业和种羊场扣回向协会农户赊销的饲料和羔羊款,贷款企业在规定时间内还清贷款,形成各主体之间的互动与链接。"六方合作+保险"模式具有详细的操作规程,该模式是农业产业化纵向联结方式的代表,其优化了畜牧资源配置,实现了一、二、三产业互动,转变了畜牧业生产方式、经营方式、增长方式,构建了标准化生产体系;创新了金融支农机制,建立了农村信用安全体系;提升了畜牧产业化经营水平,增加了农民收入。

五、肉羊养殖的成本效益分析

(一)肉羊养殖成本效益及影响因素

肉羊饲养成本包括直接费用成本和间接费用成本,其中直接费用包括羔羊购进费用、饲草料费用、医疗防疫费用、配种费用、死亡损失费用、人工及管理费用、技术服务费用、水电燃料费用等。间接费用包括固定资产折旧费用、销售费用、财务利息等费用等。如果牧户是自繁自养,不考虑购进羔羊的费用,肉羊养殖的主要成本为饲草料费用和人工管理费用,农区舍饲养殖中饲草料成本一般占60%以上,人工管理费用占25%以上。刘雨佳(2012)在内蒙古肉羊产业成本收益分析中对2001～2010年内蒙古肉羊产业成本收益进行分析,除羔羊购进费用外,内蒙古肉羊产业成本中饲草料费用(45%)、医疗防疫费用(6%)、其他直接费用(4%)、人工及管理费用(42%)、其他间接费用(3%)。

肉羊养殖收入包括肉羊出栏收入和出栏肉羊所产羊毛、羊粪等出售所取得的其他收入两个方面,其中出栏收入包括销售和以自食等方式进入宰杀环节的肉羊,由此可见出栏羊以及羊毛等产品的售价决定着肉羊养殖收入的高低。

肉羊养殖收益就是养殖收入(总收入)与养殖成本(总成本)之差,因此,影响养殖收益的因素就包括影响养殖收入的各因素和影响养殖成本各因素。各因素对肉羊养殖收益率的影响大小依次为销售价格、饲草料费用、人工管理费用及医疗防疫费等。其中,销售价格与肉羊养殖收益具有正相关的关系,其相关系数为1.525,即当肉羊的销售价格提高一个单位时,其收益会相应的提高1.525个百分点;人工管理费用与肉羊养殖收益具有负相关关系,相关系数为0.379,即当肉羊的人工管理费用提高一个单位时,养殖收益会相应地降低0.379个百分点;饲草料费用与肉羊养殖收率具有负相关关系,相关系数为0.218,即当肉羊的饲草料费用提高一个单位时,养殖收益会相应地降低0.218个百分点;医疗防疫费用与肉羊养殖收益率具有正相关关系,相关其系数为0.020,即当肉羊的医疗费用提高一个单位时,其养殖收益会相应的提高0.020个百分点。

(二)中国肉羊养殖成本效益分析

1. 不同区域肉羊养殖成本收益

(1)不同区域绵羊养殖成本收益

牧区、半农半牧区和农区由于气候资源条件、饲草料以及放牧管理等诸多方面的差异,使得绵羊成本收益存在明显差异(见表3-4),其中,半农半牧区绵羊养殖效益好于牧区和农区。2012年牧区、半农半牧区和农区绵羊出栏活重分别为35.55kg/只、42.25kg/只和40.75kg/只,牧区、半农半牧区和农区标准体重(45kg/只)出栏绵羊平均出栏收入分别为956.97元、1068.72元和1055.91元,标准体重出栏绵羊养殖平均总成本为596.80元、519.54元和690.89元,标准体重出栏绵羊养殖纯收入为436.95元、655.70元和510.15元。

(2)不同区域山羊养殖成本收益

不同区域山羊养殖成本收益也存在明显差异(见表3-5),半农半牧区山羊养殖效益好于牧区和农区。2012年牧区、半牧区和农区山羊出栏活重分别为35.98kg/只、38.92kg/只和29.11kg/只,牧区、半农半牧区和农区标准体重出栏山羊平均出栏收入分别为826.77元、903.20元和818.59元,牧区、半农半牧区和农区标准体重出栏山羊养殖平均总成本为433.58元、368.38元和488.68元,牧区、半农半牧区和农区标准体重出栏山羊养殖纯收入为487.23元、586.66元和389.83元。

综合以上不同区域绵羊和山羊养殖成本收益情况来看,目前我国半农半牧区肉羊养殖效益相对较好,其出栏活重水平普遍较高,饲养成本普遍较低。原因是我国半农半牧区属于农牧业交错地带,饲草料资源利用效率较高,养殖成本较低,使得肉羊养殖效益相对较好。

表3-4　不同区域绵羊养殖成本收益

	项目	牧区	半农半牧区	农区
一、	每只出栏绵羊收入(元/45kg)	1033.75	1175.24	1201.04
1.	出栏绵羊平均活重(kg)	35.55	42.25	40.75
2.	出栏绵羊平均价格(元/kg)	21.27	23.75	23.46
3.	出栏绵羊平均收入(元/45kg)	956.97	1068.72	1055.91
4.	其他收入分摊(元/45kg)	76.78	106.52	145.13
二、	每只出栏绵羊成本(元/45kg)	596.80	519.54	690.89
1.	羔羊费用	454.76	345.10	455.25
2.	精饲料费用	51.85	90.55	133.65
3.	粗饲料费用	57.78	57.70	71.56
4.	饲盐费用	4.13	2.88	4.13
5.	防疫医疗成本	7.94	6.73	6.09
6.	人工管理费用	10.90	5.10	3.92
7.	水电燃料费用	1.64	4.35	5.45
8.	死亡损失分摊费用	4.71	3.60	2.15
9.	其他费用	3.09	3.54	8.70
三、	每只出栏绵羊纯收入(元/45kg)	436.95	655.70	510.15

数据来源:农业部畜牧业司肉羊生产监测数据。

表3-5　不同区域山羊养殖成本收益

	项目	牧区	半农半牧区	农区
一、	每只出栏山羊收入(元/30kg)	920.81	955.04	878.51
1.	出栏山羊平均活重(kg)	35.98	38.92	29.11
2.	出栏山羊平均价格(元/kg)	27.56	30.11	27.29
3.	出栏山羊平均收入(元/30kg)	826.77	903.20	818.59
4.	其他收入分摊(元/30kg)	94.04	51.84	59.92
二、	每只出栏山羊成本(元/30kg)	433.58	368.38	488.68
1.	羔羊费用	294.76	220.06	272.87
2.	精饲料费用	38.15	56.30	98.86
3.	粗饲料费用	52.67	53.08	64.06
4.	饲盐费用	3.06	4.10	4.17
5.	防疫医疗成本	6.12	8.45	10.91
6.	人工管理费用	14.89	1.99	14.01
7.	水电燃料费用	5.04	3.81	7.19
8.	死亡损失分摊费用	2.69	9.11	5.90
9.	其他费用	16.21	11.48	10.73
三、	每只出栏山羊纯收入(元/30kg)	487.23	586.66	389.83

2. 自繁自养和专业育肥模式下肉羊养殖成本收益

(1) 自繁自养和专业育肥模式下绵羊养殖成本收益

从绵羊自繁自养与专业育肥两种养殖模式成本收益情况对比来看(表3-6),自繁自养户和专业育肥户出栏绵羊的平均活重分别为39.47kg/只和48.83kg/只,专业育肥户出栏绵羊活重比自繁自养户高出23.79%,两种模式标准体重出栏绵羊总收入基本持平;从养殖总成本来看,自繁自养和专业育肥模式标准体重出栏绵羊平均总成本分别为615.77元和827.71元,专业育肥户仔畜费用成本和精饲料成本远远高于自繁自育户;从养殖纯收入情况来看,自繁自养户和专业育肥户标准体重出栏绵羊养殖纯收入分别为529.29元和191.28元。

(2) 自繁自养和专业育肥模式下山羊养殖成本收益

从山羊自繁自养与专业育肥两种养殖模式成本收益情况对比来看(表3-7),养殖收入方面,自繁自养和专业育肥出栏山羊的平均活重分别为30.97kg/只和36.45kg/只,专业育肥山羊出栏活重比自繁自养高17.69%,两种模式标准体重山羊出栏收入基本持平;但自繁自养模式标准体重出栏山羊总收入高于专业育肥模式,主要是我国的山羊养殖中部分是绒山羊,自繁自养户养殖时间较长,增加了羊绒收入,而专业育肥户多以短期育肥出售活羊为主,羊绒收入相对较少;从养殖总成本来看,自繁自养和专业育肥模式标准体重出栏山羊平均总成本分别为468.39元和545.20元,专业育肥户仔畜费用成本和精饲料成本均高于自繁自养户;从养殖纯收入情况来看,自繁自养户和专业育肥户标准体重出栏山羊养殖纯收入分别为428.21元和282.59元。

表3-6　自繁自养与专业育肥模式绵羊养殖成本收益

	项目	自繁自养	专业育肥
一、	每只出栏绵羊收入(元/45kg)	1145.06	1018.99
1.	出栏绵羊平均活重(kg)	39.47	48.83
2.	出栏绵羊平均价格(元/kg)	23.14	22.53
3.	出栏绵羊平均收入(元/45kg)	1041.43	1013.71
4.	其他收入分摊(元/45kg)	103.63	5.28
二、	每只出栏绵羊成本(元/45kg)	615.77	827.71
1.	羔羊费用	417.29	590.23
2.	精饲料费用	85.71	149.98
3.	粗饲料费用	76.44	59.32
4.	饲盐费用	3.45	2.14
5.	防疫医疗成本	6.81	4.00
6.	人工管理费用	8.04	7.30
7.	水电燃料费用	4.17	3.98
8.	死亡损失分摊费用	4.25	3.90
9.	其他费用	9.63	6.87
三、	每只出栏绵羊纯收入(元/45kg)	529.29	191.28

数据来源:农业部畜牧业司肉羊生产监测数据。

表3-7 自繁自养与专业育肥模式山羊养殖成本收益

项目	自繁自养	专业育肥
每只出栏山羊收入(元/30kg)	896.60	827.79
出栏山羊平均活重(kg)	30.97	36.45
出栏山羊平均价格(元/kg)	27.52	27.57
出栏山羊平均收入(元/30kg)	824.53	827.05
其他收入分摊(元/30kg)	72.07	0.74
每只出栏山羊成本(元/30kg)	468.39	545.20
羔羊费用	274.94	297.05
精饲料费用	81.93	140.72
粗饲料费用	60.70	62.99
饲盐费用	3.90	2.37
防疫医疗成本	9.63	8.32
人工管理费用	13.51	14.87
水电燃料费用	6.48	4.06
死亡损失分摊费用	5.23	10.82
其他费用	12.07	4.00
每只出栏山羊纯收入(元/30kg)	428.21	282.59

数据来源:农业部畜牧业司肉羊生产监测数据。

目前我国专业育肥模式出栏肉羊活重普遍高于自繁自养模式,但两种模式肉羊出栏价格差异不大;从个体养殖效益来看,自繁自养模式绵羊养殖效益好于专业育肥模式,但是,专业育肥模式周转速度较快、饲养规模较大,从整体养殖效益对比来看,专业育肥户的养殖效益相对较好。

3. 不同规模肉羊养殖成本收益情况

我国肉羊养殖效益与养殖规模的关系呈现出先升后降的趋势。在绵羊养殖中,能繁母羊存栏低于100只的养殖户,养殖效益随着养殖规模扩大而不断上升,其中,能繁母羊存栏为100～199只的养殖户,养殖效益最优,这一规模养殖户标准体重出栏绵羊养殖纯收入为672.21元,成本收益率(每只出栏羊纯收入/每只出栏羊总成本×100)为121.36%,能繁母羊数量超过200只以上,养殖效益随着规模的扩大呈现下降趋势(见图3-8)。

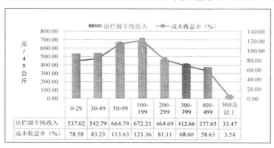

图3-8 不同规模绵羊养殖效益

数据来源:农业部畜牧业司肉羊生产监测数据。

在山羊养殖中,能繁母羊存栏低于50只的养殖户的养殖效益随着养殖规模扩大而上升,其中,能繁母羊50~99只的养殖户的养殖效益最优,其标准体重山羊出栏纯收入为485.14元,成本收益率为110.62%,能繁母羊数量超过100只以上,养殖效益随着规模的扩大呈现下降趋势(见图3-9)。

在目前我国肉羊生产的条件下,较大规模养殖户养殖效益略下降的主要原因是养殖成本相对较高,而且大规模养殖户多数采用舍饲养殖,其圈舍、养殖机械等固定资产的投入相对较大,提高了养殖总成本,导致养殖效益相对略低。

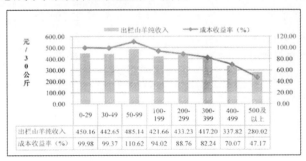

图3-9 不同规模山羊养殖效益

数据来源:农业部畜牧业司肉羊生产监测数据。

4. 不同品种肉羊养殖效益

不同品种肉羊的生长速度、肉质质量、出栏时间及销售价格均有所差异,一般来说,相对于改良羊,土种肉羊具有体格小、生长速度慢、出栏时间长等缺点,从而影响其养殖效益。通过对土种羊进行改良,改良后的肉羊生长速度提高、出栏时间短、体格增大,养殖效益相应增加。刘雨佳(2012)对内蒙古自治区本地绵羊、本地山羊及改良绵羊的养殖效益进行比对研究(表3-8),结果显示不同品种肉羊养殖效益不同,其中,本地山羊、本地绵羊和改良绵羊的成本分别为290.98元、304.43元和351.99元,成本收益率分别为16.1%、20.6%和26.5%。

表3-8 不同品种肉羊成本收益比对

项目	本地山羊	本地绵羊	改良绵羊
饲草料费用	103.11	122.57	145.76
人工管理费用	120.65	121.72	139.82
死亡损失分摊费用	26.83	25.71	28.32
其他费用	30.39	34.43	38.09
成本合计	290.98	304.43	351.99
销售收入	346.83	383.21	478.82
收益	55.85	78.78	126.83
成本收益率	16.1%	20.6%	26.5%

5. 不同年龄段肉羊养殖效益

不同年龄的肉羊对饲草料的转化率不同(见表3-9),也就是说,对不同年龄的肉羊喂养相同数量的饲草料,其体重的增长是不相同的。肉羊从出生到死亡的整个饲养周期内,生长速度是不均衡的,其中羔羊时期的生长发育速度最快,这时它们有较快的生长速度和较强的牧草转化能力,以后随着年龄增长,生长速度逐渐减慢。另外,不同年龄阶段的肉羊对饲草料的需要量、疾病的防疫程度及销售价格等因素的影响各不相同,而这些因素是构成肉羊生产成本的主要部分,因此,不同年龄阶段的肉羊养殖效益不同(见表3-10)。

表3-9 不同年龄肉羊的牧草消耗比较

年 龄	活重(kg)	产肉量(kg)	牧草消耗(干草)(kg)	每生产1kg肉消耗干草(kg)	转化率%
12月龄	36.6	13.8	292.8	21.2	4.70
二周岁	51.2	21.8	1040.0	47.7	2.00
4周岁	52.7	25.8	2688.0	104.1	0.96
6周岁	59.9	24.8	4440.0	172.1	0.58

表3-10 不同年龄阶段肉羊养殖效益

年龄	成本(元)	饲草料费(元)	人工费(元)	疾病及死亡损失(元)	其他(元)	销售价格(元)	成本收益率(%)
4～6月	191.0	73.8	87.2	20	10	296.2	35.5
6月～1年	285.2	114.6	123.6	28	19	379.8	14.9
1～2年	579.4	247.3	267.1	41	24	638.8	9.3
2～4年	1025.2	436.9	534.3	63	41	1184.6	0.2
4～6年	1889.3	654.8	1068.5	107	59	1756.9	--

由此可见,12月龄内的幼年羊饲草料转化利用率最高,4～6月龄羔羊的成本收益率最大,2岁以上羊饲料转化率和养殖成本收益都非常低,甚至可能亏本。因此,建议肉羊养殖场的商品羊应选择周岁以内出栏,实现效益最大化,养殖期最长不能超过2岁。

六、养羊成本核算实例

(一)散养

以饲养2只种母羊为例,精料按80%计算,草不计算,基建、设备及母羊配种费不计算,人工费和粪费相抵,羔羊按7月龄出栏,5个月饲喂期计算。

1. 成本

(1)购种母羊

购种羊总费用=2只×单价/只

种羊年摊销成本=购种羊费用÷5年(使用年限)

(2)饲养成本(精料按80%计算,草不计算)

2只种母羊年消耗精料费用=2×精料量/(天·母羊)×精料单价×365

育成羊消耗精料费用=总羔羊数×精料消耗/(天·羔)×精料单价×150

饲养成本=2只种母羊年消耗精料费用＋育成羊消耗精料费用

(3)年摊销医药费

年摊销医药费 = 10元/(羔·年)×总羔数

养殖总成本=(1)＋(2)＋(3) = 种羊年摊销费用+总饲养成本+年摊销医药费

2. 收入

总收入=育成羊总数×出栏重／只×销售价／kg活羊

3.经济效益分析

年盈利=总收入－总成本

(二)专业户

以饲养母羊20只为例,精料100％计算,草及青贮料计算一半,基建设备器械不计算,人工费和粪费相抵,羔羊按7个月出售,5个月饲喂期计算。

1. 成本

(1)购种羊

购种母羊总费用=20只母羊×母羊单价

购种公羊总费用=1只公羊×公羊单价

种羊年摊销成本=购种羊总费用÷5年(使用年限)

(2)饲料成本(精料100％计算,草及青贮料计算50％)

种羊饲料成本:

种羊年消耗干草费用=21只×干草数/(天·只)×365天×价格/kg干草

种羊年消耗精料费用=21只×精料量/(天·只)×365天×价格/kg精料

种羊年消耗青贮料费用=21只×青贮料量/(天·只)×365天×价格/青贮料

育成羊消耗干草费用=羔羊数×干草数/(天·只)×150天×干草单价

育成羊消耗精料费用=羔羊数×精料量/(天·只)×150天×精料单价

育成羊消耗青贮料费用=羔羊数×青贮料量/(天·只)×150天×青贮料单价

年饲养总成本=种羊消耗精料、干草、青贮料费用＋育成羊消耗精料、干草、青贮料费用

(3)每年医药摊销总成本:10元/(羔·年)×总羔数

养殖总成本=(1)＋(2)＋(3) = 种羊年摊销费用+总饲养成本+年摊销医药费

2. 收入

总收入=育成羊总数×出栏重／只×销售价／kg活羊

3. 经济效益分析

年盈利=总收入－总成本

(三)大型养羊场

以饲养500只基础母羊为例。

1. 成本

(1)基建总造价

羊舍面积:500只基础母羊,净羊舍600m²;周转羊舍(羔羊、育成羊)1250m²;25只公羊,50m²公羊舍,合计1800m²

羊舍总造价=1800×每平方米造价(元/m²)

青贮窖容量:需要青贮窖500m³

青贮窖总造价:500m³×每立方米造价(元/m³)

储草及饲料加工车间造价:500m²×每平方米造价(元/m²)

办公室及宿舍总造价:400m²×每平方米造价(元/m²)

基建总造价 = 羊舍总造价+青贮窖总造价+储草及饲料加工车间造价+办公室及宿舍总造价

(2)设备机械及运输车辆投资

包括青贮设备、兽医器械费用、变压器等机电设备、运输车辆等费用总和。

每年固定资产总摊销=(基建总造价 + 设备机械及运输车辆总费用)÷10年

(3)种羊投资

需要购进500只母羊,25只公羊

种羊投资 = 种羊数量×种羊单价

种羊年摊销成本=种羊总投资÷5年

(4)饲料成本

种羊饲料成本:

种羊年消耗干草费用=525只×干草数/(天·只)×365天×干草单价

种羊年消耗精料费用=525只×精料量/(天·只)×365天×精料单价

种羊年消耗青贮料费用=525只×青贮料量/(天·只)×365天×青贮料单价

育成羊饲料成本:(7个月出售,5个月饲喂期)

育成羊消耗干草费用=羔羊数×干草数/(天·只)×150天×干草单价

育成羊消耗精料费用=羔羊数×精料量/(天·只)×150天×精料单价

育成羊消耗青贮料费用=羔羊数×青贮料量/(天·只)×150天×青贮料单价

年饲料总成本=种羊消耗精料、干草、青贮料费用 + 育成羊消耗精料、干草、青贮料费用

(5)年医药、水电、运输、业务管理费用

年医药、水电、运输、业务管理等费用按每只羔羊10元计算。

年医药、水电、运输、业务管理费用 = 总羔数×10元

(6)年工人工资

年人工工资按每只羔羊120元计算。

年人工总工资成本=总羔数×120元

2. 收入

(1)年售商品羊收入

商品羊收入 = 育成羊总数×出栏重／只×销售价／kg活羊

(2)羊粪收入

羔羊产粪量:总羔数×产粪/(只·年)

种羊产粪量:525只种羊×产粪/(只·年)

年羊粪收入=年总产粪量×价格/立方米

(3)羊毛收入:种羊525只×产毛量/只×价格/kg(羊毛)

总收入 =(1)+(2)+(3)

3. 经济效益分析

建一个基础母羊500只商品羊场,年总盈利=总收入－年种羊饲养总成本－年育成羊饲养总成本－年医药、水电、运输、业务管理总费用－年人工总工资－年固定资产总摊销－年种羊总摊销。每只育成羊平均盈利:年总盈利÷总育成羊数。

第四章　肉羊营养需要及日粮调配

第一节　肉羊常用饲料种类及营养特点

饲料就是能被动物采食并提供给动物某种或多种养分的物质。饲料的种类繁多,从来源方面分为植物性饲料、动物性饲料、矿物性饲料等天然饲料及人工合成饲料;从形态方面可分为固态的饲料和液态的饲料;从所提供的养分种类和数量方面,又可分为精饲料和粗饲料等;按照饲料工业产品种类可分为单一饲料、添加剂预混合饲料、浓缩饲料、配合饲料和精料补充料。

一、饲料原料种类及营养特点

饲料原料就是单一饲料,主要指来源于动物、植物、微生物或者矿物质等,用于加工制作饲料,但不属于饲料添加剂的物质。

(一)粗饲料

粗饲料是天然水分含量低于60%,干物质中粗纤维含量在18%以上,以风干物为饲喂形式的饲料原料。主要包括粗干草类,如玉米秸秆、高粱秸秆、稻草、麦秸、花生秧、甘薯秧、杂草及枯树叶等,这类饲料中各种营养成分和能量含量低,木质素含量高,适口性差,主要起到饱腹和促进瘤胃功能的作用。另一类是青干草,是青草或栽培青绿饲草经一定干燥方法制成的粗饲料。比如苜蓿干草、燕麦干草、羊草、草原杂草以及一些作物茎叶、可食用的绿树叶等,这种青干草保留了鲜草的青绿色,不仅能提供牛羊等反刍动物生产所需的大部分能量,而且营养丰富,含量均衡,适口性好,特别是豆科青干草含有丰富的蛋白质、维生素和矿物质等,是肉羊养殖中非常重要的饲料原料。还有一种糟渣类粗饲料,如酒糟、醋糟等。

1. 豆科青干草

豆科干草是豆科饲用植物干制而成,包括苜蓿干草、三叶草、草木樨和大豆干草等。其中紫花苜蓿和白三叶草是最优良的牧草。豆科牧草含有丰富的蛋白质,开花初期粗蛋白含量在13%以上,最高可达25%,因而被称为蛋白饲料。同时还富含钙和维生素,粗纤维含量较低。因此,豆科牧草具有消化率高、质地优良、适口性好的特点,被称为牧草之首。

2. 禾本科青干草

禾本科干草是由禾本科植物干制而成,可分为两类,一类包括羊草、冰草、黑麦草、无芒雀麦、鸡脚草及苏丹草等。这类禾本科牧草以野生为主,来源广、数量大、适口性好,是牧区、半农半牧区的主要饲草资源。另一类是人工种植的饲用禾本科植物,在抽穗至乳熟或蜡熟期刈割干制而成。包括青玉米秸、青大麦秸、燕麦、谷子等。这类干草粗纤维含量较多,是农区草食家畜的主要饲草。禾本科干草干物质中粗蛋白质含量7%~10%,粗脂肪含量2%~4%,碳水化合物含量40%~50%,粗纤维30%~40%,是非常重要的能量饲料。

3. 作物秸秆

秸秆指农作物收获后剩下的茎叶部分,如玉米秸秆、玉米蕊、稻草、谷草、各种麦类秸秆、豆类和花生的秧秆等,来源十分广泛。

作物秸秆中粗纤维含量约占干物质的40%~50%,木质素含量高,且质地粗硬、适口性差、消化率低,粗蛋白、粗脂肪、矿物质含量较低,同时,缺乏动物生长所必需的维生素A、D、E以及钴、铜、硫、硒、碘等矿物质元素。因此,作物秸秆是饲料中的次品,一般不提倡直接用作物秸秆喂羊,如果要作物秸秆喂羊,最好使用生物发酵剂发酵,以降低木质素,提高营养价值和适口性。

4. 青绿饲料

青绿饲料是指天然水分含量在60%及以上的青绿多汁植物性饲草。它以富含叶绿素而得名,种类繁多,主要包括天然牧草、栽培牧草、青饲作物、叶菜类饲料、树枝树叶及水生植物等。

青饲料中水分含量高,干物质少,能值较低。其中,陆生植物水分含量60%~90%,水生植物水分含量90%~95%。如以干物质为基础计算,优质青饲料干物质的营养价值也是很高的,甚至可与某些能量饲料如燕麦籽实和麦麸相媲美。

青饲料蛋白质含量较高,一般禾本科牧草和叶菜类饲料的粗蛋白质含量在13%~15%,豆科青饲料粗蛋白质含量高达18%~24%。另外,豆科饲料的氨基酸组成也优于谷物籽实类饲料。

青饲料中粗纤维含量较低,按干物质计算,粗纤维含量15%~30%,碳水化合物含量40%~50%。粗纤维和木质素含量随着植物生长期的延长而增加,一般来说,植物开花或抽穗之前,粗纤维含量较低。

青饲料中钙磷比例适宜,矿物质含量因种类、土壤与施肥情况而异。一般钙含量0.40%~0.80%,磷含量0.20%~0.35%,豆科牧草中钙的含量较高,且钙磷比例适于动物生长。

青饲料中维生素含量丰富,特别是胡萝卜素含量非常高,在正常采食情况下,放牧家畜所摄入的胡萝卜素可超过其本身需要量的100倍。此外,青饲料中维生素B族、维生素E、维生素C和维生素K的含量也较丰富,但维生素D和维生素B₆(吡哆醇)含量很低。

常用粗饲料营养成分参见表4-1,常见青贮饲料营养成分见表4-2,资料来源于中华人民共和国农业农村部颁布的农业行业标准NY/T816《肉羊营养需要量》。

（二）精饲料

精饲料是营养成分丰富,粗纤维含量低,消化率高的一类饲料。具有体积小、水分少、营养物质含量高、粗纤维含量低、消化率高等特点,是肉羊必需的饲料原料。精饲料原料的种类很多,所含营养成分不同,按营养价值分类,可分为高能量精料和高蛋白精料,高能量精料如玉米、大麦、高粱、燕麦等禾谷类籽实及加工副产品麸皮、米糠等;高蛋白质精料如大豆、豌豆、蚕豆等豆科籽实及其粮油加工副产品菜籽饼、棉籽饼、豆饼等各种饼粕类。这两类精饲料原料的营养成分差异较大,如豆类含蛋白质比禾本科作物的籽实高1~2倍,碳水化合物的含量(即能量)则明显低于禾本科籽实。如单独饲喂一类精饲料则会出现某种营养缺乏的情况,若将两类精饲料配合饲喂则其营养成分能互相补充,饲喂效果显著提高。下面介绍几种常用的精饲料原料。

1. 玉米

2019年我国的玉米总产量2.554亿t,占世界玉米产量的1/6,而饲料用玉米占总产量的70%以上,占饲用谷类总量的50%。玉米籽实不仅具有淀粉、糖、热能高等特点,而且适口性好、易消化,是非常优良的精饲料,也被称为"饲料之王"。玉米籽粒中的可溶性碳水化合物含量高达83%以上,粗脂肪含量4%以上,粗纤维含量低(1.3%),是一种典型的能量饲料。玉米中的维生素含量也非常高,是稻米、小麦的5~10倍,但是,粗蛋白含量(8.9%)较低,而且蛋白质品质较差,缺乏赖氨酸(0.3%)、蛋氨酸(0.2%)和色氨酸,因此,玉米必须与其他高蛋白饲料配合饲喂。

表 4-1 常用粗饲料营养成分(以干物质为基础计算)

饲料名称	干物质 DM (%)	有机物 OM (%)	粗蛋白 CP (%)	粗脂肪 EE (%)	中洗纤维 NDF (%)	酸洗纤维 ADF (%)	粗灰分 Ash (%)	钙 Ca (%)	磷 P (%)	总能 GE (MJ/kg)	消化能 DE (MJ/kg)	代谢能 ME (MJ/kg)	可消化蛋白 DCP (%)	代谢蛋白 MP (%)
玉米叶(CP>10%)	92.00	89.90	10.60	0.91	73.20	39.50	10.10	0.32	0.06	17.80	7.33	6.06	6.83	4.20
玉米秸秆(4%≤CP≤5%)	92.40	91.47	4.52	1.31	76.20	43.50	8.53	0.64	0.08	16.90	6.92	5.72	1.39	0.96
玉米秸秆(CP>5%)	91.90	91.51	8.00	1.61	63.50	34.20	8.49	0.68	0.17	17.40	8.64	7.13	4.50	2.82
棉桃壳	91.12	90.40	3.95	1.75	61.68	50.91	9.60	0.55	0.09	–	8.88	7.33	0.88	0.66
棉花秸秆	90.34	90.77	6.45	4.88	66.29	57.68	9.23	0.38	0.11	–	8.26	6.82	3.11	1.99
亚麻茎秆	91.00	91.21	3.59	1.61	65.64	43.75	8.79	0.61	0.06	–	8.35	6.89	0.55	0.47
大蒜皮	90.30	91.59	6.00	0.66	51.27	35.97	8.41	0.30	0.14	16.14	10.29	8.48	2.71	1.75
白菌茎秆	91.50	89.40	7.18	0.76	70.50	38.90	10.60	0.28	0.23	15.90	7.69	6.35	3.77	2.38
葡萄藤	92.43	85.44	6.52	0.93	70.22	41.01	14.56	0.55	0.11	–	7.73	6.39	3.18	2.03
麻叶(CP≤15%)	91.20	86.80	12.10	2.47	70.20	48.80	13.20	2.96	0.17	16.60	7.73	6.39	8.17	5.00
麻叶(15%<CP≤20%)	90.00	86.00	17.80	2.59	65.10	38.70	14.00	1.57	0.25	17.10	8.42	6.95	13.27	8.03
麻叶(CP>20%)	93.70	86.10	21.50	2.57	61.90	37.70	13.90	2.93	0.33	17.20	8.85	7.31	16.58	10.00
辣椒粕	90.25	96.39	16.95	4.32	25.76	6.77	3.61	0.03	0.80	–	13.73	11.31	12.51	7.58
辣椒茎秆	91.55	91.41	5.42	0.82	58.56	41.32	8.59	1.08	0.10	–	9.31	7.68	2.19	1.44
菊芋茎秆	90.10	87.80	8.17	2.42	60.10	36.30	12.20	2.08	0.13	16.70	9.10	7.51	4.65	2.91
苜蓿草粉(CP≤15%)	92.80	92.68	14.50	1.73	56.70	38.40	7.32	1.35	0.16	18.40	9.56	7.88	10.32	6.27
苜蓿草粉(15%<CP<20%)	93.60	87.04	18.00	1.70	45.70	29.70	12.96	1.86	0.18	17.60	11.04	9.10	13.45	8.14
苜蓿草粉(CP>20%)	92.80	89.27	21.80	1.93	47.40	28.90	10.73	1.48	0.33	18.10	10.81	8.91	16.85	10.16
骆驼刺	93.10	86.30	11.94	1.96	58.14	28.41	13.70	0.79	0.06	–	9.36	7.72	8.03	4.91
沙葱	93.40	81.99	22.34	4.68	33.31	24.61	18.01	1.40	0.47	–	12.71	10.47	17.33	10.44

表4-1（续）

饲料名称	干物质 DM (%)	有机物 OM (%)	粗蛋白 CP (%)	粗脂肪 EE (%)	中洗纤维 NDF (%)	酸洗纤维 ADF (%)	粗灰分 Ash (%)	钙 Ca (%)	磷 P (%)	总能 GE (MJ/kg)	消化能 DE (MJ/kg)	代谢能 ME (MJ/kg)	可消化蛋白 DCP (%)	代谢蛋白 MP (%)
豌豆秸秆	89.54	82.06	10.70	1.27	47.96	32.33	17.94	2.64	0.19	-	10.74	8.85	6.92	4.25
山地蕉果轴	93.70	92.24	8.95	1.44	45.90	28.00	7.76	-	-	12.60	11.01	9.08	5.35	3.32
山地蕉叶片	93.90	90.02	13.90	4.27	48.50	23.90	9.98	-	-	16.60	10.66	8.79	9.78	5.95
大豆秸秆(6%≤CP≤7%)	90.70	93.61	6.94	0.82	65.00	44.10	6.39	1.09	0.13	17.90	8.44	6.96	3.55	2.25
甘蔗叶(CP≤5%)	92.40	95.10	3.83	0.92	78.10	56.00	4.90	0.07	0.03	18.70	6.67	5.52	0.77	0.60
甘蔗叶(CP＞5%)	93.10	94.30	5.12	1.59	76.60	43.00	5.70	0.18	0.08	18.10	6.87	5.68	1.92	1.28
葵花头粉	92.20	89.20	5.94	2.29	16.40	10.88	10.80	1.45	0.09	16.00	13.65	11.24	2.66	1.72
山地蕉茎秆	93.70	99.14	5.83	1.14	51.30	28.30	0.86	-	-	13.70	10.29	8.48	2.56	1.66
绿豆秸秆	90.30	93.67	6.80	1.54	66.30	49.80	6.43	1.36	0.14	17.40	8.26	6.82	3.43	2.18
燕麦秸秆	92.60	95.58	6.85	4.46	52.60	27.50	4.42	0.56	0.13	19.70	10.11	8.34	3.47	2.20
豌豆秧	93.25	96.29	3.69	1.46	74.88	39.46	3.71	0.21	0.05	-	7.10	5.87	0.64	0.52
花生壳	94.00	95.78	5.08	0.90	73.25	59.31	4.22	0.80	0.05	16.11	7.32	6.05	1.89	1.26
花生秧(CP≤10%)	90.90	90.20	7.41	1.11	69.60	54.20	9.80	0.78	0.19	17.30	7.82	6.45	3.97	2.50
花生秧(CP＞10%)	91.50	89.60	10.10	1.77	60.60	43.20	10.40	0.94	0.14	17.20	9.03	7.45	6.38	3.93
花豆秸秆	92.50	94.11	8.38	0.52	71.50	54.60	5.89	0.92	0.11	18.10	7.56	6.24	4.84	3.02
南瓜叶	89.66	89.85	5.53	1.28	60.92	39.83	10.15	1.17	0.09	-	8.99	7.42	2.29	1.50
油菜秸秆(CP≤5%)	91.90	97.19	4.30	1.16	75.79	54.22	2.81	-	-	19.10	6.98	5.77	1.19	0.85
油菜秸秆(CP＞5%)	93.00	94.80	6.94	2.83	74.80	51.60	5.20	1.58	0.11	18.80	7.11	5.88	3.55	2.25
油菜莱壳	92.32	83.40	9.57	3.22	48.24	26.35	16.60	1.37	0.21	-	10.70	8.82	5.91	3.65
稻糠	90.35	98.13	8.07	6.67	78.96	56.12	1.87	0.01	0.38	-	6.55	5.42	4.56	2.85

表4-1（续）

饲料名称	干物质 DM (%)	有机物 OM (%)	粗蛋白 CP (%)	粗脂肪 EE (%)	中洗纤维 NDF (%)	酸洗纤维 ADF (%)	粗灰分 Ash (%)	钙 Ca (%)	磷 P (%)	总能 GE (MJ/kg)	消化能 DE (MJ/kg)	代谢能 ME (MJ/kg)	可消化蛋白 DCP (%)	代谢蛋白 MP (%)
水稻秕壳	93.43	92.86	4.73	1.24	71.89	36.63	7.14	0.16	0.06	—	7.51	6.20	1.57	1.08
稻草秸秆(CP≤4%)	92.00	86.00	3.67	1.51	71.90	43.20	14.00	0.35	0.09	16.30	7.50	6.20	0.62	0.51
稻草秸秆(4%＜CP≤5%)	93.50	86.30	4.56	1.72	68.40	42.30	13.70	0.50	0.12	16.10	7.98	6.59	1.42	0.99
稻草秸秆(CP＞5%)	91.40	88.50	5.55	1.55	61.30	34.70	11.50	0.49	0.17	15.80	8.94	7.37	2.31	1.51
高粱秸秆	91.56	92.34	9.86	0.66	46.43	28.66	7.66	0.81	0.23	—	10.94	9.02	6.16	3.81
大豆秸秆(5%≤CP≤6%)	90.50	94.28	5.22	1.03	77.40	56.80	5.72	0.99	0.15	18.30	6.76	5.59	2.01	1.34
桑叶 CP≤20%	89.60	89.00	18.10	5.09	47.20	16.50	11.00	2.19	0.22	17.80	10.84	8.93	13.54	8.19
桑叶 CP＞20%	90.70	90.49	23.90	2.90	33.00	17.30	9.51	2.16	0.42	18.00	12.76	10.51	18.73	11.27
桑枝粉	90.50	96.23	6.25	1.43	70.70	54.60	3.77	—	0.08	17.60	7.67	6.34	2.93	1.89
杨树叶	93.71	92.07	13.28	5.28	40.89	27.74	7.93	1.62	0.15	—	11.69	9.63	9.23	5.63
干番茄渣 CP≤17%	90.25	95.75	16.13	11.62	58.74	43.14	4.25	0.21	0.48	—	9.28	7.66	11.78	7.14
干番茄渣 CP＞17%	91.77	92.70	18.01	13.83	52.82	46.05	5.30	0.34	0.47	—	10.08	8.31	13.46	8.14
葵花籽壳	88.00	97.30	3.60	1.98	65.70	30.40	2.70	0.29	0.03	—	8.34	6.89	0.56	0.48
葵花茎秆	90.46	94.42	3.50	1.01	56.27	50.46	5.58	0.55	0.02	—	9.61	7.93	0.47	0.42
地瓜秧(CP≤12%)	90.50	89.10	12.00	3.03	46.60	32.10	10.90	1.93	0.18	17.20	10.92	9.00	8.08	4.94
地瓜秧(CP＞12%)	90.50	83.90	13.40	2.20	56.80	42.50	16.10	1.36	0.34	16.10	9.54	7.87	9.33	5.69
番茄茎秆	98.21	90.14	4.31	0.79	52.05	34.70	9.86	0.93	0.09	—	10.18	8.40	1.20	0.85
芭蕉叶	92.80	89.30	13.10	1.97	58.30	34.60	11.70	1.28	0.28	14.90	9.34	7.71	9.06	5.53
紫苏叶	91.80	83.00	24.00	2.51	39.90	15.20	17.00	2.10	0.54	16.60	11.82	9.74	18.82	11.33
柠条	88.34	90.95	12.19	3.88	52.27	40.37	9.05	2.13	0.12	—	10.15	8.37	8.25	5.05

表4-1（续）

饲料名称	干物质 DM (%)	有机物 OM (%)	粗蛋白 CP (%)	粗脂肪 EE (%)	中洗纤维 NDF (%)	酸洗纤维 ADF (%)	粗灰分 Ash (%)	钙 Ca (%)	磷 P (%)	总能 GE (MJ/kg)	消化能 DE (MJ/kg)	代谢能 ME (MJ/kg)	可消化蛋白 DCP (%)	代谢蛋白 MP (%)
板栗叶	90.70	93.22	9.35	3.03	61.60	35.50	6.78	–	–	19.80	8.90	7.34	5.71	3.53
饲用构树枝叶	93.80	88.90	16.50	3.84	43.50	27.40	11.10	1.83	0.67	17.50	11.34	9.34	12.11	7.34
榆树叶	91.62	87.15	10.65	3.18	42.86	28.90	12.85	1.86	0.08	–	11.42	9.41	6.87	4.23
杜仲叶	89.60	87.20	12.70	4.90	47.30	34.10	12.80	–	0.16	18.80	10.83	8.92	8.71	5.32
膨化桑枝	90.20	93.02	8.02	2.13	56.40	47.70	6.98	–	0.21	17.90	9.60	7.92	4.52	2.83
紫穗槐叶	92.89	92.25	19.99	5.32	47.75	29.49	7.75	1.65	0.27	–	10.76	8.87	15.23	9.19
芦笋秸秆	95.30	94.58	8.31	2.29	60.10	36.50	5.42	0.58	0.11	19.20	9.10	7.51	4.78	2.98
辣木枝	89.90	93.22	7.76	4.85	59.00	41.00	6.78	–	–	–	9.25	7.63	4.29	2.69
辣木叶	92.70	90.23	27.60	8.65	21.37	–	9.77	–	0.01	–	14.33	11.79	22.04	13.24
稗草	94.20	87.80	8.51	1.53	45.20	26.50	12.20	–	–	15.40	11.11	9.16	4.96	3.09
稗谷	92.30	93.13	4.11	0.76	73.52	57.70	6.87	0.44	0.29	16.00	7.29	6.02	1.02	0.75
沙奶奶	90.27	88.27	18.42	4.35	48.00	26.00	11.73	0.66	0.27	–	10.73	8.85	13.83	8.36
旱熟禾	93.17	93.26	8.57	2.07	61.79	43.90	6.74	0.29	0.16	–	8.87	7.32	5.01	3.12
百脉根	92.40	91.00	21.80	2.33	40.00	22.30	9.00	1.95	0.24	17.80	11.81	9.73	16.85	10.16
珊状臂形草	91.90	92.33	3.91	0.74	73.10	42.80	7.67	0.42	0.39	18.60	7.34	6.06	0.84	0.64
孔颖草	91.00	89.70	4.47	2.44	74.60	44.60	10.30	0.49	0.19	17.40	7.14	5.90	1.34	0.94
问荆	92.32	80.22	10.46	3.02	48.77	34.78	19.78	0.65	0.09	–	10.63	8.76	6.70	4.12
橘皮	90.90	95.71	7.01	1.25	30.20	19.80	4.29	0.07	0.07	16.70	13.13	10.82	3.61	2.29
千叶蓍	90.79	87.79	18.73	2.04	27.92	23.42	12.21	1.13	0.24	–	13.44	11.07	14.10	8.52
三芒山羊草	91.25	93.33	9.43	1.42	74.34	50.85	6.67	0.36	0.19	–	7.18	5.60	5.93	3.58

表4-1（续）

饲料名称	干物质 DM (%)	有机物 OM (%)	粗蛋白 CP (%)	粗脂肪 EE (%)	中洗纤维 NDF (%)	酸洗纤维 ADF (%)	粗灰分 Ash (%)	钙 Ca (%)	磷 P (%)	总能 GE (MJ/kg)	消化能 DE (MJ/kg)	代谢能 ME (MJ/kg)	可消化蛋白 DCP (%)	代谢蛋白 MP (%)
薯状亚菊	93.93	93.82	6.90	3.37	64.62	49.95	6.18	0.42	0.09	—	8.49	7.01	3.52	2.23
羽衣草	91.67	91.83	5.42	2.24	64.22	28.10	8.17	1.22	0.23	—	8.54	7.05	2.19	1.44
沙葱	93.40	81.99	22.34	4.68	33.31	24.61	18.01	1.40	0.47	—	12.71	10.47	17.33	10.44
反枝苋	92.66	89.95	12.34	1.82	58.01	34.61	10.05	1.71	0.18	—	9.38	7.74	8.38	5.12
糜蒿	93.32	91.98	9.16	3.50	67.32	48.87	8.02	0.69	0.22	—	8.12	6.71	5.54	3.43
黄花蒿	93.13	92.53	12.33	5.46	52.58	35.33	7.47	1.03	0.18	—	10.11	8.34	8.38	5.12
薯状亚菊	93.93	93.82	6.90	3.37	64.62	49.95	6.18	0.42	0.09	—	8.49	7.01	3.52	2.23
艾蒿	91.03	92.07	14.66	3.71	56.23	42.00	7.93	0.66	0.33	—	9.62	7.93	10.46	6.36
野艾蒿	92.90	92.24	10.40	3.58	57.50	33.50	7.76	—	—	17.40	9.45	7.79	6.65	4.09
白沙蒿	91.00	95.00	9.77	2.92	49.70	33.30	5.00	—	—	17.40	10.50	8.66	6.08	3.76
车前草	89.50	83.60	10.80	4.52	52.50	45.00	16.40	—	—	14.90	10.12	8.35	7.01	4.31
紫苏籽	91.50	95.92	24.20	32.00	34.80	22.80	4.08	—	—	25.10	12.51	10.31	19.00	11.43
番茄籽	95.30	88.91	19.45	25.81	40.51	25.22	11.09	0.22	0.58	—	11.74	9.67	14.75	8.91
芦苇	90.42	93.33	11.25	2.03	59.47	33.52	6.67	1.44	0.10	—	9.18	7.58	7.41	4.55
田旋花	90.20	88.80	16.86	3.81	49.44	28.06	11.20	0.75	0.25	—	10.54	8.69	12.43	7.53
冰草	90.79	93.12	10.72	4.68	63.57	33.16	6.88	0.49	0.45	—	8.63	7.12	6.93	4.26
披碱草	92.00	95.48	4.11	1.46	77.20	53.80	4.52	0.70	0.08	19.20	6.79	5.61	1.02	0.75
象草	90.80	89.70	9.94	3.11	72.50	43.90	10.30	0.39	0.28	17.50	7.42	6.13	6.24	3.85
老芒麦	93.10	96.46	4.60	2.28	76.10	45.70	3.54	0.53	0.10	18.70	6.94	5.73	1.46	1.01
小画眉草	91.54	89.53	8.80	1.92	69.11	39.95	10.47	0.65	0.23	—	7.88	6.51	5.22	3.24

表 4-1（续）

饲料名称	干物质 DM (%)	有机物 OM (%)	粗蛋白 CP (%)	粗脂肪 EE (%)	中洗纤维 NDF (%)	酸洗纤维 ADF (%)	粗灰分 Ash (%)	钙 Ca (%)	磷 P (%)	总能 GE (MJ/kg)	消化能 DE (MJ/kg)	代谢能 ME (MJ/kg)	可消化蛋白 DCP (%)	代谢蛋白 MP (%)
沙打旺	92.40	90.50	9.03	3.36	55.40	38.90	9.50	2.29	0.22	13.80	9.73	8.03	5.42	3.36
冷蒿	91.68	90.74	8.35	4.08	63.34	50.07	9.26	0.77	0.17	—	8.66	7.15	4.81	3.00
雀麦	92.40	90.39	15.00	1.52	59.00	32.50	9.61	1.53	0.28	16.40	9.25	7.63	10.77	6.54
木豆	91.80	93.80	15.00	8.14	57.30	34.20	6.20	1.02	0.46	20.70	9.48	7.82	10.77	6.54
蔓草虫豆	90.30	88.40	9.61	2.54	62.20	39.00	11.60	1.35	0.29	17.60	8.81	7.27	5.94	3.67
中华羊茅	92.90	93.74	11.50	1.73	76.90	52.90	6.26	0.53	0.07	18.40	6.83	5.65	7.63	4.68
紫云英	90.80	94.86	16.60	2.97	59.60	36.00	5.14	0.58	0.27	16.90	9.17	7.56	12.20	7.39
羊草	91.00	93.63	12.26	2.75	73.50	41.10	6.37	0.49	0.07	18.30	7.29	6.02	8.31	5.08
菊花粕	89.64	91.03	7.27	1.72	54.66	42.08	8.97	0.96	0.08	—	9.83	8.11	3.85	2.43
菊花茎秆	92.23	90.71	7.07	0.53	69.14	50.94	9.29	0.89	0.08	—	7.88	6.51	3.67	2.32
蜈蚣草	93.50	94.50	10.30	1.62	60.80	47.50	5.50	0.51	0.17	18.80	9.00	7.43	6.56	4.04
觅穗赖草	91.61	92.88	14.39	3.13	69.79	42.75	7.12	0.28	0.13	—	7.79	6.43	10.22	6.22
驼绒藜	89.13	90.16	12.63	2.72	50.12	32.05	9.84	1.76	0.13	—	10.44	8.61	8.64	5.28
菊苣草	93.75	90.24	10.25	1.59	74.29	41.15	9.76	0.16	0.12	—	7.18	5.94	6.51	4.01
篇蓄	93.11	87.48	15.45	2.18	55.86	34.18	12.52	1.12	0.27	—	9.67	7.98	11.17	6.78
针茅（干枯期）	88.72	93.77	5.32	1.82	73.03	45.55	6.23	0.37	0.06	—	7.35	6.07	2.10	1.39
针茅（抽穗期）	90.00	93.25	12.80	2.44	63.20	33.00	6.75	1.36	0.15	17.50	8.68	7.16	8.80	5.37
针茅（开花期）	90.81	88.53	10.34	1.73	63.44	33.88	11.47	0.66	0.23	—	8.65	7.14	6.59	4.06
兰草	90.10	90.72	5.50	4.56	74.70	41.60	9.28	0.40	0.17	18.00	7.13	5.89	2.26	1.49
沙蒿	93.27	93.80	8.50	3.40	61.05	41.23	6.20	1.10	0.01	—	8.97	7.40	4.95	3.08

表4-1（续）

饲料名称	干物质 DM (%)	有机物 OM (%)	粗蛋白 CP (%)	粗脂肪 EE (%)	中洗纤维 NDF (%)	酸洗纤维 ADF (%)	粗灰分 Ash (%)	钙 Ca (%)	磷 P (%)	总能 GE (MJ/kg)	消化能 DE (MJ/kg)	代谢能 ME (MJ/kg)	可消化蛋白 DCP (%)	代谢蛋白 MP (%)
坚尼草	91.10	92.30	7.60	2.62	73.60	51.50	8.70	0.63	0.41	17.20	7.28	6.01	4.14	2.60
雀稗	93.40	89.20	3.99	3.06	76.00	42.00	10.80	0.77	0.37	17.60	6.95	5.75	0.91	0.68
菁干草(CP≤10%)	93.00	-	8.97	2.24	61.10	38.40	-	-	-	17.60	8.96	7.40	5.37	3.33
菁干草(CP>10%)	92.70	-	11.00	2.44	58.70	38.20	-	-	-	18.00	9.29	7.66	7.19	4.41
皇竹草(CP≤10%)	90.70	90.50	6.14	1.60	77.20	45.70	-	-	-	17.40	6.79	5.61	2.84	1.83
皇竹草(CP>10%)	93.60	91.02	11.70	1.28	67.10	36.00	8.98	3.06	0.24	17.10	8.15	6.73	7.81	4.78
酸模	90.39	89.89	12.19	2.26	52.59	32.55	10.11	0.34	0.22	-	10.11	8.34	8.25	5.05
籽粒苋	92.11	81.38	18.54	1.49	56.83	25.94	18.62	2.78	0.27	-	9.54	7.87	13.93	8.42
狗尾草	93.40	91.03	9.40	1.23	65.70	37.30	8.97	0.54	0.19	17.00	8.34	6.89	5.75	3.56
草原霞草	90.49	85.23	11.21	3.41	57.08	35.59	14.77	0.69	0.23	-	9.51	7.84	7.37	4.52
硬质早熟禾	92.80	95.11	8.97	2.35	76.50	45.50	4.89	0.60	0.11	18.70	6.88	5.69	5.37	3.33
阿尔泰狗娃花	90.03	86.69	11.34	3.81	49.02	35.74	13.31	0.95	0.19	-	10.59	8.73	7.49	4.59
扭黄茅	90.40	92.39	3.70	2.94	78.10	53.00	7.61	0.35	0.14	18.20	6.67	5.51	0.65	0.53
青稞草	89.20	94.29	4.36	1.22	76.00	53.50	5.71	0.63	0.05	18.10	6.95	5.75	1.24	0.88
菝麦草	90.60	86.30	14.70	2.88	68.60	35.50	13.70	0.63	0.26	18.20	7.95	6.57	10.50	6.38
苦荬菜	93.43	73.24	15.45	2.55	53.19	31.05	16.76	0.78	0.43	-	10.03	8.27	11.17	6.78
印尼草	90.90	98.97	7.64	1.20	73.20	41.00	1.03	-	-	17.20	7.33	6.06	4.18	2.62
盐爪爪	90.38	61.21	10.95	2.91	35.68	16.80	38.79	0.50	0.13	-	12.39	10.21	7.14	4.39
碱地肤(生长期)	90.20	82.22	19.11	2.49	51.52	26.49	17.78	1.32	0.30	-	10.26	8.46	14.44	8.73
碱地肤(成熟期)	90.49	83.95	15.59	2.58	55.24	39.16	16.05	1.72	0.22	-	9.75	8.04	11.29	6.85

表4-1（续）

饲料名称	干物质 DM (%)	有机物 OM (%)	粗蛋白 CP (%)	粗脂肪 EE (%)	中洗纤维 NDF (%)	酸洗纤维 ADF (%)	粗灰分 Ash (%)	钙 Ca (%)	磷 P (%)	总能 GE (MJ/kg)	消化能 DE (MJ/kg)	代谢能 ME (MJ/kg)	可消化蛋白 DCP (%)	代谢蛋白 MP (%)
甘草枝叶	93.74	89.78	9.09	1.80	55.49	25.89	10.22	0.73	0.24	—	9.72	8.02	5.48	3.40
甘草渣	90.42	90.37	15.35	3.03	31.15	24.80	9.63	0.29	0.35	—	13.01	10.71	11.08	6.73
甘草	90.99	89.06	23.89	7.08	56.16	31.73	10.94	1.25	0.10	—	9.63	7.94	18.72	11.27
角果藜	89.88	90.64	11.02	1.16	57.32	29.96	9.36	1.45	0.19	—	9.47	7.81	7.20	4.42
谷草	92.40	88.10	7.42	1.28	67.30	40.40	11.90	0.78	0.12	16.50	8.13	6.71	3.98	2.51
羊茅	87.71	92.62	8.79	2.06	71.19	41.24	7.38	0.33	0.12	—	7.60	6.28	5.21	3.24
苣荬菜	92.42	80.82	12.59	5.70	50.45	31.41	19.18	2.74	0.17	—	10.40	8.57	8.61	5.26
苍耳	91.63	86.01	17.39	4.38	52.12	32.82	13.99	0.47	0.37	—	10.17	8.39	12.90	7.81
臂形草	92.10	90.37	5.26	1.80	63.60	48.20	9.63	0.44	0.48	18.00	8.63	7.12	2.05	1.36
高粱草	91.80	87.30	6.21	0.32	66.70	37.60	12.70	0.79	0.09	17.00	8.21	6.78	2.90	1.86
高丹草	91.90	90.20	4.38	1.75	59.60	32.90	9.80	—	—	17.30	9.17	7.56	1.26	0.89
杜花草	90.60	94.54	12.40	2.18	73.50	48.30	5.46	1.42	0.49	18.10	6.46	7.29	6.02	8.44
玉米草	91.50	92.93	16.80	0.66	53.50	29.80	7.07	0.72	0.20	17.80	9.99	8.24	12.38	7.50
杂草	91.89	93.15	8.70	6.63	54.41	27.86	6.85	0.27	0.03	—	9.87	8.14	5.13	3.19
香蕉叶(CP≤5%)	92.60	90.30	4.35	9.60	75.70	49.40	9.70	1.78	0.03	19.80	6.99	5.78	1.23	0.87
香蕉叶(CP>5%)	93.60	89.70	8.73	8.85	67.90	41.30	10.30	1.92	0.19	19.70	8.04	6.64	5.15	3.20
香蕉树干	92.80	82.40	16.50	1.22	41.40	7.74	17.60	—	—	—	11.62	9.58	12.11	7.34
葫芦叶	91.07	86.44	9.54	2.10	62.58	41.96	13.56	3.48	0.13	—	8.76	7.23	5.88	3.64
大豆皮	89.94	95.31	13.20	3.89	64.06	46.31	4.69	5.10	1.40	17.19	8.56	7.07	9.15	5.58
芦苇草	93.94	86.23	9.15	2.20	59.87	33.59	13.77	0.82	0.09	—	8.08	6.67	5.21	3.21

表4-1（续）

饲料名称	干物质 DM (%)	有机物 OM (%)	粗蛋白 CP (%)	粗脂肪 EE (%)	中洗纤维 NDF (%)	酸洗纤维 ADF (%)	粗灰分 Ash (%)	钙 Ca (%)	磷 P (%)	总能 GE (MJ/kg)	消化能 DE (MJ/kg)	代谢能 ME (MJ/kg)	可消化蛋白 DCP (%)	代谢蛋白 MP (%)
红三叶	92.50	86.40	22.30	3.30	39.10	20.80	13.60	2.26	0.32	17.40	11.93	9.83	17.30	10.42
虎尾草	90.04	87.63	8.75	1.43	67.03	47.53	12.37	0.51	0.19	—	7.22	5.96	5.17	3.22
双花草	91.90	91.26	3.74	2.54	72.10	48.50	8.74	0.37	0.12	18.30	5.99	4.96	0.69	0.55
黑麦草（CP≤10%）	92.00	93.52	8.66	1.67	55.20	37.30	6.48	—	—	16.20	9.76	8.05	5.09	3.17
黑麦草（CP>10%）	92.90	90.65	15.60	1.82	57.50	31.60	9.35	—	—	16.20	9.45	7.79	11.30	6.86
苦豆子	93.28	94.80	12.18	3.49	59.15	40.03	5.20	0.15	0.13	—	9.23	7.61	8.24	5.04
苕草	93.10	90.81	14.65	1.85	50.06	31.24	9.19	0.57	0.20	—	10.45	8.62	10.45	6.35
木薯叶	92.40	93.10	16.50	4.22	53.90	36.40	6.90	0.09	0.25	19.10	9.93	8.19	12.11	7.34
统糠	90.50	86.20	11.90	5.60	62.90	40.40	13.80	0.15	0.52	—	8.72	7.20	7.99	4.89
山药茎秆	93.90	91.15	7.73	1.61	68.50	41.70	8.85	1.71	0.11	17.20	7.96	6.58	4.26	2.67
薏仁米秸秆	92.60	90.11	10.10	1.01	70.20	43.80	9.89	0.00	0.24	17.50	7.73	6.39	6.38	3.93
玉米叶（CP≤10%）	91.30	87.50	8.97	0.51	75.70	43.30	12.50	0.05	0.24	17.40	6.99	5.78	5.37	3.33
白刺花	93.30	95.40	16.60	2.13	41.70	24.00	4.60	—	—	18.60	11.58	9.54	12.20	7.39
小麦秸	93.70	91.07	3.94	0.94	68.90	48.40	8.93	0.34	0.07	17.20	7.91	6.53	0.87	0.66
打瓜籽	92.24	87.23	10.02	1.34	66.01	31.51	12.77	0.51	0.16	—	8.30	6.85	6.31	3.89
茉籽皮	91.80	87.80	10.70	2.88	65.10	42.60	12.20	0.63	0.17	17.90	8.42	6.95	6.92	4.25
膨化甘蔗渣	93.90	93.03	4.23	0.87	72.40	57.30	6.97	—	—	18.30	7.44	6.14	1.13	0.81
干菊芋渣	91.40	91.78	13.00	2.19	7.48	3.64	8.22	—	0.41	16.30	16.20	13.33	8.98	5.48
干甘蔗渣（CP≤6%）	90.40	97.43	5.30	0.36	78.20	52.60	2.57	—	—	19.10	6.65	5.50	2.08	1.38
干甘蔗渣（CP>8%）	93.80	90.30	8.87	1.60	72.60	38.10	9.70	0.53	0.20	17.50	7.41	6.12	5.28	3.28
干豆渣	93.30	95.12	18.10	3.34	43.00	28.70	4.88	0.77	0.45	20.10	11.41	9.40	13.54	8.19
干醋糟	93.95	94.14	11.34	8.46	68.42	49.11	5.86	0.08	—	—	7.97	6.58	7.49	4.59
干葡萄皮渣	92.37	91.88	11.50	6.53	43.83	35.12	8.12	1.20	0.05	—	11.29	9.31	7.63	4.68

表4-2　青贮饲料的营养价值（以干物质为基础）

饲料名称	干物质 DM (%)	有机物 OM (%)	粗蛋白 CP (%)	粗脂肪 EE (%)	中性洗涤纤维 NDF (%)	酸性洗涤纤维 ADF (%)	粗灰分 Ash (%)	钙 Ca (%)	磷 P (%)	总能 GE (MJ/kg)	消化能 DE (MJ/kg)	代谢能 ME (MJ/kg)	可消化粗蛋白 DCP (%)	代谢蛋白 MP (%)
苜蓿青贮	37.60	91.00	20.81	3.85	48.30	32.70	9.00	—	—	—	10.69	8.81	15.97	9.63
玉米秸秆青贮 (CP≤7%)	31.03	93.49	6.60	1.40	74.70	31.80	6.51	—	—	17.80	7.13	5.89	3.25	2.07
玉米秸秆青贮 (7%<CP≤9%)	29.91	90.80	7.96	1.92	67.80	41.20	9.20	1.15	0.16	17.60	8.06	6.65	4.46	2.79
玉米秸秆青贮 (CP>9%)	30.65	91.33	9.09	2.34	60.90	34.80	8.67	0.89	0.19	17.60	8.99	7.42	5.48	3.40
甘蔗梢叶青贮	32.99	91.64	6.70	3.03	68.60	38.00	8.36	—	0.13	17.80	7.95	6.57	3.34	2.12
甜高粱青贮	36.75	91.94	9.23	2.49	50.24	33.63	7.06	0.92	0.10	.	10.43	8.60	5.60	3.47
全株玉米青贮	33.41	92.86	8.52	5.01	42.01	28.31	7.14	0.45	0.23	.	11.54	9.51	4.97	3.09
全株小麦青贮	34.12	89.82	12.67	3.40	56.53	36.58	10.28	0.38	0.30	—	9.58	7.90	8.68	5.30
燕麦青贮	33.56	90.80	12.73	3.68	58.90	38.68	9.20	—	—	—	9.26	7.64	8.73	5.33
花生秧青贮	38.46	90.35	13.46	3.74	65.45	34.67	9.65	—	—	—	8.38	6.91	9.39	5.72

2. 小麦麸和次粉

小麦麸俗称麸皮,由种皮、糊粉层、部分胚芽及少量胚乳组成;次粉由糊粉层、胚乳和少量细麸皮组成。小麦加工过程可得到23%~25%小麦麸,3%~5%次粉和0.7%~1.0%胚芽。小麦麸和次粉蛋白质含量高,氨基酸组成较平衡,其中赖氨酸、色氨酸和苏氨酸含量均较高;脂肪含量约4%左右,且不饱和脂肪酸含量高;含有较高的粗纤维,而有效能值较低,可用来调节饲料的养分浓度;维生素B族及V_E含量高,V_A和V_D含量少;矿物质含量丰富,特别是磷含量较高,但钙磷比例极不平衡(Ga:P=1:8)。饲料中添加小麦麸时一定要注意量的把握,以防止日粮中钙磷比例失衡,造成羊缺钙。

3. 大豆

大豆的颜色有黄色、黑色、青色和褐色等,以黄色为最多,所以也叫黄豆。大豆蛋白质含量32%~40%,而且氨基酸组成良好,其中,赖氨酸含量较高,黄豆和黑豆中的赖氨酸含量分别为2.3%和2.2%,但硫氨基酸含量较少。大豆中脂肪含量高达17%~20%,且不饱和脂肪酸含量高,亚油酸和亚麻酸占其脂肪酸总量的55%。大豆中碳水化合物含量不高,特别是淀粉含量很少(0.4%~0.9%)。大豆中的矿物质以钾、磷、钠较多,但60%的磷为不能利用的植酸磷,铁含量较高;维生素含量与玉米相似,维生素B族含量较高,而维生素A和维生素D含量较低。

大豆除用于食用油的生产外,也作为一种高营养的蛋白质饲料原料被广泛用于饲料工业中。但是,生大豆中存在多种抗营养因子和抗原蛋白,该物质能够引起幼畜肠道过敏甚至损伤,进而造成腹泻,直接饲喂生大豆,会造成动物下痢和生长抑制,因此生产中一般要求将大豆加工后再饲喂。最常用的加工方法是加热,通过加热,可使生大豆中不耐热的抗营养因子如胰蛋白酶抑制因子、血细胞凝集素等变性失活,从而提高蛋白质的利用率和大豆的饲喂价值。需要注意的是加工过程温度不宜过高,因为过高的温度能使大豆蛋白中一些不耐热的氨基酸分解,降低部分氨基酸特别是赖氨酸含量,从而影响大豆的营养价值。因此加热时要掌握好温度,防止加热不匀或者温度过高。

4. 饲用豌豆

饲用豌豆作为一种新发展起来的饲料原料,被世界各国的饲料工业大量应用。豌豆籽实中蛋白质含量一般为20%~24%,比禾谷类高1~3倍,淀粉含量55%~60%,所以豌豆不但是一种很好的蛋白质饲料,也是一种高能量饲料。此外,豌豆中还富含硫胺素、核黄素和尼克酸及钙、铁、磷、锌等多种矿物质元素。豌豆中氨基酸组成均衡,尤以赖氨酸含量较高,甚至高于蚕豆和大豆。

但是,生豌豆中含有抗营养物质,不利于动物的消化吸收,甚至会降低豌豆的利用率。用豌豆作饲料时需要经过一定的加工处理,以此钝化部分抗营养成分,提高其营养物质的消化率。常用的处理方式有脱壳粗粉碎、高压灭菌、添加酶制剂、蒸炒、发酵和挤压膨化等。不同的加工处理方法对豌豆的作用效果不同。目前,最常用的是膨化加工,能够显著降低植酸和单宁等抗营养成分,提高养分消化率,特别适用于规模化生产。

5. 大豆饼粕

大豆饼是大豆经压榨脱油后的残饼,液压榨油后为圆饼状,螺旋榨油后为薄片状。大豆粕是大豆经浸提脱油后的残粕,呈粗粉状。大豆饼粕作为重要的饲料原料具有如下营养特点。

(1)大豆饼粕粗蛋白质含量高、质量好,粗蛋白质含量一般为40%～50%。必需氨基酸含量高、组成合理,尤其是赖氨酸,含量达到2.4%～2.8%,相当于棉仁饼、菜籽饼、花生饼的2倍。赖氨酸与精氨酸的比例比较合理,约为100∶130。色氨酸(0.68%)和苏氨酸(1.88%)含量较高,与玉米等谷实类配合可起到氨基酸互补的作用。大豆饼粕中蛋氨酸含量较低,因此在以大豆饼粕为主的日粮中,一般要添加DL-蛋氨酸,才能满足动物的营养需要。

(2)大豆饼粕中粗纤维含量较低(5.1%),无氮浸出物以蔗糖、棉籽糖(Raffinose)、水苏糖(Stachyose)及多糖类为主,淀粉含量低,可利用能量较高,脂肪的含量与加工方式有关,一般压榨饼残留脂肪较多,在4%左右,浸提粕残留脂肪较少,在1%左右。

(3)大豆饼粕中胡萝卜素、硫胺素和核黄素含量低,烟酸和泛酸含量较高,胆碱含量丰富。矿物质含量钙少磷多,约61%的磷为植酸磷。硒元素含量低,缺硒地区产的大豆饼粕硒含量更低。

6. 菜籽饼粕

菜籽饼粕是油菜籽榨油后的副产品,是一种较理想的蛋白质饲料。由于含有硫葡萄糖甙等有毒物质,使得菜籽饼粕的应用受到了很大的限制,大多用作肥料,用于饲料的还不足30%,开发利用潜力很大,具有如下营养特点。

(1)菜籽饼粗蛋白质含量约36%,菜籽粕粗蛋白质含量约38%,蛋氨酸(约0.7%)和赖氨酸(2.00%～2.50%)含量较高,在饼粕类中仅次于芝麻饼粕和大豆饼粕,精氨酸含量低(2.32%～2.45%),因此,菜籽饼粕与精氨酸含量高的棉籽(仁)饼粕搭配,可改善赖氨酸与精氨酸的比例关系。

(2)菜籽粕的碳水化合物多为不易消化的淀粉,而且含有8%左右的戊聚糖,10%～12%的粗纤维。因此,可利用能效值较低。

(3)菜籽饼粕中胡萝卜素、维生素D、硫胺素、核黄素、泛酸含量低,但烟酸(160mg/kg)和胆碱(6400～6700mg/kg)含量较高,是其他饼粕类饲料的2～3倍。

(4)菜籽饼粕中钙、磷含量高,但65%磷属于植酸磷,利用率低。硒含量高,达到0.9～1.0mg/kg,是大豆饼粕的10倍,相当于鱼粉含硒量(1.8～2.0mg/kg)的一半。此外,菜籽饼粕中锰含量较高,约为80mg/kg。

7. 棉籽饼、粕

棉籽饼是以棉籽为原料,经脱壳或部分脱壳后再以压榨法取油后所得的饼状产品。棉籽粕是以棉籽为原料,经脱壳或部分脱壳后再以预榨—浸提法或直接浸提法取油、脱溶剂、干燥后得到的产品。棉籽饼粕作为一种重要的蛋白质饲料原料,有以下营养特点。

(1)棉籽饼、粕的营养特点

棉籽饼、粕粗蛋白含量38%～50%,粗纤维含量9%～16%,粗灰分含量低于9%。浸提处理后棉籽粕含粗脂肪低,在2.5%以下。棉籽饼、粕蛋白质组成不太理想,精氨酸含量高,约为3.6%～3.8%;而赖氨酸和蛋氨酸含量较低,其中,蛋氨酸含量约0.4%,赖氨酸含量为1.3%～1.5%,只有大豆饼、粕的一半,且赖氨酸的利用率较差。因此,赖氨酸是棉籽饼、粕的第一限制性氨基酸。棉籽饼、粕产品营养指标的差异取决于制油前的去壳程度、出油率以及加工工艺等。饼、粕中有效能值主要取决于粗纤维含量,即饼、粕中含壳量;维生素含量受加热损失较多;棉籽饼、粕中含磷多,但多属植酸磷,利用率较低。

（2）棉籽饼、粕中的抗营养因子

①棉酚

棉籽中含有对动物有害的棉酚及环丙烯脂肪酸,尤其是棉酚的危害很大。棉酚俗称棉毒素,是锦葵科类植物所特有的多酚类物质,主要存在于棉仁色素腺体内,是一种不溶于水而溶于有机溶剂的黄褐色聚酚色素。棉酚在棉籽饼、粕中以游离棉酚和结合棉酚两种形式存在,含量0.15%~1.80%。在制油过程中,由于蒸炒、压榨等热作用,大部分棉酚与蛋白质、氨基酸结合变成结合棉酚,结合棉酚在动物消化道内不被动物吸收,故毒性很小。另一部分棉酚则以游离形式存在于饼、粕及油品中,游离棉酚分子结构中含有未被其他物质结合的活性基团(羟基与醛基),对动物毒性较大,主要危害动物的细胞、血管和神经;干扰动物体正常的生理机能;阻碍雄性动物精子的正常生成,影响繁殖机能;降低动物对蛋白质和氨基酸的吸收利用率,影响动物的生长发育。如果过量或长时间摄取,会导致生长迟缓,繁殖性能和生产性能下降,甚至死亡。特别是幼小的动物对棉酚的耐受能力更低。游离棉酚可对动物产生许多不利影响,棉籽饼、粕中游离棉酚的含量与制油方法及制油过程中的加热程度有很大关系,而游离棉酚中的毒性与饲粮中蛋白质、亚铁离子及钙离子水平有关。

②低聚糖

棉籽中所含的主要的低聚糖有棉籽糖和水苏糖,含量分别为6.91%和2.36%,棉籽糖和水苏糖属于α-半乳糖苷寡糖,α-半乳糖苷是引起胀气的主要因子,同时具有热稳定性,在加工过程中不易被破坏。由于单胃动物体内缺乏α-半乳糖苷酶,因此,α-半乳糖苷寡糖不能被水解吸收,进入大肠后被肠道微生物利用,导致胃肠胀气,使畜禽的采食量下降。并且此类低聚糖物质不溶于水,使小肠内容物渗透性增强而减弱营养物质水解,同时刺激小肠蠕动而影响对营养物质的充分吸收,从而对能量和蛋白质的消化率以及动物的生长产生负面影响。

③植酸

棉籽饼、粕中植酸的含量平均为1.66%,植酸不仅很难被动物利用,而且具有很强的整合能力,可以与许多阳离子如Fe^{2+}、Mg^{2+}、Zn^{2+}、Ca^{2+}、Mn^{2+}等形成不溶性复合物,从而影响这些矿物质元素的消化吸收及利用,此外,植酸还会降低机体胃肠道消化酶的活性,影响蛋白质的利用率。

（3）棉籽饼、粕的脱毒处理

棉酚是棉籽饼、粕中最主要的抗营养因子,是限制棉籽饼、粕应用的主要原因。因此,在使用棉籽饼、粕做饲料原料时必须要进行的脱毒处理,以提高棉籽饼、粕的营养价值,保证饲喂安全性。

①物理脱酚法

物理脱棉酚法主要是控制挤压膨化温度来降低棉酚的含量。挤压膨化温度在120℃时,既可以显著降低游离棉酚的含量,又可较好地保持棉籽饼、粕的营养价值。超过120℃时,游离棉酚的降解速率不再随温度的升高而增大。将棉籽粕湿热处理时,在同一湿度下,随着温度的提高,棉籽粕游离棉酚脱毒率显著提高。另外,辐照也可降低棉籽饼、粕中的棉酚含量,其中,γ射线和电子射线均可使棉籽粕中总棉酚含量降低40%以上,特别是电子射线对棉籽粕中游离棉酚含量的降低作用更大。

②化学脱酚法

研究发现双氧水、硫酸铜混合脱毒剂对降低棉籽饼、粕中的棉酚效果最好,添加16%的脱毒剂,在80℃的温度条件下密闭烘1h,游离棉酚脱除率在84%以上,结合棉酚脱除率在86%左右。另外,在丙酮或乙醇中加入磷酸水溶液作为脱毒剂,也可使棉籽饼、粕中总棉酚的含量降至初始值的5%~10%,其他酸如草酸、柠檬酸、硫酸也对棉酚的提取有较好的效果。

③微生物发酵脱酚法

微生物发酵脱酚法主要是在棉籽饼粕中加入酵母、霉菌等微生物菌剂,在一定温度条件下发酵,以降低棉籽粕中棉酚的方法。使用热带假丝酵母(接种量4.42%)或卡氏酵母(接种量0.56%),以料水比1∶0.8与棉籽粕混合,在30℃条件下发酵48h,可使棉粕中的棉酚从987.5mg/kg降解至85.9mg/kg,脱毒率达到90%以上。

（三）饲料原料的营养特点

根据饲料原料中营养素含量可分为蛋白质饲料、能量饲料、矿物质饲料等。蛋白质饲料是指饲料原料干物质中蛋白质含量大于等于20%,粗纤维含量小于等于18%的饲料原料;能量饲料是指饲料原料干物质中蛋白质含量低于20%,粗纤维含量低于18%,每千克饲料干物质含消化能在1.05MJ以上的饲料原料;矿物质饲料指可供食用的天然的、人工合成或经特殊加工的无机饲料原料或矿物元素的有机络合物原料。常用蛋白质饲料的营养成分见表4-3、能量类饲料的营养成分见表4-4,非蛋白氮饲料添加剂营养价值见表4-5,矿物质饲料营养价值见表4-6,矿物质饲料添加剂的矿物质元素含量见表4-7,肉羊常用维生素的来源及其单位换算关系见表4-8,这些数据均来源于NY/T816《肉羊营养需要量》。

二、饲料产品种类及特点

（一）配合饲料

配合饲料是根据动物的不同生长阶段、不同生理要求、不同生产用途的营养需要,将多种饲料原料和饲料添加剂按照饲料配方原理,经过饲料原料营养价值评定和饲喂实验优化调整,科学计算出各种原料和饲料添加剂的配合比例,并按照工业化的工艺流程均匀混合,生产的饲料。

配合饲料按营养成分和用途可分为全价配合饲料、浓缩饲料、精料补充料、添加剂预混料、超级浓缩料、混合饲料、人工代乳料等;按饲料形状可分为粉料、颗粒料、破碎料、膨化饲料、扁状饲料、液体饲料、漂浮饲料、块状饲料等。

（二）浓缩饲料

浓缩饲料又称蛋白质补充饲料,主要由蛋白质饲料(豆饼等)、矿物质饲料(石粉等)及添加剂预混料按一定比例配制的均匀混合饲料,它属于一种半成品饲料或者饲料原料,具有蛋白质含量高(一般在30%~50%)、矿物质、维生素等营养成分全面、使用方便等优点。浓缩饲料用来喂羊时必须再掺入一定比例的能量饲料(玉米、高粱、大麦等),而且要搅拌均匀。浓缩料在全价配合饲料中的比例一般为20%~40%。可根据不同生理阶段来确定,用户也可以根据浓缩饲料的说明书中给出的比例来添加能量饲料。

(三)全价配合饲料

全价配合饲料是由浓缩饲料配以能量饲料而制成。能量饲料多用玉米、高粱、大麦、小麦、麸皮、细米糠、红薯粉、马铃薯和部分动、植物油等为原料。全价配合饲料以粉状和颗粒状为主,羊全价配合饲料以颗粒状为主。全价配合饲料营养全面,喂羊时只需要添加一定的粗饲料(苜蓿、燕麦、青贮玉米等)即可。

(四)精料补充料

精料补充料是为了补充以粗饲料、青饲料、青贮饲料为基础的草食动物的营养,将多种饲料原料和饲料添加剂按照一定比例配制的饲料,也称混合精料。主要由能量饲料、蛋白质饲料、矿物质饲料和部分饲料添加剂组成。这种饲料营养不全价,不单独构成饲粮,仅组成草食动物日粮的一部分,用以补充采食饲草不足的那一部分营养。比如放牧羊补饲用,或者舍饲羊在所采食的青、粗饲草及青贮饲料外,给予适量的精料补充料,以满足羊的各种营养需要。饲喂时必须与粗饲料、青饲料或青贮饲料搭配在一起。饲喂量要根据饲喂的粗饲料的品质进行调整。

(五)添加剂预混合饲料

添加剂预混合饲料由多种饲料添加剂与载体或稀释剂按一定比例配制混合均匀而成。用来生产添加剂预混合饲料的原料添加剂大体可分为营养性添加剂和非营养性添加剂。营养性添加剂包括维生素类、微量元素类、必需氨基酸类等;非营养性添加剂包括促生长添加物、保护性添加物等。根据添加的营养类添加剂的种类可分为单项添加剂预混合饲料和复合预混合饲料。添加剂预混料中常用的载体为粗小麦粉、麸皮、稻壳粉、玉米芯粉、石灰石粉等。稀释剂也是可食性物料,载体和稀释剂的作用都在于扩大体积和有利于混合均匀。

(六)复合预混合饲料

以矿物质微量元素、维生素、氨基酸中任何两类或两类以上的营养性饲料添加剂为主,与其他饲料添加剂、载体和稀释剂按一定比例配制的均匀混合物,其中营养性饲料添加剂的含量能够满足其适用动物特定生理阶段的基本营养需求。使用时在配合饲料、精料补充料或动物饮用水中的添加量不低于0.1%且不高于10%,或者严格按照说明书要求比例添加,且必须与饲料或饮水搅拌均匀。

(七)微量元素预混合饲料

两种或两种以上矿物质微量元素与载体和(或)稀释剂按一定比例配制的均匀混合物,其中矿物质微量元素含量能够满足其适用动物特定生理阶段的微量元素需求,使用时在配合饲料、精料补充料或动物饮用水中的添加量不低于0.1%且不高于10%,或者严格按照说明书要求比例添加,且必须与饲料或饮水搅拌均匀。

（八）维生素预混合饲料

两种或两种以上维生素与载体和（或）稀释剂按一定比例配制的均匀混合物，其中维生素含量应当满足其适用动物特定生理阶段的维生素需求，使用时在配合饲料、精料补充料或动物饮用水中的添加量不低于0.01%且不高于10%，或者严格按照说明书要求比例添加，且必须与饲料或饮水搅拌均匀。

表 4-3 蛋白质饲料的营养价值(以干物质为基础)

饲料名称	干物质(%)	有机物(%)	粗蛋白质(%)	粗脂肪(%)	中洗纤维(%)	酸洗纤维(%)	钙(%)	磷(%)	消化能(MJ/kg)	代谢能(MJ/kg)	可消化蛋白(%)	代谢蛋白(%)
酪蛋白	91.70	97.90	89.00	0.20	-	-	0.20	0.68	-	-	77.00	45.91
全脂大豆	87.00	95.80	35.50	17.30	7.90	7.30	0.27	0.48	16.14	13.28	29.11	17.45
棉籽饼	88.00	94.30	36.30	7.40	32.10	22.90	0.21	0.83	12.88	10.61	29.83	17.87
棉籽粕	90.95	93.46	43.09	1.78	30.68	18.08	0.23	0.93	13.07	10.76	35.91	21.48
亚麻仁饼	88.00	93.80	32.20	7.80	29.70	27.10	0.39	0.88	13.20	10.87	26.16	15.69
亚麻仁粕	88.00	93.40	34.80	1.80	21.60	14.40	0.42	0.95	14.30	11.77	28.49	17.07
花生仁饼	88.00	94.90	44.70	7.20	14.00	8.70	0.25	0.53	15.32	12.61	37.35	22.34
花生仁粕	88.00	94.60	47.80	1.40	15.50	11.70	0.27	0.56	15.12	12.44	40.12	23.99
菜籽饼	88.00	92.80	35.70	7.40	33.30	26.00	0.59	0.96	12.72	10.47	29.29	17.55
菜籽粕	91.38	91.75	37.28	1.85	36.79	20.98	0.51	0.94	12.24	10.09	30.71	18.39
芝麻饼	92.00	89.60	39.20	10.30	18.00	13.20	2.24	1.19	14.78	12.17	32.42	19.41
芝麻粕	89.60	93.15	51.43	3.32	35.43	18.82	0.47	1.51	12.43	10.24	43.37	25.92
大豆饼	88.00	94.20	41.70	5.60	18.00	15.70	0.31	0.50	14.78	12.17	34.66	20.74
去皮豆粕	89.00	94.90	48.00	1.60	9.00	5.40	0.35	0.66	16.00	13.16	40.30	24.10
大豆粕	91.63	93.83	45.27	1.67	15.59	7.18	0.27	0.54	15.11	12.43	37.86	22.64
向日葵仁饼	88.00	95.30	29.00	2.90	41.40	29.60	0.24	0.87	11.62	9.58	23.30	13.99
向日葵仁粕	90.35	96.24	18.74	10.95	58.48	35.47	0.18	0.56	9.32	7.69	14.11	8.53
啤酒糟(CP≤16%)	92.38	92.51	15.43	4.02	40.68	27.72	0.25	0.38	11.72	9.66	11.15	6.77
玉米蛋白粉	90.10	99.00	63.50	5.40	8.70	4.60	0.07	0.44	16.04	13.20	54.17	32.34
脱脂奶粉	93.70	91.80	34.10	1.60	-	-	1.47	1.02	-	-	27.86	16.70

表4-4　能量饲料的营养价值（以干物质为基础）

饲料名称	干物质(%)	有机物(%)	粗蛋白(%)	粗脂肪(%)	中性洗涤纤维(%)	酸性洗涤纤维(%)	钙(%)	磷(%)	总能(MJ/kg)	消化能(MJ/kg)	代谢能(MJ/kg)	可消化蛋白(%)	代谢蛋白(%)
干苹果渣	89.90	94.66	7.31	5.75	56.60	40.90	0.39	0.16	20.00	9.57	7.89	3.88	2.45
干杏渣	91.98	88.67	5.03	2.44	27.81	16.03	0.17	0.85	–	13.46	11.08	1.84	1.24
干木薯渣	80.40	97.65	5.04	0.16	38.10	21.40	–	–	17.40	12.07	9.94	1.85	1.24
干葡萄渣	93.54	92.68	9.79	12.34	49.37	41.45	0.22	0.51	–	10.55	8.69	6.10	3.77
干梨渣	91.60	98.37	4.91	2.84	58.40	33.00	0.34	0.10	18.90	9.33	7.69	1.73	1.17
膨化玉米	90.68	99.34	9.26	2.25	9.24	2.22	0.03	0.10	–	15.96	13.14	5.63	3.49
玉米皮	91.83	90.46	8.07	2.20	54.21	42.98	2.22	0.07	–	9.89	8.16	4.56	2.85
玉米	88.80	98.65	8.53	3.74	10.10	3.02	0.07	0.23	17.60	15.85	13.04	4.97	3.10
大麦(皮)	87.00	97.60	11.00	1.70	18.40	6.80	0.09	0.33	–	14.73	12.12	7.19	4.41
大麦(裸)	85.69	97.45	10.29	2.58	17.92	3.83	0.02	0.28	–	14.79	12.18	6.55	4.03
燕麦	86.30	97.90	12.10	5.30	10.20	3.30	0.09	0.29	16.20	15.83	13.03	8.17	5.00
糙米	87.00	98.70	8.80	2.00	1.60	0.80	0.03	0.35	–	17.00	13.98	5.22	3.24
黑麦	88.00	98.20	9.50	1.50	12.30	4.60	0.05	0.30	–	15.55	12.80	5.84	3.61
高粱	88.60	98.20	9.00	3.40	17.40	8.00	0.13	0.36	–	14.86	12.23	5.40	3.35
小麦	87.53	99.01	12.95	1.97	14.21	1.52	0.01	0.26	–	15.29	12.59	8.93	5.45
饲用小麦面粉	87.40	98.50	13.70	1.70	10.90	2.20	0.08	0.31	–	15.74	12.95	9.60	5.85
米糠	87.00	92.50	12.80	16.50	22.90	13.40	0.07	1.43	–	14.12	11.62	8.80	5.37
小麦麸	92.50	94.06	17.90	5.31	30.10	11.70	0.24	1.04	–	13.15	10.83	13.36	8.08
乳清粉	94.20	92.00	11.50	0.80	–	–	0.62	0.69	–	–	–	7.63	4.68

表4-5 非蛋白氮饲料添加剂的营养价值（以干物质为基础）

饲料名称	干物质 DM(%)	氮 N (%)	有机物 OM (%)	粗蛋白质 CP (%)	可消化粗蛋白质 DCP (%)	代谢蛋白质 MP (%)
碳酸氢铵,Ammonium bicarbonate	99.00	17.50	—	109.38	95.24	56.75
氯化铵,Ammonium chloride	99.22	25.60	—	160.00	140.54	83.68
硫酸铵,Ammonium sulfate	99.30	21.00	—	131.25	114.81	68.39
磷酸氢二铵,Diammonium phosphate	99.21	19.00	—	118.75	103.62	61.74
液氨,Liquid ammonia	—	82.35	—	514.69	457.99	272.38
磷酸二氢铵,Mono ammonium phosphate	99.15	11.60	—	72.50	62.23	37.13
尿素,Urea	99.10	46.00	—	287.5	254.65	151.51
磷酸脲,Urea phosphate	99.24	16.50	—	103.13	89.64	53.43

表4-6　矿物质饲料的营养价值

饲料名称	Ca(%)	P(%)	Na(%)	Cl(%)	K(%)	Mg(%)	S(%)	Fe(%)	Mn(%)
碳酸钙，饲料级轻质	38.40	0.02	0.08	0.02	0.08	1.61	0.08	0.06	0.02
磷酸氢钙，无水	29.60	22.80	0.18	0.47	0.15	0.80	0.80	0.79	0.14
磷酸氢钙，2个结晶水	23.30	18.00	–	–	–	–	–	–	–
磷酸二氢钙	15.90	24.60	0.20	–	0.16	0.90	0.80	0.75	0.01
磷酸三钙	38.80	20.00	–	–	–	–	–	–	–
石粉	35.80	0.01	0.06	0.02	0.11	2.06	0.04	0.35	0.02
磷酸氢胺	0.35	23.48	0.20	–	0.16	0.75	1.50	0.41	0.01
磷酸二氢胺	–	26.93	–	–	–	–	–	–	–
磷酸氢二钠	0.09	21.82	31.04	–	–	–	–	–	–
磷酸二氢钠	–	25.81	19.17	0.02	0.01	0.01	–	–	–
碳酸钠	–	–	43.30	–	–	–	–	–	–
碳酸氢钠	0.01	–	27.00	–	0.01	–	–	–	–
氯化钠	0.30	–	39.50	59.00	–	0.005	0.20	0.01	–
氯化镁	–	–	–	–	–	11.95	–	–	–
碳酸镁	0.02	–	–	–	–	34.00	–	–	0.01
氧化镁	1.69	–	–	–	0.02	55.00	0.10	1.06	–
硫酸钾	0.15	–	–	0.09	1.50	44.87	0.60	18.40	0.07

表4-7 矿物质饲料添加剂的矿物质元素含量

来 源	化学式	矿物质元素含量(%)
五水硫酸铜,Cupric sulphate (pentahydrate)	$CuSO_4 \cdot 5H_2O$	25.2
无水硫酸铜,Cupric sulphate	$CuSO_4$	39.9
氨基酸螯合铜,Cupric amino acid chelate	–	变化
氨基酸络合铜,Cupric amino acid complex	–	变化
醋酸铜,Cupric acetate	$Cu(CH_3COO)_2$	32.1
碱式碳酸铜,Cupric carbonate (monohydrate)	$CuCO_3(OH)_2 \cdot H_2O$	50.0~55.0
碱式氯化铜,Cupric chloride, tribasic	$Cu_2(OH)_3Cl$	58.0
赖氨酸铜,Cupric lysine	–	变化
氧化铜,Cupric oxide	CuO	75.0
一水硫酸亚铁,Ferrous sulfate (monohydrate)	$FeSO_4 \cdot H_2O$	30.0
七水硫酸亚铁,Ferrous sulfate (heptahydrate)	$FeSO_4 \cdot 7H_2O$	20.0
碳酸铁,Ferrous carbonate	$FeCO_3$	38.0
三氧化二铁,Ferric oxide	Fe_2O_3	69.9
六水三氯化铁,Ferric chloride (hexahydrate)	$FeCl_3 \cdot 6H_2O$	20.7
氧化亚铁,Ferrous oxide	FeO	77.8
氨基酸螯合铁,Ferrous amino acid chelate	–	变化
氨基酸络合铁,Ferrous amino acid complex	–	变化
二氢碘酸乙二胺,Ethylenediamine dihydroiodiode	$C_2H_8N_2HI$	79.5
碘酸钙,Calcium iodide	$Ca(IO_3)_2$	63.5
碘化钾,Potassium iodide	KI	68.8
碘酸钾,Potassium iodidate	KIO_3	59.3
碘化铜,Cupriciodite	CuI	66.6
一水硫酸锰,Manganese sulfate (monohydrate)	$MnSO_4 \cdot H_2O$	29.5
氧化锰,Manganese oxide	MnO	60.0
二氧化锰,Manganese dioxide	MnO_2	63.1
碳酸锰,Manganous carbonate	$MnCO_3$	46.4
四水氯化锰,Manganous chloride (tetrahydrate)	$MnCl_2 \cdot 4H_2O$	27.5
蛋氨酸锰,Manganese methionine		变化
氨基酸螯合锰,Manganese amino acid chelate	–	变化
氨基酸络合锰,Manganese amino acid complex	–	变化
亚硒酸钠,Sodium selenite	Na_2SeO_3	45.0
十水硒酸钠,Sodium selenite (decahydrate)	$Na_2SeO_4 \cdot 10H_2O$	21.4
蛋氨酸硒 ,Selenium methionine	–	变化
酵母硒,Selenium yeast	–	变化
一水硫酸锌,Zinc sulfate (monohydrate)	$ZnSO_4 \cdot H_2O$	35.5
氧化锌,Zinc oxide	ZnO	72.0

表4-7 （续）

来 源	化学式	矿物质元素含量,%
七水硫酸锌,Zinc sulfate (heptahydrate)	$ZnSO_4 \cdot 7H_2O$	22.3
碳酸锌,Zinc carbonate	$ZnCO_3$	56.0
氯化锌,Zinc chloride	$ZnCl_2$	48.0
碱式氯化锌,Tetrabasic chloride	$Zn_5Cl_2(OH)8 \cdot H_2O$	58.0
蛋氨酸锌,Zinc methionine	–	变化
氨基酸螯合锌,Zinc amino acid chelate	–	变化

表4-8 肉羊常用维生素的来源及其单位换算关系

维生素种类	浓度换算方式	来源
维生素A,VitaminA	1IU=0.3μg视黄醇或者0.344μg维生素A乙酸酯	全反式视黄醇乙酸酯
	1IU=0.55μg维生素A棕榈酸酯	维生素A棕榈酸酯
	1IU=0.36μg维生素A丁酸酯	维生素A丁酸酯
维生素D,VitaminD	1IU=0.025μg胆钙化醇	维生素D3
维生素E,VitaminE	1mg=1IU DL-α-生育酚乙酸酯	DL-α-生育酚乙酸酯
	1mg=1.36IU D-α-生育酚乙酸酯	D-α-生育酚乙酸酯
	1mg=1.11IU DL-α-生育酚	DL-α-生育酚
	1mg=1.49IU D-α-生育酚	D-α-生育酚
维生素K,VitaminK	1IU=0.0008mg甲萘氢醌	亚硫酸氢钠甲萘醌
		亚硫酸氢烟酰胺甲萘醌
		二甲基嘧啶醇亚硫酸甲萘醌
核黄素,Riboflavin	通常表示为μg或mg	核黄素晶体
烟酸,Niacin	通常表示为μg或mg	盐酸/烟酰胺
泛酸,Pantothenic acid	通常表示为μg或mg	D-泛酸钙
		DL-泛酸钙
		DL-泛酸钙与氯化钙复合物
胆碱,Choline	通常表示为μg或mg	氯化胆碱
生物素,Biotin	通常表示为μg或mg	D-生物素
维生素B12,VitaminB12	通常表示为μg或mg	氰钴胺素
叶酸,Folacin	通常表示为μg或mg	叶酸
维生素B6,Vitamin B6	通常表示为μg或mg	盐酸吡哆醇
硫胺素,Thiamin	通常表示为μg或mg	硫胺素硝酸盐
		硫胺素盐酸盐
维生素C,Vitamin C	通常表示为μg或mg	L-抗坏血酸
		L-抗坏血酸磷酸盐

第二节 肉羊的营养需要

肉羊的营养需要就是指羊在维持正常生理活动、机体健康和达到特定生产性能时对营养素的最低需要量。肉羊每天需要的营养素主要包括能量、蛋白质、矿物质、维生素和水等。这些营养除了维持正常的生理活动外，还要满足不同阶段的生产需要。因此，肉羊的营养需要与羊的种类、年龄、性别、体重、生理状态、生产目的及生产性能有密切地关系。

一、肉羊需要的营养素

（一）能量

羊对能量的需要包括维持生理活动和生长、繁殖、产奶、产毛等生产活动所需要的能量。可分为维持能和生产能两部分，常用代谢能和净能来表示，比较准确的是净能指标。一般羊的代谢能等于消化能的0.82倍，消化1kg养分可产生18.41MJ的消化能。

1. 维持净能

维持能的需要量与羊的代谢体重有关，代谢体重就是羊活重的0.75次方，据美国国家研究委员会报道，羊维持能就等于代谢体重的234.19倍，也可通过式4-1来计算。

$$NE_m = 234.19 \times W^{0.75} \tag{4-1}$$

式中：

NE_m——维持净能，单位为kJ／d;

W——羊活体重，单位为kg。

2. 生产净能

生产净能则与不同的生产阶段的需要有关，包括生长净能、妊娠净能、产奶净能和产毛净能等。其中生长净能就是羊在达到成年体重前满足组织成长所需要的净能，据美国国家研究委员会报道，一般中等体格品种（成年羊体重达到110kg）的绵羊的生长净能可用式4-2计算。大型体格的羊其体重比110kg每增加10kg，其所需的生长净能减少$87.82LWG \times W0.75$；小型体格的羊，其体重比110kg每减少10kg，其所需的生长净能增加$87.82LWG \times W0.75$。

$$NE_g = 409LWG \times W^{0.75} \tag{4-2}$$

式中：

NE_g——生长净能，单位为kJ/d;

LWG——羊活体日增重，单位为g;

W——羊活体重，单位为kg。

妊娠净能就是怀孕母羊满足胎儿生长所需的净能，母羊妊娠前10周，由于胎儿较小，所需能量相对较少，给予母羊维持能量及少量满足自身生长的能量即可；妊娠中后期，胎儿生长较快,需要增加能量的供给,以满足胎儿生长需要。

产奶净能是母羊产后满足泌乳而需要补充的能量,绵羊产后泌乳期内代谢能转化为泌乳净能的转化率为65%~83%,这个转化率与饲料品质和营养有很大的关系,因此,泌乳期内必须提高高质量且营养全面的饲料日粮。

(二)蛋白质

羊对蛋白质的需要主要以可消化的粗蛋白质、代谢蛋白质和净蛋白质来表观,可消化的粗蛋白(DCP)是指在羊的消化道中被消化的饲料粗蛋白质,就等于蛋白质的采食量与全消化道蛋白质表现消化率的乘积。代谢蛋白质(MP)是指在羊小肠中被消化的蛋白质,包括在小肠内被消化的瘤胃饲粮非降解蛋白质、瘤胃微生物蛋白质和少量的内源蛋白质。净蛋白质(NP)就是饲料蛋白质中用于羊维持和生产的部分。羊摄入的可消化蛋白、代谢蛋白质均可通过饲料粗蛋白质含量计算得出,计算公式如式4-3和式4-4。

$$\text{可消化粗蛋白质} \ DCP（\%DM）= 0.895×\text{粗蛋白质} \ CP（\%DM）- 2.66 \qquad (4-3)$$

$$\text{代谢蛋白质} \ MP（\%DM）= 0.532×\text{粗蛋白质} \ CP（\%DM）- 1.44 \qquad (4-4)$$

羊对粗蛋白质的需要量等于每天蛋白质沉积量加上粪尿中代谢蛋白质的日排出量加上每天羊皮肤脱落的蛋白质量和羊毛生长每日沉积的蛋白质量的总和,除以蛋白质净能效率(NPV,g/d)。

(三)粗纤维

粗纤维是植物细胞壁的主要组成成分,包括纤维素、半纤维素、木质素及角质等成分。20世纪70年代,人们才认识到日粮纤维对动物生产有重要意义,粗纤维大部分是经瘤胃微生物发酵,形成挥发性脂肪酸、二氧化碳、甲烷等产物。形成的挥发性脂肪酸不仅为反刍动物提供能量,而且参与各种代谢形成产品。此外,粗纤维还可为反刍动物提供一定量的矿物质元素、维生素等。粗纤维可刺激咀嚼和反刍,促进反刍动物唾液分泌增加,维持瘤胃正常 pH 值,促进瘤胃的消化功能。日粮中粗纤维水平过低,淀粉迅速发酵,大量产酸,降低瘤胃 pH 值,抑制纤维分解菌的活性,严重导致酸中毒。因此,适量的粗纤维是防止酸中毒、瘤胃黏膜溃疡不可缺少的。此外,粗纤维为反刍动物提供大量的能源,维持较高的生产性能。

(四)中性洗涤纤维

中性洗涤纤维(NDF)用中性洗涤剂去除饲料中的脂肪、淀粉、蛋白质和糖类等成分后,残留的不溶解物质的总称。包括构成细胞壁的纤维素、半纤维素、木质素及少量硅酸盐等杂质。中性洗涤纤维是评价饲草中粗纤维类物质的指标之一。反刍动物能够较好的利用其中的纤维素和半纤维素。中性洗涤纤维一方面对反刍动物的采食量、采食时间、反刍时间、咀嚼时间等有重要的影响,另一方面对瘤胃发育有重要的调控作用,高 NDF 水平日粮可使瘤胃液 pH 升高,维持适宜瘤胃内环境,促进反刍家畜采食和生长性能。饲料中中性洗涤纤维的浓度与瘤胃的 pH 值呈负相关,当饲料的中性洗涤纤维含量低于20%时,细菌产量下降,中性洗涤纤维每下降1%,细菌产量减少2.5%,瘤胃的 pH 值升高。因此,在保证精饲料充足的情况下,提高日粮中的 NDF 水平可提高反刍动物的干物质采食量,提高生长性能和促进瘤胃发育,同时提高营养物质消化率。

(五)矿物质

矿物质是羊体不可缺少的养分,参与羊的神经系统、肌肉系统、营养消化、运输代谢、酸碱平衡等活动,也是体内多种酶的重要组成成分和激活因子。矿物质缺乏或过量都会影响羊的生长发育和生产繁殖,甚至会导致死亡。目前已经证明至少有15种矿物质元素是羊必需的,其中包括7种常量元素钠、钾、钙、镁、氯、磷、硫和8种微量元素碘、硒、铁、钼、锰、钴、铜、锌。

钠和氯有维持羊体液渗透压、调节酸碱平衡、控制水代谢的作用。羊体中的钠和氯主要从补充的食盐中获取,一般添加量是羊日粮干物质的0.5%~1.0%,育肥羔羊精料量比较大时可添加到1.5%,以缓解瘤胃酸中毒的发生。

钙和磷是骨骼的主要成分,对羔羊骨骼的生长发育、肌肉功能非常重要,也与羊尿结石的发生关系密切。饲料中正常的钙磷比例为2:1,钙磷比例失衡或者钙不足容易造成佝偻病,并有食欲减退、生长缓慢等现象。钙过量时就会影响其他矿物质元素的吸收,也容易引发疾病。石灰石粉(含钙35%~38%)是最经济的钙来源,另外石膏(含钙23%、硫18%)和磷酸氢钙(含钙22%、磷18%)也是主要的钙源,但一般不建议使用磷酸氢钙,容易造成钙磷比例失衡。

钾的主要作用是维持渗透压和酸碱平衡,缺钾时会影响羊的采食量和生长速度,一般日粮中的钾能够满足羊的需要,如果需要则以氯化钾或碘化钾补充为宜,补充量为日粮干物质的0.5%~0.8%。

镁是骨骼的成分,具有维持神经系统正常功能的作用。镁缺乏时羊会出现过度流涎、走路蹒跚、肌肉抽搐痉挛、四肢强直、食欲不振甚至死亡。一般日粮中不会缺乏镁,缺乏时可皮下注射硫酸镁药剂。

硫是羊毛的主要成分之一,以胱氨酸、半胱氨酸和蛋氨酸的形式存在,同时硫在羊体内还参与氨基酸、维生素和激素的代谢,并具有促进瘤胃微生物生长的作用。天然饲料中硫含量很少,绝对不能满足羊体的需要,因此,必须在日粮中补充硫,首选含硫氨基酸如胱氨酸、半胱氨酸和蛋氨酸为硫的补充剂,也可用硫酸铜或硫酸铁,在补充硫的同时也要注意氮和硫的比例,绵羊对硫的需要量一般为日粮干物质的0.14%~0.26%,氮硫比例(N:S)为(10~13):1。

碘是甲状腺素的主要成分,羊缺碘主要表现为甲状腺肿大,生长缓慢,母羊繁殖力降低、羊毛产量和质量下降,羔羊体弱无毛。补碘一般用含碘盐的舔砖。

铜与红细胞和血红蛋白的生成及羊毛的生长关系密切,羔羊缺铜时后肢运动失调或瘫痪,骨骼变形甚至骨折,也可造成贫血。补铜一般采用硫酸铜,如果发病灌服1%的硫酸铜。

钴对羊瘤胃微生物分解纤维素有促进作用,影响维生素B_{12}和瘤胃蛋白质的合成及尿素酶的活性。羊缺钴时表现为食欲减退,生长迟缓,体重下降,各项生产性能降低,甚至造成母羊流产或者死亡。可以通过注射或者口服维生素B_{12}或者口服氧化钴丸来补钴。

硒对羊瘤胃微生物的蛋白质合成有促进作用,缺硒主要表现是白肌病,羔羊生长迟缓,多发生在羔羊出生2~8周,死亡率很高。补硒时最好的效果是瘤胃内投放硒弹丸,也可用含硒的舔砖。补硒的同时也要防止硒中毒,硒中毒容易造成脱毛、蹄腐烂以及母羊繁殖力下降等。

锌是羊体内多种酶和激素的组成成分,对公羊睾丸发育、精子形成及羊毛生长有促进作用。当羊缺锌时就会出现采食量下降、掉毛、公羊睾丸萎缩、精子畸形、母羊繁殖力低下等现象。可采取饲料中添加硫酸锌或者碳酸锌来补锌,添加量为每千克饲料干物质添加20~33mg。

铁是多种氧化酶和细胞色素酶的成分,主要参与血红蛋白的形成,缺铁的主要症状是贫血,一般饲草中含铁量能够满足羊的需要,缺铁主要以高床舍饲养殖的哺乳期羔羊比较多见,补铁以硫酸亚铁、乳酸亚铁、血红素铁等为主,补充量为每千克饲料干物质30mg。

锰主要影响骨骼的发育和母羊繁殖力,缺锰会导致母羊受胎率和繁殖力下降、流产率提高,羔羊骨骼畸形,公羔比例增大,死亡率提高。锰一般以硫酸锰、碳酸锰等锰盐为主,添加量为每千克饲料干物质添加8mg。

矿物质元素在体内的吸收利用有一定的拮抗作用或协调作用,也就是相互之间会有影响。另外,某种矿物质元素缺乏或过量都会给羊体对其他矿物质元素的吸收带来影响。因此,补充矿物质元素一定要仔细慎重,并以当地饲草料资源为基础,建议没有确切把握的前提下最好采购正规饲料企业的矿物质预混料或者矿物质舔砖。

(六)维生素

维生素的主要作用是控制调节代谢作用,缺乏时会出现生长发育迟缓,甚至消瘦,生产性能降低,抗病力弱。对羊影响较大的有维生素A、维生素D、维生素E以及维生素B_{12}。

维生素A的作用是维持上皮组织和免疫系统的健康以及正常的视觉功能,促进生长发育,缺乏时表现为干眼病、夜盲症、上皮组织角质化、抗病力弱,生产性能降低。一般青绿饲料、胡萝卜、玉米中维生素A含量比较丰富,只要饲草料品质好,配方合理,一般不会缺乏,如果出现缺乏症,口服鱼肝油即可。

维生素D能促进钙磷吸收和骨骼的形成,一般有运动场能晒太阳的羊舍不会有维生素D缺乏症,而没有运动场的羊舍阳光照射不充分,容易造成维生素D缺乏而出现缺钙症状,应及时补充维生素D。

维生素E是一种氧化剂,能维持正常的生殖机能,防止肌肉萎缩。缺乏时肌肉营养不良,四肢僵硬,生殖机能障碍。维生素E主要来源于植物油、青绿饲料、小麦胚,缺乏时可补充合成维生素E。

维生素B12对核酸的合成及含硫氨基酸、脂肪、碳水化合物的代谢有重要的作用,缺乏时会造成生长迟滞、贫血、皮炎、后肢运动失调、繁殖力下降等。主要来源于维生素B_{12}制剂。

(七)水

水是羊体内的主要溶剂,羊体对各种营养物质的消化、吸收、代谢等一系列生理活动都需要水,同时水对调节羊的体温、体内渗透压及酸碱平衡等也有重要作用。特别是快速育肥的羔羊每天的饮水量与干物质采食量呈正相关。水分占羊体活重的50%~80%,羊体缺水的后果是非常严重的。同时,羊对水的需要量是随着环境温度的升高而增大,所以建议不论养殖户还是规模化羊场最好能提供自动饮水器,确保达到自由饮水,饮水清洁无污染。

二、肉羊的营养需要量

肉羊的营养需要量随着品种、性别、体重、年龄、生理阶段和生产方向不同而有差异，2004年我国颁布了《肉羊饲养标准》(NY/T816-2004)，随着我国畜牧业的发展，饲草料资源不断丰富，肉羊生产性能也在不断提高，原来的肉羊饲养标准已经不能满足现阶段肉羊养殖的需要。因此，全国畜牧业标准化技术委员会提出，由中国农业科学院饲料研究所牵头组织相关专家团队对《肉羊饲养标准》(NY/T816-2004)标准进行了修订，目前已经完成标准的报批稿，修订后的标准文本给出了各类羊的营养需要量指标，这是经过严格的营养试验而获得的数据，对日常的科学养羊有非常重要的指导意义。

(一)肉用绵羊营养需要量

1. 肉用绵羊哺乳羔羊营养需要量

肉用绵羊哺乳羔羊营养需要量指出生后体重6～18kg阶段的最低营养需要量(参见表4-9)，这个阶段的营养供给包括母乳、羔羊开口料、代乳料等。

2. 肉用绵羊育成母羊营养需要

育成母羊就是断奶后至配种前的母羊，表4-10列出了体重在20～50kg的绵羊育成母羊日粮中干物质采食量、代谢能、净能、粗蛋白质、代谢蛋白质、净蛋白质、中性洗涤纤维、钙、磷的每日需要量，育成母羊维生素和矿物质元素的需要量见表4-17。

3. 种公羊营养需要量

75～200kg配种期和非配种期肉用绵羊种公羊的干物质采食量、代谢能及粗蛋白质、代谢蛋白质、钙和磷的日需要量见表4-11。种公羊维生素和矿物质元素的需要量见表4-17。

4. 妊娠母羊营养需要

妊娠母羊指受孕后到产羔前的阶段，分为妊娠前期和妊娠后期，其中，妊娠第1～90d为前期、第91～150d为后期。体重40～90kg的绵羊母羊在不同妊娠阶段日粮干物质采食量、消化能、代谢能、粗蛋白质、钙、磷和食盐的每日需要量见表4-12，妊娠母羊维生素和矿物质元素的需要量见表4-17。

5. 哺乳母羊营养需要

哺乳母羊就是产羔后至断奶前的母羊，分为哺乳前期、哺乳中期和哺乳后期，其中，哺乳第1～30d为前期、第31～60d为中期、第61～90d为后期。表4-13列出了体重在40～80kg的绵羊母羊在不同哺乳阶段日粮中干物质采食量、消化能、代谢能、粗蛋白质、钙、磷和食盐的每日需要量。哺乳母羊维生素和矿物质元素的需要量见表4-17。

表4-9 肉用绵羊哺乳羔羊营养需要量

体重 BW （kg）	日增重 ADG （g/d）	干物质采食量 DMI （kg/d）	代谢能 ME （MJ/d）	净能 NE （MJ/d）	粗蛋白质 CP （g/d）	代谢蛋白质 MP （g/d）	净蛋白质 NP （g/d）	钙 Ca （g/d）	磷 P （g/d）
6	100	0.16	2.0	0.8	33	26	20	1.5	0.8
	200	0.19	2.3	1.0	38	31	23	1.7	1.0
8	100	0.27	3.2	1.4	54	43	32	2.4	1.3
	200	0.32	3.8	1.6	64	51	38	2.9	1.6
	300	0.35	4.2	1.8	71	56	42	3.2	1.8
10	100	0.39	4.7	2.0	79	63	47	3.5	2.0
	200	0.46	5.5	2.3	92	74	55	4.2	2.3
	300	0.51	6.2	2.6	103	82	62	4.6	2.6
12	100	0.53	6.2	2.6	103	83	62	4.6	2.6
	200	0.63	7.3	3.1	121	97	73	5.5	3.0
	300	0.69	8.1	3.4	135	108	81	6.1	3.4
14	100	0.52	6.4	2.7	106	85	64	4.8	2.7
	200	0.61	7.5	3.2	127	102	76	5.6	3.1
	300	0.67	8.4	3.5	139	111	83	6.3	3.5
16	100	0.64	7.5	3.3	129	103	77	5.8	3.2
	200	0.75	9.0	3.8	151	121	91	6.8	3.8
	300	0.84	9.8	4.3	167	134	101	7.5	4.2
18	100	0.75	8.4	3.8	152	122	92	6.7	3.7
	200	0.88	10.2	4.1	176	141	106	7.9	4.4
	300	0.98	11.6	4.9	195	155	118	8.8	4.9

表4-10　育成母羊每日营养需要量

体重 BW (kg)	日增重 ADG (g/d)	干物质采食量 DMI (kg/d)	代谢能 ME (MJ/d)	净能 NE (MJ/d)	粗蛋白质 CP (g/d)	代谢蛋白质 MP (g/d)	净蛋白质 NP (g/d)	中性洗涤纤维 NDF (kg/d)	钙 Ca (g/d)	磷 P (g/d)
20	100	0.62	6.0	3.3	86	43	28	0.19	5.6	3.1
	200	0.74	8.7	4.5	104	62	40	0.22	6.7	3.7
	300	0.83	11.4	5.7	116	80	52	0.25	7.4	4.1
25	100	0.70	6.9	3.8	97	47	30	0.21	6.3	3.5
	200	0.82	9.8	5.1	114	65	42	0.25	7.4	4.1
	300	0.90	12.7	6.4	125	83	54	0.27	8.1	4.5
30	100	0.89	7.6	4.3	124	51	33	0.27	8.0	4.4
	200	1.05	10.8	5.7	147	69	44	0.32	9.5	5.3
	300	1.12	14.0	7.1	157	87	55	0.34	10.1	5.6
35	100	0.97	8.8	5.1	136	55	35	0.29	8.8	4.9
	200	1.14	10.4	5.8	160	73	46	0.34	10.3	5.7
	300	1.20	12.0	6.5	168	90	57	0.36	10.8	6.0
40	100	1.06	10.0	6.0	138	60	39	0.37	9.6	5.3
	200	1.23	11.7	6.7	159	84	54	0.43	11.0	6.1
	300	1.29	13.3	7.4	167	105	68	0.45	11.6	6.4
45	100	1.16	10.8	6.5	150	64	41	0.40	10.4	5.8
	200	1.31	12.5	7.2	171	87	56	0.46	11.8	6.6
	300	1.37	14.2	8.0	178	108	70	0.48	12.3	6.8
50	100	1.24	11.6	6.9	162	68	44	0.44	11.2	6.2
	200	1.40	13.3	7.7	182	91	58	0.49	12.6	7.0
	300	1.44	15.1	8.5	188	114	72	0.51	13.0	7.2

6. 育成绵羊公羊营养需要

育成公羊就是断奶后至能配种前的公羊,表4-14列出了体重在20~70kg的绵羊育成公羊日粮中干物质采食量、消化能、代谢能、粗蛋白质、钙、磷和食盐的每日需要量,育成公羊维生素和矿物质元素的需要量见表4-17。

7. 育肥绵羊营养需要

20~60kg育肥绵羊公羊和母羊不同日增重情况下,每天干物质采食量、代谢能、净能、粗蛋白质、代谢蛋白质、净蛋白质、中性洗涤纤维及钙、磷需要量分别见表4-15和表4-16,育肥羊维生素和矿物质元素的需要量见表4-17。

表4-11 肉用绵羊种用公羊营养需要量

体重 BW (kg)	干物质采食量 (DMI) (kg/d)		代谢能 (ME) (MJ/d)		粗蛋白质 (CP) (g/d)		代谢蛋白质 (MP) (g/d)		钙 (Ca) (g/d)		磷 (P) (g/d)	
	非配种期	配种期	非配种期	配种期	非配种期	配种期	非配种期	配种期	非配种期	配种期	非配种期	配种期
75	1.48	1.64	11.9	13.0	207	246	145	172	0.52	0.57	13.3	14.8
100	1.77	1.95	14.2	15.6	248	293	173	205	0.62	0.68	15.9	17.6
125	2.09	2.30	16.7	18.4	293	345	205	242	0.73	0.81	18.8	20.7
150	2.40	2.64	19.2	21.1	336	396	235	277	0.84	0.92	21.6	23.8
175	2.71	2.95	21.7	23.6	379	443	266	310	0.95	1.03	24.4	26.6
200	2.98	3.27	23.8	26.2	417	491	292	343	1.04	1.14	26.8	29.4

表4-12 肉用绵羊妊娠母羊营养需要量

妊娠阶段	体重 BW (kg)	干物质采食量 (DMI) (kg/d)			代谢能 (ME) (MJ/d)			粗蛋白质 (CP) (g/d)			代谢蛋白质 (MP) (g/d)			钙 (Ca) (g/d)			磷 (P) (g/d)		
		单羔	双羔	三羔	单羔	双羔	三羔	单羔	双羔	三羔	单羔	双羔	三羔	单羔	双羔	三羔	单羔	双羔	三羔
前期	40	1.16	1.31	1.46	9.3	10.5	11.7	151	170	190	106	119	133	10.4	11.8	13.1	7.0	7.9	8.8
	50	1.31	1.51	1.65	10.5	12.1	13.2	170	196	215	119	137	150	11.8	13.6	14.9	7.9	9.1	9.9
	60	1.46	1.69	1.82	11.7	13.5	14.6	190	220	237	133	154	166	13.1	15.2	16.4	8.8	10.1	10.9
	70	1.61	1.84	2.00	12.9	14.7	16.0	209	239	260	147	167	182	14.5	16.6	18.0	9.7	11.0	12.0
	80	1.75	2.00	2.17	14.0	16.0	17.4	228	260	282	159	182	197	15.8	18.0	19.5	10.5	12.0	13.0
	90	1.91	2.18	2.37	15.3	17.4	19.0	248	283	308	174	198	216	17.2	19.6	21.3	11.5	13.1	14.2
后期	40	1.45	1.82	2.11	11.6	14.6	16.9	189	237	274	132	166	192	13.1	16.4	19.0	8.7	10.9	12.7
	50	1.63	2.06	2.36	13.0	16.5	18.9	212	268	307	148	187	215	14.7	18.5	21.2	9.8	12.4	14.2
	60	1.80	2.29	2.59	14.4	18.3	20.7	234	298	337	164	208	236	16.2	20.6	23.3	10.8	13.7	15.5
	70	1.98	2.49	2.83	15.8	19.9	22.6	257	324	368	180	227	258	17.8	22.4	25.5	11.9	14.9	17.0
	80	2.15	2.68	3.05	17.2	21.4	24.4	280	348	397	196	244	278	19.4	24.1	27.5	12.9	16.1	18.3
	90	2.34	2.92	3.32	18.7	23.4	26.6	304	380	432	213	266	302	21.1	26.3	29.9	14.0	17.5	19.9

表4-13　肉用绵羊泌乳期母羊营养需要量

泌乳阶段	体重BW(kg)	干物质采食量(DMI)(kg/d)			代谢能(ME)(MJ/d)			粗蛋白质(CP)(g/d)			代谢蛋白质(MP)(g/d)			钙(Ca)(g/d)			磷(P)(g/d)		
		单羔	双羔	三羔	单羔	双羔	三羔	单羔	双羔	三羔	单羔	双羔	三羔	单羔	双羔	三羔	单羔	双羔	三羔
前期	40	1.36	1.75	2.04	10.9	14.0	16.4	177	228	265	124	159	186	12.3	15.8	18.4	8.2	10.5	12.2
	50	1.58	2.01	2.35	12.5	16.1	18.8	205	262	306	143	183	214	14.2	18.1	21.2	9.5	12.1	14.1
	60	1.77	2.25	2.61	14.2	18.0	20.9	230	293	340	161	205	238	15.9	20.3	23.5	10.6	13.5	15.7
	70	1.96	2.48	2.86	15.7	19.8	22.9	255	322	372	178	225	260	17.6	22.3	25.8	11.8	14.9	17.2
	80	2.13	2.69	3.11	17.1	21.5	24.8	277	349	404	194	245	283	19.2	24.2	28.0	12.8	16.1	18.7
中期	40	1.20	1.50	1.71	9.6	12.0	13.7	156	195	223	109	137	156	10.8	13.5	15.4	7.2	9.0	10.3
	50	1.40	1.72	1.97	11.2	13.8	15.7	182	224	256	127	157	179	12.6	15.5	17.7	8.4	10.3	11.8
	60	1.58	1.94	2.20	12.6	15.5	17.6	205	252	286	144	177	200	14.2	17.5	19.8	9.5	11.6	13.2
	70	1.75	2.14	2.42	14.0	17.1	19.4	228	278	315	159	195	220	15.8	19.3	21.8	10.5	12.8	14.5
	80	1.91	2.33	2.63	15.3	18.6	21.0	248	303	342	174	212	239	17.2	21.0	23.7	11.5	14.0	15.8
后期	40	1.09	1.38	1.62	8.7	11.0	13.0	142	179	211	99	126	148	9.8	12.4	14.6	6.5	8.3	9.7
	50	1.26	1.60	1.83	10.0	12.8	14.7	164	208	238	115	146	167	11.3	14.4	16.5	7.6	9.6	11.0
	60	1.43	1.80	2.06	11.4	14.4	16.5	186	234	268	130	164	187	12.9	16.2	18.5	8.6	10.8	12.4
	70	1.61	2.00	2.29	12.8	16.0	18.3	209	260	298	147	182	208	14.5	18.0	20.6	9.7	12.0	13.7
	80	1.76	2.19	2.50	14.1	17.5	20.0	229	285	325	160	199	228	15.8	19.7	22.5	10.6	13.1	15.0

表4-14 育成公羊每日营养需要量

体重(kg)	日增重(kg/d)	干物质采食量(kg/d)	消化能 (MJ/d)	代谢能 (MJ/d)	粗蛋白质 (g/d)	钙 (g/d)	磷 (g/d)	食盐 (g/d)
	0.05	0.9	8.17	6.70	95	2.4	1.1	7.6
20	0.10	0.9	9.76	8.00	114	3.3	1.5	7.6
	0.15	1.0	12.20	10.00	132	4.3	2.0	7.6
	0.05	1.0	8.78	7.20	105	2.8	1.3	7.6
25	0.10	1.0	10.98	9.00	123	3.7	1.7	7.6
	0.15	1.1	13.54	11,10	142	4.6	2.1	7.6
	0.05	1.1	10.37	8.50	114	3.2	1.4	8.6
30	0.10	1.1	12.20	10.00	132	4.1	1.9	8.6
	0.15	1.2	14.76	12.10	150	5.0	2.3	8.6
	0.05	1.2	11.34	9.30	122	3.5	1.6	8.6
35	0.10	1.2	13.29	10.90	140	4.5	2.0	8.6
	0.15	1.3	16.10	13.20	159	5.4	2.5	8.6
	0.05	1.3	12.44	10.20	130	3.9	1.8	9.6
40	0.10	1.3	14.39	11.80	149	4.8	2.2	9.6
	0.15	1.3	17.32	14.20	167	5.8	2.6	9.6
	0.05	1.3	13.54	11.10	138	4.3	1.9	9.6
45	0.10	1.3	15.49	12.70	156	5.2	2.5	9.6
	0.15	1.4	18.66	15.30	175	6.1	2.8	9.6
	0.05	1.4	14.39	11.80	146	4.7	2.1	11.0
50	0.10	1.4	16.59	13.60	165	5.6	2.5	11.0
	0.15	1.5	19.76	16.20	182	6.5	3.0	11.0
	0.05	1.5	15.37	12.60	153	5.0	2.3	11.0
55	0.10	1.5	17.68	14.50	172	6.0	2.7	11.0
	0.15	1.6	20.98	17.20	190	6.9	3.1	11.0
	0.05	1.6	16.34	13.40	161	5.5	2.4	12.0
60	0.10	1.6	18.78	15.40	179	6.3	2.9	12.0
	0.15	1.7	22.20	18.20	198	7.3	3.3	12.0
	0.05	1.7	17.32	14.20	168	5.7	2.6	12.0
65	0.10	1.7	19.88	16.30	187	6.7	3.0	12.0
	0.15	1.8	23.54	19.30	205	7.6	3.4	12.0
	0.05	1.8	18.29	15.00	175	6.2	2.8	12.0
70	0.10	1.8	20.85	17.10	194	7.1	3.2	12.0
	0.15	1.9	24.76	20.30	212	8.0	3.6	12.0

表4-15　肉用绵羊育肥公羊营养需要量

体重 BW (kg)	日增重 ADG (g/d)	干物质采食量 DMI (kg/d)	代谢能 ME (MJ/d)	净能 NE (MJ/d)	粗蛋白 CP (g/d)	代谢蛋白 MP (g/d)	净蛋白 NP (g/d)	中性洗涤纤维 NDF (kg/d)	钙 Ca (g/d)	磷 P (g/d)
20	100	0.71	5.6	3.3	99	43	29	0.21	6.4	3.6
	200	0.85	8.1	4.4	119	61	41	0.26	7.7	4.3
	300	0.95	10.5	5.5	133	79	53	0.29	8.6	4.8
	350	1.06	11.7	6.0	148	88	60	0.32	9.5	5.3
25	100	0.80	6.5	3.8	112	47	31	0.24	7.2	4.0
	200	0.94	9.2	5.0	132	65	44	0.28	8.5	4.7
	300	1.03	11.9	6.2	144	83	56	0.31	9.3	5.2
	350	1.17	13.3	6.9	164	92	62	0.35	10.5	5.9
30	100	1.02	7.4	4.3	143	51	34	0.31	9.2	5.1
	200	1.21	10.3	5.6	169	69	46	0.36	10.9	6.1
	300	1.29	13.3	7.0	181	87	59	0.39	11.6	6.5
	350	1.48	14.7	7.6	207	96	65	0.44	13.3	7.4
35	100	1.12	8.1	4.9	157	55	37	0.34	10.1	5.6
	200	1.31	10.9	6.1	183	73	49	0.39	11.8	6.6
	300	1.38	13.7	7.4	193	90	61	0.41	12.4	6.9
	350	1.6	15.1	8.1	224	99	67	0.48	14.4	8.0
40	100	1.22	8.7	5.4	159	78	39	0.43	11.0	6.1
	200	1.41	11.3	6.6	183	97	54	0.49	12.7	7.1
	300	1.48	13.9	7.8	192	117	68	0.52	13.3	7.4
	350	1.72	16.5	9.0	224	136	83	0.60	15.5	8.6
45	100	1.33	9.4	5.8	173	83	41	0.47	12.0	6.7
	200	1.51	12.1	7.1	196	103	56	0.53	13.6	7.6
	300	1.57	14.9	8.4	204	122	70	0.55	14.1	7.9
	350	1.85	17.6	9.6	241	141	85	0.65	16.7	9.3
50	100	1.43	10.0	6.3	186	88	44	0.50	12.9	7.2
	200	1.61	12.9	7.6	209	107	58	0.56	14.5	8.1
	300	1.66	15.8	8.9	216	141	72	0.58	14.9	8.3
	350	1.97	18.7	10.3	256	146	87	0.69	17.7	9.9
55	001	35.1	9.01	8.6	991	301	87	45.0	8.31	7.7
	002	49.1	9.31	1.8	252	131	89	86.0	5.71	7.9
	003	90.2	0.71	3.9	272	141	601	37.0	8.81	5.01
	053	34.2	1.02	6.01	613	461	321	58.0	9.12	2.21
60	001	36.1	8.11	5.7	212	011	38	75.0	7.41	2.8
	002	50.2	0.51	9.8	762	931	401	27.0	5.81	3.01
	003	02.2	2.81	3.01	682	941	211	77.0	8.91	0.11
	053	95.2	4.12	7.11	733	571	131	19.0	3.32	0.31

表4-16　肉用绵羊育肥母羊营养需要量

体重 BW （kg）	日增重 ADG （g/d）	干物质采食量 DMI （kg/d）	代谢能 ME （MJ/d）	净能 NE （MJ/d）	粗蛋白 CP （g/d）	代谢蛋白 MP （g/d）	净蛋白 NP （g/d）	中性洗涤纤维 NDF （kg/d）	钙 Ca （g/d）	磷 P （g/d）
	100	0.62	6.0	3.3	86	43	28	0.19	5.6	3.1
20	200	0.74	8.7	4.5	104	62	40	0.22	6.7	3.7
	300	0.83	11.4	5.7	116	80	52	0.25	7.4	4.1
	350	0.92	12.7	6.3	129	89	58	0.28	8.3	4.6
	100	0.70	6.9	3.8	97	47	30	0.21	6.3	3.5
25	200	0.82	9.8	5.1	114	65	42	0.25	7.4	4.1
	300	0.90	12.7	6.4	125	83	54	0.27	8.1	4.5
	350	1.02	14.2	7.1	143	92	59	0.31	9.1	5.1
	100	0.89	7.6	4.3	124	51	33	0.27	8.0	4.4
30	200	1.05	10.8	5.7	147	69	44	0.32	9.5	5.3
	300	1.12	14.0	7.1	157	87	55	0.34	10.1	5.6
	350	1.29	15.5	7.8	180	96	61	0.39	11.6	6.4
	100	0.97	8.8	5.1	136	55	35	0.29	8.8	4.9
35	200	1.14	10.4	5.8	160	73	46	0.34	10.3	5.7
	300	1.20	12.0	6.5	168	90	57	0.36	10.8	6.0
	350	1.39	13.7	7.2	195	99	62	0.42	12.5	7.0
	100	1.06	10.0	6.0	138	60	39	0.37	9.6	5.3
40	200	1.23	11.7	6.7	159	84	54	0.43	11.0	6.1
	300	1.29	13.3	7.4	167	105	68	0.45	11.6	6.4
	350	1.50	14.9	8.1	195	128	83	0.52	13.5	7.5
	100	1.16	10.8	6.5	150	64	41	0.40	10.4	5.8
45	200	1.31	12.5	7.2	171	87	56	0.46	11.8	6.6
	300	1.37	14.2	8.0	178	108	70	0.48	12.3	6.8
	350	1.61	15.9	8.7	209	133	85	0.56	14.5	8.0
	100	1.24	11.6	6.6	162	68	44	0.44	11.2	6.2
50	200	1.40	13.3	7.7	182	91	58	0.49	12.6	7.0
	300	1.44	15.1	8.5	188	114	72	0.51	13.0	7.2
	350	1.71	16.9	9.2	223	137	87	0.60	15.4	8.6
	100	1.33	12.3	7.4	173	106	67	0.47	12.0	6.7
55	200	1.69	13.9	8.2	219	137	86	0.59	15.2	8.4
	300	1.82	15.5	9.0	236	146	92	0.64	16.4	9.1
	350	2.11	17.2	9.7	275	172	107	0.74	19.0	10.6
	100	1.42	13.0	8.0	184	114	72	0.50	12.8	7.1
60	200	1.78	14.7	8.8	232	143	90	0.62	16.1	8.9
	300	1.91	16.4	9.5	249	154	97	0.67	17.2	9.6
	350	2.25	18.1	10.2	293	183	114	0.79	20.3	11.3

表4-17　肉用绵羊矿物质和维生素需要量

不同生理阶段	6~18kg 哺乳羔羊	20~60kg 生长育肥羊	40~90kg 妊娠母羊	40~80kg 泌乳母羊	75~200kg 种用公羊
钠　Na(g/d)	0.12~0.36	0.40~1.30	0.68~0.98	0.88~1.18	0.72~1.90
钾　K(g/d)	0.87~2.61	2.90~10.10	6.30~9.50	7.38~10.65	5.94~14.10
氯　Cl(g/d)	0.09~0.45	0.30~1.00	0.55~0.85	0.78~3.13	0.54~1.50
硫　S(g/d)	0.33~0.99	1.10~4.30	2.63~3.93	2.38~3.65	1.86~4.20
镁　Mg(g/d)	0.30~0.80	0.60~2.30	1.00~2.50	1.40~3.50	1.80~3.70
铜　Cu(mg/d)	0.93~2.79	3.10~13.90	6.88~13.90	7.00~11.20	4.50~11.10
铁　Fe(mg/d)	9.60~28.80	16.00~48.00	38.00~78.30	24.00~47.00	45.00~120.00
锰　Mn(mg/d)	3.60~10.80	12.00~51.00	37.30~48.00	16.50~29.00	18.00~44.00
锌　Zn(mg/d)	3.90~11.70	13.00~91.00	39.00~68.50	47.80~73.80	34.80~86.00
碘　I(mg/d)	0.09~0.27	0.30~1.20	0.75~1.08	1.20~1.83	0.60~1.30
钴　Co(mg/d)	0.04~0.12	0.13~0.47	0.15~0.22	0.31~0.69	0.23~0.53
硒　Se(mg/d)	0.05~0.16	0.18~1.04	0.15~0.41	0.36~0.54	0.10~0.23
维生素A(IU/d)	2000~6000	6600~16500	4600~9800	6800~11500	6200~22500
维生素D(IU/d)	34~490	112~658	252~577	465~1225	336~1110
维生素E(IU/d)	60~180	200~500	200~450	252~364	318~840

（二）肉用山羊营养需要量

1. 肉用山羊哺乳羔羊营养需要量

肉用山羊哺羔羊营养需要量是指出生后至断奶（体重2~14kg）阶段不同日增重条件下的营养需要量（参见表4-18），这个阶段的营养供给包括母乳、羔羊开口料、代乳料等。

2. 肉用山羊育肥羊营养需要量

肉用山羊育肥羊营养需要量是指断奶后至出栏（体重15~50kg）阶段不同日增重条件下的营养需要量（参见表4-19），这个阶段的营养供给包括干物质采食量、代谢能、净能、粗蛋白质、代谢蛋白质、净蛋白质、中性洗涤纤维、钙和磷等。

3. 肉用山羊种公羊营养需要量

50~150kg配种期和非配种期肉用山羊种公羊的干物质采食量、代谢能及粗蛋白质、代谢蛋白质、钙和磷的日需要量见表4-20。肉用山羊种公羊维生素和矿物质元素的需要量见表4-23。

4. 肉用山羊妊娠母羊营养需要

妊娠母羊指受孕后到产羔前的阶段，分为妊娠前期和妊娠后期，其中，妊娠第1~90d为前期、第91~150d为后期。体重30~80kg的山羊母羊在不同妊娠阶段日粮干物质采食量、消化能、代谢能、粗蛋白质、钙、磷和食盐的每日需要量见表4-21。而且，根据不同怀羔数量给出了怀单羔、双羔和三羔的妊娠母羊的营养需要量。山羊妊娠母羊维生素和矿物质元素的需要量见表4-23。

5. 肉用山羊哺乳母羊营养需要

哺乳母羊就是产羔后至断奶前的母羊,分为哺乳前期、哺乳中期和哺乳后期,其中,哺乳第1~30d为前期、第31~60d为中期、第61~90d为后期。体重在30~70kg的山羊母羊在不同哺乳阶段日粮中干物质采食量、消化能、代谢能、粗蛋白质、钙、磷和食盐的每日需要量见表4-22。而且,根据不同产羔数量给出了产单羔、双羔和三羔的哺乳母羊的营养需要量。山羊哺乳母羊维生素和矿物质元素的需要量见表4-23。

6. 肉用山羊矿物质元素和维生素需要量

肉用山羊需要的矿物质元素包括钠、钾、氯、硫、镁、铜、铁、锰、锌、碘、钴、硒等,需要的维生素包括维生素A、维生素D、维生素E等。各类山羊维生素和矿物质元素的需要量见表4-23。

表4-18 肉用山羊哺乳羔羊营养需要量

体重 BW (kg)	日增重 ADG (g/d)	干物质采食量 DMI (kg/d)	代谢能 ME (MJ/d)	净能 NE (MJ/d)	粗蛋白 CP (g/d)	代谢蛋白 MP (g/d)	净蛋白 NP (g/d)	钙 Ca (g/d)	磷 P (g/d)
2	50	0.08	1.0	0.4	16	13	10	0.7	0.4
4	50	0.14	1.7	0.7	29	23	17	1.3	0.7
	100	0.16	1.9	0.8	32	26	19	1.4	0.8
6	50	0.17	2.1	0.9	35	28	21	1.6	0.9
	100	0.19	2.3	1.0	38	31	23	1.7	1.0
8	50	0.23	2.8	1.2	46	37	28	2.1	1.2
	100	0.25	2.9	1.2	49	39	29	2.2	1.2
	150	0.26	3.1	1.3	52	41	31	2.3	1.3
	200	0.27	3.3	1.4	55	44	33	2.5	1.4
10	50	0.35	4.2	1.8	70	56	42	3.2	1.8
	100	0.37	4.5	1.9	74	60	45	3.3	1.9
	150	0.39	4.7	2.0	79	63	47	3.5	2.0
	200	0.41	5.0	2.1	83	66	50	3.7	2.1
12	50	0.47	5.6	2.4	95	77	57	4.2	2.4
	100	0.50	6.0	2.6	100	81	59	4.5	2.5
	150	0.53	6.4	2.8	104	83	62	4.7	2.6
	200	0.55	6.7	2.9	111	89	66	5.0	2.8
14	50	0.59	6.9	3.1	119	95	72	5.3	3.0
	100	0.63	7.4	3.3	128	102	76	5.6	3.1
	150	0.66	7.9	3.4	132	106	79	5.9	3.3
	200	0.69	8.4	3.6	138	110	83	6.3	3.5

表4-19 肉用山羊生长育肥营养需要量

体重 BW （kg）	日增重 ADG （g/d）	干物质采食量 DMI （kg/d）	代谢能 ME （MJ/d）	净能 NE （MJ/d）	粗蛋白 CP （g/d）	代谢蛋白 MP （g/d）	净蛋白质 NP （g/d）	中性洗涤纤维 NDF （kg/d）	钙 Ca （g/d）	磷 P （g/d）
	50	0.61	4.9	2.0	85	44	33	0.18	5.5	3.1
	100	0.75	6.0	2.5	105	55	41	0.23	6.8	3.8
15	150	0.76	6.1	2.6	106	55	41	0.23	6.8	3.8
	200	0.76	6.1	2.6	106	55	41	0.23	6.8	3.8
	250	0.79	6.3	2.7	111	58	43	0.24	7.1	4.0
	50	0.72	5.8	2.4	101	52	39	0.22	6.5	3.6
	100	0.82	6.6	2.8	115	60	45	0.25	7.4	4.1
20	150	0.9	7.2	3.0	126	66	49	0.27	8.1	4.5
	200	0.92	7.4	3.1	129	67	50	0.28	8.3	4.6
	250	0.95	7.6	3.2	133	69	52	0.29	8.6	4.8
	50	0.83	6.6	2.8	116	60	45	0.25	7.5	4.2
	100	0.97	7.8	3.3	136	71	53	0.29	8.7	4.9
25	150	0.99	7.9	3.3	139	72	54	0.30	8.9	5.0
	200	1.01	8.1	3.4	141	74	55	0.30	9.1	5.1
	250	1.12	9.0	3.8	157	82	61	0.34	10.1	5.6
	50	0.93	7.4	3.1	130	68	51	0.28	8.4	4.7
	100	1.07	8.6	3.6	150	78	58	0.32	9.6	5.4
30	150	1.22	9.8	4.1	171	89	67	0.37	11.0	6.1
	200	1.28	10.2	4.3	179	93	70	0.38	11.5	6.4
	250	1.34	10.7	4.5	188	98	73	0.40	12.1	6.7
	50	1.02	8.2	3.4	143	74	56	0.31	9.2	5.1
	100	1.17	9.4	3.9	164	85	64	0.35	10.5	5.9
35	150	1.31	10.5	4.4	183	95	72	0.39	11.8	6.6
	200	1.37	11.0	4.6	192	100	75	0.41	12.3	6.9
	250	1.42	11.4	4.8	199	103	78	0.43	12.8	7.1
	50	1.19	9.5	4.0	155	80	60	0.42	10.7	6.0
	100	1.26	10.1	4.2	164	85	64	0.44	11.3	6.3
40	150	1.41	11.3	4.7	183	95	71	0.49	12.7	7.1
	200	1.55	12.4	5.2	202	105	79	0.54	14.0	7.8
	250	1.59	12.7	5.3	207	107	81	0.56	14.3	8.0
	50	1.29	10.3	4.3	168	87	65	0.45	11.6	6.5
	100	1.35	10.8	4.5	176	91	68	0.47	12.2	6.8
45	150	1.50	12.0	5.0	195	101	76	0.53	13.5	7.5
	200	1.64	13.1	5.5	213	111	83	0.57	14.8	8.2
	250	1.78	14.2	6.0	231	120	90	0.62	16.0	8.9
	50	1.38	11.0	4.6	179	93	70	0.48	12.4	6.9
	100	1.53	12.2	5.1	199	103	78	0.54	13.8	7.7
50	150	1.58	12.6	5.3	205	107	80	0.55	14.2	7.9
	200	1.73	13.8	5.8	225	117	88	0.61	15.6	8.7
	250	1.87	15.0	6.3	243	126	95	0.65	16.8	9.4

表4-20　肉用山羊种用公羊营养需要量

体重 BW (kg)	干物质采食量 DMI (kg/d)		代谢能 ME (MJ/d)		粗蛋白质 CP (g/d)		代谢蛋白质 MP (g/d)		钙 Ca (g/d)		磷 P (g/d)	
	非配种期	配种期	非配种期	配种期	非配种期	配种期	非配种期	配种期	非配种期	配种期	非配种期	配种期
50	1.14	1.26	9.1	10.0	160	189	112	132	0.40	0.44	10.3	11.3
75	1.55	1.70	12.4	13.6	217	255	152	179	0.54	0.60	14.0	15.3
100	1.92	2.11	15.4	16.9	269	317	188	222	0.67	0.74	17.3	19.0
125	2.27	2.50	18.2	20.0	318	375	222	263	0.79	0.88	20.4	22.5
150	2.60	2.86	20.8	22.9	364	429	255	300	0.91	1.00	23.4	25.7

表4-21　肉用山羊妊娠母羊营养需要量

妊娠阶段	体重 BW (kg)	干物质采食量 DMI (kg/d)			代谢能 ME (MJ/d)			粗蛋白质 CP (g/d)			代谢蛋白质 MP (g/d)			钙 Ca (g/d)			磷 P (g/d)		
		单羔	双羔	三羔	单羔	双羔	三羔	单羔	双羔	三羔	单羔	双羔	三羔	单羔	双羔	三羔	单羔	双羔	三羔
前期	30	0.81	0.88	0.92	6.5	7.0	7.3	105	114	120	74	80	84	7.3	7.9	8.3	4.9	5.3	5.5
	40	0.99	1.07	1.12	8.0	8.6	9.0	129	139	146	90	97	102	8.9	9.6	10.1	5.9	6.4	6.7
	50	1.16	1.25	1.31	9.3	10.0	10.5	151	163	170	106	114	119	10.4	11.3	11.8	7.0	7.5	7.9
	60	1.33	1.43	1.48	10.6	11.4	11.9	173	186	192	121	130	135	12.0	12.9	13.3	8.0	8.6	8.9
	70	1.48	1.59	1.65	11.9	12.7	13.2	192	207	215	135	145	150	13.3	14.3	14.9	8.9	9.5	9.9
	80	1.63	1.75	1.82	13.1	14.0	14.6	212	228	237	148	159	166	14.7	15.8	16.4	9.8	10.5	10.9
后期	30	1.06	1.20	1.29	8.5	9.7	10.3	138	156	168	97	109	117	9.6	10.8	11.6	6.4	7.2	7.7
	40	1.29	1.45	1.56	10.3	11.6	12.5	167	189	203	117	132	142	11.6	13.1	14.0	7.7	8.7	9.4
	50	1.49	1.68	1.79	11.9	13.4	14.3	194	218	232	136	152	162	13.4	15.1	16.1	8.9	10.1	10.7
	60	1.68	1.90	2.01	13.4	15.2	16.2	218	247	262	153	173	183	15.1	17.1	18.1	10.1	11.4	12.1
	70	1.87	2.10	2.24	15.0	16.8	17.9	243	273	291	170	191	204	16.8	18.9	20.1	11.2	12.6	13.4
	80	2.04	2.32	2.45	16.4	18.5	19.6	265	302	319	186	211	223	18.4	20.9	22.1	12.2	13.9	14.7

注：妊娠第1~90d为前期，第91~150d为后期。

表4-22 肉用山羊哺乳母羊营养需要量

哺乳阶段	体重 BW (kg)	干物质采食量 DMI (kg/d)			代谢能 ME (MJ/d)			粗蛋白质 CP (g/d)			代谢蛋白质 MP (g/d)			钙 Ca (g/d)			磷 P (g/d)		
		单羔	双羔	三羔	单羔	双羔	三羔	单羔	双羔	三羔	单羔	双羔	三羔	单羔	双羔	三羔	单羔	双羔	三羔
前期	30	0.95	1.09	1.14	7.6	8.7	9.1	124	142	148	86	99	104	8.6	9.8	10.3	5.7	6.5	6.8
	40	1.17	1.32	1.39	9.4	10.6	11.1	152	172	181	106	120	126	10.5	11.9	12.5	7.0	7.9	8.3
	50	1.36	1.54	1.61	10.9	12.3	12.9	177	200	209	124	140	147	12.2	13.9	14.5	8.2	9.2	9.7
	60	1.55	1.75	1.83	12.4	14.0	14.6	202	228	238	141	159	167	14.0	15.8	16.5	9.3	10.5	11.0
	70	1.73	1.93	2.03	13.8	15.4	16.2	225	251	264	157	176	185	15.6	17.4	18.3	10.4	11.6	12.2
后期	30	0.92	1.17	1.32	7.4	9.4	10.6	120	152	172	84	106	120	8.3	10.5	11.9	5.5	7.0	7.9
	40	1.19	1.42	1.60	9.5	11.4	12.8	155	185	208	108	129	146	10.7	12.8	14.4	7.1	8.5	9.6
	50	1.39	1.65	1.85	11.1	13.2	14.8	181	215	241	126	150	168	12.5	14.9	16.7	8.3	9.9	11.1
	60	1.58	1.87	2.09	12.6	15.0	16.7	205	243	272	144	170	190	14.2	16.8	18.8	9.5	11.2	12.5
	70	1.76	2.08	2.31	14.1	16.6	18.5	229	270	300	160	189	210	15.8	18.7	20.8	10.6	12.5	13.9
后期	30	0.89	1.05	1.18	7.1	8.4	9.4	116	137	153	81	96	107	8.0	9.5	10.6	5.3	6.3	7.1
	40	1.08	1.27	1.42	8.7	10.1	11.4	140	165	185	98	116	129	9.7	11.4	12.8	6.5	7.6	8.5
	50	1.27	1.48	1.66	10.2	11.8	13.3	165	192	216	116	135	151	11.4	13.3	14.9	7.6	8.9	10.0
	60	1.44	1.67	1.87	11.5	13.4	14.9	187	217	243	131	152	170	13.0	15.0	16.8	8.6	10.0	11.2
	70	1.61	1.86	2.08	12.9	14.9	16.6	209	242	270	147	169	189	14.5	16.7	18.7	9.7	11.2	12.5

注：妊娠第1～90d为前期，第91～150d为后期。

表4-23　肉用山羊矿物质和维生素需要量

不同生理阶段	2～14kg 哺乳羔羊	15～50kg 生长育肥羊	30～80kg 妊娠母羊	30～70kg 泌乳母羊	50～150kg 种用公羊
钠　Na(g/d)	0.08～0.47	0.28～1.54	0.59～1.51	0.95～1.72	1.03～1.88
钾　K(g/d)	0.48～2.46	2.30～8.00	4.40～10.20	7.00～11.80	7.14～11.90
氯　Cl(g/d)	0.06～0.51	0.41～1.88	0.85～1.92	1.24～5.80	2.22～2.75
硫　S(g/d)	0.26～1.32	1.30～4.20	2.00～4.90	3.30～5.20	3.10～4.90
镁　Mg(g/d)	0.30～0.80	0.60～2.30	1.00～2.50	1.4～3.50	1.80～3.70
铜　Cu(mg/d)	0.64～3.40	3.60～12.00	7.20～19.20	7.20～16.80	12.00～36.00
铁　Fe(mg/d)	0.20～7.20	9.00～40.00	22.00～48.00	12.0～39.0	30.00～90.00
锰　Mn(mg/d)	0.60～9.70	4.00～33.00	11.00～57.00	14.00～28.00	14.40～27.00
锌　Zn(mg/d)	0.40～9.80	2.00～36.00	14.00～78.00	38.00～71.00	16.40～30.00
碘　I(mg/d)	0.07～0.26	0.25～0.79	0.46～1.11	1.00～1.61	0.71～1.10
钴　Co(mg/d)	0.01～0.06	0.06～0.18	0.10～0.25	0.14～0.22	0.15～0.24
硒　Se(mg/d)	0.27～0.47	0.30～0.95	0.17～0.37	0.30～0.44	0.17～0.19
维生素A(IU/d)	700～4600	5000～16500	3100～9000	5300～10600	5700～11300
维生素D(IU/d)	11～467	84～550	168～549	381～1096	308～830
维生素E(IU/d)	20～140	150～400	159～336	168～336	292～420

三、饲料质量控制

（一）饲料原料质量

控制饲料原料的质量是保证配合饲料质量的基础,饲料原料的质量控制主要包括原料采购过程质量控制、实验室检测分析以及原料库存期间的质量控制等。

1.饲料原料采购现场质量控制

饲料原料采购现场的质量控制是原料质量控制的第一步,要求采购人员具有很好地专业知识和责任心,以确保采购到高质量的安全的饲料原料。

原料现场质量控制通常采用"眼""手""鼻"和"嘴"等感官器官来辨别饲料原料的质量。"眼"是指通过眼睛来观察原料的颜色、形状、是否混有杂质异物等。比如不同产地大豆制备的豆粕颜色存在差异,巴西大豆制备的豆粕颜色偏红,美国的豆粕颜色偏白,阿根廷的豆粕有明显的黑点,而三者的蛋白质和氨基酸组成存在较大差异;又如麸皮中如混有稻壳,经仔细辨别就可以发现细长的稻壳皮;再如通过观察玉米的饱满度和霉变情况等来进行玉米质量的初步辨别。"手"是通过手握和手指研磨等触觉来辨别原料的质量。比如通过手握紧再松开来感触原料与手粘连情况来辨别米糠水分含量是否异常,通常高水分的米糠会与皮肤黏结,表现出扎堆不易散开;又如通过手指研磨手掌中的麸皮,如掺有稻壳等异物就会产生刺手的感觉。"鼻"是指通过嗅觉来辨别原料质量的变化,具有强烈味道的原料常因品质发生变化而在气味方面表现出较大的差异。比如发生氧化变质的米糠常表现出酸败味。"嘴"是指通过品尝原料的口感辨别原料的质量。比如通过咬碎法来鉴定玉米的质量,当玉米水分较低时,咬碎时有震牙的感觉并有清脆的声音,当水分过高时,就没有震牙的感觉;又如用嘴品尝油渣,变质的油脂带有酸、苦、辛辣等味道或焦苦味,而优质的油渣则没有异味。常用饲料原料订购验收质量应满足表4-24的要求。

表4-24 常用饲料原料订购验收质量标准

品种	感观指标	验收指标	必检指标	退货标准
玉米	颗粒整齐、均匀饱满,色泽黄红色或黄白色,无烘焦煳化,无发芽、发酵、霉变、结块、虫蛀及异味异物	水分(新玉米)<14% 水分(陈玉米)<13% 容重>660g/L 杂质<1% 霉变粒<2% 灰分<3% 粗蛋白>8%	水分 容重 粗蛋白	感观不合格 水分(新玉米)>16% 水分(陈玉米)>14% 容重<660g/L 杂质>2% 霉变粒>3%
小麦	籽粒整齐,色泽新鲜一致,无发酵、霉变、结块及异味异嗅,无虫蛀,无发芽,有正常麦香味	水分(新小麦)<14% 水分(陈小麦)<13% 杂质<2% 粗蛋白>12% 粗灰分<2% 粗纤维<3%	水分 粗蛋白	感观不合格 水分(新小麦)>15% 水分(陈小麦)>14% 粗蛋白<10 粗灰分>4% 杂质>4%
稻谷	籽粒整齐,色泽新鲜一致,无发酵、霉变、结块、虫蛀及异味异物	水分<13% 粗蛋白>8% 粗纤维<9% 灰分<5% 出糙率>75% 杂质<2%	水分 粗蛋白	感观不合格 粗蛋白<6% 水分>14% 出糙率<65% 杂质>4%
糙米		水分<13% 粗蛋白>8% 粗纤维<1% 灰分<2%	水分 粗蛋白	感观不合格 水分>14% 粗灰分>4% 粗蛋白<7%
碎米	呈细碎米粒状,白色色泽新鲜一致,无发酵,无霉变,无虫蛀结块及异味异物	水分<13% 灰分<2% 粗纤维<1% 粗蛋白>8%	水分 粗蛋白	感观不合格 水分>14% 粗灰分>4% 粗蛋白<7%
米糠	细碎屑状,色泽新鲜一致,无发酵酸败,霉变、结块、无虫蛀及异味异嗅,无异物,略有甜味	水分<13% 脂肪>15% 粗蛋白>13% 粗灰分<8%	水分 粗蛋白 粗灰分	感观不合格 水分>14% 粗灰分>9% 粗蛋白<12% 脂肪<14%

表4-24(续)

品种	感观指标	验收指标	必检指标	退货标准
糠饼	呈浅灰色至咖啡色片状或圆饼状,色泽新鲜一致,具细糠之特有气味,无发酵、霉变、结块及异味、异臭、异物	水分<10% 粗灰分<9% 粗蛋白>14% 粗纤维<8%	水分 粗蛋白 粗灰分	感观不合格 水分>12% 粗纤维>9% 粗蛋白<13% 粗灰分>10%
糠粕	呈淡灰黄色粉状或颗粒状,色泽新鲜一致,无发酵酸败、霉变、虫蛀、结块及异味异嗅、异物	水分<11% 粗蛋白>15% 粗灰分<10%	水分 粗蛋白 粗灰分	感观不合格 水分>12% 粗蛋白<14% 粗灰分>12%
次粉	粉状,粉白色至浅褐色色泽新鲜一致,无发酵霉变,结块及异味,无较多麸皮.有正常麦香味	水分<13% 粗蛋白>14% 粗纤维<3.5% 粗灰分<3%	水分 粗蛋白 粗灰分	感观不合格 水分>14% 粗蛋白<12% 粗灰分>4%
麦麸	细碎屑状,色泽新鲜一致,呈浅黄色或灰黄色,无发酵、霉变、结块及异味异臭,有正常麦香味	水分<13% 灰分<5% 粗蛋白>15% 粗纤维<9%	水分 粗蛋白 粗灰分	感观不合格 水分>14% 粗蛋白<14% 粗灰分>6%
标粉	白色,色泽一致,无发酵、发霉,发酸,结块及异味.有正常麦香味	水分<13% 粗蛋白>12% NFE>70% 灰分<3%	水分 粗蛋白 粗灰分	感观不合格 水分>14% NFE<60% 粗蛋白<11% 粗灰分>5%
玉米胚芽粕	细碎屑状,色泽新鲜一致,呈淡黄色至褐色,具有玉米发芽,发酵后的固有气味,无霉变,结块及异味,异物,异臭,无辣味。	水分<10%\ 粗蛋白>18% 粗灰分<6%	水分 粗蛋白 粗灰分	感观不合格 水分>12% 粗蛋白<17% 粗灰分>7%
玉米纤维	细碎屑状,色泽新鲜一致,呈淡黄色至褐色,具有玉米发芽,发酵后的固有气味,无霉变,结块及异味,异物,异臭,略带辣味。	水分<10% 粗蛋白>18% 粗灰分<6%	水分 粗蛋白 粗灰分	感观不合格 水分>11% 粗蛋白<17% 粗灰分>7%

2.饲料原料掺假的识别

(1)麸皮掺假识别

麸皮是最常用的原料之一,掺假现象也比较严重,常掺有滑石粉和稻谷糠等。这种情况的鉴定,可用手插入麸皮中再抽出,如手上粘有白色粉末且不易抖下,证明掺有滑石粉,容易抖落的为残余面粉。再用手抓把麸皮使劲捏,如果麸皮成团则为纯正麸皮,如握时手有涨的感觉,则掺有稻谷糠,如搓在手心有较滑的感觉,则掺有滑石粉。另外通过检测粗灰分和粗蛋白也可判定是否掺假,因为掺假麸皮往往粗灰分偏高,粗蛋白偏低。

(2)豆粕的掺假识别

豆粕主要掺假物有玉米粉、玉米胚芽粕和豆饼碎等。掺玉米粉的鉴别方法为取碘0.3g、碘化钾1g溶于100mL水中,然后用吸管滴1滴水在载玻片上,用玻璃棒头沾取过20号筛的豆粕,放在载玻片上的水中展开,然后滴入1滴碘-碘化钾溶液,在显微镜下观察。纯豆粕的标准样品,可清楚地看到大小不同的棕色颗粒,含玉米粉的载玻片上,含有似棉花状的蓝色颗粒,随玉米粉含量的增加,蓝色颗粒增加,棕色颗粒减少。标准样品的制备:取通过20号筛的纯豆粕0.95g、0.96g、0.97g、0.98g、0.99g,依次与通过20号筛的玉米面0.05g、0.04g、0.03g、0.02g、0.01g分别混匀,五种标准样品分别含5%、4%、3%、2%、1%玉米粉的豆粕,按照上述步骤制成五个标准样片,以便定量比较观察用。掺豆饼的鉴别可借助于显微镜进行,因豆粕与豆饼加工工艺不同,镜下状态不一样,豆粕镜下形状不规则,一般硬而脆,子叶颗粒无光泽,不透明,奶油色或黄褐色,豆饼子叶因挤压成团,这种颗粒状团块质地粗糙,颜色外深内浅。二者感观也可以大致区分,豆粕一般为碎片状,而豆饼成团块,颜色比豆饼深。

(3)玉米蛋白粉的掺假识别

玉米蛋白粉掺假物主要是尿素,掺尿素的鉴别方法有两种,第一种鉴别方法是称取10g样品于烧杯中,加入100mL蒸馏水,搅拌、过滤,取滤液1mL于点滴板上,加入2~3滴甲基红指示剂,再滴加2~3滴尿素酶溶液,约经5min,如点滴板上呈深红色,则说明样品中掺有尿素。第二种鉴别方法是在无尿素酶药品时,则可采用下列方法鉴别,取两份1.5g样品于两支试管中,其中一只加入少许黄豆粉,两管加蒸馏水5mL,振荡,置60℃~70℃温水浴3min,滴6~7滴甲基红指示剂,若加黄豆粉的试管中出现较深紫红色,则说明玉米蛋白粉中掺有尿素。

(4)菜籽粕的掺假识别

①感官检查,正常的菜籽粕为黄色或浅褐色,具有浓厚的油香味,这种油香味较特殊,其他原料不具备。同时菜籽粕有一定的油光性,用手抓时,有疏松感觉。而掺假菜籽粕油香味浅淡,颜色暗淡,无油光,用手抓时,感觉较沉。

②盐酸检查,正常的菜籽粕加入适量10%的盐酸,没有气泡产生,而掺假的菜籽粕加入10%的盐酸,则有大量气泡产生。

③粗蛋白质的检查,正常的菜籽粕其粗蛋白含量一般都在36%以上,而掺假的菜籽其粗蛋白含量较低。

④四氯化碳检查,四氯化碳的比重为1.59,菜籽比重比四氯化碳小,所以菜籽可以颗浮在四氯化碳表面,其方法是:取一梨形分液漏斗或小烧杯,加入5~10g的菜籽粕,加入100mL四氯

化碳,用玻璃棒搅拌一下,静置10～20min,菜籽粕应飘浮在四氯化碳的表面,而矿砂、泥土等由于比重大,故下沉底部。将下沉的沉淀物分离开、放入已知重量的称量瓶中,然后将称量瓶连同下层物放入110℃烘箱中烘15min,取出置于干燥器中冷却、称重,算出粗略的土砂含量,正常的菜籽粕其土砂含量在1%以下,而掺假的菜籽其土砂含量高达5%~15%以上。

⑤灰分检查,正常菜籽粕的灰分含量≤13%,而掺假的菜籽其灰分含量高达16%以上。

3.饲料原料质量检测

饲料加工企业或者大型养殖企业,对采购的饲料原料应该通过实验室理化指标检测来量化原料质量的好坏。实验室检测一般是在现场质量控制的基础上选择一些必须检测的项目来进行分析。实验室检测原料的常规理化指标包括水分、蛋白质、酸性洗涤纤维、中性洗涤纤维、能量、灰分、钙和磷等,而对于一些特殊的原料还应检测黄曲霉毒素等安全指标。饲料原料的水分含量影响着有效营养成分水平和贮存,而在实际生产中水分的检测也简便易行,因此水分是饲料原料的常检测项目之一。由于区域和季节差异,饲料企业常根据季节的不同而对原料的水分含量做出不同的标准要求,一般夏季对原料标准水分含量要求比冬季要求低0.5%～1%。饲料原料的营养价值由其营养元素的功效和含量而定,设定合理的实验室理化指标检测项目对评价饲料原料的价格和采购价廉物美的饲料原料具有重要的现实意义。对蛋白质类饲料原料而言,常检测的项目包括蛋白质和非蛋白氮等,必要时还可检测氨基酸的组成和含量以及蛋白质消化率。对谷物类能量饲料原料而言,常检测的项目包括总能和粗纤维等,必要时还可检测可溶性淀粉含量。对矿物质饲料原料而言,常检测的项目包括灰分和矿物元素含量,必要时还可检测重金属元素含量。

4.饲料原料的贮放

由于饲料原料价格变动频繁,价格落差很大,因此,大型饲料企业通常在原料低价位时采购大量原料贮存在仓库中以降低生产成本,提高企业效益。但是,如果采购回来的饲料原料贮存不当,不仅会影响原料质量,同时也可能导致原料发霉变质,因此应该高度重视原料的贮存。第一,根据原料的理化特性优先设置有特殊要求原料的存贮空间。比如容易失活的饲料酶制剂应放在低温通风的环境中,而容易吸水变潮的原料应放在干燥通风的环境中。第二,按饲料原料类别和数量设置原料存贮空间。同一类原料可放在同一区域,对同一类大量使用的原料应设置较大的存贮空间,而使用频率低且用量较少的原料可留置较小的存贮空间。比如对蛋白类饲料原料而言,使用量较大的豆粕可设定较大的存贮空间,而菜粕和棉籽粕等用量较少的蛋白类原料可留置较小的存贮空间。第三,同一种原料按来源分等级贮存。由于产地和生产工艺等的不同,不同批次采购的同一种原料之间可能存在较大差异,按原料分等级存贮有助于准确选用适宜的原料来配制配合饲料。第四,采用先买先用的原则取用贮存饲料,使得原料从入库到使用的时间间隔最短,保证原料的新鲜度。因此,对贮料库中不同的原料要设置标识牌,不仅要标识出原料的名称、来源、质量和入库时间等,还需对不同入库时间的同类原料做出明确的标识和区别,以方便取用。

（二）饲料添加剂质量控制

(1)饲料中使用的添加剂应该具有该品种应有的色、味和形态特征,无结块、发霉、变质。

(2)饲料中使用的饲料添加剂应是农业农村部《允许使用的饲料添加剂品种目录》中所规定的品种和取得批准文号的饲料添加剂品种。

(3)凡在饲养过程中使用药物饲料添加剂,需按照《饲料和饲料添加剂管理条例》、《兽药管理条例》、《药品管理法》、《食品动物禁用的兽药及其他化合物清单》、《禁止在饲料和动物饮用水中使用的药物品种目录》的有关规定执行,不得超范围、超剂量使用药物饲料添加剂。使用药物饲料添加剂必须遵守休药期、配伍禁忌等有关规定。

(4)饲料中使用的饲料添加剂产品应是取得饲料添加剂产品许可证企业生产的、具有产品批准文号的产品。

(5)饲料添加剂中的卫生指标应符合GB13078《饲料卫生标准》的规定。

(三)配合饲料、浓缩饲料、精料补充饲料和添加剂预混合饲料质量控制

(1)肉羊饲养过程使用的配合饲料、浓缩饲料、精料补充饲料和添加剂预混合饲料应色泽一致,无霉变、结块和异味。

(2)肉羊配合饲料、浓缩饲料、精料补充饲料和添加剂预混合饲料中有毒有害物质及微生物允许量应符合GB13078《饲料卫生标准》的规定,常用饲料及饲料添加剂有害物质及卫生限量指标参照表4-25。

(3)肉羊配合饲料、浓缩饲料、精料补充饲料和添加剂预混合饲料中的药物饲料添加剂使用应遵守《饲料药物添加剂使用规范》。

(4)肉羊饲料中不得添加《禁止在饲料和动物饮水中使用的药物品种目录》中规定的违禁药物。

(四)饲料加工调制过程质量控制

(1)饲料加工车间的设施卫生管理和生产加工过程的卫生应符合GB/T16764《配合饲料企业卫生规范》的要求。

(2)配料用的计量器具应定期进行检定和维护,以确保其精确性和稳定性。

(3)微量组分应在专门的配料室内进行预稀释,配料室应专人管理,保持卫生整洁。

(4)混合投料时应遵循先大量、后小量的原则,投入的微量组分应将其各行各业到配料最大称量的5%以上。

(5)新接收的饲料原料和各个批次生产的饲料产品均应保留样品,样品密封后贴上标签,保留在样品室内,保留到该批产品保质期满后3个月,以备抽查该批产品的质量。

表4-25 常用饲料及饲料添加剂有害物质及卫生限量指标

限量项目	产品名称	指标mg/kg
砷(以总砷计)	石粉	≤2.0
	硫酸亚铁、硫酸镁	≤2.0
	磷酸盐	≤20.0
	沸石粉、膨润土、麦饭石	≤10.0
	硫酸铜、硫酸锰、硫酸锌、碘化钾、碘酸钙、氯化钴	≤5.0
	氧化锌	≤10.0
	精料补充料	≤10.0
铅(以Pb计)	磷酸盐	≤30.0
	石粉	≤10.0
氟(以F计)	石粉	≤2000
	磷酸盐	≤1800
汞(以Hg计)	石粉	≤0.1
镉(以Cd计)	米糠	≤1.0
	石粉	≤0.75
氰化物(以HCN计)	木薯干	≤100
	胡麻饼、粕	≤350
六六六	米糠、小麦麸、大豆饼、粕	≤0.05
滴滴涕	米糠、小麦麸、大豆饼、粕	≤0.02
沙门氏菌	饲料	不得检出
霉菌(个/g)	玉米	≤40.0
	小麦麸、米糠	≤40.0
	豆饼(粕)、花生饼(粕)、棉籽饼(粕)、菜籽饼(粕)	≤50.0
黄曲霉毒素B$_1$	玉米、花生饼(粕)、棉籽饼(粕)、菜籽饼(粕)	≤50.0
	豆粕	≤30.0

第三节 肉羊日粮配制

肉羊日粮是指一只羊在一昼夜内采食各种饲料的总和,日粮的配方是根据肉羊的营养需要和饲料营养成分,选择几种饲料按一定比例互相搭配,使其满足羊的营养需要的一种方法。

一、应用配合饲料的好处

1.节省饲料原料,提高饲料转化率

配合日粮是根据不同类羊的营养需要,将饲料原料按一定比例科学配制而成。由于各营养物质相互补充,同时添加了各类矿物质元素及添加剂的作用,不仅营养全面均衡、利用率高,还能增进健康,减少发病率,提高生产率。

2.缩短饲养期,提高出栏率

采用配合日粮,肉羊单位增重耗料少,生长快,出栏快,缩短了饲养周期,降低成本,提高养殖效益。

二、日粮配合原则

1.根据生产方向确定每只羊每日营养需要量

配制肉羊日粮,首先要明确羊的品种、性别、年龄、生理状态及大概体重及饲养这些羊要达到的目的,比如是想让羊多产羔还是想让羊多长肉,计划的或者设定的育肥日增重等。然后根据不同类羊各生长发育阶段和不同生理阶段的营养需要量,确定每天需要给羊提供的营养物质的量。

2.要清楚所使用原料的营养状况

配合日粮是要将各种饲料原料按照一定比例混合配制,因此,要配制营养全面的日粮,首先必须要清楚所用原料的营养成分及准确含量,也就是说将所用的饲料原料的质量指标和安全指标进行定性定量检测。首先要确保安全,安全指标包括违禁添加剂、农药残留、兽药残留、重金属及有害菌和毒素等。这些安全指标必须符合GB13078-2017《饲料卫生标准》的要求。质量指标包括能量、粗蛋白、粗脂肪、水分、中性洗涤纤维和酸性洗涤纤维,要准确测量每种原料的每种营养成分的含量,根据原料的营养来设计适合本羊场的肉羊日粮配方,然后根据配方进行日粮配制和生产。

3.要进行日粮成本核算

饲料成本在整个肉羊养殖投入(除固定资本)中所占比例为70%以上,因此,在肉羊的提质降本增效中,首先要考虑的就是要想办法降低饲料成本。羊可利用的饲料资源很丰富,因此,在配制日粮的时候,要尽可能选用当地的饲草料资源,尽量避免长途贩运饲料原料,特别是粗饲料,使运输成本提高,增加整个日粮的成本。另外,要重视原料品质的测定,以确保核算最佳配合比例和最低的成本。

4.注意日粮的适口性

日粮的适口性是影响采食量的主要因素,羊不喜欢采食味道浓郁的、有异味的、带毛叶的或有蜡质的植物饲草。另外,木质化程度较高的秸秆比如麦草、干豆苗、高粱秸秆等适口性也较差,日粮中尽量不添加或者少添加这类饲草。切记严禁用发霉变质的饲料制作日粮喂羊。

5.原料要多样化

不同的饲料原料有各自的营养特点,所含养分比较单一,将多种原料搭配,才能达到营养互补,因此,日粮配制时原料一定要多样化,提高配合日粮的全价性和饲喂效果。

6. 掌握合理的精粗比

肉羊的日粮除了满足能量、蛋白质需要外,还应供给15%～20%的粗纤维,以保证羊的营养和瘤胃健康,促进消化吸收,确保每日干物质采食量达到体重的2%～3%,且精粗比不能过高,一般繁殖母羊、公羊和育肥前期的羊的饲料精粗比在2:8～4:6之间,育肥后期可以在6:4,生长期羔羊2:8。坚决杜绝纯精料喂羊。

三、日粮配合方法

(一)设计日粮配方

设计日粮配方的方法有人工计算法和计算机计算法两种,人工计算是按照肉羊的营养需要、饲草料原料的营养成分含量以及日粮配合原则,通过人工计算来设计日粮配方,如试差法、正方形法和代数法等。正方形法适合于所需计算的营养指标和饲料原料种类较少的日粮配制;试差法适合于所需计算的营养指标和饲料原料种类较多的日粮配制。人工计算法可以充分利用本场的饲料资源和养殖目的,设计的配方更适合本场情况,更精准。计算机法是在人工计算的基础上进行的,但过程复杂,特别是饲料原料种类较多且要考虑成本时,设计烦琐且很难得出满意的结果。因此推荐大家根据实际情况设计适合本场的日粮配方,达到营养全面,经济实惠。

1. 人工计算法日粮配制程序

(1)确定使用该日粮的羊的营养需要量

羊的营养需要包括能量、蛋白质、矿物质和维生素等。可以参照本书前一节提供的不同类羊营养需要量,也可以查看农业行业标准《肉羊饲养标准》NY/T816。

(2)选择饲草料原料

先对用于日粮配制的饲草料原料进行质量检测,或者向供应商索要该批草料的营养指标,这些都做不到时,要了解清楚这批饲草料的产地,然后根据产地从中国饲料数据库情报中心查找这些原料的营养成分,相同原料产地的饲料其营养成分含量是有差异的,查找时尽量找原产地的,如果原产地没有营养成分记录,则查相邻地区的,总之,必须掌握日粮所用饲草料原料的营养成分及含量。

(3)确定粗饲料的投喂量

粗饲料建议以当地产的饲草为主,减少运输带来的成本。一般成年羊粗饲料干物质含量可按照羊体重的1.5%～2.0%,或者占整个日粮干物质采食量的60%～70%,在粗饲料中最好使用50%的青干草(20%苜蓿干草、30%燕麦)和50%的全株青贮玉米。

(4)计算精料配方

粗饲料满足不了的营养要通过精饲料来补充,特别是蛋白质、矿物质和微量元素。设计精料配方时,可以先根据经验草拟一个配方,然后根据各原料的营养成分含量计算精料配方的营养素含量,加上粗饲料的营养成分,再对照确定的每只羊每日的营养需要量,用试差法、十字交叉法或联合方程法对不足或过剩的养分进行调整。调整完成后将精料配方与粗饲料的营养成分混合,计算配合日粮的营养成分及含量,再对照营养需要量,如果配合日粮的营养与营养需要量之间相差±5%,则说明配合日粮设计合理。

2.人工计算法配制日粮注意事项

(1)全舍饲时,干物质采食量代表羊的最大采食能力,配合日粮的干物质不应超过需要量的3%。所有营养物质含量不能低于营养需要量的95%。

(2)绵羊利用能量的能力是有限的,所以,日粮中能量的供应量应控制在能量需要量的100%~103%。

(3)蛋白质饲料资源充足,价格相对较低时,日粮蛋白质提供量可以比需要量高5%~10%,这样有利于绵羊健康生长,但是日粮蛋白质含量不能超过需要量的25%,否则会影响羊的生长发育。

(4)日粮中钙、磷含量可以比需要量高,但是钙磷比例必须保持2:1,否则,即使钙磷含量很高,也会引起缺钙,或者影响其他矿物质元素的吸收。

(5)必须重视羔羊、妊娠母羊、哺乳母羊和种公羊胡萝卜素的供应,这样有益于羊只健康生长和生产。

(6)必须重视微量元素的供应,特别是羔羊和育肥羊,严格按照营养需要量,以无机盐的形式补充添加,且在日粮中搅拌均匀,确保每只羊都能采食到必需的微量元素。

(二)加工调制与饲喂方法

1.谷物籽实类饲料的加工调制与饲喂方法

(1)粉碎、破碎和压扁

粉碎、破碎或压扁,可以使颗粒体积变小,增加微生物和消化酶作用的表面积。破坏谷物籽实难于消化的外皮,有助于羊的消化吸收。但粉碎过细会增加饲料通过消化道的速度进而影响羊的正常反刍,引起消化不良,甚至反刍停滞,特别是与切割较细的青贮饲料一起饲喂时,情况尤为严重。粉碎过细还会增加饲料粉尘的产生,并影响适口性。一般情况下,籽粒较小的比如小麦、高粱、燕麦等不用粉碎,玉米破粒即可。

(2)蒸汽压片

蒸汽压片是将谷物经蒸汽处理45~60min,使籽粒熟化变软后再经过对辊碾压处理。谷物饲料经蒸汽压片处理后,淀粉糊化,分子结构改变,适口性改善,可提高饲料的进食量和消化率。

(3)膨化和熟化

谷物籽实类饲料经过膨化和熟化处理,使淀粉熟化,产生香气,消化率提高,适口性改善;不仅提高羊的食欲、采食量和消化率,同时,还可杀灭有害微生物。

(4)谷物籽实类饲料的饲喂方法

根据谷物籽实类饲料的种类,按羊的营养需要配合成补充饲料,精料可与铡短的干草混合搅拌饲喂,也可单独设置精料槽。哺乳期和断奶初期的羔羊应单独设置精料槽,让羔羊自由采食,成年羊则适宜将精料和粗料混合搅拌饲喂。喂精料时,应防止羊只拥挤,采食不均;饲喂完后,将食槽清洗干净倒放,保持清洁。

2. 粗饲料的调制

（1）干草的调制

①田间干燥法

饲草刈割后即在田间平铺成薄层曝晒4～5h，使水分迅速降至38%左右，此时，水分仍继续蒸发，但速度减慢，可再采用小堆晒干。为了提高干燥速度，收割时可用带压扁功能的收割机把饲草压扁或茎秆破碎。饲草晒干后打捆堆垛储藏在草棚或草房内，贮存期长，损失少。如果没有草棚采用露天堆放时，堆垛的地点应选择在地势高燥、易于排水的地方，垛底再垫上树枝或石头，堆垛完成后垛顶的斜度应大于45°，易于排水，且尽量用避光薄膜包裹，避免阳光暴晒、风吹、雨淋等，减少营养流失，杜绝发霉变质。

②人工干燥法

将鲜草置于室温为45℃～50℃的干燥室内停放4～5h，水分可降至10.5%～12%；或在500℃～1000℃下干燥6s，水分可降至10%～12%。这种干燥方法营养损失少，可保存90%～95%的干草养分。

③干草块

当饲草水分干燥降至15%左右时，用干草制块机制作成干草块。通常每块重45～50g，其形状有砖块状、柱状和饼状。干草块的特点是能有效保存养分，单位体积重量大，保存时间长等，在通风良好的情况下可储存6个月。

（2）秸秆调制

①铡短或粉碎

秸秆类饲料铡切长度以2～3cm为宜，或者用揉丝粉碎机粉碎，长度以3～4cm为宜，切忌粉得过细或成粉面状，以免引起反刍停滞，降低消化率。

②秸秆碾青

在晒场上，先铺上约30cm厚的麦秸，再铺约30cm的鲜苜蓿，然后在苜蓿上面铺约30cm厚的秸秆，用石磙或镇压器碾压，把苜蓿压扁，汁液流出被麦秸吸收。这样即可缩短苜蓿干燥的时间，减少了养分的损失，又可提高麦秸的营养价值和利用率。

③秸秆颗粒饲料

将秸秆、秕壳和干草等粉碎后，根据羊的营养需求，配合适当的精料，糖蜜（糖精和甜菜渣）、维生素和矿物质添加剂等混合均匀，用颗粒饲料机生产出大小和形状不同的颗粒饲料。秸秆和秕壳在颗粒饲料中的适宜含量为30%～50%。这种饲料，营养价值全面，体积小易于保存和运输。也可将秸秆粉碎后，加入少量尿素（占全部日粮总氮量的30%）、糖蜜（1份尿素，5～10份糖蜜）、精料、维生素和矿物质，压制成颗粒、饼状或块状。这种饲料，粗蛋白含量高，适口性好，既可延缓氨在瘤胃中的释放速度，防止中毒，又可降低饲料成本、节约蛋白质饲料。

④秸秆的氨化处理

秸秆氨化处理的机理是氨和秸秆中的有机物作用，破坏木质素的乙酰基而形成醋酸铵；同时，在反应过程中，所生成的氢氧根（–OH）与木质素作用形成羟基木质素，改变了粗纤维的结构，纤维素和半纤维素与木质素之间的酯键被打开，细胞壁破解，细胞内的碳水化合物、氮化物和脂类等可释放出来,秸秆变得疏松,瘤胃液容易进入,易于消化。此外,反应过程中形成的铵盐和秸秆所携带的氨,成为瘤胃微生物合成微生物蛋白的氮源。目前,处理秸秆所用的氨有气氨、液氨和固体氨三种,但以液氨较为常用。氨化秸秆的含水量应达到20%～30%,可在壕、窖或塑料袋等容器内进行,亦可密封堆垛。在容器内氨化,秸秆可铡短装入,可按100kg秸秆30～40kg水和2.0kg尿素配制的溶液洒入秸秆后密封。对大捆大堆秸秆氨化,用0.15～0.20mm厚的聚乙稀薄膜或其他不透气的薄膜覆盖严密,通过带喷头的铁管,从堆或捆的几个点注入氨水。温度保持在20℃以上,暖季约1周,冷季约1月,即可"熟化"利用。

2.粗饲料的饲喂方法

用青干草和干秸秆喂羊时,先将青干草和秸秆粉碎,粉碎长度青干草以3～5cm为宜,秸秆以2～3cm为宜,然后搅拌饲喂,或者与精饲喂混合搅拌饲喂。加水量以搅拌后混合草料中水分含量40%～50%为宜,通常情况下用手捏搅拌好的草料能够成团,放开落下后能自然散开为宜。搅拌好的草料放置时间不宜过长,饲喂前搅拌,一次性喂完为宜。氨化秸秆,在饲喂前2～3d启封,必须等游离氨挥发至无氨味后才能饲喂,否则容易造成氨中毒或羊眼睛被氨气熏蒸失明。

(三)青贮饲料的调制和饲喂方法

1.青贮饲料的调制

(1)青贮的条件

青贮原料的含糖量一般不低于1.0%～1.5%,常规青贮原料含水量65%～75%,半干青贮时原料的水分40%～55%,以保证乳酸菌繁殖的需要;有密闭的缺氧环境,青贮容器内温度不得超过38℃(19℃～37℃)。

(2)青贮窖的基本要求

青贮窖(壕)应选择在地势高燥、地下水位低、土质坚实、易排水和距羊舍较近的地方,青贮窖的建设要坚实、不透气、不漏水、不导热、高出地下水位0.5m以上,内壁光滑,上下垂直或上大下小,窖的四角应为圆弧形。

(3)青贮的基本要求

第一,原料要适时收割,常规青贮全株玉米应在乳熟至蜡熟期收割、青贮玉米秸秆应在完熟而茎叶尚保持绿色时收割、青贮甘薯藤应在霜前收割、天然牧草应在盛花期收割。半干青贮原料的刈割期豆科为初花期,禾本科为抽穗期。第二,原料要铡短、装填要压紧,青贮原料铡短至2～3cm(牧草亦可整株青贮)。若原料太干,可加水或者加含水量高的青绿饲料;若太湿,可加入铡短的秸秆。在装填前,底部铺10～15cm厚的秸秆;然后分层装填青贮原料,每装15～30cm,必须压紧踩实一次,尤其应注意压紧四周。第三,青贮窖封顶要严实。青贮原料应高出窖(壕)上沿1m左右,在上面铺盖一层塑料薄膜,然后盖土30～50cm。封顶后,要经常检查,若有下陷或出现裂缝的地方应及时培土。四周应设排水沟,以防雨水进入。

(4)加入添加剂青贮

添加到青贮料中的物质主要包括两类:一是有利于乳酸菌活动的物质,如糖蜜、甜菜和乳酸菌制剂等;二是防腐剂,如甲酸、丙酸、亚硫酸、焦亚硫酸钠、甲醛等。如果在青贮料中加酸,青贮料在发酵过程中,pH将很快降到所需要的酸度,从而降低青贮初期好氧和厌氧发酵对营养物质的消耗。例如,每吨青贮原料加入甲酸2.3kg,可使其pH很快下降到4.2~4.6,青贮原料发酵过程产生的乳酸还可使pH进一步降低,达到所需要的水平。加入添加剂的青贮,能提高青贮料的营养成分,但由于加入添加剂的数量很少,故务必要与青贮料混合均匀,否则会影响青贮饲料的质量。

2. 青贮饲料的饲喂方法

青贮原料在窖内贮存40~60d便可完成发酵过程,可以开窖取用,添加了青贮添加剂的30~40d便可完成发酵。开窖后,先除去上面盖的泥土,检查青贮质量,如果上层有霉变,应去除霉层,然后从上层逐层平行往下取喂,保持取用表面平整,每天取用厚度不少于30.0cm,取后盖严,以免青贮料与空气接触时间过长而变质。长方形青贮窖,应从一端开始,上下平行逐渐往里取用。青贮饲料应现取现用,不得提前取出,严禁晾晒,要防止冰冻和变质。

(四)矿物质饲料的调制和饲喂方法

肉羊场应从有资质的饲料加工企业购买成品矿物质饲料。但是,为了降低饲养成本,在有条件的地区,可以自行生产和加工调制。例如,石灰石粉(碳酸钙)的调制,可将石灰石打碎磨成粉状,或将陈旧的石灰和商品碳酸钙等调制成粉状;蛋壳和贝壳,经煮沸消毒后,晒干制成粉状;磷矿石经脱氟处理,调制成粉状。矿物质饲料可与精料混合饲喂。食盐和石灰石粉既可加入精料中饲喂,也可放在食槽内任羊自由舔食。此外,微量元素和维生素添加剂,均可根据羊体需要量拌在精料中饲喂,但务必混合均匀且按照需要量饲喂,切忌过量饲喂,防止中毒事件的发生。

在生产实践中,为了安全使用矿物质、微量元素及维生素,一般会制成舔砖,悬挂在圈舍内供羊舔食。

四、混合饲料的配制

饲料配方设计要根据所饲喂羊的品种、性别、年龄和生理状态来确定,在选择原料时要考虑当地的原料资源及价格、营养成分等,坚持就地取材、经济实惠的原则。首先,根据饲喂羊只的年龄、性别、生理状态或饲养阶段来确定其营养需要量,然后再选择一种或两种当地容易采购的粗饲料,如青干草、青贮料等,确定粗饲料的喂量,再根据当地精料资源情况和羊只营养需要量确定补充精料的种类和数量。最后,用矿物质补充饲料来平衡日粮中的钙、磷等矿物质元素的含量。

第五章　肉羊饲养管理技术

第一节　肉羊饲养管理通则及种公羊管理技术

一、肉羊饲养管理通则

（一）定时定量饲喂

(1)喂料次数：一天喂料两次，早晚各一次。

(2)采食时间：每次 1.5～2.0h，根据采食时间调整喂料数量。

(3)采食数量：羊每天采食饲料干物质量为体重的 3.0%～3.5%，上午饲喂全天采食量的 45%～50%，下午饲喂全天采食量的 50%～55%。

（二）保证充足清洁饮水

饮水要充足，最好用自来水，要保持水槽清洁，如有污染及时清洗。二十四小时不间断供水，冬天在保温效果好的条件下，可以考虑自动饮水嘴、饮水碗。严禁饮用冰碴水和发霉变质的水。

（三）羊舍的通风保温

要保持羊舍的通风，以降低氨气浓度，保证舍内空气质量达标，防止温度过高及氨气中毒。羊舍内保持通风的同时严禁有贼风进入，特别是冬季要防止羊床底部的冷风。冬季大羊羊舍温度保持在零度以上即可，产羔舍和羔羊舍的温度要保持在 10℃以上，所以冬季最好给哺乳母羊舍内设置一个羔羊保温箱，以满足羔羊的保温需要，同时要保持羊舍内温差不能过大，防止感冒。

（四）粪便的清理

羊舍中的粪便要及时清理，否则容易引起呼吸道疾病等。特别是在炎热的夏天，羊粪长时间堆在圈舍内，就相当于堆肥发酵，会产生大量的热量和氨气，导致圈舍温度、湿度和氨气浓度升高。羊长时间在这种环境下很容易生病，甚至氨气中毒，出现生长停滞、流产和死亡。

二、种公羊饲养管理技术

(一)种公羊的饲养管理总则

种公羊的饲养管理是养羊生产中的关键,种公羊品质的好坏对整个羊群的生产水平、产品品质都有重要的影响。特别是实施人工授精技术后,种公羊的饲养量减少。因此,对种公羊品质的要求越来越高,养好种公羊才能使其优良遗传特性得以充分的发挥。

种公羊饲养的目标是让其常年保持结实健壮的体质,达到中等以上膘情,并具有旺盛的性欲、优质的精液和耐久的配种能力,要达到这样的目的,必须做到:第一,应保证饲料的多样性,精粗饲料合理配搭,尽可能保证青绿多汁饲料和青贮饲料全年均衡供给;同时,要注意矿物质、维生素的补充。第二,日粮应保持较高的能量和粗蛋白水平,即使在非配种期内,种公羊也不能单一饲喂粗料或青绿多汁饲料,必须补饲一定的混合精料。第三,种公羊必须有适度的运动时间,这一点对非配种期种公羊的饲养尤为重要,以免因过肥而影响配种能力。

(二)非配种期种公羊的饲养管理

种公羊在非配种期的饲养以恢复和保持其良好的种用体况为目标。配种结束后,种公羊的体况都有不同程度的下降,为使其体况很快恢复,在配种刚结束的1周内,种公羊的日粮应与配种期基本一致,但对日粮的组成可作适当调整,增加优质青干草或青绿多汁饲料的比例,并根据体况的恢复情况,逐渐转为饲喂非配种期的日粮。

冬季种公羊的饲养要保持较高的营养水平,既有利于体况恢复,又能保证其安全越冬度春。做到精粗料合理搭配,补饲适量青绿多汁饲料(或青贮料),在精料中补充一定数量的微量元素。每日混合精料的用量不低于0.5kg,优质干草2.0~3.0kg。

(三)配种期种公羊的饲养管理

种公羊在配种期内要消耗大量的养分和体力,因配种任务或采精次数不同,个体之间对营养的需要量相差很大。对配种任务繁重的优秀种公羊,每天应补饲1.0~2.0kg的混合精料,并在日粮中增加部分动物性蛋白质饲料(如鸡蛋、牛奶等),以保持其良好的精液品质。

配种期种公羊的饲养管理要做到认真、细致,要经常观察公羊的采食、饮水、运动及粪、尿排泄等情况。保持饲料、饮水的清洁卫生,如有剩料应及时清除,减少饲料的污染和浪费。

配种前1.5~2.0个月,逐渐调整种公羊的日粮,增加混合精料的比例,同时进行采精训练和精液品质检查。开始时每周采精检查一次,以后增至每周两次,并根据种公羊的体况和精液品质来调节日粮或增加运动。对精液密度小的种公羊,应增加日粮中蛋白质饲料的比例,当精子活力差时,应加强种公羊的运动。

种公羊的采精次数要根据羊的年龄、体况和种用价值来确定。对1.5岁左右的种公羊每天采精1~2次为宜,不要连续采精;成年公羊每天可采精3~4次,两次采精应间隔1~2h;采精较频繁时,应保证种公羊每周有1~2d的休息时间,以免因过度消耗养分和体力而造成体况明显下降。

第二节　母羊饲养管理技术

母羊是羊场主要的经济来源,母羊饲养管理的目标就是保证正常发情、受胎,实现多胎、多产、羔羊健壮、成活率高。因此,母羊的饲养不仅要从群体营养状况来合理调整日粮,对少数体况较差的母羊应单独组群饲养,特别是妊娠后期和哺乳前期的饲养和管理。

一、空怀母羊饲养管理

母羊空怀期就是羔羊断奶后到再次配种的这段时间,或者初产母羊从性成熟到配种的阶段,这个阶段饲养管理的目的是恢复母羊的体力,迅速复膘,促使母羊早发情,多排卵,早受孕。

母羊配种时的体况直接决定着母羊的繁殖率,配种时母羊体况好可提高受胎率和产羔数,体况评分高一个等级产羔率可提高20%。理想的配种体况评分应该是3分(体况评分方法可参照本书肉羊体况评分一节)。因此,空怀母羊在配种前30~45d要进行短期优饲,对体况差、营养不良的母羊要加大营养供给,饲料中补充足够的蛋白质、矿物质、维生素,使母羊保持良好的体况,才能早发情、多排卵,以提高受胎率和多羔率。日粮中的精料比例以15%~20%为宜。配种前15~20d要重点补充蛋白质与维生素饲料,促进卵泡发育。空怀母羊切忌日粮能量过高,对于体况过肥的母羊,应采取限制饲料的方法,在保持蛋白质和矿物质元素充足的前提下,增加粗饲料的饲喂量,同时增加运动量,最好是主动运动,其次是驱赶运动,以保持母羊的体质种用价值。

初产母羊必须同时达到性成熟和体成熟才能配种,湖羊母羊必须在7月龄且体重达到35kg以上时开始第一次配种。母羊在配种前要做好各种防疫、药浴、驱虫、修蹄、剪毛等工作,为怀孕做好准备,减少怀孕期用药和其他有应激反应的工作。

二、妊娠前期母羊饲养管理

母羊妊娠前期饲养管理的目标是促使受精卵在子宫内顺利着床,提高受胎率和产活羔数;促进胎儿各器官发育,减少畸羔率。母羊配种后至30d,应将饲养标准适当降低一点,以促使孕酮提早产生,使受精卵在子宫顺利着床,提高受胎率,增加产羔数。而且妊娠第一个月,是保胎关键时期,要保证母羊生活安宁,防止发生胚胎吸收和流产。

母羊配种后通过孕检来确认是否受孕,也就是确认是不是妊娠母羊。一般情况下,如果是本交配种,从开始投放公羊起30d左右(配2个情期)将公羊从母羊群中隔出,避免影响前一个情期受孕母羊发生早期流产。整个配种结束(公羊赶出时算起)45d后给母羊做孕检,检测母羊是否受胎,以及是单羔还是多羔,检测完后受胎母羊按怀单羔和多羔分群饲养,未受胎母羊隔出后加强营养再配种,如果连续两次配种都未受孕,这个母羊就应该选择淘汰育肥出栏。如果采用人工授精配种,则配种结束45d后直接做孕检,分群饲养。

母羊配种受胎后的前3个月是妊娠前期,这个阶段母羊的体况也应保持在3分。妊娠前期的营养缺乏会使胎盘变小,影响羔羊的初生重,增大流产率,降低成活率。这个时期胎儿增重较慢,主要是形成各种器官,所以妊娠前期母羊对能量的需求与空怀期相似,但应补饲一定的优质蛋白质饲料,以满足胎儿生长发育和组织器官分化对营养物质(尤其是蛋白质)的需要。同时,要确保饲料质量,保持营养供给均衡,矿物质、微量元素、维生素要供给充足。初配母羊的营养水平应略高于成年母羊,日粮的精料比例为15%~20%。

妊娠前期母羊还应供给充足洁净的饮水,保持圈舍卫生清洁、干燥、安静,做好夏季防暑降温和冬季保暖除湿工作。尽量避免母羊受惊、出入圈舍拥挤等。不饮冰水、不走滑冰道、不爬大坡,防止发生早期流产。禁止公羊入群、爬跨,防止母羊打斗,配种后35d内不得长途迁移或运输,避免用药,禁止驱虫和注射疫苗。

三、妊娠后期母羊饲养管理

妊娠后期就是怀孕第90~150d,这个时期加强饲养管理的目标是在保证母羊自身营养的同时,提供胎儿生长所需的营养。另外,还要为母羊在哺乳期掉膘储备体能和体膘,增加胎儿初生重,提高羔羊成活率,防止胎儿软骨症和母羊产后瘫痪。

妊娠后期胎儿的增重明显加快,初生羔羊体重的80%~90%是在这个阶段生长的,同时母羊自身也需贮备大量的养分,为产后泌乳做准备,这时母羊食欲特别好,所以要供给母羊充足、全价的饲料,保证母羊和胎儿的营养需要,如果这个阶段营养不足,不仅影响胎儿的生长发育和羔羊的初生重,而且影响母羊产后的泌乳量。但是也要防止过度饲喂,造成分娩后的厌食症。饲喂原则是适当加料,但不敞开饲喂。同时还要供给充足洁净的饮水,防止母羊便秘。

妊娠后期母羊的日粮在妊娠前期的基础上,能量提高20%~30%,可消化蛋白质提高40%~60%,钙、磷增加1~2倍(钙、磷比例为2~2.5:1),维生素增加2倍。要特别照顾怀多羔的母羊,在单羔母羊的营养供给的基础上再提高20%左右。胎儿的生长发育大部分集中在产前50天内,且妊娠后期随着胎儿的长大,母羊腹腔容积变小,对饲料干物质的采食量相对减小,饲料体积过大或水分含量过高均不能满足母羊的营养需要。因此,妊娠后期母羊的饲养,除提高日粮的营养水平外,还必须考虑组成日粮的饲料种类,适当增加精料的比例。因此,产前8周,日粮的精料比例提高到20%,产前6周提高为25%~30%。产前大约1个月,可适当减少粗饲料的饲喂量,而增加质地柔软的青贮饲料及青绿多汁饲料的喂量。如果母羊在该阶段缺乏营养,会导致体质变差,严重影响胎儿的生长发育,造成羔羊初生重降低,生理功能存在缺陷,被毛稀疏,抵抗力减弱,非常容易感染疾病,成活率也会降低。

妊娠后期母羊的管理要细心、周到,在进出圈舍或放牧时,要控制羊群,避免拥挤或急驱猛赶;补饲、饮水时要防止拥挤和滑倒,否则易造成流产。如出现先兆性流产症状,应立即注射黄体酮保胎。除遇暴风雪天气外,母羊的补饲和饮水均可在运动场内进行,增加母羊户外活动的时间,干草或鲜草用草架投喂。产前45d,给母羊注射1次三联四防疫苗和破伤风疫苗,再过15d后加强注射1次三联四防苗,这样可以有效预防母羊和羔羊发生破伤风、羊肠毒血病、羊快疫、羊猝击及羔羊痢疾等。

四、围产期母羊管理

围产期一般指母羊产前15d至产后15d这段时间,这是母羊饲养过程中的关键时期,如果这段时间管理不当很容易导致羔羊死亡,或者母羊感染疾病。加强围产期母羊饲养管理的目标是做好母羊产前、产中护理,准备好产羔设施设备,以提高羔羊的成活率,降低母羊和羔羊的发病率。

(一)做好产前护理

母羊进入围产期,更应该注意保胎,放牧羊群应在羊场周围进行,防止其过度疲劳,避免滑倒,更不能够对其进行紧追急赶。舍饲母羊的饲喂要做到定时、定量,必须饲喂新鲜清洁、含有大量营养且容易消化的草料,不能够饲喂发生霉变或者冰冻的饲料。同时,注意供给清洁饮水,尤其是寒冷的冬季不能够给妊娠母羊喝冰碴水,避免出现流产。

妊娠母羊从分娩前大约10d开始,要根据其实际采食情况来合理安排喂料量,防止母羊体况过肥而引起难产的发生。母羊临产前2~3d,如果体质较好,但出现乳房发生膨大和腹下发生水肿的症状,可将喂料量减少到原来的1/2或者2/3,不然可能会使其产后由于乳汁过多过浓发生回乳,从而造成乳房炎的发生;如果体质瘦弱,尤其是临产前乳房明显干瘪,要适当增加饲喂青绿多汁饲料以及含有大量蛋白质的催乳饲料,促使其产后充分泌乳。

(二)分娩前的准备

产前10~15d准备好产羔设施、用具和药品,并对地面和墙壁进行彻底消毒,备好饲槽、水槽、产羔栏和母子隔离栏等,同时铺好垫草,做好防寒保温措施,产羔舍温度以大于等于10℃为宜。产房内设立足够的产羔栏,以产羔母羊数量的10%~15%比较适宜,产羔栏的长度为1.5m,宽度为1.2m,高度为1.0m。提前准备足够数量的优质饲草和富含全面营养的配合饲料,还要准备适量的青贮饲料以及多汁块茎、块根饲料。

妊娠母羊产前2~3d开始,要定期使用毛刷对母羊身体进行刷洗,并将乳房周围以及后肢内侧的羊毛剪去,等待分娩。另外,还要准备好足够的接产用具、机械和药品,如电子秤、手套等用具,以及各种产科器械和消毒药品。接羔人员要随时观察母羊临产征兆,做好接羔准备。

(三)产羔过程饲养管理

加强产中饲养管理的目标是及时发现临产母羊,协助母羊顺利产羔、护羔,提高羔羊成活率,减少母羊发病率。

1. 临产观察

母羊在临产前几小时会出现食欲下降,不爱走动,喜欢独立趴卧,后期出现阴门肿胀,并有黏液流出,排尿次数增多,脐部塌陷明显,乳房较前膨大更加明显,产前2~4h用手撸乳头可出现连续乳汁,母羊表现更加不安,出现刨地、挠地、搂柴草于腹下,并经常回顾腹部,有时鸣叫不安,时起时卧,不停努责,说明即将临产,此时要立即将其转移到产房准备进行接产。

2. 产前准备及顺产管理

母羊进入产房后,接产人员对母羊后肢两侧、肛门、尾根先使用温肥皂水进行擦洗,再用

1%的来苏儿溶液进行冲洗消毒。产单羔的母羊,当胎水破出后要立即让其在有垫草的地上侧卧,使其伸直四肢正常努责。如果能够顺产,通常无须进行助产,此时羔羊会先伸出前蹄,接着露出嘴和鼻子,然后露出头部,整个生产过程通常在胎水破出后30min以内完成。

如果母羊产出第一只羔羊后依旧表现出不安,继续卧地不起,并不去亲近羔羊,出现反复起立卧下,并伴有顾腹鸣叫等症状,母羊可能会产双羔或多羔,需进一步仔细观察检查,具体办法是:接产人员用手掌在羊腹部触摸并略向上用力,如能触摸到坚硬而光滑的物体,便可确认产双羔或多羔。当母羊顺产双羔或多羔时,一般两只羔羊产出的时间会间隔5~30min。母羊产出第一只羔后已经疲乏无力,因此要特别注意观察,必要时可进行助产。

3. 难产鉴别

助产主要是针对难产母羊实施的一种协助产羔方式,那么首先我们要会辨别那些情况属于难产,以提前做好准备,及时助产,才能提高羔羊的成活率。通常情况下,多产母羊,胎位容易出现异常;还有初产母羊和老龄母羊出现难产的概率较大,饲养人员应格外小心,要认真准确检查胎位,全力做好助产工作。

另外,当分娩母羊胎水破裂半小时以后,如果发现胎儿一侧前肢或两侧前肢娩出过腕关节,母羊努责仍不见胎儿头部;或者只见胎儿头部娩出,而不见两前肢;或者母羊破水超过1.5h,但仍不见胎儿任何部位娩出;或者两蹄置于鼻下与嘴巴同时娩出;或者母羊阴道内流出淡红色浆性液体,同时阵发性努责但无任何部位娩出等。有上述任何一种情形的均属难产,应做好助产准备。

4. 助产方法

母羊难产发生的原因通常可分为母羊在分娩时力量不足、产道不通畅及胎儿异常等,不同原因引起的难产助产方法不同。

(1)母羊分娩力量不足引起的难产

母羊生殖系统发育不够完善,子宫肌肉力量不足,阵缩及努责微弱,这种情况以初产母羊最为常见;或者子宫有炎症,比如有轻度的子宫内膜炎时容易出现母羊分娩力量不足而难产。

助产方法:主要是药物催产,也就是打催产素,但是药物催产时须确保子宫颈口已充分开张,胎向、胎位、胎势正常,产道无异常。助产药物可以选择:氯前列烯醇注射0.2mg,或者地塞米松肌肉注射2mg,经过6~8h左右就能够自行产出。

预防方法:母羊怀孕期营养要充足,特别是怀孕后期,另外,怀孕后期的母羊要加强运动。

(2)产道不通畅引起的难产

当母羊产道过于狭窄,或者阴道发生水肿而导致胎儿无法通过;或者子宫发生了扭转,子宫颈口完全锁死,胎儿无法排出;或者骨盆变形没有完全张开,就会发生产道不通畅引起的难产,尤其是初产母羊更容易发生。这种情况的助产方法主要是适当扩张产道,矫正子宫。

骨盆狭窄时的助产方法:先向产道中注入适量的滑润剂,包括石蜡油、肥皂水或者食用油。然后助产者将手伸进母羊产道,在胎位正常的情况下,将胎儿的前肢或后肢抓住,在母羊努责的同时将羔羊向母羊机体的后下方轻轻拉动即可。对于胎位异常的,可施行矫正术。把母羊后躯垫高,将胎儿露出部分送回,手伸入产道纠正胎位,拉出来然后再送回去,反复3~4

次,胎儿就很容易产出。

阴门狭窄时的助产方法:先涂抹消毒液和润滑油,再将手伸入阴门,在会阴上部慢慢扩张阴门,然后拉出胎儿。

阴道狭窄时的助产方法:向阴道内注入大量的石蜡油、肥皂水或者食用油,在胎儿前置部分拴上助产绳向外拉,同时用手指扩张阴道,如果拉不出来,可切开阴道狭窄处的黏膜,再拉出胎儿。

子宫颈管狭窄时的助产方法:先检查子宫颈扩张程度,当子宫颈管开始开张后,将手伸进去人为协助扩张,然后拉出羔羊。如果这样还无法拉出胎儿,则手拿隐刃刀,或者将单面刀片夹在指缝,慢慢伸进子宫颈管中,由前向后切开管壁(只切开环行肌层)使子宫颈扩张,实在不行就只能进行剖腹产。

预防方法:在对母羊实施人工授精时,要注意观察母羊的生殖系统,发现生殖系统发育不全或者不正常的母羊应及时淘汰或者推迟配种,同时增加怀孕后期母羊运动量。

(3)胎儿异常引起的难产

当胎儿发育过大过重,仅仅依靠子宫肌肉的阵缩力量不能将胎儿排出体外,或者同时排出两个胎儿,相互挤入产道,交错在一起致使无法产出;或者胎儿畸形,如先天性歪颈等;或者胎势不正,如髋关节屈曲、跗关节屈曲等;或者胎儿死亡,形成死胎或者木乃伊胎,死胎身体僵硬,且不够润滑,排出极为困难;或者胎向不正,包括腹部前置、背部前置等情况时,也会导致难产。以上这些情况导致的难产叫胎儿性难产。当母羊发生胎儿性难产需要进行助产救治时,应先详细了解母羊的基本情况,包括了解母羊是初产还是经产以及具体的生产时间,查看母羊的胎膜是否发生破裂,是否已经流出羊水,同时还要详细检查全身状况。另外,助产员要注意对母羊进行安抚,使其呈侧卧姿势,并保持后躯高前肢低的姿势,以便人为调整胎位。其次,工作人员的手臂以及所有助产工具都必须经过严格消毒,分娩母羊的阴户外也要使用新洁尔灭溶液进行全面清洗、消毒。同时,还要检查母羊道是否存在损伤以及是否发生水肿、感染等,确定产道湿润以及表面干燥的状态。最后,要检查胎位,并确定胎儿是否存活。正常情况下,在母羊分娩时,将手伸入到羊阴道内即可触摸到胎儿的嘴巴和两前肢,且头部被两前肢夹住。如果胎儿呈倒生,将手伸入母羊产道即可触摸到胎儿的尾巴、臀部以及后蹄。当用手对胎儿压迫时出现反应,即可确定胎儿存活。

助产方法:对于胎位不正的各种难产,首先,要仔细进行诊断,确定胎位和胎势,主要有两前肢肘关节屈曲、胎头颈后弯或下弯、前肢肩关节屈曲、尾位、腹部垂直向前等难产症状。然后,助产者要分别对待,实施胎位调整和扶运,利用消毒助产绳等器械顺着产道方向缓缓拉出,注意助产者要用力均匀,在母羊努责时用力,间歇期停止用力,切不可强力拉出,根据母羊难产情况,可以在助产前注射催产素,这样有利于胎儿的拉出,助产人员将助产绳套在手指上,然后把手和绳子一起伸入产道当中,将绳子套在胎儿的两前蹄或者两后蹄的系部,伴随着母羊的努责缓慢拉动绳子,即可将胎儿的蹄部经由产道拉出。

5. 助产注意事项

助产前接产人员先剪短磨光手指甲,对手臂用弱消毒药液进行彻底消毒,然后,穿防护衣、戴一次性防护口罩、帽子、护目镜及助产用长筒手套,先用1%的来苏儿溶液对手掌、手臂进行消毒,再涂上适量的润滑油,如果母羊产道非常干燥,还要增加润滑油的用量。另外,助产用具(包手助产绳图5-1、助产钩图5-2、助产钳图5-3等)也必须提前经过严格消毒,用1:5000的新洁尔灭溶液对母羊阴户外周进行清洗。助产时,要先采取适当措施将母羊保定和安抚。

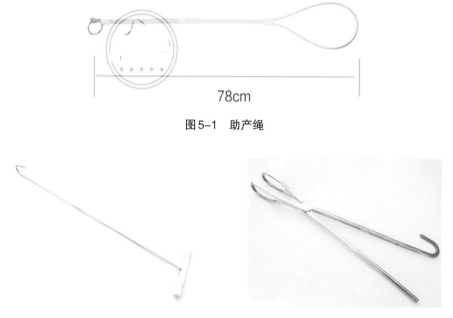

图5-1 助产绳

图5-2 助产钩图5-3助产钳

(四)母羊产后护理

母羊产后要加强护理,保持良好的卫生,特别是要及时对外阴部进行清洗和消毒,因为此时产道非常容易感染细菌或者病毒。对助产后的母羊外阴道涂以碘甘油,产道用0.1%的高锰酸钾液冲洗,用青霉素160万单位1次肌肉注射预防感染。如在外阴周围和尾根附着有恶露时,要立即清洗干净,避免蝇虫飞落,同时还要经常更换、消毒垫草。母羊产后要加强饲养管理,注意保暖,防止受风和发生感冒。产圈要保持清洁、干燥和安静。母羊产后大约1h,要供给1.0~1.5L的温水麸皮汤或者豆浆水让其自由饮用,用于补充机体失去的水分,禁止直接饮用冰水。另外,母羊分娩结束后,还要对其努责状态进行观察,确保能够及时排除胎衣和恶露。即使母羊和羔羊转入哺乳舍进行饲养,也要坚持定期进行清扫,确保卫生良好,环境干燥,同时每周用20%的生石灰进行一次消毒。

五、哺乳期母羊饲养管理

哺乳期母羊是指产羔后至羔羊断奶这个阶段的母羊,哺乳期母羊的饲养管理目标是保证母羊产后恢复,提高泌乳量的同时预防乳房炎,促进母羊尽早返情配种,为下一个周期的配种做好准备。

对体况较好的母羊,产后1~3天内可不补饲精料,以免造成消化不良或发生乳房炎。为调节母羊的消化机能,促进恶露排出,可喂少量轻泻性饲料(如在温水中加入少量麦麸喂羊)。3天后逐渐增加精饲料的用量,同时给母羊饲喂一些优质青干草和青绿多汁饲料,可促进母羊的泌乳机能。

母乳是羔羊获取营养的主要来源,为满足羔羊生长发育对养分的需要,母羊产羔后泌乳量逐渐上升,在4~6周内达到泌乳高峰,10周后逐渐下降。随着泌乳量的增加,母羊需要的养分也在增加,当草料所提供的养分不能满足其需要时,母羊会大量动用体内贮备的养分来弥补,导致泌乳性能好的母羊体况瘦弱。因此,应根据羔羊的多少和泌乳量的高低,加强泌乳期母羊的营养水平。带单羔的母羊根据体况,每天补饲混合精料0.3~0.5kg,青干草和苜蓿干草各1.0kg,青贮或多汁饲料1.5kg;带双羔或多羔的母羊,每天应补饲精料0.5~1.0kg,青干草和苜蓿干草各1.0kg,青贮或多汁饲料1.5kg。

哺乳后期母羊的泌乳量开始下降,即使加强母羊的补饲,也不能继续维持其高的泌乳量,单靠母乳已不能满足羔羊的营养需要。此时羔羊也已具备一定的采食和利用植物性饲料的能力,对母乳的依赖程度降低。因此,在羔羊断奶前1周应逐渐减少对母羊的补饲,以减少泌乳量,防止断奶后乳房炎的发生,要经常检查母羊乳房,发现异常情况及时采取相应措施处理,也可在羔羊断奶前一周内在母羊日粮(精饲料)或饮水中适量加入维生素E,以抑制乳汁分泌。羔羊断奶后母羊可完全采用空怀期的饲养,但对体况下降明显的瘦弱母羊,需补饲一定数量的精料和青贮饲料,使母羊在下一个配种期到来时能保持良好的体况。

第三节　羔羊饲养管理技术

在羊的整个生育期,死亡率最高的阶段就是羔羊阶段,尤其是初生羔羊。羔羊离开母体开始独立生活,营养的摄入方式和生活环境都发生了改变,这个变化对羔羊来说是一个很大的考验,并且初生羔羊的生长发育还不健全,体温调节能力较差,不具备自身的免疫系统,抗病能力不强,胃肠结构及功能较弱,极易受到外界环境的影响而患病或生长发育受阻,甚至发生死亡。因此,加强初生羔羊的护理工作,是降低羔羊死亡率,确保羔羊健康和正常生长发育的关键。

一、新生羔羊的生理特点

(一)体温调节能力差

初生羔羊的体温调节能力差,对外界环境温度的变化表现得极为敏感,如果环境温度不适宜,羔羊易受凉感冒、发生腹泻等,严重时还会导致羔羊死亡,因此,控制好羔羊舍的环境温度是提高羔羊成活率的关键。对于初生羔羊温度要高一些,尤其是在寒冷的冬天,羊舍内需要设置取暖装置,地面也需要铺上御寒的垫料,还要防止贼风进入羊舍。

(二)生理机能发育不完善,免疫力低下

初生羔羊的生长发育不健全,各项生理机能不完善,没有建立自身的免疫系统,免疫力低下,抗病能力较差,极易感染多种疾病。因此,要做好初生羔羊的饲养管理,使羔羊尽快健全自身免疫系统,提高羔羊的免疫力和抗病能力,从而提高羔羊的成活率。

(三)消化机能不完善

初生羔羊的消化机能发育还不够完善,瘤胃微生物种群不健全,消化系统的大多数酶还不具备活性,消化能力较差。这种生理特点决定着初生羔羊只能通过吃母羊的乳汁来获得营养物质,维持生存和生长发育,还不能利用固体饲料。

二、新生羔羊的护理

新生羔羊的护理要做到"二勤""三防""四定"。"二勤"即:勤观察、勤打扫,要观察羔羊脐带、排便拉稀、精神状态、吃奶欲望、咩叫等是否正常;勤扫圈舍、饲槽、水槽、粪便等。"三防"即:防止冻伤羔羊蹄、耳、嘴,防止由于母羊奶水不足使羔羊挨饿,防止羔羊受凉、消化不良等引起拉稀、感冒、不吃等病。"四定"即:定时配奶、定时断尾、定时称重、定期消毒。羔羊出生后1小时内要吃到初乳,一周内断尾,羔羊出生吃到初乳后称出生重,断奶时要称取断奶体重,初生羔羊脐带、断尾及圈舍要定期消毒。

(一)接羔

对于分娩母羊来说,要尽可能地让母羊自行分娩,不可盲目地进行助产,否则对母羊和羔羊的健康、母羊的繁殖性能都有影响。预产期前10~15d准备好产羔设施、用具和药品,产羔房进行彻底清洁和消毒,备好垫草、饲槽、水槽、产羔栏和母子隔离栏等,产羔舍温度应大于10℃。预产期前5~7d开始,接羔人员要随时观察母羊临产征兆,做好接羔准备。

羔羊产出后要做好护理工作,首先要用清洁消毒过的毛巾将羔羊口腔、鼻腔以及眼、耳部的黏液清理干净,让母羊舔干羔羊身上的黏液,以增强母羊的亲子性、辨认力、哺乳性。然后再用消毒过的干毛巾将羔羊体表擦干,或者放进保温箱中尽快使羔羊体表干燥,以免受凉感冒。

(二)羔羊断脐

羔羊在出生后必须要断脐,一般情况下母羊产后站起,脐带自然撕裂,须对新生羔羊脐带断端涂5%的碘酒消毒,以防止破伤风或者感染其他病菌,切勿结扎脐带,否则会影响渗出液的排出,使脐带难以干燥,容易引起脐带炎。如果脐带没有自然撕断,则需要人工辅助断脐,方法是使用消过毒的剪刀在距羔羊肚脐5~7cm处将脐带剪断,然后再使用5%的碘酒进行消毒,以免感染病菌。无论是自然断脐带,还是人工断脐带,坚持每天将羔羊脐带的断端浸入碘酒中消毒,直至干缩脱落。在脱落前,注意观察脐带变化,如有滴血,及时结扎消毒。脐带在出生后1周左右可干缩脱落。

(三)羔羊假死抢救

有的羔羊在出生后会出现假死的现象,主要是由于羔羊吸入黏液而造成的呼吸困难,此时应立即进行抢救,以免羔羊死亡。首先将羔羊口、鼻内的黏液清理干净,然后提起羔羊两后

肢悬空,拍打羔羊的胸部和背部直至黏液被吐出,羔羊恢复呼吸。如果此法无效还需要用导管将黏液吸出,使假死羔羊恢复正常的呼吸。

(四)及早吃上初乳

母羊产后3～5d之内排出的乳汁称为初乳,初乳营养丰富而且富含抗体,是不可替代的羔羊食品。初乳对于初生羔羊的重要性主要体现在以下三个方面,一方面初乳中含有大量的营养物质,可以为新生羔羊提供丰富的营养,促使羔羊的生长发育;另一方面初乳中含有镁离子,具有轻泻的作用,有助于胎便的排出;第三是初乳中还有大量的免疫球蛋白,可以帮助羔羊获得抗体,提高机体的免疫力和抗病能力。但是羔羊对于初乳中免疫球蛋白的消化能力是有时间限制的,因此,羔羊出生后要尽早让其吃上初乳。一般情况下,新生羔羊在出生后半小时内应吃到初乳,最迟不要超过1小时。羔羊吃奶之前,用温水洗净母羊乳头及周围,挤去"奶塞"和前几滴奶。对那些母羊初乳较少、不能吃足初乳的羔羊可以采取寄养,对无法寄养或拒绝寄养的新生羔羊,应人工辅助其吮吸其他母羊的初乳2～3次后,再采用代乳料人工哺乳。还可以收集产后羔羊死亡或者产单羔且乳汁分泌较多的母羊的初乳,用于人工辅助饲喂缺初乳的羔羊,总之,应尽力使每只新生羔羊尽早吃到初乳。

对母羊无奶或缺奶,或产后母羊死亡的羔羊,要尽早找"奶妈"配奶,以代哺羔羊。一方面,为羔羊寻找代母,缓解当时羔羊缺奶问题,或给羔羊补喂代乳粉。另一方面,查清母羊缺乳原因,调节母羊日粮供应,增加产奶量,如补充多汁饲料和蛋白质饲料。此外,还要经常观察羔羊能否自己找到奶头进行吸乳,如找不到奶头,需要人工助奶。助奶的方法:用手轻轻地将羔羊的头慢慢推向母羊的乳房,一只手轻轻地抚摸羔羊的尾根,羔羊会不停地摇尾巴去找奶头,用另一只手将母羊的乳头轻轻地挑起,送到羔羊的嘴边,羔羊就能慢慢地吃上初乳,反复几次后羔羊就能自己吃母奶。助奶既有利于羔羊的成活,同时,羔羊拱奶也有助于刺激乳房进行放奶,减少母羊乳房炎的发生。

(五)人工辅助育羔

如果母羊产后死亡、患有乳房炎或者产羔多、乳汁分泌少等,新生羔羊不能吃到足量的奶,又没有保姆羊时,则需要人工辅助育羔。一般可用鲜羊奶、牛奶、奶粉及豆浆等人工饲喂。用羊奶和牛奶育羔时尽可能保证新鲜度,防止细菌感染。用奶粉育羔时,先用少量温开水把奶粉溶解,然后再加热,而且搅拌均匀,避免有结块,也可以加入一些鱼肝油、胡萝卜汁、多种维生素等。用豆浆育羔时,应添加少量食盐、鱼肝油、胡萝卜汁等。目前,在规模化养殖场,大多使用羔羊代乳粉进行人工辅助育羔,代乳粉的配方为脂肪30%～32%,乳蛋白22%～24%,乳糖22%～25%,纤维素1%,矿物质5%～10%,维生素和抗生素5%。

不论使用哪种原料来人工育羔,一定要控制好温度,温度过高容易造成羔羊口腔黏膜损伤、便秘等;温度过低,容易引起消化不良、腹泻、胀肚等。奶的温度一般冬季控制在39℃～41℃,夏季控制在36℃～38℃。随着羔羊年龄的增大,奶的温度可以适当降低。

奶的浓度可以通过观察羔羊的粪尿来确定,如果羔羊尿多,圈舍潮湿,说明乳汁太稀;如果尿少,粪呈油黑色、黏稠且臭味较浓或者消化不良、发生腹泻时说明乳汁太稠。

人工育羔的饲喂次数根据日龄的增长而不同,初生羔羊每天以6次为宜,每隔3～5h喂一次；10日龄以后，每天4~5次；20日龄后每天可减少到3~4次。饲喂量可根据羔羊的体况来调整，初生羔羊每天饲喂量相当于初生重的1/5即可，开始时少量饲喂，羔羊适应后每隔一周增加1/4~1/3，如果消化不良，随时减少饲喂量。每次喂奶后及时用干净的毛巾将羔羊嘴边的乳液擦拭干净。条件允许时，最好采用自动哺乳器进行人工哺乳，自动哺乳器可以自动控制奶的温度，防止污染等，有利于羔羊健康生长。

（六）羔羊保暖

新生羔羊对温度的变化表现得较为敏感，这是由于羔羊刚离开母体，各项机能的发育还不健全，体温调节中枢的发育还不完善，特别是在冬季或者初春季节，如果不注意做好防寒保暖的工作，羔羊极易受凉患病甚至死亡。要做好羔羊的防寒保暖工作，首先产羔舍要建立在背风朝阳的地方，保持良好通风的同时还要防止贼风进入。另外，羊舍内需要安装取暖装置，或者配备羔羊保温箱，保证羔羊舍温度在10℃以上。

（七）羔羊带耳标和断尾

羔羊出生后即可挂标识牌，4~7日龄带耳标，同时断尾；常用的断尾方法有断尾铲法和断尾圈法。推荐采用断尾圈法，采用专用的断尾胶圈断尾，羔羊损伤和痛苦相对较小。断尾的位置一般选择第3到第4尾椎之间，也就是距尾根部4cm左右的位置。操作时，先在断尾处涂碘酒消毒，用专用断尾钳将断尾圈撑开套在断尾位置处进行结扎，阻断尾部血液循环，大约15d左右就会使羔羊尾巴自然萎缩、干枯脱落。断尾时间选择晴天的早晨，阴天断尾容易感染。早上羔羊吃奶的频率高，大羊奶水也足，断尾后羔羊疼痛厉害，将羔羊放到母羊跟前去吃奶，以减轻羔羊的痛苦，疼痛持续约10min就可恢复正常，这样可以有效减小羔羊的应激反应。断尾时要单圈饲养1~2d，每天用2%~3%的碘酒涂擦断尾圈结扎部位，随时观察断尾部位的变化，如有异常或感染，及时处理。另外，断尾主要针对瘦长尾羔羊，比如纯种肉羊、细毛羊及肉羊的杂交后代羔羊，而对于一些大脂尾的地方品种羔羊最好不要断尾，因为断尾创伤面太大，影响羔羊的健康。

三、羔羊诱食和补料

羔羊诱食和补料是哺乳期羔羊饲养管理的一个关键环节，羔羊初生时体重一般为3~4kg，经过50d左右的饲养，体重可达到15~20kg，增重将近5倍，也就是说哺乳期羔羊的代谢旺盛，生长发育快，营养需要量要充足且均衡。但是，这个阶段羔羊的消化系统机能不完善，利用饲草的能力较弱，这个阶段的饲养管理还要促进羔羊消化系统的发育和功能。因此，必须加强诱食补料的饲养管理，稍有不慎不仅会影响羊的发育和体质，还会造成羔羊发病率和死亡率增加，给养羊生产造成重大损失。

羔羊在哺乳前期主要依赖母乳获取营养，母乳充足时羔羊发育好、增重快、健康活泼。母乳可分为初乳和常乳，母羊产后第一周内分泌的乳叫初乳，以后的则为常乳。初乳浓度大，养分含量高，尤其是含有大量的抗体球蛋白和丰富的矿物质元素，可增强羔羊的抗病力，促进胎粪排泄，因而应保证羔羊在产后30min内吃到初乳。

随着羔羊日龄的增加和胃肠道的不断发育，单纯地依靠母乳无法满足羔羊快速生长发育的营养需求,此时需要及时的补料,如果补料过晚就会导致羔羊的生长发育受阻,胃肠功能发育不良,影响断奶体重和成年后的生产性能。一般羔羊在7日龄时即可训练其采食固体饲料和饮水。可在羔羊饮水器内插一小棍使水呈嘀嗒状,训练羔羊提前学会饮水。

羔羊的早期诱食和补饲,是羔羊抚育的一项重要工作。羔羊出生后7~10d,在跟随母羊放牧或采食饲料时,会模仿母羊的行为,采食一定的草料。此时,可将豌豆、黄豆等炒熟,粉碎后撒于饲槽给羔羊进行诱食,或将开口料直接放入羔羊口内或拌成糊状涂抹在羔羊口内进行强制训练,开口料粗蛋白含量要达20%以上。初期每只羔羊每天喂10~50g即可,待羔羊习惯以后逐渐增加补饲量。羔羊补饲应单独进行,当羔羊的采食量达到100g左右时,可用含粗蛋白24%左右的混合精料进行补饲。在15~20日龄时就要开始设置补饲栏训练吃青干草,以促进其瘤胃发育,为羔羊适应粗料型日粮打下基础。母羊和羔羊分群管理,避免母羊采食羔羊草料。

哺乳期羔羊饲草料应该营养丰富全面,质地柔软,适口性好。饲喂时应该少量多次,保持饲槽和水槽清洁,饲草料无污染、无发霉变质现象。要对羔羊养殖栏舍进行定期清洁和消毒,及时通风换气,勤换羔羊舍中的垫草,保证舍内环境清洁干燥,避免各种病原菌的滋生。同时在寒冷季节要对羊舍适当进行供暖保温,避免羊只出现感冒等呼吸道传染性疾病;在炎热季节注意防暑降温,可以在羔羊的饲料中适当添加小苏打等抗热应激添加剂,避免炎热高温影响羔羊的生产性能。

哺乳期羔羊的饲养管理人员每天要对羔羊群进行巡视,观察羊群的采食情况、生长情况、健康状况和精神状况,对羊群的生长发育情况进行记录,以便及时发现羔羊的异常并及时处理,避免出现不必要的经济损失。同时,应将羔羊按大小进行分栏补饲,以保障羔羊采食的均匀性和补饲料的营养精准性,促进哺乳期羔羊均衡的生长。

四、羔羊断奶

断奶是羔羊饲养管理的另一个关键点,断奶的时间根据羔羊生长发育的具体情况来确定。母羊产羔后2~4周内达泌乳高峰,前3周内的泌乳量相当于整个泌乳周期内泌乳量的75%以上,此后泌乳量明显下降,60d后母乳的营养成分已不能满足羔羊快速生长发育的营养需要,此时虽然已经开始补饲,但是如果还没有断奶,羔羊对母乳有一定的依恋,所以采食量较低,瘤胃和整个消化系统发育迟缓,羔羊生长受阻,影响后期的育肥效果和出栏率;母羊体况也得不到及时恢复,延长了返情期和下次配种周期,降低了母羊产羔率。另外,哺乳期延长,生产周期拉长,劳动强度增大,养殖成本提高、效益降低。但是,如果断奶时间过早,羔羊各项生理机能未健全,机体免疫力低,很难应对断奶带来的应激反应,影响其生长发育,增大了羔羊患病和死亡风险。目前,澳大利亚、新西兰等以人工草地放牧为主的国家大多推行6~10周龄断奶。根据我国的生产实际,以放牧为主的建议90日龄左右断奶,而以舍饲为主的建议在羔羊出生45日龄断奶;或者绵羊公羔体重达15kg以上、母羔达12kg以上,山羊羔羊体重达9kg以上时断奶比较适宜。也可以根据羔羊采食能力、采食量和体质状况来决定,采食能力差、采食量低和体质弱的羔羊,可适当推迟断奶。羔羊对优质饲料的日采食量达230g时才可以断奶。否则,羔羊的生长发育受阻,至少需要2～3周才能恢复。

羔羊断奶方法有逐渐断奶法、一次性断奶法和分批断奶法。逐渐断奶是指逐渐减少羔羊的哺乳次数,直到不哺乳,一般7～10d完成。一次性断奶就是将羔羊和母羊一次性分开,不再让母羊哺乳,如果羔羊的生长发育比较整齐,多采用一次性断奶。分批断奶法就是让生长发育较好的羔羊先断奶,瘦弱的羔羊继续哺乳,适当延长哺乳时间,等体况恢复后再断奶,如果羔羊生长发育不一致,可采用这种断奶法。

在目前的规模化养殖中,为了使母羊在同一时间内恢复体况,集中发情配种,建议采用一次性断奶法,这就需要在哺乳后期的诱食和补料时将羔羊按照体况组成不同的批次,相同体况的羔羊在同一时间一次性断奶,母羊同一时间进入空怀期饲养管理。一次性断奶时,首先要让母羊减少泌乳量,即羔羊断奶前7～10d对哺乳母羊减少精饲料供应,从而减少泌乳量,然后一次性将母羊和羔羊分开,不再合群饲养。

为了减少羔羊断奶后的应激,一是采取"母走仔留"的方式,即断奶时将母羊转圈饲养,羔羊仍然留在原来羊舍,且母羊和羔羊相隔远一些较好,使母仔之间"不见其身、不闻其音",弱化羔羊的恋母之情。二是公、母分群,使羔羊逐步适应新的群体环境、活动环境、饲养程序和饲喂手法的变化。三是刚断奶头几天,羔羊恋奶、恋母,咩咩直叫,食欲减退,需多加注意,必要时可补饲代乳粉来缓解,可按1:6～1:7比例,将代乳粉用50℃～60℃的温开水冲泡搅匀,晾至39℃左右时用奶瓶或者自动饲喂器饲喂羔羊;也可将代乳粉直接撒入羔羊开食料中饲喂。羔羊在20～50、50～70和70～90日龄,代乳粉的饲喂量分别为体重的2.0%、1.5%和1.0%。

羔羊断奶期饲养管理不当,饲料变化过快过频、精料采食量过大、精粗比例不合适、饲料不新鲜甚至发霉变质等,将会引起严重的断奶应激和羔羊腹泻等疾病。断奶期是羔羊生长发育最快的时期,要求饲料的能量和蛋白质水平要高,矿物质和维生素要全面,精粗比例要适宜。刚开始断奶时,羔羊瘤胃功能不够强大,精料比例相对较高,精粗比以8:2较宜,一周后逐渐减少精料,精粗比7:3,再过一周后精粗比减少为6:4。粗饲料以优质青干草为主;料建议使用羔羊专用料,有条件的建议对羔羊断奶初期在饲料中加入少量的羔羊代乳料,以增加适口性,增加采食量,减少应激反应。

羔羊断奶分群饲养至体重达到20kg以上后,选择留作种用的公羔和母羔进入育成羊群饲养,其他的公羔和母羔均进入育肥饲养。

五、羔羊期疫病防控

(一)加强饲养管理,增强体质

羔羊期是羊一生中免疫力低下,容易患病的阶段,因此,做好羔羊期的疾病防控工作非常重要。首先要加强环境的控制工作,给羔羊提供一个适宜的养殖环境,及时清理粪污,定期进行消毒,保持羔羊舍的环境卫生清洁。加强通风换气,保持羊舍空气质量。其次要保证羔羊每天都有适量的运动时间,尤其是晴朗天气让羔羊接受光照,可以促进钙的吸收,增强体质。

(二)做好免疫接种,提高免疫力

羔羊的免疫接种,一般在出生7日龄注射羊传染性脓胞疫苗,15日龄注射羊传染性胸膜肺炎疫苗,1月龄注射三联4防疫苗,2月龄注射山羊痘疫苗和小反刍兽疫苗,通过接种疫苗提高羔羊机体的免疫力。

(三)羔羊期几种常见病的防治

1.初生羔羊假死

由于母羊难产(宫内窒息)或羔羊吸入羊水,使刚出生的羔羊在短时间内仅有心跳而无呼吸,通常称为羔羊假死,也叫羔羊窒息。主要症状是口唇发紫,呼吸呈喘息状或呼吸微弱,甚至没有呼吸,心跳慢,心律不规则,喉头气管有水泡音,羔羊四肢无力。

假死的预防主要是做好母羊的饲养管理,预防难产的发生。一旦发生羔羊假死,可采取人工救治的方法,用医用静脉输液管吸出羔羊呼吸道阻塞物(黏液、羊水),结合施行人工复苏,接产人员抓住羔羊的两后肢,倒立提起,用另一只手拍打胸部和后背,促使呼吸道阻塞物流出,直到能够正常呼吸为止。或者接产人员左手握住发病羔羊的头部,右手握住两前肢腕关节,以肩部为轴心,前后摆动。每分钟速度为30～60次,先快后慢,直到羔羊恢复呼吸为止。

2.羔羊痢疾

羔羊痢疾,俗名红肠子病,是新生羔羊的一种毒血症,在我国发病范围十分广泛,不受季节影响,发病迅速,特别是刚出生的羔羊体质较弱,消化系统、免疫系统及抗应激能力尚未发育完全,如果管理不当,极易感染,因此应当引起高度重视。羔羊痢疾的主要症状为羔羊持续性下痢,解剖后小肠有急性发炎变红甚至发生溃疡等症状,死亡率很高。该病一般发生在出生后1～3d的羔羊,较大日龄的羔羊比较少见。某一地区一旦发生本病,以后几年内可能会连续发病,表现为亚急性或慢性。

引起羔羊痢疾的病原微生物较多,主要包括大肠杆菌、产气荚膜梭菌、沙门氏菌、轮状病毒、牛腹泻病毒等。另外,羔羊舍有贼风、保温不够、环境潮湿、初乳摄取量不足、分娩舍环境卫生差等也会引起羔羊痢疾。

预防羔羊痢疾的措施:加强对怀孕的母羊的饲养管理,供给充足的营养,保证胎儿正常发育;保证怀孕母羊舍及产羔舍的清洁、干燥、通风、保暖,同时要控制贼风,做好定期消毒工作;母羊妊娠后期注射羔羊痢疾疫苗或者给羔羊注射生物血清羊疫血抗,或者羔羊出生后12h内每只口服土霉素0.25g等。

治疗措施:

(1)口服土霉素0.125～0.250g,乳酶生1片,肌肉注射链霉素0.5g,每天两次。

(2)口服杨树花煎剂、增效泻痢宁、维迪康,对病毒引起的腹泻疗效较好。

(3)磺胺咪0.5g、次硝酸0.2g、鞣酸蛋白0.2g、小苏打0.2g,每日3次,同时肌肉注射青霉素20万IU,至痊愈为止。

3.羔羊白肌病

羔羊白肌病是一种代谢性疾病,主要是由于缺乏V_E和微量元素硒导致骨骼肌、心肌变性坏死引起运动障碍和急性心脏衰弱。V_E和微量元素硒在组织内可降低耗氧量,抑制组织氧化。一旦缺乏,机体耗氧量就会增加,组织内大量的肌糖原被氧化,造成肌纤维营养不良,进而心肌和骨骼肌变性坏死,最终出现运动障碍和急性心衰。

白肌病的主要症状是羔羊精神不振,运动无力,站立困难,卧地不愿站立;有时呈现强直性痉挛状态,随即出现麻痹、血尿;死亡前呼吸困难,表现昏迷。有的羔羊病初不见异常,当受到惊动后剧烈运动或过度兴奋而突然死亡。该病常呈地方性同群发病,速度快,病程短,治疗效果不明显,一般采用给母羊和羔羊注射亚硒酸钠维生素E注射液进行提前预防。母羊产前30d开始,每隔20d一次,连用3次,每次注射量为0.1%亚硒酸钠维生素E注射液15mL;羔羊出生后3~4日龄开始注射第一次,每隔20d一次,连用3次,每次注射量为0.1%亚硒酸钠维生素E注射液5mL。

第四节　育成羊和育肥羊的饲养管理技术

一、育成羊的饲养管理技术

（一）育成羊分阶段饲养准则

在断奶羔羊成为繁育母羊和种公羊之前,首先要经历过渡期,这个过渡期就是育成期,育成羊就是指断奶后至第一次配种前这一年龄段的幼龄羊。羔羊断奶后挑选留作种用的公羔和后备母羔,最重要的饲养管理措施是提高育成率,尽快达到性成熟和体成熟,缩短培育天数,尽早配种。因此,考虑的主要指标应该是日增重和体重。羔羊断奶后的前3~4个月生长发育快,增重强度大,对饲养条件要求较高。通常公羔的生长比母羔快,因此育成羊应按性别、体重分别组群饲养。8月龄后,羊的生长发育强度逐渐下降,到1.5岁时生长基本结束,因此在生产中一般将羊的育成期分为两个阶段,即育成前期和育成后期。

（二）育成前期饲养管理

育成前期,尤其是刚断奶不久的羔羊,生长发育快,瘤胃容积有限且机能不完善,对粗饲料的利用能力较弱。这一阶段饲养的好坏,是影响羊的体格大小、体型和成年后的生产性能的重要因素,必须引起高度重视。这个阶段饲养管理的首要目标是减少断奶羔羊的应激,适当增重,保证羊只的健康。

育成前期羔羊体重变化较快,应根据体重的不同来调整日粮的配比。羔羊断奶后进入育成前期时,应继续将断奶前的开食料和羔羊生长料混合饲喂,断奶两周后逐渐减少开食料,增加羔羊生长料。育成前期羊的日粮应以精料为主,且要求含有较高比例的蛋白质。如果这个阶段蛋白不足,将导致育成羊体格较小,生产性能降低。另外,还要结合放牧或饲喂优质青干草和青绿多汁饲料,日粮的粗纤维含量以15%~20%为宜。羔羊体重达到20kg以后,应适当降低能量和蛋白质摄入,在维持每千克干物质代谢能11.0MJ、可消化蛋白含量11.0%的基础上,适当增加粗饲料和矿物质元素,特别是钙磷的供给。

（三）育成后期饲养管理

育成后期羊的瘤胃消化机能基本健全，可以采食大量的青干草和农作物秸秆，这一阶段育成羊的日粮以粗饲料为主，补饲少量的混合精料或优质青干草。这个阶段饲养管理的目标是通过合理的日粮搭配，保持育成羊有适当的日增重，实现适时配种，缩短非生产天数。品质粗劣的秸秆不宜用来饲喂育成羊，如果要用，在日粮中的比例不可超过15%～20%，使用前还应进行合理的加工调制。

在育成羊饲养的后期，还要进行一次选择和淘汰，毕竟不是所有的羊都能做种用。通常在5～6月龄以及配种前要进行筛选，对体型外貌、体况不符合要求的羊及应激过大或有疾病的羊都要淘汰出群，只有身长、背平、胸宽、臀部肌肉丰满且日增重符合要求、抗应激能力强的羊只才能成为后备种羊。许多养殖户认为母羊配种越早越好，其实不然，母羊一般性成熟早而体成熟晚，应该在性成熟和体成熟同时达到后再配种，既不影响母羊后期繁殖性能的发挥，又能保证产羔羊的质量。湖羊母羊一般在7月龄及35kg以上时再配种，如果配种前能有2～3次完整发情期则更好。

二、育肥羊饲养管理技术

（一）羔羊育肥的管理

羔羊育肥就是对断奶后的羔羊除鉴定选择留用作种用的育成羊外的剩余的羔羊进行短期优饲，使羔羊在6～8月龄出栏，且体重达到45kg以上的商品肥羔的过程。这是生产优质肥羔快速见效的一种饲养方式。

2018年全球羊肉产量1536.52万t，中国的羊肉产量475万t，羊肉消费量总量510万t，均居世界第一。而且，随着国民消费水平的提高和城镇居民肉类消费结构的变化，我国对羊肉消费量的增长速度远大于产量的提高速度，供需矛盾依然突出。在羊肉消费结构中肥羔肉不仅营养价值高，蛋白质和各种氨基酸含量丰富，脂肪和胆固醇含量低，而且肉质鲜嫩、风味独特、口感好、易消化，是备受国内外市场青睐的既营养又保健的功能食品。肥羔生产已经成为世界肉羊生产的主渠道，在英国肥羔肉产量占全部羊肉总产量的94%以上，新西兰占80%，法国占75%，澳大利亚占70%，而中国肥羔肉只占全国羊肉总产量的30%左右，因此，大力推广肥羔生产，提高羊肉产量和质量，保障羊肉供给是目前我国肉羊产业发展的首要任务。

羔羊出生至6月龄体重增长最快，饲料报酬最高，一般料肉比为3～4:1，而成年羊的料肉比为6～8:1，羔羊饲养成本比成年羊降低一半以上。肥羔生产使羔羊提前断奶，缩短哺乳期，母羊产后恢复快，受胎率和繁殖率大幅度提高。羔羊当年出生、当年育肥、当年出栏，可以缩短养殖周期，提高羔羊的出栏率，减轻冬春季草原压力，避免冬春枯草期掉膘甚至死亡造成的损失，减少人力财力消耗。据测算，肥羔生产可使每只羊的年养殖纯收入提高50%以上。因此，加强育肥羔羊的饲养管理，加快羔羊育肥出栏速度，既可满足肥羔市场需求，又能实现养羊业的高收益。

1.羔羊育肥前的准备

育肥前的准备工作包括建设好育肥舍，营造适宜羔羊快速生长的环境，选好育肥羊群，准备充足的优质饲草料等。

（1）育肥舍及相关设施的准备

羔羊育肥无须专用的羊舍，不需要在育肥羊舍上投资过大，只要能保证卫生、防寒、遮风和挡雨即可。但要有充足的草架、补料槽和饮水槽。定期对羊圈进行清洁和消毒，合理控制肉羊饲养的数量以及密度等。一般来说，育肥羔羊的饲养密度为每只羊占 $0.5 \sim 0.8 \mathrm{m}^2$，有利于限制羊的运动，增加育肥效果，育肥前要对羊舍进行彻底的清扫和消毒。

（2）饲养人员及饲草饲料的准备

在开始羔羊育肥前就要确定好育肥饲养管理人员，每个饲养人员都应该身体健康，有责任心，熟悉育肥羊的饲养管理常识。人员确定好后，在一个育肥周期内最好不要调整或更换。

饲草、饲料是羔羊育肥的基础，要根据不同的育肥方法和育肥时间，储备充足的优质饲草饲料。在整个育肥期每只羊每天要准备干草 $2.0 \sim 2.5 \mathrm{kg}$、青贮 $3.0 \sim 5.0 \mathrm{kg}$、精料 $0.4 \sim 0.6 \mathrm{kg}$。

（3）育肥羊的选择及组群

育肥前要做好育肥羊的选择，一般来说羔羊育肥主要选择杂交的后代羔羊比较好，特别是二元杂交后代羔羊其杂交优势明显，育肥生长速度快，产肉率高，而且能较好地适应当地的生长环境，抗病性强。如果选择本场自繁的羔羊进行育肥，只需要对育肥羔羊按照公母、大小、体况进行分群，就可以进入育肥期。

如果是外购的羔羊进行育肥，购羊时要确保购入的羔羊健康无传染病，尽量避免长距离运输，羔羊运回养殖场后按照公母、大小、体况进行分群，在隔离圈饲养观察，让羔羊适应新的环境，新进场的羔羊第一天不能饲喂草料，只给饮水，而且开始尽量饮用温水，由少到多逐渐增加饮水量，可在水中添加 V_c 或者电解多维+黄芪多糖，以缓解因运输和新环境造成的应激反应，而且可在饮水中添加人工盐，以补充运输过程中消耗的体液；在适应新环境的后期，饮水中可加入一些红糖和麸皮，以促进消化功能的恢复。第二天饮水量恢复正常，饮水中继续添加黄芪多糖或者电解多维，同时少量饲喂优质青干草，最好是苜蓿和燕麦草混合饲喂，饲喂量是正常采食量的 $1/3 \sim 2/3$，后续由少到多逐渐增加。第三天，青干草量逐渐增加恢复正常饲喂，同时添加少量优质精料。第四天干草自由采食，精料逐渐增加至正常饲喂量。这个过程中在加强饲养管理的同时，要做好羊群的观察，发现病羊、弱羊及时隔离治疗，确保饲喂恢复正常后再次对羊群进行调整。根据羔羊的品种、性别、大小分群，并进行健康检查，有病的羔羊不能参加育肥，同批育肥羔羊的月龄尽量保持接近，体重相差在 5kg 以内，以确保能够实现整进整出的效果。

2. 育肥模式的选择

育肥前根据本场的实际情况及生产目标选择适合的育肥模式。

（1）放牧+补饲育肥

放牧+补饲是牧区常用的育肥模式，羔羊白天外出放牧，晚上归牧后补饲精料。优点是饲草料成本低，缺点是育肥效果不确定，且非常容易受自然条件及气候条件的影响。因此，这种育肥模式必须了解羔羊各阶段的营养需要量和当地草场牧草的营养供给情况，然后确定精料的配方和饲喂量。放牧+补饲育肥也可以采取断奶前跟群放牧，断奶后集中舍饲育肥的方式,这种方式育肥效果相对好控制,而且育肥羔羊的日增重会明显高于白天放牧,晚上补饲方式。但是,在断奶后进入舍饲育肥时要做好过渡期的管理,避免因精料增加和运动量减少而产生的应激反应,特别要注意预防瘤胃酸中毒的发生。

(2)舍饲育肥

舍饲育肥是现代集约化肉羊养殖中最常用的育肥方式,与放牧相比,舍饲更有利于对育肥羊的管理。舍饲育肥按照饲养方式又可分为自由采食型饲养、限制型饲养。

自由采食型饲养:自由采食型饲养就是将符合羔羊生长所需的全价日粮一次性投放于饲槽中,让羔羊不受限制自由采食,这种方式能提高生长速度和饲养效率。自由采食型饲养在澳大利亚的舍饲育肥中应用非常广泛。这种方式不限制羔羊的采食时间和采食量,对日粮的营养配制要求更高,既要确保日粮的营养水平满足羔羊快速生长发育的需要,而且要保证日粮的适口性和均匀性。因此,如果选择自由采食型饲养方式育肥,建议尽量采用羔羊育肥专用全价混合颗粒料,营养全面,方便饲喂。同时,要配合自由饮水,秸秆类粗饲料可采用草料架饲喂,让羊只自由采食,使秸秆促进瘤胃功能作用的发挥。也可采用全混合日粮TMR自由采食。农户小规模育肥也可采用该方式,以羔羊育肥精料加苜蓿和燕麦进行自由采食型育肥,苜蓿和燕麦以草架形式存放,育肥精料单独放在料槽中,均自由采食。以上不论哪种方式的自由采型育肥饲养,都必须按照不同的育肥阶段调整饲料或日粮配方,以确保满足各阶段羊的营养需要,切忌一个配方用到底。而且饲料管理人员要经常观察羔羊的采食情况,及时更新草料,防止草料发霉变质。

限制型饲养:限制型饲养就是按羔羊不同生长阶段营养需要及当地饲草料营养成分含量,设计不同育肥阶段羔羊日粮配方和每日饲喂量,然后定时定点定量饲喂的方式。这种育肥饲养模式主要追求以最小的饲草料消耗达到设定的饲养效果,也就是精准饲养。因此,日粮配方和每日饲喂量的确定是这种饲喂方式最关键的技术点。实施中要根据已设定的育肥目标,比如设定体重25kg的一群羔羊育肥每只日增重300g,就必须要搞清楚每日每只羊的营养需要量,即干物质需要量1.1kg、消化能15.8MJ、粗蛋白191g、钙4.3g、磷3.4g、食盐7.6g等。然后再准确测定饲料原料的营养成分,而且每采购一批原料都需要重新测定。最后根据营养需要量和原料营养成分及含量确定不同阶段预育肥日粮配方和每天的饲喂量,最终形成定时定量饲喂方案。

限制型饲养模式能够有效提高饲料转化率和饲养效益。有研究表明:限制型饲喂时,饲喂量是自由采食量的92.8%,但是饲料转化率却比自由采食提高了20%,而且屠宰后胴体瘦肉率要显著高于自由采食饲养模式。但是限制型饲养模式不适于断奶前的羔羊,因为过早地限制饲养会影响羔羊内脏器官的发育,影响后期的生长和健康。

3.羔羊育肥管理

(1)羔羊预饲期管理

羔羊断奶后进入育肥之前要有一个过渡期,一般15～30d,这个阶段的饲养管理非常重要,它关系着育肥效果甚至成败。新购进的羔羊在适应了新环境后(5～7d)进入预饲期。

加强预饲期羔羊饲养管理的首要目标是降低断奶和新环境带来的应激,保证羔羊顺利渡过这个阶段,且尽量不掉膘。因此,预饲期羔羊饲草料的转换要循序渐进,不能变化过快,刚断奶时,要用羔羊代乳粉来代替母乳,也就是要给羊料中添加一定比例的羔羊代乳粉,添加量由70%、60%、50%、40%依次递减,羔羊育肥料由10%、20%、30%、40%依次递增,每3天变化一次,同时饮水中添加一些抗应激的添加剂,比如电解多维、黄芪多糖等。这个阶段的粗饲料以优质青干草为主,质地柔软,适口性好。

预饲期还要为整个育肥期做好各种准备,包括羔羊的免疫接种、驱虫、健胃、剪毛和修蹄等。准备育肥的羊要统一进行驱虫,一般选用广谱、安全的驱虫药,如阿苯达唑,按每千克体重15~20mg灌服、依维菌素0.2~0.3mg/kg皮下注射,推荐使用阿苯达唑和依维菌素的复合制剂,驱虫效果更好。第一次用药后间隔7d左右,进行第二次用药,驱完虫间隔一周后对育肥羊进行药浴,或者体外喷涂驱虫药,以确保内外寄生虫驱除干净。每次驱虫1天后要对圈舍进行彻底清扫和消毒,以防排出的寄生虫虫卵再次污染或者交叉污染。

两次驱虫结束1d以后,给待育肥的羔羊饲喂适量的健胃药,以清除胃肠中的积食、调理瘤胃微生物,促进胃肠的消化吸收功能,提高育肥效果。一般是将健胃药与饲料或饮水拌匀后饲喂,这种方法既要确保搅拌均匀,同时还要确保每只羊都能均匀采食,防止采食量少影响药效或者采食超量引起羊腹泻等其他不良反应。建议严格按照说明书的剂量逐只灌服比较安全。

育肥前要严格按照免疫程序进行免疫接种,使用羊三联四防苗,每只羊皮下或肌肉注射0.5mL,间隔1周,再注射羊痘疫苗,每只皮下注射0.5mL。

驱虫和健胃用药时必须严格按照药品说明书的剂量给药,如果驱虫药超剂量给药,可能引发中毒甚至致死;如果药量不足则达不到驱虫效果;健胃药超量会造成羔羊腹泻等。另外,驱虫药尽量使用广谱驱虫药或者复合制剂,健胃药尽量使用中药制。预饲期内尽量完成羔羊的剪毛和修蹄,一方面减少营养损耗,另一方面避免因育肥期剪毛和修蹄带来的应激而影响育肥效果。

预饲期是羊对新环境、新草料及新饲养方式和新群体的适应期,同时也是初期饲喂量和饲喂方式的探索期,这个时期羔羊会对新环境产生应激反应。因此,工作人员的饲喂、清扫等活动动作幅度要小,避免快速驱赶或者惊吓羊群,尽量保持羊群的安静。同时,要求技术人员密切观察育肥羊的精神、活动、采食及粪便等,以监控羊的健康状况,发现异常情况及时隔离诊治,恢复健康后方可混群饲养。预饲期每次添加草料前称重计量,添加后让羔羊自由采食1.5~2.0h后清扫槽内剩余草料称重,估计每次的采食量,以确定每次的饲喂量。随着羔羊体重的增加,逐渐增加饲喂量,且每次增加饲喂量之前均需称量试验确定。

（2）育肥前期

育肥羔羊应分阶段饲养,以确保育肥效果,以前大多数以日龄为标准进行分阶段饲养和日粮配方设计。但是,在实际生产中,因为断奶前及预饲期饲养水平的差异,相同日龄的羔羊其体重、体尺差别较大,按照日龄设计的饲养标准无法达到精准育肥的效果,而且国家标准《肉羊饲养标准》中是按照体重来确定不同阶段育肥羊的营养需要量的。因此,目前基本上都推荐以体重来划分羔羊育肥阶段。一般15kg左右断奶,再经过30d左右的预饲过渡期,体重达到20kg以上,开始转入育肥期,羔羊体重从20kg到35kg这个阶段就是育肥前期。

育肥前期羔羊的体格发育较快,主要的饲养目标就是促进其骨骼发育,快速拉开架子,为育肥阶段催肥增重打下基础。因此,这个阶段育肥强度不宜过大,饲料配方中蛋白质相对要高一些,能量低一些,同时要添加肉羊生长所需的各种维生素、微量元素及氨基酸等营养成分,促进肉羊骨骼发育,加速体格的增长。如果这个阶段能量饲料过多,肌肉发育和脂肪沉积过快,骨骼发育较慢,羊的体格生长受限,使育肥羊的体格较小,影响育肥效果。

育肥前期饲料组成,精粗比从40∶60逐渐过渡到50∶50,精料中蛋白和能量要适中,必须添加育肥前期预混料和瘤胃调控剂,在促进骨骼发育的同时加快胃肠黏膜绒毛的生长,扩大胃肠吸收面积,提高营养物质的消化吸收,为后期的强度育肥打好基础;粗饲料以优质青干草为主。饲喂量以预饲期测试的饲喂量为基础,根据不同阶段育肥羔羊的采食量变化进行调整,逐渐增加,精料量由0.5kg逐渐增到1.2kg,草料每天喂量由0.75kg逐渐增加到0.80kg,保证充足饮水。饲料的变换要逐渐过渡,减少应激,每次饲喂后要清扫饲槽、水槽,确保草料不发霉变质。每天打扫圈舍,每周圈舍消毒一次。这个阶段要注意观察羊群健康状况,防止瘤胃积食、瘤胃酸中毒、蹄病、尿结石等发生。

(3)育肥后期

育肥羔羊从30kg到50kg为育肥后期,这个阶段羔羊的架子体格基本长成,重点要促进肌肉的快速发育和生长,因此育肥后期饲料配方中要提高能量水平。日粮精粗比从50∶50逐渐增加到70∶30,精料中的能量饲料要逐渐增加,同时要添加1%~2%的小苏打。精料饲喂量由1.2kg逐渐增到1.4kg,精饲料的增加不宜过快,以免影响瘤胃内微生物菌群平衡,造成机体消化功能障碍和瘤胃发酵异常,胃肠负担过重,影响营养物质的消化吸收,甚至发生酸中毒和尿结石等疾病。粗饲料以优质青干草为主,也可添加少量秸秆,采用草料架给饲,方便自由采食饲喂。每天保证充足洁净的饮水,有适当的运动量。每次饲喂后要清扫饲槽、水槽,确保草料不发霉变质。每天打扫圈舍,每周圈舍消毒一次。

育肥后期的饲养管理要更加精细化,减少疾病的发生,尽量不要用药,特别是抗生素、激素类药物。因为药物都有休药期,育肥后期与羊屠宰期非常接近,如果用药,很容易残留到屠宰后的胴体内,给羊肉质量安全带来风险。同时饲养人员要随时观察,及时出栏。羔羊育肥最优化的育肥期是从断奶至6月龄,最好不要超过8月龄。因为羔羊出生至6月龄生长速度最快,饲料报酬高,8月龄后生长速度逐渐减慢,饲料消耗增大,饲养成本提高。另外,6~8月龄出栏的羔羊肉具有鲜嫩、多汁、胆固醇低、精肉多、脂肪少、味美、适口性好、易消化及膻味轻等优点,深受消费者喜爱,价格也是成年羊肉价格的1~2倍,所以育肥羔羊一般在8月龄前或者活重达到50kg左右即可出栏。

(二)大羊育肥

大羊育肥指1岁以上的去势公羊和淘汰老龄羊的育肥,育肥的主要目标是在短期内增加膘度和肌肉量,迅速达到屠宰上市标准。成年羊能量代谢水平稳定,能够充分利用饲料中的高能量营养成分,迅速沉积脂肪,特别是淘汰的成年母羊经过妊娠期和哺乳期后,或者季节性的冬瘦和春乏之后,若恢复较高的饲养水平,就会出现补偿性生长的现象,羊只便会快速生长,直至达到正常体重或良好膘情。大羊育肥就是利用这一特点,采用高能量强度补饲,进行短期育肥出栏,提高饲养效益。

1. 育肥前的准备

大羊育肥前要确保育肥羊处于非生产状态,母羊应停止配种、妊娠和哺乳;公羊应停止配种、试情,并进行去势。各类羊在育肥前应剪毛,以增加收入,改善皮肤代谢,降低营养消耗,提高育肥效果。大羊育肥前应进行驱虫,皮下注射伊维菌素0.2mg/kg体重,能驱除羊体内多种线虫,休药期21d;口服阿苯达唑片剂,一次量10~15mg,休药期7d;或硫双二氯酚,一次75~100mg,或羟萘酸丁奈胺,一次量25~50mg,可驱除羊只体内的绦虫。建议几类药物同时使用,或者使用复合制剂,以确保各类寄生虫均驱除干净,避免寄生虫分泌的毒素破坏羊只消化、呼吸和循环系统的生理功能,以及寄生虫对羊体营养的消耗,以加快育肥速度,减少饲草料损耗,提高育肥效益。

2. 育肥的方式

根据羊只来源和牧草生长季节,选择育肥方式,目前主要的育肥方式有放牧+补饲和舍饲育肥两种。

(1)放牧+补饲型育肥

放牧+补饲型育肥主要适用于牧区和农牧交错区的育肥饲养,放牧是降低成本和利用天然饲草饲料资源的有效方法,特别适用于成年羊快速育肥。夏季草场牧草旺盛、营养丰富,白天进行放牧,晚上归牧后适当补饲精料,每只羊每天补0.4~0.5kg,育肥日增重一般在200g左右。秋季选择淘汰老母羊和瘦弱羊为育肥羊,育肥期一般在60~80d,此时可先将母羊先转入秋季牧场或农田茬子地白天放牧,晚上归牧后补饲精料,待膘情好转后再转入舍饲育肥,开始转入舍饲育后,精料逐渐增加,防止应激及酸中毒的发生。

(2)舍饲育肥

舍饲育肥适用于农区、农牧交错区或有饲料加工条件的牧区。成年羊育肥周期一般以40~60d为宜。底膘好的成年羊育肥期可以为40d,育肥前期10d,中期20d,后期10d,日粮中精饲料和粗饲料的比例前期60:40、中期70:30、后期80:20;底膘中等的成年羊育肥期可以为60d,育肥前、中、后期各为20d,日粮中精饲料和粗饲料的比例前期50:50、中期60:40、后期70:30;底膘差的成年羊育肥期可以为80d,育肥前期20d,中、后期各为30d,日粮中精饲料和粗饲料的比例前期50:50、中期60:40、后期70:30。精饲料中能量饲料的比例相对要加大,定时定量饲喂,粗饲料自由采食,或者精粗饲料混合做成颗粒饲料。

3. 育肥管理要点

(1)外购育肥大羊时要选择膘情中等、身体健康、牙齿好的羊只,尽量不购买膘情很好或膘情极差的羊,切忌购买病羊和僵羊。

(2)大羊育肥时按体重和体况进行分群,把大小或者体况相近的羊放在同群饲养,以防止因个体差异大,造成强弱争食,影响育肥效果。

(3)入圈前注射三联四防灭活疫苗,并进行药物驱虫和健胃。圈内设置足够的水槽、料槽,并对羊舍及运动场进行清洁与消毒。

（4）严格按比例称量配制日粮，为提高育肥效益，应充分利用天然牧草、秸秆、树叶、农副产品及各种下脚料，扩大饲料来源。育肥羊饲料中严禁添加违禁添加剂，育肥期内尽量避免用药，特别是抗生素和激素类药物，防止羊肉中药物残留超标。

（5）大羊育肥每日饲喂量依配方不同而有差异，一般为2.5～2.7kg。每天投料2次，日喂量的分配与调整以饲槽内基本不剩料为标准。饲喂颗粒饲料时，最好采用自动饲槽投料，圈内设置草架放置青干草或秸秆，供育肥羊自由采食，促进瘤胃健康和营养消化吸收，防止尿结石和酸中毒的发生。

（6）进入育肥后期后，饲养人员要注意观察羊的体重变化，当采食量变化不大，而体重增加明显变慢的时候要及时出栏，降低饲料消耗，提高养殖效益。另外，育肥羊的出栏也可以结合中国传统节假日，特别是少数民族的相关节日分批出栏，以获得较高的收益。

三、育肥羊常见病防治

（一）尿结石

1.病因分析

（1）饲料质量

在育肥羊养殖的过程中，如果使用玉米和麸皮，很容易形成磷酸盐结晶。如果长期使用甜菜和萝卜等饲料，尿液如果呈现酸性时，很容易形成硅酸盐结晶。此外，在育肥羊喂养的过程中，如果饲料中缺少胡萝卜素，会使羊的肾脏和尿道上皮产生脱落的现象，这些脱落的物质是尿结石形成的主要原因。此外，如果尿液中存在过多的盐类，很可能形成凝结的物质，从而导致羊出现尿结石。

（2）饮用水的质量

如果育肥羊的饮用水中含有过多的矿物质，或者饮水量比较少，很容易使羊的尿液减少，而尿液中盐的浓度增加，进而形成尿结石。

（3）羊泌尿器官炎症

育肥羊在生长的过程中，如果泌尿器官出现膀胱炎或者尿道炎，尿中的细菌和其他炎性的物质就会导致尿结石产生。此外，如果出现尿路炎症，会产生尿闭的现象，从而导致尿素分解成氨，尿液的pH值变成碱性，碱性尿液的主要特征是里面有大量很难溶解的盐类化合物，而尿液中的有机物含量也会增加，使尿液中盐类化合物形成凝结沉淀，最终导致尿结石的形成。

2. 临床症状

肾脏中出现结晶体，之后进入到膀胱，然后形成尿结石。如果刺激膀胱或者增长，就会出现发炎和出血。相关的研究显示，因为尿道的阻塞会使羊痛苦不堪，排尿出现困难，也可能出现膀胱肿大的现象。在多数情况下，如果尿结石不影响排尿，症状不是很明显，但是如果影响排尿就会表现出一些明显的临床症状。严重时会导致膀胱破裂，并发尿毒症死亡。

通过观察羊的临床表现及检查尿道可以确定羊是否患尿结石。此外，在检查的过程中需要采集患病羊的尿液，在镜下观察有少量的变性细胞或者血液，尿道口会出现感染的情况，同时患病羊表现得比较痛苦，进而就可确诊为尿结石。

3. 治疗方法

(1)手术治疗

在进行手术治疗之前,应该使用专用的探针确定羊发生尿结石的具体位置,从尿道口进入之后沿着尿道逐渐检查,能够确定阻塞的位置。在进行科学的消毒之后切开尿道,然后取出结石。手术治疗结束之后为了避免发炎,应该使用一定量的青霉素钠或者青霉素钾进行预防。注射量应该结合羊尿结石的轻重程度,选择肌肉注射的方式,每天2次,连续使用1~2d。

(2)药物治疗

如果育肥羊的尿结石不是很严重,可以采取药物进行治疗。药物治疗就是利用利尿剂使得尿液得到稀释,能够很好地降低尿液中的结晶物的浓度,避免尿液中出现沉淀的现象。此外通过对尿路的冲洗也能够使一些体积比较小的结石排出。一般情况下,使用比较多的利尿剂为呋喃苯胺酸,结合育肥羊的体重选择具体的用量。一般情况下,每天使用一次到2次即可,通过肌肉注射3~5d。在注射利尿剂的同时应该为患病羊提供充足的干净饮水。如果患病羊的泌尿器官有炎症的话,应该使用青霉素钠或青霉素钾进行肌肉注射,持续3~5d。

4. 预防措施

多数情况下,引发该病的主要原因是饲料管理不当。为此,在育肥羊养殖的过程中应该坚持预防为主的原则,加强对饲料的管理,养殖过程中随时观察羊的生长情况。首先,重视对养殖过程中的饲料管理,为育肥羊提供充足的饲料,同时保证营养的均衡性,避免同时喂饲矿物质含量过多的饮料和水,在饲料中可以适当添加胡萝卜等维生素含量比较高的物质,还应该增加羊的饮水次数,以更好的稀释尿液。其次,要随时观察羊的生长健康情况,如果在养殖的过程中出现膀胱炎和尿道炎,应该采取科学的治疗措施,及时发现,及时治疗,避免膀胱炎和尿道炎严重之后产生尿结石。再次,在羊的饲料中可以添加一定量的氯化氨,目的是为了减少尿液中的磷、镁等盐类。最后,还可以在饲料中添加一定量的海金沙等清热利湿的中药,也能很好的控制育肥羊尿结石的出现。

综上所述,育肥羊在生长的过程中经常会受到尿结石疾病的影响,为此,必须采取有针对性的措施。如果病情比较严重的话,需要进行手术治疗,如果病情不严重的话,可以采取药物治疗的方式,通过科学的预防措施能够很好地降低该病的发生。

(二)瘤胃酸中毒

瘤胃酸中毒也叫乳酸中毒,是因采食大量的谷类或其他富含碳水化合物的饲料后,在瘤胃内异常发酵产生大量乳酸,使胃内微生物群落的活性降低而导致的一种消化系统疾病。其特征为精神兴奋或沉郁,瘤胃蠕动停止,食欲决绝,胃液pH值和血浆二氧化碳结合力降低以及脱水等。

1. 病因分析

饲喂了大量谷物,如大麦、小麦、玉米、稻谷、高粱等,特别是粉碎后的谷物,在瘤胃内高度发酵,产生大量的乳酸而引起瘤胃酸中毒;在育肥过程中高精饲料转换太快,或者精粗饲料搅拌不均匀,个别羊只采食过多精料等均会引起瘤胃酸中毒。另外,羊过量采食苹果、青玉米、甘薯、马铃薯、甜菜及发酵不全的湿谷物也能引发瘤胃酸中毒。

2. 症状

(1)急性发作症状

急性发作的病例，一般在采食谷物饲料后3~5h，没有明显症状突然死亡，个别会表现精神沉郁、昏迷，然后很快死亡。

(2)轻度瘤胃酸中毒症状

症状较轻的瘤胃酸中毒，发病羊表现神情恐惧，食欲减退，反刍减少，瘤胃胀满、蠕动减弱，弓背呆立或者后肢频频踢腹，粪便松软或腹泻。这种轻微酸中毒如果病情稳定，没有进一步恶化，则不需要治疗，停喂3~4h就可自动恢复。

(3)中度瘤胃酸中毒症状

中度瘤胃酸中毒的症状表现为精神沉郁，鼻镜干燥，食欲废绝，反刍停止，空口虚嚼，流涎磨牙，粪便稀软或腹泻呈水样，有酸臭味。一般情况下体温正常或稍偏低，但夏季天气炎热时病羊体温可能会偏高，病羊呼吸急促，脉搏加快，可达80~100次/min。羊突然采食大量谷物引起的瘤胃酸中毒，对病羊进行瘤胃触诊时，瘤胃内容物坚实或呈面团感；采食过量黄豆的病羊一般不发生腹泻，但有明显的瘤胃胀满。病羊还表现皮肤干燥，眼窝凹陷，尿量减少甚至无尿，血液暗红、黏稠，肢体虚弱，卧地不起；实验室检测瘤胃液pH值在5~6，尿液pH值降到5左右。

(4)重度瘤胃酸中毒症状

重度瘤胃酸中毒病例表现行走蹒跚，碰撞物体，眼反射减弱或消失，瞳孔对光反射迟钝，头回视腹部，对外界刺激反应迟钝；有的病羊表现精神狂躁，向前狂奔或转圈运动，甚至撞墙，无法控制，视觉明显障碍，随着病情加重，后肢麻痹瘫痪，卧地不起，最终角弓反张，昏迷而死。

3. 治疗

瘤胃酸中毒的治疗原则是加强护理，清除瘤胃内容物，抑制酸中毒，补充体液，恢复瘤胃蠕动。当病羊心率在100次/min以上，瘤胃内容物pH值降到5以下时，需要切开瘤胃，排空胃内内容物，用3%碳酸氢钠或温水洗涤瘤胃数次，尽可能洗净瘤胃内的乳酸，然后向瘤胃内注入适量轻泻剂或者优质干草，并静脉注射钙剂和补充体液，必要时补充碳酸氢钠，以调节酸碱平衡或者电解质平衡。

如果病羊临床症状不太严重，或者发病羊数量较多，则不适宜进行瘤胃切开治疗，此时可采取洗胃治疗，使用大口径胃管，用1%~3%的碳酸氢钠或5%的氧化镁温水溶液反复冲洗瘤胃，排液要充分以保证冲洗效果，冲洗后可向瘤胃内投服碳酸氢钠等碱性药物，补充钙剂和体液，也可用石灰水洗胃，直到胃液呈碱性为止。洗完胃后，瘤胃仍然处于弛缓状态，应避免大量饮水，以防出现瘤胃膨胀。瘤胃恢复蠕动后，才可自由饮水。如果无法进行洗胃治疗时，可按每千克体重注射10mL 5%碳酸氢钠，并投服氧化镁或氢氧化镁等碱性药物，再服用青霉素溶液，帮助乳酸中和以及抑制瘤胃内链球菌的繁殖。

当病羊出现脱水症状时，可静脉注射5%的葡萄糖氯化钠注射液3000~5000mL、20%安钠咖注射液10~20mL、40%的乌洛托品注射液40mL，也可在灌服碱性药物1~2h后，投服缓泻剂,比如液体石蜡80～250mL,促进瘤胃内容物排出和胃肠机能的恢复。

当出现休克症状时,可用地塞米松10～20mg静脉注射或者肌肉注射。血钙下降时,可用10%葡萄糖酸钙注射液300～500mL静脉注射。

因过食黄豆而发病的羊,发生神经症状时,静脉注射镇静剂安溴注射液或者肌肉注射盐酸氯丙嗪,再静脉注射10%的硫代硫酸钠,肌肉注射维生素C注射液。

酸中毒治疗后的病羊在最初18～24h内要限制饮水,恢复阶段暂停饲喂精料,应提供优质青干草让其自由采食,恢复以后逐渐添加精饲料。

4. 预防

合理设计育肥期日粮配方,并严格按照配方饲喂,不可随意增加精料,精料变换时由少到多逐渐过渡,精饲料不宜粉碎过细,精粗饲料要搅拌均匀。加强饲养管理,防止羊只闯入饲料库等。

第六章　肉羊选种选配及杂交配套技术

第一节　肉羊体型外貌及体况评定技术

一、肉羊体型外貌评价技术

（一）肉羊体型外貌特点

体型外貌评定就是通过对肉羊身体外部结构特征、各部位形状、形态等来确定肉羊的品种特征、种用价值和生产力水平的方法，优秀肉用种羊应该具备以下外貌特征。

肉用羊头短而宽；颈部粗短呈圆形，肌肉和脂肪发达；鬐甲宽而平，与背部平行；脊椎横突较长而棘突较短，脊椎上的肌肉发达，背线和鬐甲构成一条直线；胸部深而宽圆，肋骨开张良好，肌肉丰满；背腰宽而平直，后躯发育良好，臀部肌肉发达，四肢较短，姿势端正；侧面直视整个身体呈长方形。

（二）肉羊体型外貌评定方法及标准

1. 肉羊体型外貌评定方法

（1）肉羊体型外貌评定时首先要看整体结构和外形有无严重缺陷；种公羊是否单睾、隐睾；种母羊乳房发育情况；上、下颌发育是否正常。存在以上缺陷的羊不能作为种用羊，可以直接淘汰，也不用参与外貌评价。

（2）肉羊体型外貌评定要参照相关品种标准（包括国家标准和行业标准），只有符合品种标准的肉用种羊才有必要进行外貌特征评价。

（3）对符合品种标准的种羊按照品种标准中体型外貌的评价指标，逐项进行测评打分，根据总体评分进行等级评价。

2. 肉羊体型外貌评定标准

（1）肉用山羊体型外貌评定标准

肉用山羊体型外貌评定指标、评价标准、评分情况及等级评定规则参见表6-1和表6-2。

表6-1 肉用山羊体型外貌评定标准

评价指标	评价标准	评分	
		公羊	母羊
整体结构	肉羊的整体结构和外貌特征应该符合品种标准要求。且体质结实,结构匀称,头短而宽,公羊颈短而粗、母羊颈略长,鬐甲低平,胸部宽圆,肋骨开张良好,背腰平直,肌肉丰满,后躯发育良好,四肢较短,整个体形呈长方形。	25	25
体躯	胸部深广,背腰平直,鬐甲高于十字部,尻部丰满斜平适中,肌肉发达。	30	30
乳房	乳房发育良好,乳头大小均匀。	--	25
四肢	四肢短而细,前后肢开张良好,姿势端正,蹄质坚实。	20	20
体况	颈部、背部、胸部及整个后躯肌肉发达,脂质丰满,整个躯体圆润结实。	25	--
总计		100	100

表6-2 肉用山羊体型外貌等级评定

等级	公羊	母羊
特级	≥95	≥95
一级	≥90	≥85
二级	≥80	≥75
三级	≥75	≥65

(2)肉用绵羊体型外貌评价标准

肉用绵羊体型外貌评定指标、评价标准、评分情况及等级评定规则参见表6-3和表6-4。

表6-3 肉用羊外貌评定标准

评定指标	评价标准	评定分值
一般外貌	外貌特征、被毛颜色符合品种要求。体质结实,体格大,各部位结构匀称。体躯近似圆桶状或长方形。膘情中上。	15
前躯	公羊颈短粗、母羊颈略长,颈肩结合良好。胸部宽深,鬐甲低平,肋骨弓张良好。	25
后躯	背长、宽,背腰平直、肌肉丰满,后躯发育良好。	30
四肢	四肢短粗、结实,肢势端正,后肢间距大,肌肉发达,呈倒"U"字型,蹄质坚实。	10
性征	公羊睾丸对称,发育良好。母羊乳房发育良好。	20

表6-4 肉用绵羊体型外貌等级评定

性别	特级	一级	二级	三级
公羊	90	85	75	70
母羊	85	80	70	65

二、肉羊体况评定技术

我国评价绵羊和山羊生长状况的传统手段主要是称重,通过定期称重来确定羊的生长速度和饲料利用情况。而对于绵羊、山羊体况评价主要是通过目测来估计,或用文字描述,而这种目测的方法经常会受到羊体表被毛长度、目测者人为因素及描述语言的影响,结果存在一定的误差。从20世纪60年代开始,美国、英国、澳大利亚等养羊发达国家就开始研究用量化的数据来表示体况评分,以代替模棱两可的文字描述。这种体况评分方法不需要辅助任何工具,简单易行,可应用于生产管理和科研结果的量化描述,便于科学统计分析和横向比较,也可以用来评价羊只的日粮利用效率、估测体重和体脂肪沉积量等,还可以及时发现饲养管理中存在的问题并及时纠正。

(一)肉羊体况评分标准

肉羊体况评分就是通过触摸胸骨、脊柱和腰椎(眼肌)周围的脂肪和肌肉厚度来评价羊只体况的方法。不同国家评价方法基本一致,但是评分标准不同,比如美国采用9分制,英国采用5分制,澳大利亚采用6分制。而我国目前一些大型规模化羊场也开始采用5分制来评价羊的体况。

1. 美国肉羊体况评分标准

体况评分在美国成功地用于评定羊在各个生理时期的营养状况,这种方法被广泛用于肉羊的饲养。美国肉羊体况评分采用的是9分制,其中,1~3分体况偏瘦,4~6分体况中等,7~9分体况偏肥。在大多数情况下,羊的体况应为4~7分,1~3分的绵羊就有问题,8~9分过肥。具体评分标准如下:

1分:非常瘦弱,接近死亡。

2分:非常瘦,但不弱。

3分:很瘦。所有的肋骨可见;棘突明显,并且非常尖锐;触摸不到脂肪层,肌肉有所消耗。

4分:较瘦。大部分肋骨可见;棘突尖锐,单个棘突容易触摸到;能够触摸到腰椎上的脂肪层,但不明显。

5分:体况一般。个别肋骨可见,但不明显;可以触摸到棘突,但感觉是平滑的;可以触摸到腰椎上的一些脂肪层。

6分:体况中等。肋骨不明显,外观平滑;棘突平滑圆润,单个的棘突很平滑, 需要用力才能触摸到;能够触摸到腰椎上有明显的脂肪层。

7分:体况肥。看不见肋骨;触摸时要用很大的压力才能感觉到棘突,可以感觉到腰椎上有相当厚的脂肪层。

8分:体况过肥。触摸不到肋骨;也很难触摸到棘突;身体显现肥胖的外形。

9分:畸形肥。与8分个体相似,但更为肥胖,整个身体很不协调。

2. 澳大利亚肉羊体况评分标准

澳大利亚1961年就已经有人(Jeffries)研究羊的体况评分标准,并提议作为澳大利亚放牧绵羊管理的一种辅助方法。1969年Russel等证实用此方法评定体况与化学方法测定绵羊脂肪含量具有密切的相关性,也就进一步证明该方法的可行性。因此,6分制的体况评分标准被正式用于绵羊体况评价。

0分:极度消瘦和甚至濒临死亡。在皮肤和骨骼之间触摸不到肌肉和脂肪组织。

1分:棘突凸尖,横突尖锐,手指很容易通过其末端下缘,感觉到突与突间的间隔;眼肌区浅,没有脂肪覆盖。

2分:仍然可以触摸到棘突的凸起,略有平滑感,各个凸起触摸时呈浅沟状;横突平滑圆润,手指稍用点力可以通过其下缘;眼肌区中等深度,脂肪覆盖很少。

3分:触摸棘突,略有凸起感,平滑圆润,用力按压才可触到各个椎骨;横突平滑,覆盖良好,骨端需用力按压才能摸到;眼肌区丰满,脂肪覆盖程度中等。

4分:用力按摸才能勉强感到棘突,脂肪覆盖的肌肉区间有硬实轮廓感觉;摸不到横突末端;眼肌区肌肉丰满,脂肪覆盖层厚。

5分:用力按摸感觉不到有棘突,且棘突位置的脂肪层间有凹陷,摸不到横突;眼肌区非常丰满,脂肪覆盖非常厚;臀部和尾部有大量脂肪沉积。

3. 英国肉羊体况评分标准

英国肉羊体况评价采用5分制的评分标准,3分代表中等体况,相当于9分制中的5分。英国虽然使用5分制,但是,在实际的评分过程中会经常用半分,也就是说在实际评分中经常会有10个等级,因此,与美国的9分制的评分是基本一致的。

1分:整体消瘦,触摸脊椎是感觉瘦骨嶙峋,背部棘突尖锐而突出,极易穿过皮肤触摸到下面,腰部没有脂肪覆盖腰肌非常薄,横突尖锐,指压很容易陷入横突底部。

2分:整体较瘦,较难触摸到每个棘突之间;背部棘突依旧突出,但不尖锐;腰部眼肌较为丰满,事实上没有脂肪覆盖;横突边缘圆滑,稍微用力指压可陷入横突下部。

3分:整体适中,触摸棘突光滑不突出,需用力才能触摸到棘突之间;腰部肌肉丰满,有一些脂肪覆盖;横突光滑,需用力才能把手指压倒横突边缘下方。

4分:整体较胖,脂肪沉积在尾端上方;需用大力才能触摸到背部棘突;腰部眼肌丰满且有脂肪覆盖;横突已触摸不到。

5分:整体肥胖,尾端出现脂肪垫;背部棘突触摸不到,以前能触摸到脊椎的地方下陷在肌肉之间;腰部眼肌非常丰满,覆盖着厚厚的脂肪;横突触摸不到。

4. 我国肉羊体况评分标准

近年来,我国一些规模化肉羊场也逐渐开始使用体况评分来评价羊群的整体营养状况。虽然没有统一的国家标准或者行业标准,但是,大部分企业均借鉴国外的做法,采用5分制的评分方法。

1分:整体特别消瘦,如图6-1。羊只瘦弱,脊柱棘突明显尖锐;用手触压肋骨、棘突和腰椎周围时感觉不到脂肪的沉积;横突尖锐,手指很容易触及,感觉皮肤特别薄,皮下覆盖薄薄的肌肉。

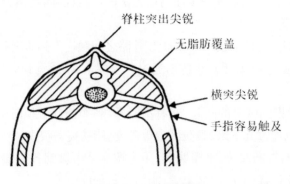

图6-1　1分示意图

2分：整体较瘦，如图6-2。棘突突出；用手触压肋骨、棘突和腰椎周围时感觉到薄薄的脂肪沉积，皮下的肌肉中等厚度；骨骼外露不显，横突圆滑，手指较难触及，背、臀、肋骨部位有薄层脂肪覆盖。

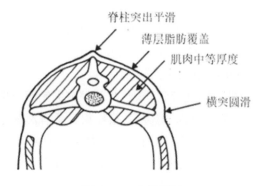

图6-2　2分示意图

3分：整体肥瘦适中，如图6-3。棘突不突出，略显平滑；用手轻压肋骨、棘突和腰椎周围有中等厚度脂肪覆盖，皮下的肌肉丰满，有弹性；横突圆润平滑，手指很难触及。

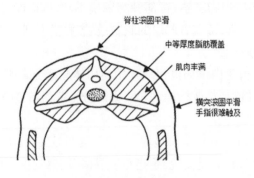

图6-3　3分示意图

4分：整体显肥胖，如图6-4。看不到棘突，脊椎区显得浑圆、平滑，形成一条线；用手轻压肋骨、棘突和腰椎周围有较多脂肪沉积,皮下的肌肉层丰满、硬实;横突无法触及,用力压才能区分单根肋骨。

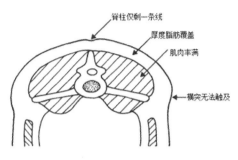

图6-4 4分示意图

5分:整体异常肥胖,如图6-5。肋骨、棘突和腰椎的骨骼结构不明显,棘突部位下陷,在肌肉之间形成一条浅凹;腰部眼肌非常丰满,皮下脂肪堆积非常多;尾端出现脂肪垫,横突无法触及。

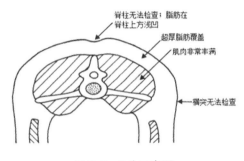

图6-5 5分示意图

(二)肉羊体况评定方法

1. 评定部位

肉羊体况评定部位主要包括羊背部中央的脊椎及其周围,主要触摸部位是最后一根肋骨后部和肾脏外部上方。

2. 羊只准备

评定时,可将羊只适当保定,自然站立,评定人员通过目测和触摸评定部位,对照标准打分。

3. 评定程序

(1)首先观察羊体的大小和整体丰满程度。

(2)从羊体后侧观察尾根周围的凹陷程度,然后再从侧面观察腰背脊柱和肋骨的丰满程度。用拇指和食指掐捏肋骨,检查肋骨皮下脂肪的沉积情况。肉羊过肥时不易掐住肋骨。

(3)用手掌在羊的肩、背和尻部移动按压,触摸脊柱、肋骨以及尻部皮下脂肪的沉积情况。

4.体况评分方法

体况评分主要依靠手部按压脊柱(椎骨棘突和腰椎横突)、眼肌上的脂肪覆盖程度和肌肉丰满程度,结合视觉来综合判定。

(1)先用手指按压腰椎评定棘突的突起程度,触摸手法如图6-6。

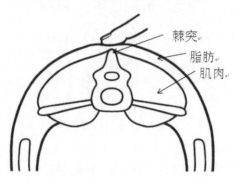

图6-6 触摸棘突

(2)再用两指挤压腰椎两侧评定横突突出程度,触摸手法如图6-7。

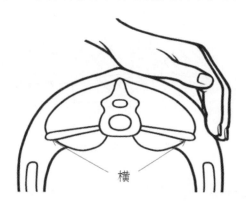

图6-7 触摸横突

(3)将手指伸到最后几个腰椎横突下触摸,判定肌肉和脂肪组织的厚度,最后评定棘突与横突间眼肌的丰满度,触摸手法如图6-8。

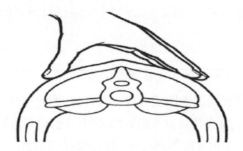

图6-8 触摸腰椎上面和周围肌肉脂肪沉积

（三）羊体况评分时的注意事项

(1)体况评分是一种相对主观的评估羊营养状况的方法,不同评估者的评估结果存在差异。因此,体况评分时应取3个评估者评分结果的平均值来作为被评定羊的最终体况评分。

(2)羊体况评定应该限定在相同品种范围内。不同品种间体型结构上的差异会导致体内脂肪的比例存在差异,评分标准应该也不一样,或者对评分的使用标准不同。比如小尾寒羊其内脏器官周围的体脂肪比例较大,而皮下脂肪相对沉积较少,就不能与纯种肉羊使用同一个评价标准。

(3)大型养殖企业对所有母羊都进行体况评分可能是不现实的,可以采取抽样评定的方法,抽取羊群中10%～20%的母羊进行体况评分,然后估测整个羊群的体况,这种抽测的方法要求一个群体内的羊体况差异越小越好。建议首先通过整体目测,将年龄和体况都相近的羊组成一群,再做整体评定,这样估测的结果也会相对准确一些。

(4)对于不同品种的羊进行体况评分时,可以结合其他指标如被毛光泽、肷窝深度等,来判断羊只的体况是否处于正常状态,并酌情加减分值,如被毛光亮、肷窝较浅,则表明该羊的营养状况较好;如被毛无光泽、粗乱、肷窝较深,则表明羊的营养状况较差。

(5)对于同一只成年羊进行体况评分时,可以结合体重变化进行校正,有研究表明,同一只成年母羊其体况评分每变化0.5个单位,体重将会变化6%～7%。例如,一只母羊体况评分为3时体重为68.0kg,如果其体况评分值达到4分,则体重将会达到76.2～77.5kg。

（四）体况评分在生产中的应用

体况评分可以作为羊群管理的参考依据,其优点之一是克服羊群内个体间和不同品种羊群间体格大小和体重上的差异。体况评分在生产中的应用主要包括以下几个方面。

1. 体况评分在配种期种羊管理中的应用

体况评分对母羊配种前和产羔前的饲养管理非常重要,配种时的体况同排卵率和产羔率有很大的关系。一般说来,配种时体况好,排卵率就高,相应的产羔率也高。配种时母羊的目标分值为3.0～3.5,目的是保持适当的体况促进发情和排卵。当羊只体况评分过低或者过高时,都能造成排卵减少或者乏情。此时,应将母羊根据体况进行分群,低于3分的羊应进行补饲;高于3.5分的羊应调整日粮配比和饲喂量,使其控制在合适的体况下进行配种。

配种公羊的目标分值为3.25～3.75。以保证精力充沛和良好精液质量。配种期供给充足的全价饲料,当体况评分低于3.25分时,要减少配种或采精次数,增加休息时间,并补充鸡蛋、牛奶和胡萝卜等;高于3.75分时应加强运动,适当降低精料饲喂量。

2. 体况评分在怀孕期母羊管理中的应用

怀孕母羊的体况目标分值为3.25～3.75。目的是保证怀孕后期母羊拥有充足但又不过剩的身体脂肪储备,以确保顺利产羔、同时具有高泌乳量。当产前母羊体况评分低于3.25时,可能会造成产后过早动用体内储备,引起泌乳量不足,影响羔羊生长;当体况评分高于3.75时,表明怀孕母羊能量摄入过高,造成皮下脂肪沉淀过多,产后容易发生一些营养代谢病,如妊娠毒血症等。

3. 体况评分在泌乳期母羊管理中的应用

泌乳初期母羊体况评分的目标分值为 2.5～3.0。母羊分娩后,如果饲喂存在问题,加上泌乳的需要,机体脂肪消耗量大,体况评分开始下降。如果体况评分低于 2.5 分,其机体抵抗力降低,很容易感染疾病,出现代谢异常和繁殖障碍,从而降低生长速度或产奶量。泌乳中后期目标分值为 3.0～3.5。此时,羔羊还未断奶,适当的体况能保证羔羊的正常生长,并为断奶后配种做好准备。

4. 体况评分在羊群管理中的其他应用

羊群整体的体况反映了整个羊群的营养、健康和管理状况,可以对不同时期的羊群制定不同的体况评分标准;也可以通过体况评分对羊群中的异常羊只进行分类调理,以实现精准管理,降低损失。对于过瘦的羊只(低于 2 分),除营养因素外,应首先考虑寄生虫病(线虫、绦虫和吸虫等)和胃肠道疾病(瓣胃阻塞、食入异物等),找出病因治疗后再适当补饲;对于过肥的羊(高于 4 分),尤其是种公羊和后备母羊,应适当限制精饲料的饲喂量。

综上所述,在养羊生产中合理应用体况评分能提高羊群整体的营养状况和健康水平,是检测饲养者饲养管理水平的一个重要工具。为标准化、现代化的养羊生产提供了一个可以量化的考核指标,值得大力推广。

第二节　肉羊生产性能测定

生产性能测定是指在相对一致的条件下,对待测羊只某个经济性状表型值进行度量的一种育种措施。生产性能测定及其数据收集是育种工作以及遗传评估的基础,可为评价羊群的生产水平、估计群体遗传参数和评价不同杂交组合提供数据支撑。

根据组织方式可将肉羊生产性能测定分为测定站测定和场内测定。测定站测定是指将所有待测个体集中在一个专门的性能测定站或某一特定牧场进行统一测定。场内测定是指直接在羊场内进行的性能测定。

一、性能测定的基本原则

(1)性能测定必须严格按照科学、系统和规范的程序来实施,同一类育种方案中,性能测定的程序和方法必须统一。我国目前涉及羊生产性能测定的国家或行业标准有 GB/T26939-2011《种羊鉴定项目、术语与符号》、NY/T 1263-2006《绵山羊生产性能测定技术规范》,以及正在立项制定的国家标准《种羊生产性能测定技术规范》(2010455)和农业行业标准《肉羊生产性能测定技术规范》,这些都可以作为肉羊性能测定的技术依据,建议优先选择国家标准。

(2)性能测定结果应客观、准确和可靠。

(3)性能测定的实施要保持连续性和长期性。

(4)性能测定指标应根据育种方向确定,并随技术的发展适时改进测定方法和记录管理系统。

二、性能测定的基本要求

(一)测定场(站)的基本要求

(1)测定场(站)应具有相应的仪器设备和量具,应满足测定项目的精度要求,并由专人管理和使用。

(2)测定场(站)内负责测定和数据记录的人员应具有中专以上学历或取得相关专业技能资格证书。

(3)测定场(站)场区和圈舍通风良好、光线充足、饮用水洁净、温湿度适宜,环境及其卫生条件符合NY/T388《畜禽场环境质量标准》和NY/T1167《畜禽场环境质量及卫生控制规范》中的要求。

(4)测定场(站)应有健全的卫生防疫和检疫制度,科学合理的免疫程序。

(5)同一测定场(站)待测羊只的饲养管理条件应一致,营养水平应达到相应饲养标准的要求。

(二)受测羊只的基本要求

(1)体型外貌符合品种标准。

(2)受测羊及其父母系谱清晰、准确,个体ID号正确无误。

(3)个体本身及其同胞均无遗传缺陷。

(4)生长发育正常,健康状况良好。

(5)常规免疫符合免疫规程的要求,且记录完整。

三、种羊登记

种羊登记就是将符合品种标准的种羊,登记在专门的登记簿中或储存于特定数据管理系统中的一项生产和育种措施,是品种培育和群体遗传改良的一项基础性工作。种羊登记的目的主要是促进羊的遗传育种工作、保存基本育种资料和生产性能记录,并以此作为促进羊业生产和品种培育工作的依据。

(一)种羊登记条件及对象

1. 申请种羊登记的单位或个人应具备的条件

(1)取得种羊生产经营许可证;

(2)经畜牧主管部门备案的养殖场或者养殖小区;

(3)国家和省级畜禽遗传资源保护区内的养殖户;

(4)其他符合条件的单位和个人。

2. 申请登记种羊的条件(满足其一即可)

(1)双亲已登记的纯种;

(2)从国外引进已登记或者注册的原种;

(3)三代系谱记录完整的优良种羊个体;

(4)其他符合优良种羊条件的个体。

(二)种羊登记注意事项

(1)羔羊(种羊的后代)出生后3个月以上即可申请登记。

(2)登记后的种羊在其后出售、转移、死亡,以及成年后的生产性能记录、遗传评定结果等均需连续不断地进行登记。

(3)各省(市、区)将登记种羊资料收集整理后,定期通过网络报送到全国畜牧总站。

(4)每年年底全国畜牧总站公布种羊登记的统计结果。

(5)登记种羊转移时需通过当地畜牧技术推广机构办理转移手续。

(6)进口种羊,应有其出口国"原始登记号及登记材料"。

(三)种羊登记内容

1. 基本信息登记

种羊登记的基本信息包括场名、品种、类型、个体编号、出生日期、出生地、综合鉴(评)定等级、登记时间、登记人等。

2. 系谱登记

种羊登记要求三代系谱完整,并具有父本母本生产性能或遗传评估的完整资料。

3. 外貌特征

种羊登记内容需要附存种羊头部正面和左(或右)体侧照片各一张。

4. 种用性能登记

种羊的种用性能登记包括生长性能(各阶段体重、体尺等)、产肉性能(屠宰率、净肉率等)、繁殖性能(初配时间、繁殖率或产羔率)等。

5. 种羊转让、出售、死亡、淘汰等情况记录。

(四)种羊登记相关要求

(1)种羊登记由专人负责填写和管理,登记信息应当录入计算机管理系统,不得随意涂改。

(2)种羊登记和测定等书面资料和电子资料应当长期保存。

(3)登记的种羊淘汰、死亡时,畜主应当在30日内向登记机构报告。

(4)登记的种羊转让、出售时,应当附优良种羊登记卡等相关资料,并办理变更手续。

四、个体标识

个体标识是羊群管理的第一步,是种羊身份追溯的唯一凭证,一个种羊一生应该只有一个标识号,也就是它的个体ID号。

(一)个体标识编号原则

(1)个体标识的方法要简单方便,容易掌握,且便于饲养管理及电脑数据库的管理和识别,个体编号全部由数字或数字与拼音字母混合组成。

(2)种羊个体标识的编号内容应包含种羊所属地区、饲养单位和出生年代等基本资料。

(3)编号系统需要长期有效,应确保50年内不会出现重号,以保证数据库正常运行。

(二)个体标识和编号的方法

(1)个体标识可分为耳标、条形码、电子识别标志等。

(2)编码方法采用16位标识系统,即:1位绵、山羊代码+2位品种代码+1位性别代码+12位顺序代码。

(3)绵、山羊代码:绵羊用S表示,山羊用G表示。

(4)品种(遗传资源)代码:采用与羊只品种(遗传资源)名称(英文名称或汉语拼音)有关的两位大写英文字母组成。我国现有羊品种代码参见表6-5。

(5)性别代码:公羊用1表示,母羊用0表示。

(6)顺序代码:顺序代码由12位阿拉伯数字组成,分四部分,包括省区代码、羊场编号、出生年份及年内顺序号,结构参见图6-9。

表6-5 羊品种(遗传资源)代码编号表

品种	代码	品种	代码	品种	代码
滩羊	TA	考力代绵羊	KO	青海毛肉兼用细毛羊	QX
同羊	TO	腾冲绵羊	TM	青海高原毛肉兼用半细毛羊	QB
兰州大尾羊	LD	西藏羊	ZA	凉山半细毛羊	LB
和田羊	HT	子午岭黑山羊	ZH	中国美利奴羊	ZM
哈萨克羊	HS	承德无角山羊	CW	巴美肉羊	BM
贵德黑裘皮羊	GH	太行山羊	TS	豫西脂尾羊	YZ
多浪羊	DL	中卫山羊	ZS	乌珠穆沁羊	UJ
阿勒泰羊	AL	柴达木绒山羊	CD	洼地绵羊	WM
湘东黑山羊	XH	吕梁黑山羊	LH	蒙古羊	MG
马头山羊	MT	澳洲美利奴羊	AM	小尾寒羊	XW
波尔山羊	BG	黔北麻羊	QM	昭通山羊	ZS
德国肉用美利奴	DM	夏洛来羊	CH	重庆黑山羊	CH
杜泊羊	DO	萨福克羊	SU	广灵大尾羊	GD
大足黑山羊	DZ	圭山山羊	GS	川南黑山羊	CN
贵州白山羊	GB	川中黑山羊	CZ	贵州黑山羊	GH
成都麻羊	CM	建昌黑山羊	JH	马关无角山羊	MW
特克塞尔羊	TE	无角陶赛特羊	PD	南江黄羊	NH
西藏山羊	ZS	新疆细毛羊	XX	大尾寒羊	DW
巴音布鲁克羊	BL	晋中绵羊	JZ	泗水裘皮羊	SH
太行裘皮羊	TH	威宁绵羊	WN	迪庆绵羊	DQ
昭通绵羊	ZT	汉中绵羊	HZ	巴什科羊	BS
策勒羊	CL	柯尔克孜羊	KE	塔什库尔干羊	TS

表6-5(续)

品种	代码	品种	代码	品种	代码
东北细毛羊	DB	内蒙古细毛羊	NM	甘肃高山细毛羊	TG
敖汉细毛羊	OH	中国卡拉库尔羊	ZK	云南半细毛羊	YB
新吉细毛羊	XJ	茨盖羊	CG	林肯羊	LK
罗姆尼羊	LN	西藏山羊	XZ	新疆山羊	XS
内蒙古绒山羊	NR	河西绒山羊	HX	辽宁绒山羊	RN
济宁青山羊	JQ	黄槐山羊	HH	板角山羊	BJ
陕南白山羊	XB	宜昌白山羊	YB	雷州山羊	LZ
福清山羊	FQ	隆林山羊	LL	赣西山羊	GX
长江三角洲白山羊	CJ	戴云山羊	DY	鲁北白山羊	LU
广丰山羊	ZF	沂蒙黑山羊	YM	白玉黑山羊	BY
伏牛白山羊	FN	都安山羊	DA	川东白山羊	CD
雅安奶山羊	YA	古蔺马羊	GL	龙陵山羊	LS
凤庆无角黑山羊	FQ	临仓长毛山羊	LC	崂山奶山羊	LY
云岭山羊	YL	关中奶山羊	GZ	安哥拉山羊	AG
陕北白绒山羊	SR	萨能奶山羊	SS	南非肉用美利奴羊	SM
汉中绵羊	HZ	兰坪乌骨绵羊	LP	高山美利奴羊	GM

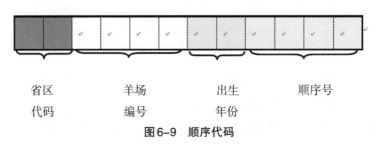

省区　　　　羊场　　　　出生　　　　顺序号
代码　　　　编号　　　　年份

图6-9　顺序代码

顺序代码中的省、区号按照国家行政区划编码确定,各省(市、区)编号,由两位数码组成,第一位是国家行政区划的大区号,例如,北京市属"华北",编码是"1",第二位是大区内省市号,如"北京市"是"1"。因此,北京编号是"11"。全国各省区编码参见表6-6。

羊场编号4位数,不足四位数以0补位;出生年份为羊只出生年度的后2位数,例如2002年出生即写成"02";种羊年内出生顺序号4位数,不足4位的在顺序号前以0补齐;公羊为奇数号,母羊为偶数号。

表6-6　中国羊只各省(市、区)编号表

省(区)市	编号	省(区)市	编号	省(区)市	编号
北京	11	安徽	34	贵州	52
天津	12	福建	35	云南	53
河北	13	江西	36	西藏	54
山西	14	山东	37	重庆	55
内蒙古	15	河南	41	陕西	61
辽宁	21	湖北	42	甘肃	62
吉林	22	湖南	43	青海	63
黑龙江	23	广东	44	宁夏	64
上海	31	广西	45	新疆	65
江苏	32	海南	46	台湾	71
浙江	33	四川	51		

（三）个体标识编号的使用

(1)在本场进行登记管理时,可以仅使用6位数编号(年号+顺序号)。种羊编号必须写在种羊个体标识牌上,个体标识牌佩戴在羊左耳。

(2)在种羊档案或谱系上必须使用12位标识码。

(3)对现有的在群种羊进行登记或编写系谱档案等资料时,如现有种羊编号与以上规则不符,必须使用此规则进行重新编号,并保留新旧编号对照表。

五、生产性能测定

（一）肉羊繁殖性能测定

1.公羊繁殖性能

(1)射精量

用带刻度的集精瓶或者带刻度的注射器测量健康公羊一次射出精液的量,单位为毫升(mL)。结果保留至一位小数。

(2)精液密度

精液密度指1 mL精液中所含有的精子数目,单位为"亿个/mL"。由此可计算出每次采集的精子总数,因此也是评定精液品质的重要指标。一般公羊的精液密度为20亿～30亿个/mL。

精液密度测定可分为估测法、血细胞计数法、精子密度仪法等。估测法主观性强,误差大;血细胞计数法最准确,但速度慢;精子密度仪法和CASA法方便快捷、重复性好。

①估测法

取一滴原精液滴在载玻片上,再盖上盖玻片,置400～600倍显微镜下,观察其密度,估算精子密度结果可分为密、中、稀3个等级。

观察时,整个视野充满了精子,且精子与精子之间的空隙很小,很难看出单个精子的运动,这种精液一般每毫升中大约有25亿个以上的精子,密度结果为"密"。

观察时,视野中的精子比较分散,精子与精子之间的间隙能容纳一个精子,可以看出单个精子的运动状态,这种精液每毫升中大约有20亿个以上的精子。密度为"中"。

观察时,显微镜视野中的精子分布很分散,精子与精子之间空隙超过2个精子的长度,这种精液密度为"稀",一般不能用于输精。

②血细胞计数法

血细胞计数法是使用血球计数器在显微镜下进行计数的方法,血球计数器由稀释管、计数板和盖玻片组成。

稀释精液:用红细胞计数器中的吸管吸取500μL 3%氯化钠于小试管中,加入5 μL原精液,稀释至100倍,混合均匀,注意吸管内不能出现气泡,然后擦净吸管尖端待用。

镜检计数:将洁净的计数板放在载物台上固定好,盖上干净的盖玻片,用吸管取25 μL稀释后的精液,将吸嘴放于盖玻片与计数板的接缝处,缓慢注入精液,使精液依靠毛细作用吸入计数室。将计数板固定在显微镜的推进器内,数取计数板上5个中方格内的精子总数,计数的中方格可以是计数板四个角的4个中方格加中心1个中方格,共5个方格,也可以是从左上角到右下角的5个中方格(如图6-10)。先用100倍物镜找到计数室,再用400倍物镜找到计数室的第一个中方格。

计数时从左上角至右下角读取5个中方格中的精子总数,或者从左上角开始,按以下顺序"左上角—右上角—中间—左下角—右下角",以"Z"字形读取5个中方格的总精子数。每个中方格中计数时,以精子的头部为准,按照图6-11的顺序读取计数格中的精子,对头部压在方格边缘上的精子,只计算上边和左边头部压线的精子,也就是数上不数下,数左不数右的原则,白色精子不计数。

计数时要认真仔细,避免重复计数或者漏计。

③精子密度仪法

精子密度仪是使用546nm滤波进行精液密度测定的,此方法极为方便,不用稀释精液,用原精液直接测定,耗时短,准确率高。缺点是会将精液中的异物按精子来计算,应予以重视。

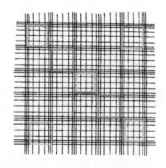

图6-10 计数板计数中方格分布示意图

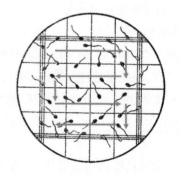

图6-11 中方格中计数顺序示意图

(3)精子活力测定

目前主要是根据直线前进运动的精子所占的比例来确定其活力等级。将精液样本制成压片,在显微镜下一个视野内观察,直线前进运动的精子在整个视野中所占的比率,100%直线前进运动者为1.0分,70%为0.7分,以此类推。

(4)精子畸形率测定

精子畸形率是指畸形精子占视野中总精子数的百分率。精子畸形可分为四类:

头部畸形:头部巨大、或瘦小、或细长、或缺损、或双头、或皱缩等。

颈部畸形:颈部膨胀大、或纤细、或曲折、或双颈等。

中段畸形:中段膨大、或纤细、或带有原生质滴等。

主段畸形:主段弯曲、或曲折、或回旋、或双尾等。

一般情况下,羊的精子畸形率不超过14%,如果畸形率超过20%,则该精液品质视为不良,不能用做输精。

精子畸形率测定一般采用染色法测定。用细玻璃棒蘸取一滴精液,滴于载玻片上,加1～2滴生理盐水,用另一载玻片抹片,在空气中自然干燥,然后用蓝墨水染色,3分钟后水洗、干燥。然后在显微镜下,随机测定200个精子中的畸形精子数量,然后计算精子的畸形率,用百分数表示。

2. 母羊繁殖性能

(1)初配年龄

母羊的初配年龄依据品种和个体发育而不同,首先必须达到本品种性成熟的月龄,并且体重必须达到成年体重的70%时才可配种。

(2)产羔率

实际产活羔羊数与产羔母羊的百分比,按公式(1)进行计算。用百分数表示,精确到小数点后1位。

$$A(\%) = \frac{B}{C} \times 100\% \quad \text{------------------------(1)}$$

式中:

A——产羔率,单位%;

B——实际产活羔数,单位为只;

C——产羔母羊数,单位为只。

(3)繁殖成活率

断奶羔羊数与能繁母羊数的百分比,按公式(2)进行计算。用百分数表示,精确到小数点后1位。

$$D(\%) = \frac{E}{F} \times 100\% \quad \text{------------------------(2)}$$

式中:

D——繁殖成活率,单位%;

E——断奶羔羊数,单位为只;

F——能繁母羊数,单位为只。

(二)肉羊体重体尺测定

1.体重测定

(1)羔羊初生重

羔羊出生后待母羊舔干或人工擦干羔羊身上的黏液,未吃初乳前称得的体重。单位千克(kg),精确到小数点后1位。

(2)各生长阶段的体重

肉用羊各生长阶段的体重包括断奶体重、6月龄体重、周岁体重、成年体重。肉毛兼用羊和肉绒兼用羊还分别有剪毛后体重和抓绒后体重。各阶段体重测量时要禁食12h后空腹称重,剪毛后体重和抓绒后体重分别在剪毛和抓绒后立即称取,单位均为千克(kg),精确到小数点后1位。

2.体尺测定

(1)体高

羊只在坚实平坦地面站立,采用杖尺测量肩胛最高点到地面垂直距离。单位为厘米(cm),结果保留至一位小数。

(2)体长

羊只在坚实平坦地面站立,采用杖尺测量肩端前缘到坐骨结节端的直线距离。单位为厘米(cm),结果保留至一位小数。

(3)胸围

羊只在坚实平坦地面站立,采用卷尺测量肩胛后端绕胸一周的长度。单位为厘米(cm),结果保留至一位小数。

(4)胸深

羊只在坚实平坦地面站立,用杖尺测量肩胛最高处到胸骨下缘胸突的直线距离。单位为厘米(cm),保留一位小数。

(5)胸宽

羊只在坚实平坦地面站立,用杖尺测量肩胛最宽处左右两侧的直线距离。单位为厘米(cm),保留一位小数。

(6)管围

羊只在坚实平坦地面站立,采用卷尺测量左前肢管部最细处的水平周径。单位为厘米(cm),结果保留至一位小数。

(三)肉羊育肥性能测定

1.育肥始重

育肥羊预饲期结束,开始进入正式育肥时的空腹体重,单位千克(kg),精确到小数点后1位。

2.育肥末重

育肥羊育肥期结束,准备出栏之日的空腹体重,或者某一段育肥试验结束时的空腹体重,单位均为千克(kg),精确到小数点后1位。

3. 平均日增重(ADG)

育肥期内平均每天增加的体重,用育肥末重减育肥始重,除以育肥天数计算而来,单位为克(g),计算公式见式(3)。

$$ADG = \frac{W - X}{Y} \qquad\qquad ----------------------------(3)$$

式中:

ADG——平均日增重,单位g;

W——育肥结束时的体重,单位kg;

X——育肥开始时的体重,单位kg;

Y——育肥天数。

4.饲料转化率

饲料转化率一般用耗料增重比(料重比、料肉比、饲料消耗比)来表示。料重比就是每增加1千克活重所消耗的标准饲料千克数。按公式(4)、公式(5)进行计算。标准饲料量是指按饲养标准配制的日粮量。否则,将缺乏可比性。

$$Z = \frac{a}{b} \times 100\% \qquad\qquad ------------------------(4)$$

式中:

Z——料重比,单位为%;

a——育肥期饲料消耗量,单位为kg;

b——育肥期增加的体重量,单位为kg。

$$FCR = \frac{d}{e} \times 100\% \qquad\qquad ------------------------(5)$$

式中:

FCR——饲料转化率,单位为%;

d——试验期总的采食量,单位为kg;

e——试验期总增重量,单位为kg。

(四)肉羊产肉性能测定

1. 宰前活重

待测羊只宰前禁食24h、禁水2h后称得的羊只活重,单位"kg",精确到小数点后1位。

2. 胴体重

将待测羊只屠宰后,去皮毛、头(由环枕关节处分割)、前肢腕关节和后肢飞节以下部位以及内脏(保留肾脏及肾脂),剩余部分静置30min后称重,单位千克(kg),结果精确到小数点后1位。

3. 屠宰率

胴体重加上内脏脂肪重(包括大网膜和肠系膜的脂肪)与宰前活重的百分比,按公式(6)进行计算,精确到小数点后1位。

$$J = \frac{K+L}{M} \times 100\% \quad \text{------------------------------(6)}$$

式中：

J——屠宰率，单位为%；

K——胴体重，单位为kg；

L——内脏脂肪重，单位为kg；

M——宰前活重，单位为kg。

4. 活体净肉率

羊屠宰后，将胴体中骨头精细剔除后余下的净肉重量占宰前活重的百分比。要求在剔肉后的骨头上附着的肉量及耗损的肉屑量不能超过1%。按公式(7)进行计算。精确到小数点后1位。

$$N(\%) = \frac{O-P}{O} \times 100\% \quad \text{------------------------(7)}$$

式中：

N——活体净肉率，单位为%；

O——宰前活重，单位为kg；

P——骨重，单位为kg。

5. 胴体净肉率

将胴体中的骨头精细剔除后余下的净肉重量占胴体重的百分比。要求在剔肉后的骨头上附着的肉量及耗损的肉屑量不能超过1%。按公式(8)进行计算。精确到小数点后1位。

$$N(\%) = \frac{O-P}{O} \times 100\% \quad \text{------------------------(8)}$$

式中：

N——胴体净肉率，单位为%；

O——胴体重，单位为kg；

P——骨重，单位为kg。

6. 背脂厚

背脂厚是指胴体第12根肋骨与第13根肋骨之间眼肌中部正上方的脂肪厚度。测定部位如图6-12，以毫米(mm)表示。目前背脂厚的测量方法分游标卡尺法和B超法。

(1)游标卡尺法

羊屠宰称取胴体重后，将胴体从第12根肋骨与第13根肋骨之间横向切开，露出眼肌，用游标卡尺测量眼肌中部正上方的脂肪厚度，单位为毫米(mm)。结果精确到小数点后1位。

背膘厚评定分5级：1级：<5.0mm；2级：5.0~9.9mm；3级：10.0~14.9mm；4级：15.0~19.9mm；5级≥20.0 mm。

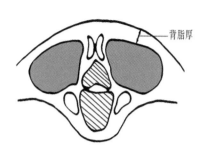

图6-12　背脂厚的测定部位示意图

（2）B超法

B超法是使用背膘专用B超仪,在活羊背部测量部位测定背脂厚度的方法。

①开机检查

按照仪器说明书连接各部件,接通电源并开机,设置日期、时间、参数和测定模式(距离测量),进行运行检查,一切正常后关机待用。

②测定部位确定与准备

待测羊只站立保定并保持背腰相对平直,触摸倒数第1和第2根肋骨之间,从背中线开始确定10 cm²大小的位置为测定区域,用剃毛刀剃净测定部位的羊毛,并清洗测定部位。

③获取图像

在准备好的测定区域涂以适量的医用超声耦合剂或者食用油,将适用于测量背膘的高频线阵探头平行于背脊线压紧,使其与测量部位的皮肤紧密接触,屏幕上显示背膘的超声图像,适当移动探头至获得最佳效果图,冻结图像。

④测量

检查确认并输入个体号,选择使用距离测量工具进行测量,记录并保存测量数据和图像。

⑤注意事项

探头使用后用湿的软布或吸水纸清洁测试窗,不能用含有腐蚀性化学试剂或粗糙的物品擦拭探头,也不能在硬性物体上摩擦,禁止摔伤或撞击探头。

测定时测定羊应站立保定、保持背腰相对平直,探头应松紧适度,不能过紧也不能过松,保持探头与测定部位密合为宜。

7.眼肌面积

眼肌面积指胴体第12与13根肋骨之间眼肌(背最长肌)的横切面积。如图6-13的红色区域,测量方法包括硫酸绘图纸拓印法和B超法。

(1)硫酸纸拓印法

羊屠宰称取胴体重后,将胴体从第12根肋骨与第13根肋骨之间横向切断,将硫酸纸贴在眼肌横断面上,用软质铅笔沿眼肌横断面的边缘描绘眼肌轮廓,用求积仪测定轮廓内面积作为眼肌面积,以平方厘米(cm²)表示。

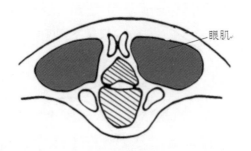

眼肌

图6-13　眼肌面积的测定部位示意图

如果没有求积仪,可采用不锈钢直尺,准确测量拓印在硫酸纸上眼肌轮廓的长度和宽度,按公式(8)计算眼肌面积。结果保留至二位小数。

$$Q = R \times S \times 0.7 \qquad \text{------------------------(8)}$$

式中:

Q——眼肌面积,单位为cm^2;

R——眼肌的高度,单位为cm;

S——眼肌的宽度,单位为cm;

0.7——为修正系数。

(2)B超法

B超法是使用配备眼肌面积专用探头的B超仪,在羊活体上测量眼肌面积的方法。

①开机检查

按照仪器说明书连接各部件,接通电源并开机,设置日期、时间、参数和测定模式(面积测量),进行运行检查,一切正常后关机待用。

②测定部位确定与准备

待测羊只站立保定并保持背腰相对平直,触摸倒数第1和第2根肋骨之间,从背中线开始确定10 cm^2大小的位置为测定区域,用剃毛刀剃净测定部位的羊毛,并清洗测定部位。

③获取图像

在准备好的测定区域涂以适量的医用超声耦合剂或者食用油,将适用于测量眼肌面积的探头垂直于背脊线压紧,使其与测量部位的皮肤紧密接触,屏幕上显示眼肌的超声图像,适当移动探头至获得最佳效果图,冻结图像。

④测量

检查确认并输入个体号,描出眼肌轮廓,选择面积测量工具进行测量,保存数据和图像。

8. 肋肉厚(GR值)

肋肉厚也称GR值,是指第12根肋骨与第13根肋骨之间,距背脊中线11cm处的组织厚度,如图6-14。一般用游标卡尺测量,单位毫米(mm),精确到小数点后1位。

肋肉厚(GR值)主要用于评价胴体的肥瘦程度,当GR值为5.0mm以下时,胴体膘分为1(很瘦);GR值为6.0～10.0mm时,胴体膘分为2(瘦);GR值为11.0～15.0mm时,胴体膘分为3

（中等）；GR值为16.0～20.0mm时,胴体膘分为4(肥)；GR值在21.0mm以上时,胴体膘分为5（极肥）。

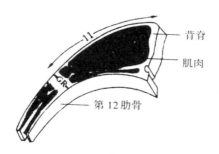

图6-14　GR值测定部位示意图

9. 肉骨比

羊屠宰后,将胴体上的肉剔净,分别称出全部净肉重量和骨骼重量,按照公式(9)进行计算。结果精确到小数点后2位。

$$T = \frac{U}{V} \qquad\qquad\qquad (9)$$

式中：

T ——肉骨比,单位为%；

U ——净肉重量,单位为kg；

V ——骨骼重量,单位为kg。

10. 后腿比例

羊胴体称重后,从最后腰椎处横切下后腿,再称量整个后腿的重量,计算后腿重量占整个胴体重量的百分比即为后腿比例,按照公式(10)进行计算。

$$a = \frac{b}{c} \times 100\% \qquad\qquad\qquad (10)$$

式中：

a ——后腿比例,单位为%；

b ——后腿重量,单位为kg；

c ——胴体重,单位为kg。

11. 腰肉比例

羊胴体称重后,从第12对肋骨与第13对肋骨之间横切下腰肉,再称量整个腰肉的重量,计算腰肉重量占整个胴体重量的比例即为腰肉比例,按照公式(11)进行计算。

$$o = \frac{p}{q} \times 100\% \qquad\qquad\qquad (11)$$

式中：

o ——腰肉比例,单位为%；

p——腰肉重量,单位为kg;

q——胴体重,单位为kg。

(五)羊肉品质测定

1. 羊肉品质测定样品采集

羊胴体在0℃~4℃条件下排酸24h后,从每只屠宰试验羊第12根肋骨后取背最长肌15cm左右(约300g),臂三头肌和后肢的股二头肌各300g;8~12肋骨(从倒数第2根肋骨后缘及倒数第7根肋骨后缘用锯将脊椎锯开)肌肉样块约100g。将所得肉样块分别装入采样袋中并封口包装好,贴上标签,迅速带回实验室,用于测定肉品质各项指标。

2. 肉色

肉色是指肌肉的颜色,由肌肉中的肌红蛋白和肌白蛋白的比例决定。羊肉的颜色与肉羊的性别、年龄、肥度、宰前状况和屠宰、冷藏等加工方法有关。成年绵羊的肉呈鲜红色或红色,老母羊肉呈暗红色,羔羊肉呈淡灰红色。在通常情况下,山羊肉的颜色比绵羊肉的颜色红。另外,羊肉的颜色还与羊肉的新鲜程度有关,目前国内外对羊肉颜色的评价普遍采用现场标准样品比色法和色差法。

(1)标准样品比色法

宰后1~2h内在最后一个胸椎处取背最长肌2份,每份150g,平置于白色瓷盘中,在自然光下与肉色标准比色板(图6-15)进行对照,目测评分,浅粉色评1分,微红色评2分,鲜红色评3分,微暗红色评4分,暗红色评5分。两级间允许评定0.5分。3分和4分均属于正常颜色。

| 1 | 2 | 3 | 4 | 5 | 6 |

图6-15　肉色标准比色板

(2)色差法

色差法即用数值的方法来表示羊肉颜色的差别,常用色差计来测试,其成本低、携带方便、分析结果不受人的生理和心理影响,结果客观可靠,因此使用比较广泛。色差计是根据光学的原理,即人眼感色原理,由照明系统、探测系统和数据系统3部分组成,将原始的国际照明委员会(CIE)色度三值通过一系列数学关系的转换,表示成易于理解的数值。比如$L^*a^*b^*$颜色空间,L^*称为明度系数,$L^*=0$表示黑色,$L^*=100$表示白色。a^*为红度值,a^*值为正数时表示红色,负数时表示绿色。b^*为黄度值,b^*值为正数时表示黄色,负数时表示蓝色。我国农业行业标准NY/T2793—2005《肉的食用品质客观评价方法》中规定,生鲜羊肉颜色的正常范围:L^*值介于30和45之间,a^*值介于10和25之间,b^*值介于5和15之间。在此范围之内的羊肉食用品质正常,超出范围的羊肉食用品质较差。

色差法测定羊肉颜色的测定部位为胸椎和腰椎结合处的背最长肌,将样品修整为3cm

厚,放置在操作台上,在平整的肌肉切面上随机选择1个点测定肉色后旋转样品45°再测定1次,然后再旋转样品45°再测定1次,每个点测3次,共测3个点,即3个平行样。3个平行样测定结果偏差应小于5%。

3. 脂肪色泽

肉羊屠宰后2h内,取胸椎和腰椎结合处背部断面的脂肪,对照标准脂肪颜色图(图6-16)目测评分,洁白色1分,白色2分,暗白色3分,黄白色4分,浅黄色5分,黄色6分,暗黄色7分。

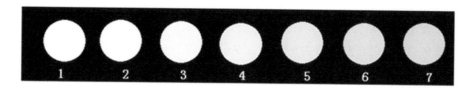

图6-16 标准脂肪颜色图

4. 失水率

肉羊屠宰后2h内,在腰椎处取背最长肌7cm,平置在洁净的橡皮片上,用直径为5cm的圆形取样器切取中心部位厚度为1.5cm的样块,立即用感量为0.00lg的天平称重并记录,然后在样块上下各垫18层定性中速滤纸,将滤纸和样块一起放在2cm厚的塑料板上,上面再放一块2cm厚的塑料板,用35kg的压力挤压,5min后撤除压力,立即称取肉样重量并记录。按公式(12)进行计算:

$$f = \frac{g-h}{g} \times 100\% \qquad\qquad\text{————————————(12)}$$

式中:

f ——肉品失水率,单位为%;

g ——压前重量,单位为g;

h ——压后重量,单位为g。

5. 滴水损失率

取胸椎和腰椎结合处背最长肌,剔除表面脂肪和结缔组织,沿肌纤维走向将肉块修整为5cm×3cm×2cm的长条,立即用感量为0.00lg的天平称重并记录,然后用S型挂钩挂住肉条一端,悬挂于一次性透明塑料杯内,保证在静置状态下肉块不与杯壁接触。然后将塑料杯置于自封袋内(规格为20cm×14cm),使S型挂钩上端露出袋口,将袋沿封口封好,置于0℃~4℃冰箱中保存24h。若冰箱有挂架,用S型挂钩上端挂于挂架,若冰箱无挂架,可将塑料杯直立于冰箱内。24h后取出肉块,用滤纸轻轻吸干肉块表面的水分,用精度为0.001g的天平测定悬挂后的肉样重量,按公式(13)计算滴水损失率。

$$i = \frac{j-k}{j} \times 100\% \qquad\qquad\text{————————————(13)}$$

式中:

i ——滴水损失率,单位为%;

j——贮前重量，单位为g；

k——贮后重量，单位为g。

6. pH值

羊肉的pH值测定分两次进行，宰后45min测定第一次，在4℃冰箱中贮藏24h后测定第二次。测定样品取自背最长肌，在被测样品上切十字口，插入探头，待读数稳定后记录pH值，精确至0.05。或者，用清洁小刀从屠宰羊相同各部位肌肉内层，切取肌肉组织10g，用组织匀浆机搅碎，置于小烧杯内，加入等量蒸馏水混合，在室温静置10min左右，将酸度计的玻璃电极直接插入烧杯中的肉水混合物内，并在酸度计的读数稳定后，读出并记录pH值。一般新鲜肉的pH为5.9~6.5，次鲜肉的pH为6.6~6.7，腐败肉pH在6.7以上。

7. 嫩度测定

嫩度指羊肉食用时的口感，反映了肉的质地，对嫩度的客观评价主要有剪切力法、穿透法、TAP法、扭曲法、压缩法和在线嫩度预测法等。最常用的还是剪切力法，也是国际通用的评价羊肉嫩度的方法。美国肉类科学协会（AMSA）制定了肉类剪切力值测定标准，我国2015年颁布的农业行业标准NY/T2793—2005《肉的食用品质客观评价方法》中也规定了剪切力的测试方法，最常采用的是Wrner Bratzler剪切仪。取厚度2.45cm的羊肉块，水浴加热或烤至肉块中心温度为70℃~72℃，自然冷却，沿肌纤维方向取5个以上直径为1.0cm的肉柱，然后用剪切力仪沿肌纤维垂直方向切断肉柱，记录切断肉柱时所用的力，剪切力的单位是千克力（kgf）或牛顿（N），两个单位可相互转换，转换关系为1.0 kgf等于9.8N。羊肉宰后72h的剪切力正常值不超过60 N。

8. 大理石纹

羊肉大理石纹指肉眼可见的肌肉横切面红色中的白色脂肪纹状结构，红色为肌细胞，白色为肌束间结缔组织和脂肪细胞。白色纹理多而显著，表示肉中蓄积较多的脂肪，肉的多汁性好。目前国内没有评价羊肉大理石纹的标准方法，一般是采用目测法，羊屠宰后取第一腰椎部背最长肌鲜肉样，置于0℃~4℃冰箱中24h。取出横切，平置于白色瓷盘中，在自然光下，观察新鲜切面的纹理结构来评定，只有模糊的纹理痕迹评为1分，有微量大理石纹评为2分，有少量大理石纹评为3分，有适量大理石纹评为4分，有过量大理石纹评为5分。

9. 风味评价

羊肉风味评价包括对香味的评价和滋味的评价，其中，香味的呈味物质主要为肌肉在受热过程中产生的挥发性物质如不饱和醛和酮、含硫化合物及一些杂环化合物，要靠人的嗅觉器官来感知。目前，主要采用气相色谱—质谱联用法（GC-MS）、高效液相色谱—质谱法（HPLC-MS）、色相色谱—嗅闻技术（GC-O）及电子鼻法等对香味物质进行测定评价。滋味的呈味物质为非挥发性的无机盐、游离氨基酸、小肽和核酸代谢产物等，要靠人的味觉器官来感知。电子舌就是通过模仿人体味觉机理而制成的一种分析、识别液体"味道"的新型检测仪器，由传感器阵列获得样品信息，通过适当的多元统计，实现对样品滋味物质的分析，该方法具有快速、准确、重复性好等优点，得到了广泛的应用。另外，近年来核磁共振法、指纹图谱法等在肉品风味物质的分离与评价中也有广泛应用。

10. 羊肉中水分、蛋白及脂肪测定

羊肉水分、粗蛋白、粗脂肪分别参照 GB 5009.3-2016《食品安全国家标准食品中水分的测定》、GB 5009.5-2016《食品安全国家标准食品中蛋白质的测定》和 GB 5009.6-2016《食品安全国家标准食品中脂肪的测定》进行测定。

第三节 肉羊选种技术

一、肉用羊品种选择

（一）肉用父本羊品种选择

1. 父本羊品种选择的原则

（1）选择肉用父本羊（种公羊），首先要选择生产性能好、遗传性能稳定，且肉用性状突出的品种。

（2）要根据生产目的选择父本羊品种，比如生产优质肥羔羊就要选择3～6月龄生产速度快且肉质好的父本羊；生产高档乳羔肉就要选择3月龄前生长速度快的父本羊，如果是扩繁基础母羊，则需要选择与母本羊同品种或者产羔率高的父本羊。

（3）要根据杂交模式选择父本羊，如需要做三元杂交时，选择的第一父本要在繁育性能方面与母本有良好的配合力，选择的第二父本在生产性能上要符合预期的杂交目的和要求。

2. 几种肉用性能较好的父本品种

(1)无角陶赛特羊

无角陶赛特羊原产于澳大利亚和新西兰，体型大，生长发育快，早熟、常年发情、繁殖率高，适应性强。成年公羊体重90～110kg，成年母羊体重65～75kg，产羔率137%～175%。4月龄公羔胴体重22kg左右，母羔19kg左右。无角陶赛特羊20世纪80年代引入中国，与我国许多地方品种羊杂交效果明显，适合于我国规模化和集约化的肉羊养殖方式，经过近20年的繁育，无角淘赛特羊在我国的养殖数量逐步扩大，2004年8月，农业部颁布了NY 811-2004《无角淘赛特种羊》行业标准，以规范无角淘赛特种羊鉴定和引种工作。

(2)萨福克羊

萨福克羊原产于英国，1859年育成。该品种体格较大，胸宽，背腰和臀部宽而平，后躯丰满，繁殖率高，生长发育快，产肉率高，肉质好。成年公羊体重90～100kg，成年母羊65～70kg，产羔率130%～165%。经过育肥4月龄公羔胴体重24.2kg，母羔19.7kg。该品种有黑头和白头两种，黑头萨福克羊的头、四肢为黑色，身体其他部位为白色；白头萨福克羊全身白色。萨福克羊是生产肉羊的理想终端父本品种，其适应性较强，大部分养殖绵羊的地方都可以饲养。20世纪70年代从澳大利亚引进后，与我国许多地方品种绵羊杂交效果明显。

(3)夏洛莱羊

夏洛莱羊原产于法国中部的夏洛莱丘陵和谷地。20世纪80年代末引入中国,主要分布于辽宁、山东、河北、山西、河南、内蒙古、黑龙江等地。夏洛莱羊早熟,体格大,生长发育快,泌乳能力强,肌体瘦肉率高,育肥性能好。成年公羊体重100~150kg,母羊75~96kg,产羔率135.3%~182.4%,4月龄育肥羔羊体重35~45kg,6月龄公羔体重48~53kg,母羔38~43kg。夏洛莱羊引入后与小尾寒羊杂交,一代杂种羊10月龄羔羊宰前体重、胴体重、屠宰率分别比小尾寒羊提高9.02%、28.22%、16.24%。该品种被毛较短,更适宜在温暖地区饲养,是经济杂交生产优质肥羔较理想的父本品种。

(4)特克塞尔羊

特克塞尔羊原产于荷兰特克塞尔岛,20世纪60年代引入中国,主要分布在辽宁、宁夏、北京、河北、陕西和甘肃等地。特克塞尔羊生长速度快,耐寒,耐粗饲,适应性好,抗病力强。成年公羊体重115~130kg,母羊75~80kg,产羔率150%~160%。4月龄羔羊体重40kg,屠宰率54%~60%。是养羊业发达国家生产肥羔的首选终端父本。特克塞尔羊引进后与我们许多地方绵羊品种杂交效果较好。

(5)杜泊羊

杜泊羊原产于南非共和国,2001年我国首次从澳大利亚引进。目前在我国甘肃、山东、河北、山西、内蒙古、天津、宁夏等地均有饲养。杜泊羊具有典型的肉用体型,羊肉品质好,体质结实,对炎热、干旱等气候有良好的适应性。杜泊羊有黑头杜泊和白头杜泊两种,成年公羊体重120kg左右,成年母羊体重85kg,6月龄羔羊体重可达70kg左右,肥羔屠宰率55%,净肉率46%。母羊常年发情,产羔率132%~220%。该品种引进后与我国的地方绵羊品种杂交,杂交后代生长发育快,效果明显,可作为生产优质肥羔的终端父本。

(6)南非肉用美利奴羊

南非肉用美利奴羊原产于德国,后来南非引入后进一步选育而成,该品种早熟、羔羊生长发育快,产肉多,繁殖力高,3月龄羔羊体重可达35kg。成年公羊体重100~110kg,成年母羊体重70~80kg。南非美利奴羊是世界肉羊品种中唯一一个既具备个体大、产肉多、肉质好的优点,还具有产毛量高、被毛品质好的特性,同时还具有良好的放牧性能,是肉毛兼用最优质的父本。2005年引入我国,主要与细毛羊杂交,也可与肉羊杂交,生产羔羊肉。

(7)南丘羊

南丘羊为短毛型肉用绵羊品种。因原产于英格兰东南部丘陵地区而得名,原名叫丘陵羊。南丘羊是英国最古老的绵羊品种,育成于18世纪后期。南丘羊被毛短而紧密,是英国肉羊中肉质最好的品种。南丘羊比较适宜在丘陵山地放牧,饲料利用能力很强,性情温驯,也是适于集约化管理的理想羊种,具有多胎性、早熟性,羔羊早期生长发育快,育肥效果好,肉质细嫩。该品种在欧洲各国、非洲、大洋洲、美洲主要养羊国家均有饲养。

南丘羊的嘴、唇、鼻端为黑色,整个头部均着生密集的毛纤维,公、母羊均无角。南丘羊颈短而粗,体格中等,体躯呈圆桶形,背平体宽,肌肉丰满,腿短而粗。成年公羊体重80~98kg,母羊体重60~88kg,胴体品质好,屠宰率60%以上,剪毛量2~2.5kg,毛长5~8cm,产羔率100%~

120%。南丘羊曾对汉普夏羊、萨福克羊和陶赛特羊等肉羊品种的培育起过重要的作用。

2019年甘肃庆环肉羊制种有限公司从澳大利亚引入该品种,在甘肃省庆阳市环县进行扩繁,同时与湖羊进行二元杂交,杂交F1代羔羊3月龄体重达到37.5kg,3月龄前平均日增重约370.9g,6月龄体重63kg,杂交效果非常显著。

(8)波尔山羊

波尔山羊是由南非培育的肉用型山羊品种,1995年我国首次从德国引进25只波尔山羊,分别饲养在陕西省和江苏省,通过适应性饲养和纯繁后,逐步向四川、北京、山东等地推广,目前,在我国山羊主产区均有分布。波尔山羊是世界上著名的肉用山羊品种,具有肉用体型明显,体格大,生长速度快,产肉率高,耐粗饲,适合性好等优点。

波尔山羊体躯为白色,头、耳和颈部为浅红色或深红色,前额及鼻梁部有一条较宽的白色。体格大,体质结实,结构匀称。额突,眼大,鼻子呈鹰钩状,耳长而大,宽阔下垂,公羊角粗大,向后、向外弯曲,母羊角细而直立。颈粗壮,胸深而宽,体躯深而宽阔,呈圆桶状,肋骨开张良好,北部宽阔而平直,腹部紧凑,臀部和腿部肌肉丰满,尾平直,尾根粗而上翘,四肢端正,蹄质坚硬,呈黑色。

波尔山羊周岁体重公羊50～70kg,母羊45～65kg;成年体重公羊90～130kg,母羊60～90kg。产肉性能好,8～10月龄屠宰率48%,周岁羊屠宰率50%,2岁羊屠宰率52%。胴体瘦而不干,肉厚而不肥,色泽纯正。

从1995年开始,我国先后从德国、南非、澳大利亚和新西兰等国引入波尔山羊数千只,分布在陕西、江苏、四川等20多个省自治区和直辖市,种羊引进后,在各地在进行纯种扩繁的基础上,利用波尔山羊对当地山羊进行杂交改良,产肉性能明显提高,效果显著。我国2003年制定颁布GB 19376-2003《波尔山羊种羊》国家标准,以促进和规范波尔山羊的推广。

(二)母本羊品种选择

1.母本的选择原则

(1)选择适应性强且当地存栏数量大的品种

应选择本地区饲养量较大,适应性强的品种作为繁殖母本。我国的地方绵羊品种很多,经过多年的自然和人工选择,都能较好地适应当地的饲料资源和生态条件。选择本地品种或者本地饲养量较大的品种,对当地的自然生态条件和饲草料资源都具有较好的适应性,饲养过程发病少,羔羊成活率较高。

(2)选择繁殖力高的品种

我国肉用绵羊品种的繁殖率在110%～280%,特别优秀的类群和个体可达到300%以上。母羊的繁殖率是直接影响肉羊生产经济效益的主要因素,对一只母羊来说,多产一只羔羊其养殖经济效益可以提高30%以上。因此,选择繁殖率高的品种作为繁殖母本,是提高肉羊养殖效益最有效的方法。

(3)选择泌乳力强和母性好的品种

母羊的泌乳能力直接影响羔羊的成活率、生长发育、增重速度和断奶体重,甚至还会影响羔羊育肥期间的增重和出栏体重。母性好地羊能很好地照顾初生羔羊,与羔羊的成活率关系很大。因此,选择泌乳力强、母性好的品种可以有效提高羔羊的成活率、生长发育和生长速度,从而提高肉羊的养殖效益。

2. 我国存栏量较大的母本品种

(1)小尾寒羊

小尾寒羊原产于山东省的梁山、郓城、嘉祥、东平、鄄城、汶上、巨野、阳谷等地,以及河南省东北部和河北省东南部。2000年左右在全国范围内推广,目前我国大部分绵羊养殖区域都有分布,是我国饲养量较大的优秀地方绵羊品种。

小尾寒羊体格高大,体躯匀称,头大小适中,头颈结合良好;眼大有神,鼻大且鼻梁隆起,耳中等大小且下垂;头部有黑色或褐色斑点;公羊头大颈粗、有螺旋形大角;母羊头小颈长,无角或有小角;四肢较长,尾呈圆扇形,尾尖上翻内扣,尾长不超过飞节;被毛白色,毛股清晰。

小尾寒羊是我国优秀的地方绵羊品种,生长发育快,性成熟早,繁殖率高,耐粗饲,适应性强。常年发情,公母羊初情期均为5月龄到6月龄,公羊初配年龄7.5月龄到8月龄,母羊初配年龄6月龄到7月龄,发情周期17d到18d,妊娠期150d左右,初产母羊平均产羔率200%,经产母羊平均产羔率250%。6月龄公羊屠宰率47%,净肉率37%。

小尾寒羊6月龄羊体重体尺评定指标参见表6-1,12月龄羊体重体尺评定指标参见表6-2,24月龄羊体重体尺评定指标参见表6-3,数据均源自国家标准GB/T 22909-2008《小尾寒羊》。

(2)湖羊

湖羊原产于我国太湖流域的浙江省嘉兴市、湖州市、杭州余杭区,江苏省苏州市和上海市部分地区。2010年左右在国内开始大量推广,近年来特别是在国家精准扶贫政策实施后,凡是养羊的地区几乎都有湖羊饲养,成为农区畜牧产业脱贫攻坚的主力项目。

表6-16 月龄小尾寒羊体重体尺评定指标

性别	级别	体重(kg)	体高(cm)	体长(cm)	胸围(cm)
公羊	特级	64以上	83以上	85以上	100以上
	一级	64~60	83~80	85~82	100~95
公羊	二级	59~55	80~77	81~78	94~90
	三级	54~50	76~73	77~74	89~85
	特级	36以上	73以上	74以上	88以上
	一级	36~32	73~71	74~72	87~85
母羊	二级	31~28	70~68	71~69	84~82
	三级	27~25	67~65	68~66	81~79

表6-2 12月龄羊体重体尺评定指标

性别	级别	体重(kg)	体高(cm)	体长(cm)	胸围(cm)
公羊	特级	108以上	94以上	95以上	110以上
	一级	108~104	94~91	95~92	110~106
	二级	103~99	90~87	91~88	105~101
	三级	98~95	86~83	87~84	100~95
母羊	特级	53以上	78以上	80以上	93以上
	一级	53~50	78~75	80~78	93~90
	二级	49~46	74~72	77~75	89~86
	三级	45~42	71~69	74~72	85~82

表6-3 24月龄羊体重体尺评定指标

性别	级别	体重(kg)	体高(cm)	体长(cm)	胸围(cm)
公羊	特级	120以上	83以上	85以上	100以上
	一级	120~115	83~80	85~82	100~95
	二级	114~110	80~77	81~78	94~90
	三级	109~105	76~73	77~74	89~85
母羊	特级	36以上	95以上	100以上	110以上
	一级	36~32	94~90	99~95	109~105
	二级	31~8	89~85	94~90	104~100
	三级	27~25	84~80	89~85	99~95

　　湖羊属短脂尾绵羊,全身被毛白色,为传统的羔皮品种,体格中等,公、母羊均无角,头狭长,鼻梁稍隆起,多数耳大下垂,颈细长,体躯偏狭长,背腰平直,腹部稍下垂,尾呈扁圆形,尾尖上翘,四肢细而稍高。公羊前躯发达,胸宽深,胸毛粗长。

　　湖羊耐湿热、耐粗饲、性情温驯、易管理,且早期生长发育快,6月龄体重可达到成年羊体重的70%以上,周岁羊体重可达成年羊体重的90%以上。8月龄公羊屠宰率49%、母羊屠宰率46%,净肉率38%。舍饲条件下成年公羊屠宰率55%、母羊屠宰率52%,净肉率公羊46%、母羊44%。

　　湖羊是世界上著名的多羔绵羊品种,性成熟早,四季发情,繁殖力高,公羊初配年龄8~10月龄,母羊初配年龄6~8月龄,泌乳性能强,可实现两年3胎,每胎产2羔以上,经产母羊产羔率250%以上。目前被作为多胎肉羊母本,在全国各地推广应用。

　　湖羊各生长阶段一级羊的体重、体尺指标参见表6-4。数据来源于国家标准GB/T4631-2006《湖羊》。

表6-4　24月龄羊体重体尺评定指标

性别	年龄	体重(kg)	体高(cm)	体长(cm)	胸宽(cm)
公羊	3月龄	25	—	—	—
	6月龄	38	64	73	19
	12月龄	50	72	80	25
	24月龄	65	77	85	28
母羊	3月龄	22	—	—	—
	6月龄	32	60	70	17
	12月龄	40	65	75	20
	24月龄	43	65	75	20

（3）洼地绵羊

洼地绵羊是由蒙古羊与来自中亚地区的脂尾羊杂交，经过700多年的人工选育和自然选择而形成的地方优良品种。原产于山东省黄河三角洲地区，中心产区在滨州市，东营、德州、济南、淄博的部分县市也有分布，是以产肉为主的多羔绵羊地方品种。放牧、舍饲均可，耐盐碱和潮湿，耐粗饲，多胎高产，抗逆性强，抗腐蹄病。

洼地绵羊体质结实，结构匀称，体躯呈长方形。被毛白色，少数个体头部有黑褐色斑点。公、母羊均无角，鼻梁微隆起，耳大稍下垂，头大小适中。背腰平直，发育良好，前胸较窄，后躯发达，四肢较短，蹄质坚硬。属短脂尾，脂尾呈方圆形，尾沟明显，尾长不过飞节，尾宽大于尾长。

洼地绵羊在常年放牧为主的饲养条件下，6月龄公羊屠宰率43.0%、净肉率34.0%、母羊屠宰率42.7%、净肉率33.3%；12月龄公羊屠宰率47.2%、净肉率38.1%，母羊屠宰率46.3%、净肉率37.0%；24月龄公羊屠宰率49.5%、净肉率38.6%，母羊屠宰率48.0%、净肉率37.2%。

在常年舍饲为主的饲养条件下，6月龄公羊屠宰率48.5%、净肉率36.0%，母羊屠宰率47.0%、净肉率35.3%；12月公羊龄屠宰率50.3%、净肉率39.0%，母羊屠宰率48.0%、净肉率36.3%；24月龄公羊屠宰率51.0%、净肉率40.0%，母羊屠宰率48.4%、净肉率38.5%。

公羊3.5～4月龄有性行为表现，12月龄以上配种。母羊3.5～4月龄性成熟，初配年龄为6～8月龄。母羊常年发情，发情周期18d左右，妊娠期150d左右，初产母羊胎产羔率150%以上，经产母羊胎产羔率220%～260%。

洼地绵羊各生长阶段平均体重、体尺指标参见表6-5。数据来源于国家标准GB/T 37310-2019《洼地绵羊》。

表6-5 平均体重、体尺

性别	年龄	体重(kg)	体高(cm)	体长(cm)	胸围(cm)
公羊	6月龄	31	58	62	70
	12月龄	54	67	73	87
	24月龄	72	80	83	95
母羊	6月龄	28	54	62	70
	12月龄	40	63	68	81
	24月龄	47	67	72	87

(4)滩羊

滩羊属名贵裘皮用绵羊品种,体格中等,体质结实,全身各部位结合良好,鼻梁稍隆起,耳有大、中、小三种。公羊有螺旋形角向外伸展,母羊一般无角或有小角。背腰平直,胸较深,四肢端正,蹄质坚实。尾根部宽大,尾尖细圆,呈长三角形,下垂过飞节。体躯毛色纯白,光泽悦目,多数头部有褐、黑、黄色斑块。被毛中有髓毛细长柔软,无髓毛含量适中,无干死毛。毛股明显,呈长毛辫状,前后躯表现一致。被毛中有髓毛约占7%,两型毛约占15%,无髓毛约占77%;毛股自然长度8~12cm。毛纤维富有弹性,是织制提花毛毯的优良原料。

滩羊二毛羔羊是指出生后约30日龄、毛长达到7 cm的羔羊。全身被覆有波浪形弯曲的毛股,毛股紧实,花案清晰,光泽悦目,毛稍有半圆形弯曲或稍有弯曲,体躯主要部位表现一致,弯曲数在3~7个,弯曲部分占毛股全长的二分之一至四分之三,弯曲弧度均匀排列在同一水平面上,少数有扭转现象。腹下、颈、尾及四肢毛股短,弯曲数少。被毛由两型毛和无髓毛组成,两型毛约占46%,无髓毛约占54%。

滩羊的主要产品是滩二毛皮、滩羔皮和滩羊毛、滩羊肉。近年来滩羔皮、二毛裘皮及羊毛价格下滑,滩羊的生产方向主要以产肉为主,滩羊肉质细嫩,脂肪分布均匀,无味,为我国最佳的羊肉之一。成年羯羊胴体重17~25kg,屠宰率45%左右;淘汰母羊胴体重15~20kg,屠宰率40%左右;二毛羔羊胴体重3~5kg,屠宰率48%左右。滩羊产羔率为101~103%。

滩二毛羔羊分级:根据毛股粗细、绒毛含量和弯曲形状不同而分成串字花、软大花和其他花型。

串字花类型:

特级:达到1级标准,并且毛股弯曲数在7及7个以上或体重达8 kg以上。

1级:毛股弯曲数在6及6个以上,弯曲部分占毛股长的三分之二至四分之三,弯曲弧度均匀呈平波状,毛股紧实,中等粗细,宽度为0.4~0.6cm,花案清晰,体躯主要部位表现一致,毛纤维较细而柔软,光泽良好,无毡结现象,体质结实,外貌无缺陷,活重在6.5kg以上。

2级:毛股弯曲数在5及5个以上,弯曲部分占毛股长的二分之一至三分之二,毛股较紧实,花案较清晰,其他指标与1级相同。

3级:属下列情况之一者:即毛股弯曲数不足5个、弯曲弧度较浅、毛股松散、花案欠清晰、胁部毛毡结和蹄冠上部有色斑、活重小于5kg者。

软大花类型：

特级：达到1级标准，并且毛股弯曲数在6个以上或活重超过 8 kg。

1级：毛股弯曲数5及5个以上，弯曲弧度均匀，弯曲部分占毛股长的三分之二以上，毛股紧实粗大，宽度在0.7cm以上，花案清晰，体躯主要部位花穗一致，毛密度较大，毛纤维柔软，光泽良好，无毡结现象，体质结实，外貌无缺陷，活重在7kg以上。

2级：毛股弯曲数4及4个以上，弯曲部分占毛股长的二分之一至三分之二，毛股较粗大，欠紧实，体质结实，活重在6.5kg以上，其他指标与1级相同。

3级：属下列情况之一者：毛股弯曲数3及3个以上、毛较粗且干燥、胁部毛毡结和蹄冠上部有少量色斑、活重小于6kg者。

1.5岁滩羊的分级：

特级：体格大，体质结实，发育良好；体重公羊47～50kg，母羊36～40kg，体躯主要部位被毛均呈辫状，毛股长在15cm以上，毛密度适中。

1级：体格较大，体重公羊43～46kg，母羊30～35kg。

2级：体格中等，体质结实，体重公羊40～42kg，母羊27～30kg。

3级：体格较大，体质较粗糙，有髓毛粗短或体格偏小，被毛花纹不明显，蹄冠上部有色斑或有外貌缺陷者。

（5）西藏羊

西藏羊又称藏羊，是我国三大粗毛羊品种之一，也是我国数量最多、分布最广的地方绵羊品种。主产于青藏高原，分布在西藏自治区、青海省及甘肃、四川、云南、贵州等省与青藏高原毗邻的地区。目前，全国存栏量约3000多万只，其中，西藏1070多万只、青海1100多万只、甘肃180多万只、四川320万只。西藏羊对高原牧区的自然环境有很强的适应性，是我国优秀的地方绵羊品种，曾作为母本参与过许多细毛羊、半细毛羊品种的培育，在我国绵羊育种中的功绩是不可否认的，现在仍是高原牧区的当家畜种之一，对高原藏区的生产、生活起着非常重要的支持作用。

西藏羊主产于青藏高原，数量多，分布地域广。也正由于产区地域环境的复杂性，西藏羊形成了丰富多样的生态类型，在外貌特征、生产性能和生态适应性等方面存在一定的差异。因此，不同时期、不同产区对西藏羊的分类也不同。比如，张松荫（1942）根据藏系绵羊的体型特征、体格大小、毛质等特点，把藏系绵羊划分为河谷藏羊、山谷藏羊和草地藏羊三种；《西藏那曲、日喀则、江孜地区畜牧业考察报告》（1964）中，根据体长、体高等体尺指标和外貌特征，将藏系绵羊分为藏北绵羊和藏南绵羊两种类型；《西藏家畜》（1981）根据分布区域，将藏系绵羊分为高原型、雅鲁藏布江型和三江型；《青海省畜禽品种资源调查报告》（1983）中把藏系绵羊分为高原型、山谷型、欧拉型和贵德黑藏羊四个类型；高源汉（1984）通过总结前人的工作认为藏系绵羊中还需分出"亚型"，根据羊毛的长度可明显的分为长毛型（草地型）和短毛型（河谷型），在这两型之间存在过渡类型；郑丕留（1985）根据海拔差异将藏系绵羊粗略地分成三种类型，分布在海拔4500m以上寒冷牧区的为"高原草地型"、分布在海拔3500m以上温凉农牧区的为"雅鲁藏布江型"、分布在海拔3000m以上温凉林牧区的为"三江型",这个分类与《西藏家畜》一致;《四川家畜家禽品种志》(1987)把藏系绵羊分为高原型、山谷型和山地型等三个类型;《甘肃畜禽品种志》(1986)把藏系绵羊划分为草地型和山谷型两类,其中,根据地域命名法,草地型藏羊又被分为甘加型、欧拉型和乔科型等三个地方类型。

2018年由中国农业科学院兰州畜牧与兽药研究所主持制定的《西藏羊》国家标准颁布实施,该标准将西藏羊分为草地型、山谷型和欧拉型。其中,草地型西藏羊主要分布于西藏自治区的那曲、阿里、日喀则西部等地区,青海省的海北、海南、海西、黄南、玉树、果洛等地区,甘肃省的甘南藏族自治州,四川省的甘孜、阿坝藏族自治州北部,云南省的迪庆州等。山谷型西藏羊主要分布在西藏自治区的雅鲁藏布江与其支流拉萨河和年楚河地区,青海省南部的班玛县、囊欠县、同仁县、尖扎县及海东地区,云南的昭通市、丽江市及保山市腾冲县,甘肃省禄曲县等。欧拉型西藏羊主要分布于甘肃省玛曲县及其毗邻地区,青海省河南蒙古族自治县和久治县等地。

草地型西藏羊:体格较大,体质结实。头略宽呈三角形,鼻梁隆起,耳大略下垂,公羊角粗大,呈螺旋状向上向外伸展,母羊角较小,向上向外伸展。体躯呈长方形,背腰平直,四肢较长,扁锥型小尾。草地型西藏羊被毛异质,由粗毛、两型毛和绒毛组成,绒毛短、粗毛长,被毛呈辫状,有光泽,弹性好,强力大;以白色为主,部分羊头部、四肢(不超过腓关节)有杂色。被毛中粗毛含量约40.0%,绒毛含量约40.0%,两型毛含量约20.0%,净毛率大于等于65%,毛丛长度大于等于14.0cm,绒层厚度大于等于6.0cm。成年公羊剪毛量大于等于1.2kg,成年母羊剪毛量大于等于0.8kg。草地型西藏羊成年羯羊的屠宰率43%以上,宰前体重约48.5kg,胴体重约19.5kg。

山谷型西藏羊:体格小,结构紧凑。头呈三角形,鼻梁隆起,公羊多数有角,呈螺旋状向外伸展;母羊角较小,部分无角。颈稍长,体躯呈圆桶状,背腰平直,四肢较短,楔形小尾。被毛异质,由粗毛、两型毛和绒毛组成,绒毛短、粗毛较长,呈小辫状,有光泽,弹性好,强力大;以白色为主,部分羊头部、四肢(不超过腓关节)有杂色,绒毛和两型毛含量较高,大多数羊体躯主要部位无干死毛或有少量干死毛。净毛率大于65%,毛丛长度大于7.0cm,绒层厚度大于4.0cm。成年公羊剪毛量大于0.9kg,成年母羊剪毛量大于0.7kg。山谷型西藏羊成年羯羊的屠宰率45%以上,宰前体重约33.8kg,胴体重约14.3 kg。

欧拉型西藏羊:体格高大。头稍狭长,多数有肉髯,公羊角粗大,呈螺旋状向外弯曲伸展,母羊角较小,向外弯曲伸展,背腰宽平,后躯丰满,楔形小尾。头、颈、腹部、四肢及公羊的前胸多有黑色或褐色花斑,体躯主要部位被毛以白色为主。欧拉型西藏羊被毛异质,干死毛含量高,纤维粗、短而稀,净毛率低。平均净毛率55%,成年公羊剪毛量0.8kg,成年母羊剪毛量0.7kg。欧拉型西藏羊成年羯羊的屠宰率48%以上,宰前体重约58.3kg,胴体重约27.9kg。

正常放牧条件下,不同类型30月龄西藏羊平均体尺、体重见表6-6,不同类型西藏羊分等分级指标见表6-7、表6-8和表6-9。

表6-6　不同类型30月龄西藏羊平均体尺、体重

类型	性别	体高（cm）	体长（cm）	胸围（cm）	体重（kg）
草地型	公羊	68.9 ± 4.91	75.7 ± 4.15	96.1 ± 3.44	50.1 ± 2.45
	母羊	62.1 ± 3.84	68.1 ± 3.04	87.2 ± 3.71	42.3 ± 3.03
山谷型	公羊	60.4 ± 2.81	65.4 ± 2.74	81.8 ± 3.02	37.9 ± 2.72
	母羊	51.4 ± 3.16	55.9 ± 3.01	76.1 ± 3.13	30.0 ± 2.76
欧拉型	公羊	83.2 ± 4.23	87.5 ± 3.05	110.8 ± 3.24	62.5 ± 3.07
	母羊	71.9 ± 3.16	76.2 ± 3.17	99.7 ± 3.10	52.9 ± 3.54

表6-7　草地型西藏羊分等分级指标

等级	月龄	性别	剪毛后体重（kg）	剪毛量（kg）	体型（分）	毛色（分）	毛丛长度（cm）	绒层厚（cm）	干死毛（分）
一级	18月龄	公	35.0	1.2	3	3	23.0	10.0	2
		母	30.0	1.0	3	3	19.0	9.0	2
	30月龄	公	47.0	1.5	3	3	23.0	10.0	2
		母	40.0	1.2	3	3	19.0	9.0	2
二级	18月龄	公	32.0	0.8	2	2	19.0	8.0	1
		母	28.0	0.8	2	2	16.0	7.0	1
	30月龄	公	42.0	1.2	2	2	19.0	8.0	1
		母	35.0	0.8	2	2	16.0	7.0	1

表6-8　山谷型西藏羊最低生产性能指标

等级	月龄	性别	剪毛后体重（kg）	剪毛量（kg）	体型（分）	毛色（分）	毛丛长度（cm）	绒层厚（cm）	干死毛（分）
一级	18月龄	公	27.0	0.8	3	3	13.0	8.0	2
		母	22.0	0.7	3	3	11.0	7.0	2
	30月龄	公	35.0	1.0	3	3	13.0	8.0	2
		母	27.0	0.8	3	3	11.0	7.0	2
二级	18月龄	公	25.0	0.7	3	3	11.0	7.0	1
		母	20.0	0.6	3	3	9.0	5.0	1
	30月龄	公	32.0	0.8	3	3	11.0	7.0	1
		母	25.0	0.7	3	3	9.0	5.0	1

表6-9　欧拉型西藏羊最低生产性能指标

等级	年龄	性别	剪毛后体重(kg)	剪毛量(kg)	体型(分)	体高(cm)	体长(cm)	胸围(cm)
一级	18月龄	公	43.0	0.8	3	70	73	98
		母	40.0	0.7	3	63	65	92
	30月龄	公	60.0	1.0	3	80	85	108
		母	50.0	0.8	3	70	74	98
二级	18月龄	公	38.0	0.7	2	65	70	93
		母	36.0	0.6	2	58	60	85
二级	30月龄	公	54.0	0.9	2	75	80	102
		母	45.0	0.7	2	65	70	93

(6)蒙古羊

蒙古羊是在蒙古高原特定的生态条件下,经过长期的自然选择和人工选育而形成的一个粗毛型地方绵羊品种,是我国数量最多、分布最广的脂尾绵羊品种。主要分布于内蒙古自治区,中心产区位于内蒙古自治区锡林郭勒盟、呼伦贝尔市、赤峰市、乌兰察布市和巴彦淖尔市等地。在我国东北、华北、西北各地均有不同数量的分布。蒙古羊耐粗饲、宜放牧、适应性强,但其产肉率和产毛量都比较低。近年来,产区内大部分地区引进纯种肉羊或者生产性能较高的羊进行杂交,提高其生产性能。因此,纯种蒙古羊的数量在不断减少,分布范围也逐渐缩小,生产方向由毛用转向肉用为主。

蒙古羊外貌特征:蒙古羊被毛以白色为主,部分羊头、颈、眼圈、嘴及四肢下端有黑色、褐色或黄色毛。蒙古羊体质结实,骨骼健壮,肌肉丰满,体躯呈长方形,头略狭长,额宽平,眼大突出,鼻梁隆起,耳朵小且下垂。部分公羊有螺旋形大角,个别母羊有小角,角均为褐色。四肢细长,健壮有力。尾巴呈圆形或椭圆形,肥厚多脂,尾尖卷曲呈S形。

蒙古羊生产性能:蒙古羊为季节性发情,一般集中在9～11月发情,公、母羊初配年龄均为18月龄,母羊发情周期15～17d,发情持续期24～48h,产羔率为110%左右。6月龄羔羊屠宰率45%,净肉率37%,18月龄羯羊屠宰率为46%,净肉率为39%,成年羯羊屠宰率为48%,净肉率为43%。18月龄和30月龄蒙古羊最低体重体尺见表6-10。

表6-10　18月龄和30月龄蒙古羊最低体重体尺

年龄	性别	体高(cm)	体长(cm)	胸围(cm)	体重(kg)
18月龄	公羊	58	63	75	45
	母羊	53	59	70	30
30月龄	公羊	61	66	78	50
	母羊	56	61	72	35

蒙古羊属我国三大粗毛羊品种之一,分布广,数量多,耐粗饲,游走性强,适宜放牧,耐严寒,抗御风雪灾害能力强。在我国新疆细毛羊、东北细毛羊、内蒙古细毛羊、敖汉细毛羊、巴美肉羊等羊品种培育过程中发挥了重要的作用,但其产肉率和产毛量都比较低。

(7)哈萨克羊

哈萨克羊原产于天山北麓及阿尔泰山南麓。为中国三大粗毛羊品种之一,属肉脂兼用型粗毛羊品种,具有较高的肉脂生产性能。背平宽,躯干较深,四肢高而结实,骨骼粗壮,肌肉发育良好,"抓"膘力强,适宜终年放牧,对产区生态条件有较强的适应性。作为母系品种参与了新疆细毛羊和中国卡拉库尔羊品种的培育。

哈萨克羊公羊大多具有粗大的螺旋形角,母羊半数有小角。头大小适中,鼻梁明显隆起,耳大下垂。背腰平直、四肢高粗结实,肢势端正。尾宽大,外附短毛,内面光滑无毛,呈方圆形,多半在正中下缘处由一浅纵沟对半分为两瓣,少数羊尾无中浅沟,呈完整的半圆球。被毛异质,头和四肢生有短刺毛,腹毛稀短。毛色以全身棕红色为主,头和四肢杂色个体也占有相当数量,纯白或全黑的个体比较少。

单胎公羔和母羔的平均初生重分别为4.16kg和3.85kg。双胎公羔和母羔初生重分别为3.21kg和2.75kg。平均断奶重公羔为32.26kg,母羔为31.55kg。周岁公羊体重为42.95kg,周岁母羊体重为35.80kg,成年公羊和母羊体重体尺指标见表6-11。

表6-11 成年哈萨克羊体重体尺指标

性别	体重(kg)	体高(cm)	体长(cm)	胸围(cm)	尾长(cm)	尾宽(cm)
公羊	73	74	78	97	15	28
母羊	52	69	74	86	10	20

成年哈萨克羊羯羊屠宰率为47.6%,一岁半羯羊屠宰率46.4%,当年羯羔屠宰率为44.4%,周岁公母羊的屠宰率见表6-12,经2~3月集中育肥后,屠宰率可达到58.5%~61.2%。

表6-12 周岁哈萨克羊屠宰性能

性别	宰前活重(kg)	胴体重(kg)	屠宰率(%)	净肉率(%)	肉骨比
公羊	42.3	18.0	42.6	34.4	4.2
母羊	40.8	17.3	42.4	35.0	4.7

哈萨克羊一般在4~6月龄性成熟,初配年龄1.5岁,季节性发情,配种基本在9~11月,妊娠期150d左右。双羔率很低,初产母羊平均产羔率101%,经产母羊平均产羔率102%。

哈萨克羊是新疆数量较多的地方遗传资源,对哈萨克羊进行本品种选育,发挥其适应性广、抗逆好、早期生长发育快的优点,可为新疆肉羊产业发展提供优秀种质资源。

（8）高山美利奴羊

高山美利奴羊是由中国农业科学院兰州畜牧与兽药研究所等单位，以甘肃高山细毛羊为母本，以细型和超细型澳洲美利奴羊为父本，经过杂交创新、横交固定和选育提高三个阶段，历经20年系统育成的国内外唯一适应海拔2400～4070m青藏高原高山寒旱草原生态区的毛肉兼用美利奴羊新品种。2015年10月顺利通过国家畜禽遗传资源委员会审定，12月正式颁发国家畜禽新品种（配套系）证书，同时被农业部确定为2016年全国主推畜禽品种之一。该品种主要分布于甘肃省肃南裕固族自治县、天祝藏族自治县、永昌县等祁连山高山草原地带。高山美利奴羊外貌具有典型的美利奴羊品种特征，体质结实，结构匀称，体型呈长方形。头部细毛着生至两眼连线，前肢至腕关节，后肢至飞节。公羊有螺旋形大角或无角，母羊无角。公羊颈部有横皱褶或纵皱褶，母羊有纵皱褶，公、母羊躯体皮肤宽松无皱褶。被毛白色呈毛丛结构、闭合良好、整齐均匀、密度大、光泽好、油汗白色或乳白色、弯曲正常。

正常放牧条件下，26月龄高山美利奴羊平均体尺、体重指标见表6-13。

表6-13　26月龄高山美利奴羊体尺体重指标

性别	体高（cm）	体长（cm）	胸围（cm）	体重（kg）
公羊	68.9 ± 4.91	75.7 ± 4.15	96.1 ± 3.44	89.25 ± 7.84
母羊	62.1 ± 3.84	68.1 ± 3.04	87.2 ± 3.71	46.97 ± 4.21

高山美利奴羊被毛毛丛自然长度（12个月）在9.0 cm以上，纤维平均直径21.5 μm以下，被毛整体均匀性好；弯曲清晰，呈正常弯；油汗白色，含量适中，占毛丛高度60%左右；净毛率55%以上。高山美利奴羊不同年龄公、母羊产毛性能见表6-14。

表6-14　高山美利奴羊不同年龄公、母羊产毛性能

性　别	年　龄	毛长（cm）	剪毛量（kg）	净毛率（%）	净毛量（kg）	羊毛纤维直径（μm）
公	成　年	10.47 ± 1.20	9.74 ± 1.09	65.71 ± 5.51	6.40 ± 0.72	19.63 ± 1.69
	育　成	10.68 ± 1.22	7.18 ± 0.80	53.46 ± 5.12	3.84 ± 0.43	18.40 ± 1.62
母	成　年	9.30 ± 0.93	4.36 ± 0.87	62.36 ± 5.70	2.72 ± 0.54	19.92 ± 1.08
	育　成	10.56 ± 1.05	4.16 ± 0.83	57.53 ± 5.48	2.39 ± 0.48	18.89 ± 1.12

注：成年羊净毛率为穿衣净毛率，育成羊净毛率为未穿衣净毛率。

终年放牧条件下，不同年龄高山美利奴羊产肉性能见表6-15。补饲育肥条件下，8月龄公羔平均胴体重为27.2kg，净肉重平均为21.0kg，屠宰率为52.7%，净肉率为77.2%，8月龄母羔平均胴体重为24.6kg，净肉重平均为18.8kg，屠宰率为50.1%，净肉率为76.3%。

表6-15 高山美利奴羊育成与成年羊产肉性能

类别	屠宰率(%)	胴体重(kg)	胴体净肉率(%)
成年羯羊	48.48 ± 1.67	43.26 ± 2.96	75.98 ± 1.32
成年母羊	48.07 ± 1.27	22.58 ± 2.56	75.34 ± 1.35
育成公羊	47.12 ± 1.54	28.73 ± 2.87	74.54 ± 1.25
育成母羊	46.98 ± 1.32	17.34 ± 2.35	73.98 ± 1.25

高山美利奴羊公、母羊6~8月龄性成熟,初配年龄为18月龄。在正常条件下成年母羊的产羔率为110%~120%。

高山美利奴羊新品种的育成填补了我国青藏高原寒旱区羊毛纤维直径以19.0~21.5 μm为主体的毛肉兼用美利奴羊品种的空白。该品种能够充分利用本生态区低成本的丰富的草原资源发展细毛羊业的优势,促进美利奴羊在青藏高原生态区的国产化,丰富我国细毛羊品种资源的生态差异化类型,完善青藏高原生态区细毛羊产业发展的结构。每年可推广种公羊4000只,年改良细毛羊80万只,改良羊毛纤维直径由20.0~23.0 μm降低到19.0~21.5 μm,体重提高5.2~9.3kg/只,提升我国青藏高原生态区细毛羊及其羊产业发展的档次与水平,打破澳毛长期垄断中国羊毛市场的格局,提高我国细羊毛在国际市场中的竞争力,满足毛纺工业对高档精纺羊毛的需求,助推缓解我国羊肉刚性需求大的矛盾,以细毛羊赖以生存的广大裕固族、藏族等少数民族和世居于该地区各族兄弟的产业需求均具有不可替代的生态地位、经济价值和社会意义。

(9)苏博美利奴羊

苏博美利奴羊是联合新疆维吾尔自治区、新疆生产建设兵团、内蒙古自治区、吉林省等四地多个种羊场,以澳洲美利奴羊超细型羊为父本,以中国美利奴羊、新吉细毛羊及敖汉细毛羊为母本,采用三级开放式核心群联合育种体系,经过级进杂交、横交固定和纯繁选育三个阶段,历时15年系统培育而成的我国第一个超细型细毛羊品种。主要分布于新疆维吾尔自治区乌鲁木齐市、石河子市、伊犁哈萨克自治州、阿克苏地区、塔城地区;内蒙古自治区赤峰市、鄂尔多斯市、锡林郭勒盟;吉林省松原市、白城市等细毛羊主产区。苏博美利奴羊的育成,填补了我国超细毛羊的空白。

苏博美利奴羊具有良好的适应性和抗逆性,能够适应西北、东北地区不同海拔高度、寒冷干旱的气候条件和四季放牧、长途转场的饲养条件,抗病性强,繁殖成活率高,适合在我国北方细毛羊主产区推广。目前,苏博美利奴羊在新疆、吉林、内蒙古和新疆生产建设兵团等省区的核心群存栏11.39万只,育种群13.73万只,种羊推广到新疆、内蒙古、吉林、甘肃、陕西、贵州、陕西等地,累计推广种公羊3.25万只,改良羊总数达569万只,改良羊平均净毛量提高0.5kg/只,羊毛细度由66支提高到70支。

苏博美利奴羊具有美利奴羊品种特征,体质结实,结构匀称,体型呈长方形,着甲宽平,胸深,背腰平直,尻宽而平,后躯丰满,四肢结实,肢势端正,头毛密而长,着生至两眼连线。公羊有螺旋形角,少数无角,母羊无角。公羊颈部有2~3个横皱褶或纵皱褶,母羊有纵皱褶,公、母羊躯体皮肤宽松无皱褶。被毛白色且呈毛丛结构,闭合性良好,密度大,毛丛弯曲明显、整齐均匀,油汗白色或乳白色。羊毛细度18.1~19.0μm为主体。成年羊体侧毛长8.0 cm以上,育成羊9.0 cm以上。腹毛着生良好。

苏博美利奴羊6月龄羔羊、育成羊和成年羊平均体重体尺见表6-16。

表6-16　不同年龄苏博美利奴羊平均体重体尺指标

性别	年龄	剪毛后体重/kg	体高/cm	体斜长/cm	胸围/cm	管围/cm
公	6月龄	28	60	65	70	7.5
	育成羊	40	70	74	87	8.5
	成年羊	69	76	80	115	10
母	6月龄	25	58	62	67	7.0
	育成羊	32	65	69	78	8.0
	成年羊	40	70	76	98	9.0

苏博美利奴羊公、母羊6~8月龄性成熟,初配年龄为18月龄。季节性发情,母羊发情周期平均17d,发情持续期24~38h,妊娠期平均150d。成年母羊的产羔率为110%~130%,羔羊成活率为95%以上。

苏博美利奴羊成年羯羊平均胴体重24.5kg,屠宰率45.6%。成年母羊平均胴体重19.1kg,屠宰率46%。周岁公羊平均胴体重19.5kg,屠宰率46%。育成母羊平均胴体重15.4kg,屠宰率45%。

苏博美利奴羊成年公羊平均剪毛量8.0kg,成年母羊剪毛量4.2kg,育成公羊剪毛量4.2kg,育成母羊剪毛量3.7kg。体侧部净毛率60%以上。

二、羊只引进

(一)种羊引进

引进种羊要严格执行《种畜禽管理条例》规定,应从具有畜牧兽医主管部门核发的《种畜禽生产经营许可证》和《动物防疫合格证》的种羊场引进,并按照规定进行检疫。引进的种羊,隔离观察至少30~45天,经动物防疫监督机构检疫确定为健康合格后,方可使用,不得从疫区引进种羊。

需要引进种羊时,首先应了解掌握本地的饲草料条件,生态环境状况。例如气候类型、最高气温、最低气温、平均气温、降水量、蒸发量、海拔高度、土壤和经纬度等。充分考察论证哪些品种适合本地饲养。如:抗病力、适应性、耐粗饲性、遗传稳定性及主要生产性能指标等。还应考虑杂交改良效果是否显著,经济效益如何。确定好待引品种后,应到非疫区具备良种畜(禽)经营许可证的种羊场购羊。购羊时,首先要审查种羊系谱档案及个体生产性能记录,进行初选。然后,现场选择体质健壮、生产性能理想、符合品种特征的个体。同时应了解掌握引入品种的生活习性、饲养管理技术及疾病防治方法。选定种羊后,出售方应出具良种畜(禽)证明,系谱证明,并协助购羊方办理运输检疫证明及运载工具消毒证明等相关手续。

(二)商品羊购入

选购商品羊也应遵守《兽医防疫准则》,购羊之前首先要了解购买地或者羊场的疫病防控情况和羊只的健康状况,不从疫区购买羊只。购羊之前,养殖场区一定要做好相关准备工作。一是饲养场地要进行消毒,最好进行全场喷雾消毒。二是配备好常规兽药,以备不时之需。三是及时采购好饲料。选好要购买的羊只后,应请当地畜禽检疫部门到现场进行监督检疫,取得检疫合格证明后方可准备装车。运输车辆必须在装羊前进行清扫、洗刷和消毒,经当地畜禽检疫部门检查合格,发给运输检疫证明才可装车起运。装车要轻,大羊装上层小羊装下层,要遮阳遮雨,通风透气。起运前5小时左右禁食,饮水中补加电解多维,尽量选择天气凉爽的日子运输,运输时尽量走高速。运输途中,不准在疫区车站、港口、机场装填草料、饮水和有关物资,押运员应密切观察羊的健康状况,发现异常及时与当地畜禽检疫部门联系,按有关规定处理。羊只进场8小时内禁食,4天内饮水中加电解多维,喂食草粉,4天后慢慢增加精料,正常饮水。合群前应隔离饲养20~30天,在此期间应密切观察,并进行检疫,确认健康后方可合群饲养。羊群稳定后,及时联系畜牧兽医技术人员,依照免疫计划给羊群注射疫苗。

(三)选羊方法

1. 看体型

要看羊群的体型、肥瘦和外貌等状况,以判断品种的纯度和健康与否。外貌特征比如头形、角形、毛色等要符合品种标准;肉用种公羊的体质应结实,前胸要宽深,四肢粗壮,肌肉组织发达,头大雄壮、眼大有神、睾丸发育匀称、性欲旺盛,特别要注意是否单睾或隐睾;母羊要腰长腿高、乳房发育良好。胸部狭窄、尻部倾斜、前后肢呈"X"状的母羊,不宜作种用。

2. 看年龄

主要依靠牙齿来判断,羊共有32个牙齿,其中8个门齿全长在下颚。羔羊3~4周龄时8个门齿就已长齐,为乳白色,比较整齐,形状高而窄,接近长柱形,称为乳齿,此时的羊称为"原口"或"乳口";到12~14月龄后,最中央的两个门齿脱落,换上两个较大的牙齿,这种牙齿颜色较黄,形状宽而矮,接近正方形,称为永久齿,此时的羊称为"二牙"或"对牙";以后大约每年换一对牙,到8个门齿全部换成永久齿时,羊称为"齐口"。所以,"原口"羊指1岁以内的羊,"对牙"为1~1.5岁,"四牙"为1.5~2岁,"六牙"为2.5~3岁,"八牙"为3~4岁。4岁以后,主要根据门齿磨面和牙缝间隙大小判断羊龄;5岁羊的牙齿横断面呈圆形,牙齿间出现缝隙;6岁时牙齿间缝隙变宽,牙齿变短;7岁时牙齿更短,8岁时开始脱落。购买时要仔细观察牙齿,判断羊龄,以免误引老羊。

3. 判断羊的健康状况

主要根据以下几个方面来判断羊的健康状况。

(1)行为姿势

健康羊表现自由自在的活动,行走稳定而活泼,对轻微的刺激有警觉。病羊一般表现为离群呆立或先走缓慢摇摆,或者四肢僵直不灵活,或者腿瘸或者作圆圈运动。

（2）食欲膘情

健康羊食欲、反刍正常,而病羊进食忽多忽少,喜舔食泥土或草根,反刍无力或减少。健康羊体壮膘好,患有慢性病或寄生虫病的羊身体瘦弱。

（3）被毛皮肤

健康羊被毛平整,不易脱落,富有光泽和油性,而病羊被毛粗乱蓬松无光泽,易脱落。健康羊的皮肤有弹性而柔软,病羊有水肿,有皮肤病的皮增厚变硬。

（4）眼睛

健康羊眼睛明亮有神,眼角干净,翻开下眼帘肤色为粉红色。病羊则怕光流眼泪,眼角有眼屎,眼角膜多为苍白色（贫血）、黄色（黄疸病）或蓝色（肝、肺病）。

（5）尿液和粪便

健康羊的粪便为小球型,硬而不干,没有难闻的气味,不含未消化的饲料,尿液澄清,不含有血色。健康羊排粪排尿都不费力。而病羊排出的粪便有异味（各种肠炎）、过于干燥（缺水或肠弛缓）、过于稀薄（肠机能亢进）、带有大量黏液（肠卡他性炎症）、有完整谷粒（消化系统疾病）、黑褐色（前部肠管病变出血）、鲜红色（后部肠管出血）、排尿困难等都是羊不健康的表现。

4. 看系谱

一般种羊场都有系谱档案,出场种羊应随带系谱卡,以便掌握种羊的血缘关系及父母、祖父母的生产性能,估测种羊本身的性能。从外地买羊时,应向供羊单位取得检疫证,一是可以了解疫病发生情况,以免引入病羊;二是运输途中检查时,手续完备的畜禽品种才可通行。

三、羊群整理

（一）整理羊群的目的

湖羊是非常优秀的多胎绵羊品种,但是,不是每只湖羊每胎都能产2个以上的羔羊,也不是每只湖羊都能将所产的羔羊养活至断奶。因此,需要对你的湖羊群体进行整理,也就是将羊群中那些不符合品种特征、生产性能低下、达不到既定生产目标的羊,以及老弱病残的羊淘汰出群,减少或剔除羊群中那些滥竽充数、只吃料不产生效益的羊,以提高整个羊群的生产效率。

（二）确定需要淘汰的母羊

1. 要淘汰不产羔或者连续产单羔的母羊

养繁殖母羊的目的就是为了多产羔来体现它的经济价值,但是,我们的羊群里总有部分母羊不产羔、不发情或者发情却总是不怀孕;或者本应该是产多羔的羊,却连续2~3个生产周期都产单羔,这就是母羊群中滥竽充数的,只吃料不产生效益或者效益低下的羊,要坚决淘汰出群。

2. 习惯性流产或产后恶露不止母羊

有的母羊虽然能正常发情,正常怀孕,但是每次妊娠都会提前终止,不明原因地发生流产,或者每次产后恶露不止,胎衣不下的母羊,也要坚决淘汰。

3. 经常产畸羔或弱羔的母羊

有的母羊能正常发情、正常怀孕,但是产的羊羔经常发育不全、体质瘦弱甚至畸形,这种母羊很可能有某种遗传缺陷或者遗传疾病,应尽早淘汰。

4. 泌乳量低、羔羊死亡率高的母羊

有的母羊能够正常产羔,但是乳房发育不好或者常发生乳房炎,产羔后乳汁分泌少,无法养活羔羊,导致羔羊成活率低,或者有的母羊产的羊羔总是不明原因死亡,这样的母羊虽然能正常生产,但养殖效益仍然很差,应该淘汰。

5. 母性差、返情慢的母羊

有的母羊母性很差,不会照顾羔羊,甚至不给羔羊喂奶,导致羔羊生长发育缓慢,甚至死亡。有的母羊虽然是常年发情品种,但是羔羊断奶后长时间不发情,返情很慢,这样的母羊养殖效益也很低,要尽早淘汰。

(三)确定需要淘汰的公羊

1. 品种特征有缺陷的公羊

养公羊必须品种特征明显,也就是要养纯种羊,因为纯种羊公羊遗传性能稳定,生产性能可靠,能够达到我们想要的生产目的,对后代的羔羊的品质和生产性能非常重要。比如养湖羊公羊,本来湖羊公母羊均无角,而你买的湖羊种公羊却长了两个角,证明你买的不是湖羊或者不是纯种湖羊,用它配种,生产性能达不到你想要的结果。因此,应该淘汰。

2. 生殖器官发育不良的公羊

生殖器官发育不良的公羊配种成功率很低,甚至无法配种,应该淘汰。

3. 性欲冷淡的公羊

有的公羊虽然发育正常,体格健壮,但是性欲冷淡,不爬跨,甚至见母羊躲避,经过训练效果仍然不佳,这样的公羊也应该淘汰。

4. 精液品质差的公羊

有的公羊发育正常,身体健壮,性欲也很旺盛,采精也没问题,但是精液品质差,比如活力低、死精多、精子畸形率高,或者配种后所产羔羊畸形率高,羔羊体弱、死亡率高等,这样的公羊应该淘汰。

(四)整理羊群的方法

存栏羊群应依据记录选择淘汰个体,这就需要我们平时做好记录,包括母羊配种记录(与配公羊、配种次数、受胎情况等),产羔记录(正产还是流产、羔羊初生重、产羔数、顺产还是难产、羔羊健康状况等)、羔羊生长记录(包括生长情况和发病情况等),公羊采精记录等。根据这些记录定期评估母羊和公羊的生产效益,确定淘汰个体。

四、分群管理

整理完羊群后要分群饲养,这一点非常重要,不论是企业规模化养殖还是家庭小规模饲养,要按照具体的膘情、体格等进行分群,尤其是繁殖母羊,更需要进行详细分群饲养,实现有计划地选配,避免乱杂滥配,提高羊群质量;分群后可根据年龄、生产性能、体质情况分别确定饲养标准,以充分发挥每只羊生产性能的潜力,不断提高品质。

(一)按公、母羊分群

公、母混养的最大缺点是让后备母羊过早怀孕,甚至近亲繁殖,这样既影响了后备母羊的生长,又使品种质量不断退化,所产的羊羔发育不好或者畸形,生产性能低下。其次羊群常年配种常年产羔,没有计划性,不便于管理。常年混养还能使公羊的性欲降低,精液品质变差,配种能力下降,使用年限缩短,导致整个羊群品质下降。因此,公母必须分群饲养。公母分群饲养包括种公羊在非配种期一定要与母羊分群饲养,集中配种期,有计划地投放到母羊群。如果是做了同期处理的母羊群,同期处理完成后公羊投放母羊群4～6d后赶出来,单独饲养,补充营养,过10d左右再投放进去,以提高配种效果和受胎率。另外,断奶羔羊也要公母分群饲养,以避免公母抢食和打闹,影响羔羊生长发育。

(二)按不同生理阶段分群

母羊要按不同生理阶段进行分群,比较精准的分群方法是育成母羊群、空怀母羊群、怀孕前期母羊群、怀孕后期母羊群、哺乳母羊群等。怀孕羊群最好分成怀单羔的羊群和怀多羔的羊群。这样可以根据不同生理阶段羊的营养需要来设置日粮配方,按不同阶段羊的管理要求进行精准饲喂和饲养管理,确保营养充足均衡,满足各阶段母羊的生理需求,减少浪费,避免互相伤害和流产的发生。

(三)按个体大小分群

同一个生理阶段的羊要根据个体大小进行分群,避免大羊抢食吃和小羊吃不饱的情况发生,确保所有的羊都能够受到良好的照顾和管理,提高整个羊群的质量和养殖效益。

(四)按体况分群

要将体质差异大的羊分开饲养,既可以避免体质好的羊吃的多,体质差的羊吃得少,体质弱的羊吃不上的现象;也可以根据需要对体质差的羊增加营养或者药物调理,让其尽快恢复。

(五)按健康状况分群

将病羊与健康羊分开饲养,避免部分疾病的传染,同时便于病羊的治疗和调养。

第四节 肉羊杂交技术

一、肉羊杂交目的

遗传学中对杂交的定义是通过不同基因型的个体之间的交配而获得某些双亲基因重新组合的个体的方法。杂交可以将同一物种里两个或多个优良性状集中在一个新个体中,还可以产生杂种优势,获得比亲本品种更强或表现更好的新品种。杂交的目的一方面是获得新的品种,也叫杂交育种;另一方面是改良现有品种的不足,以获得较高的生产性能和经济效益,也叫杂交改良。

肉羊杂交育种,就是运用两个或两个以上品种杂交,创造出新的变异类型,改进亲本品种的个别缺点,将各亲本的优良基因集合在一起,获得超越亲本品种性状的优良个体,然后通过选种、选配等手段,使有益的基因不断纯合,具有相当稳定的遗传能力。然后通过育种手段将它们固定下来,以培育出新品种的方法。

肉羊杂交改良,就是通过引进国内外优质的专用肉用种羊(公羊或精液),与本地低生产性能的母羊杂交,以提高本地羊的肉用生产性能并改善羊肉品质,以获得生活力、适应性、抗逆性和生产力等方面都优于亲本的杂交后代的方法。

杂交改良和杂交育种是相辅相成不能截然分开的,杂交育种的初期也就是杂交改良的过程,选择杂交改良过程中的理想型个体进行不断选育提高和横交固定就能达到育成新品种的目的。由此可见,杂交的直接目的可以归纳为一条,就是改变现有品种的某些缺陷,以获得生产性能和综合品质均优于现有品种的理想个体。而杂交之所以能实现这个目的,是因为杂交能够产生杂种优势。

杂种优势是指两个遗传组成不同的亲本杂交产生的杂种一代,在生长速度、繁殖力、抗逆性、产量和综合品质等方面都比其双亲优越的现象。杂种优势的大小,往往取决于双亲性状间的相对差异和相互补充。一般情况下,亲缘关系、生态类型和生理特性上差异越大的,双亲间相对性状的优缺点能彼此互补的,其杂种优势越大,双亲的纯合程度越高,越能获得整齐一致的杂种优势。

杂种优势表现较突出的是经济性状,因而通常将产生和利用杂种优势的杂交称为经济杂交。杂种优势用于提高产量、均匀性和活力,经济杂交只利用杂种一代,因为杂种优势在一代最明显,从二代开始逐渐衰退,如果再让二代自交或与其各代自由交配,结果将是杂种优势趋向衰退甚至消亡。

二、杂交方法

(一)级进杂交

肉羊级进杂交也叫改造杂交,是以优良品种的种公羊与生产性能差的母羊交配,生产的杂种一代(F_1)的公羔和品质较差的母羔淘汰,优质母羔留种,再与该优良品种的另外一头公羊交配,生产的杂种二代(F_2)的公羔和品质较差的母羔淘汰,优质母羔留种,继续与该优良品种的其他公羊交配,以此类推到三代或四代以上,当最终杂交后代羊的各项性能表现最为理想时,中止杂交。级进杂交是改良低生产性能品种的综合品质或者提高现有品种某项生产性能时常用的杂交方法。级进杂交属二元杂交,使用该方法时,首先要明确杂交目的,也就是明确现有品种的缺陷和需要改良的指标,然后根据这些指标来选择杂交用公羊的品种,选好品种后要根据杂交群体大小和配种方法,组织数量适宜的公羊群体,这些公羊纯度越高杂交优势越显著,所以选择公羊群体时不仅要品种特征明显,而且最好根据系谱选择遗传性能优良的个体。另外,使用级进杂交时,也要做好选配方案和生产记录,包括配种记录和产羔记录,避免近亲杂交。

（二）导入杂交

导入杂交也叫引入杂交，指少量引入外血以改进现有品种某个质量缺陷的杂交方法。当现有品种基本上可满足生产需要，只是在生产性能的个别方面尚有某些缺陷，且采用纯种选育短期内又很难提高时，可选择与现有品种生产方向一致，且具有针对原品种缺陷的显著优点的品种与之杂交，在杂交后代中选择符合目标要求的公母羊留种，这些种羊再与现有品种的公母羊进行回交，以产生较理想的后代。为了不改变原品种的主要特点，导入杂交一般只杂交一次。引入杂交可使当地品种的缺点得到纠正，又不动摇当地品种的特点，在生产实践中经常应用。

导入杂交后的群体，由于基因型的分离和重组，一代的杂种优势能够影响后代群体的生产水平，但不代表该群体以后生产水平。一般情况下，引入品种的纯合程度越高，且与被导入品种之间的遗传差异大，导入杂交效果越明显。其次，新组合的杂种基因型平均值也是决定导入效果的重要因素，低遗传力性状的改进效果比高遗传力性状的改进效果显著。在进行导入杂交时，一旦获得理想性状，应尽快从杂交群体中分化出最佳基因型组合，使之纯合化。在纯合过程中，杂种优势有可能会减弱，因此，如何利用不同方式把已出现的最佳基因型复制遗传，并扩大到整个群体，是导入杂交的关键环节。

（三）育成杂交

育成杂交也叫创造杂交，为培育新品种而采取的杂交方法。用两个或两个以上的品种进行杂交，使彼此的优点结合起来，获得理想型个体后，通过自群繁育、横交固定、选育提高等获得新的品种。该新品种既具有原始杂交亲本的全部优良品质(即双亲共同的优点)，又具有不同于双亲的新品质。

育成杂交根据所用原始亲本品种的数目可分两种，在新品种培育过程中只有两个品种参加杂交的，叫简单育成杂交；有3个以上品种参加杂交的，叫复杂育成杂交。育成杂交使不同亲本的基因重新组合，丰富了群体的基因型组成，增大了有益基因型值，提供了更丰富的选择用育种素材。因此，这种杂交方法常用于新品种的培育工作中。育成杂交在某些方面与级进杂交很相似，但实际上是有很大区别的。级进杂交只要被改良品种吸收了改良品种的优良品质即可，而育成杂交则需要获得优于双亲的新品种。

育成杂交的优点，一是能集几个品种的优点于一体，有可能超过任一父本品种；二是有一定的遗传多样性，选择进展快于纯种；三是在保持一定的杂种优势的同时，利用杂种个体的近交，使杂交群体再次分化，从中选出最佳组合，进行固定，以产生原群体所没有的基因型。在世界畜牧品种史上，应用育成杂交培育新品种最多的畜种就是绵羊，这与绵羊的品种资源多、基础群大、产品性状丰富和投入少等因素有关。比如20世纪80年代，利用育成杂交，从粗毛羊起步培育了一批细毛羊新品种。而现如今又采用育成杂交，把现有的地方品种改造为肉用品种。

组织育成杂交时首先要确定育种目标，根据育种目标制定杂交方案。杂交方案必须在小型杂交试验的基础上制定，而且要做好各项记录，用以评估杂交效果，根据杂交效果调整杂交方案。另外，育成杂交要兼顾提高生产性能和保持原品种的适应性两个方面，所以杂交代数应适可而止,推荐边杂交边固定,如果杂种一代出现理想型就可以进行横交固定,没有必要再杂交到二代或三代。横交固定时所用的理想型种公羊,应在不同的育种场之间进行交流,以免因种公羊不足而被迫进行极度的近亲繁殖。

(四)经济杂交

经济杂交也叫商品杂交或生产性杂交,是指利用不同遗传类型的亲本杂交所产生的杂种优势,提高肉羊的生产水平和适应性。不同品种的公、母羊杂交,其杂种一代具有生活力强、生长发育快、饲料利用率高、产品规格整齐等多方面的优点。由于经济杂交所产生的杂交后代在生活力、抗病力、繁殖力、育肥性能、胴体品质等方面均比亲本具有不同程度的提高,因而成为当今肉羊生产中所普遍采用的一项实用技术。在西欧、大洋洲、美洲等肉羊生产发达国家,用经济杂交生产肥羔肉的比率已高达75%以上。利用杂种优势的表现规律和品种间的互补效应,可以改进繁殖力、成活率和总的生产力,同时,可以通过选择来提高断奶后的生长速度和产肉性能。在我国肉羊生产实践中,采用经济杂交可使原地方品种的产肉率提高30%~50%,最高的可达到75%。根据参与杂交亲本的数量,经济杂交可分为简单经济杂交和复杂经济杂交。

1. 简单经济杂交

简单经济杂交也叫二元杂交,是利用两个品种(一个父本品种和一个母本品种)进行杂交,生产的杂种一代无论公母,都不作为种用继续繁殖,而是全部用于商品肉羔育肥屠宰。二元经济杂交是最简单的一种杂交方式,一般应使用生长快的品种作为父本,繁殖力强、母性好的品种作为杂交母本。其特点是杂种后代吸收了父本的个体大、生长发育快、产肉率高、肉质优良以及母本适应性好、繁殖率高等优点,杂交优势明显,早期生长速度快、产肉率高、适应性强,对饲养管理条件要求不高。在我国农区肉羊养殖中可以选择进口纯种肉用种羊作父本,地方多胎品种羊作母本,进行简单经济杂交,生产优质肥羔。在牧区或半农半牧区也可以低等级或不符合品种要求的细毛羊为母本,用引进的肉毛兼用细毛羊品种(德国肉用美利奴羊、南非肉用美利奴羊)作父本进行杂交,提高后代的产肉性能,达到肉毛双赢的目的。

2. 复杂经济杂交

复杂经济杂交是指先利用两个品种杂交,生产杂种一代(F_1)羊,其中公羔全部用于商品肥羔生产,而将杂种一代母羔作为繁殖基础母羊,再与原亲本中的任一公羊杂交,或者与第三个品种公羊进行杂交,或者其后诸代母羊依次与亲本公羊杂交,以改变后代羊的血液组成,满足生产需要。比如目前肉羊生产中常见的以地方单胎品种羊为母本,地方多胎品种羊为父本进行杂交,提高杂一代母羊的产羔率;然后再用引进的专用肉用品种羊为父本与杂一代母羊杂交,提高后代的产肉性能和羊肉品质,生产商品肉羊。该模式的特点是能够在短期内较大幅度提高后代的繁殖性能和产肉性能,使遗传资源利用率和肉羊效益最大化,也是今后农区适度规模肉羊业发展的趋势和方向。复杂经济杂交常用的杂交方式,可以分为以下几种。

(1)回交

回交是在简单杂交基础上建立的一种新的杂交模式。即用简单杂交生产的F1母羊与原来亲本品种之一进行交配。比如,用杜泊公羊与湖羊母羊进行杂交,杂一代母羊再与杜泊公羊进行杂交。杂交后代平均含75%杜泊血液和25%的湖羊血液,杂交后代的产肉性能更接近父本纯种杜泊羊。回交时使用的杜泊公羊应是与第一次使用的杜泊公羊亲缘关系比较远的公羊,以避免近交。也可使用湖羊公羊再与F₁母羊杂交,产生的杂种后代含75%湖羊血液和25%血液,杂种后代的产肉性能比原母本湖羊有所提高,又最大程度保留了湖羊的高繁殖性能。在生产实践中,回交时一般都采用生长快的品种作为父本,而用繁殖力强、母性好的品种作为杂交母本。

(2)轮回杂交

轮回杂交也是经济杂交的一种,是以诸代杂种母羊与其亲本品种公羊进行轮回杂交的方式,目的是在获得介于两个杂交品种之间的中间遗传性,在诸代杂种中获得令人满意的后代羔羊。轮回杂交只在第一次杂交时需要育成品种的母羊,而在以后的各世代中,均可利用杂种母羊,而杂交用公羊必须是已经育成品种的纯种公羊。轮回杂交可以由两个、三个或更多的品种进行轮流杂交,但每进行一个循环之后,要更换使用该品种的另一只公羊。

两品种轮回杂交:在回交基础上,用另一个亲本品种对回交F₂母羊进行杂交。比如用湖羊公羊与回交生产的含75%杜泊血液的F₂母羊进行交配,则杂交后代平均含37.5%杜泊血液和62.5%的湖羊血液。依此类推,可继续使用杜泊公羊与F₃母羊进行交配,使杂种后代中杜泊血液从37.5%升到68.75%,而湖羊血液则从62.5%下降到31.25%。也可继续交换使用杂交双亲品种公羊,杂交后代中双亲品种的平均血液组分在2/3和1/3间不断轮换。

三品种轮回杂交:三品种轮回杂交是三个品种中两个品种先杂交,杂一代母羊再与第三品种公羊交配。此后,依次用三个品种作为父本,与各代杂种母羊进行交配。比如,用萨福克公羊与杜湖杂种母羊进行交配,生产的F₂羔羊平均含萨福克羊血液50%、杜泊羊血液25%和湖羊血液25%;再用杜泊公羊与F₂母羊交配,生产的F₃平均含萨福克羊血液25.0%、杜泊羊血液62.5%、湖羊血液12.5%;F₃母羊再与湖羊公羊交配,生产的F₄杂种后代中平均含%萨福克羊血液12.50、杜泊羊血液31.25%、湖羊血液56.25%。此后,再使用萨福克公羊,则杂交后代血液平均组成变为:萨福克羊56.25%、杜泊羊15.63%、湖羊28.12%。依次类推,轮回杂交时要注意不同级代同一品种公羊间血缘关系要尽可能远。

三、杂交效果评价

(一)杂交效果评价指标

肉羊杂交的目的是利用品种间的杂种优势生产商品肉羊,不同品种之间杂交效果也是不同的,通常情况下,都是通过杂交母羊的产羔率及后代在生长速度、适应性、抗病性、饲料报酬、产肉性能等方面的表现来直观评价某个杂交组合的杂交效果。而客观量化地评价杂交效果的指标是杂种优势率。杂种优势就是指杂种第一代在体型、生长率、繁殖力及行为特征等方面均比亲本优越的现象。一般以杂种优势率表示,其计算公式如下:

杂种优势率=[(杂种均值—亲本均值)/亲本均值]×100

(二)影响杂种优势的因素

生产实践中,利用某些品种进行杂交,其杂种一代是否有优势,有多大优势,或者在哪些性状上表现出明显优势,或者杂交群体中每个个体是否都能表现出相似的优势等,这些是受多方面的因素影响的,其中最主要的影响因素是杂交亲本品种的配合力及遗传力。

1. 亲本间的配合力

(1)配合力的分类

杂种优势率的高低首先取决于杂交亲本间的配合力。配合力是指一个亲本品种在与其他品种杂交所产生的杂种一代或后代在产量或其他某个性状表现中所起作用大小,又称结合力或组合力。配合力的大小可以用来评价一个亲本品种在杂种优势利用或杂交育种中的利用价值。亲本的配合力并不是指其本身的表现,而是指与其他亲本结合后它在杂种后代中体现的相对作用。在杂种优势利用中,配合力常以杂种一代的产量表现作为度量的依据;在杂交育种中,则体现在杂种的各个世代,尤其是后期世代。配合力包括一般配合力和特殊配合力,一般配合力指一个亲本与一系列亲本所产生的杂交组合的性状表现中所起作用的平均效应,是基因的可加效应,也被称为育种值。它是度量亲本把性状传递给后代群体的能力,依此可以在品种间进行比较。特殊配合力是指一个亲本在与另一亲本所产生杂交组合的性状表现中偏离两亲本平均效应的特殊效应,是基因的非加性效应,主要是显性、超显性、上位等基因互作的表型值,也称为特殊育种值。特殊配合力用于比较不同组合间产生非加性效应的能力。一个亲本的一般配合力和特殊配合力是相对于一组特定亲本而言的,同一个亲本在不同组亲本中所表现的一般配合力和特殊配合力有可能是不同的。

(2)配合力的估算方法

配合力的估算方法包括:完全双列杂交、不完全双列杂交、部分双列杂交等,其中使用较多的是完全双列杂交法和不完全双列杂交法,而最精准的方法是完全双列杂交法。

完全双列杂交是指在一组亲本间所进行的全部杂交,也可以包括自交和反交组合。完全双列杂交的设计可以分为4种,如表6-17是以4个品种的杂交为例设计的完全杂交组合示意。

表6-17　完全双列杂交组合设计

分类	完全双列杂交设计 I				完全双列杂交设计 II				完全双列杂交设计 III				完全双列杂交设计 IV			
	A	B	C	D	A	B	C	D	A	B	C	D	A	B	C	D
杂交　A	×	×	×	×	×	×	×	×		×	×	×		×	×	×
组合　B	×	×	×	×		×	×	×	×		×	×			×	×
示意图 C	×	×	×	×			×	×	×	×		×				×
D	×	×	×	×				×	×	×	×					
设计说明	包括亲本自交和正反交全部F1,共计 N^2 个组合,也就是16个组合。				包括正反交中的一种和亲本自交组合,共计 $N(N+1)/2=10$ 个组合。				包括所有正交和反交组合,不包括亲本自交组合,共 $N(N-1)=12$ 个组合。				只包括正反交中的一种,不包括亲本自交,共 $N(N-1)/2=6$ 个组合。			

注:表中A、B、C、D分别代表4个亲本品种;N代表亲本品种数量。

完全双列杂交的试验和分析过程虽然较为烦琐,但能提供较多的信息,如群体效应、一般配合力效应及方差、特殊配合力效应及方差、反交效应、遗传力、显性度等。因此,完全双列杂交被广泛应用到配合力的测定和杂种优势的评价中。

（3）完全双列杂交试验设计分析步骤

第一步:统计分析随机组合的基因型间差异,通过检验基因型间是否存在显著差异,来确定是否要进一步做遗传力分析。如果分析结果的F值为差异显著,则说明基因型间存在真实差异,就可以做进一步的遗传力分析。

第二步:统计分析配合力方差,以检验待估算的配合力是否存在差异。如果一般配合力和特殊配合力的F值达到显著水平,则说明这些效应间存在真实差异,就可以进一步估算各亲本的配合力效应值。

第三步:估算配合力效应值,根据一般配合力效应值之间和特殊配合力效应值之间的比较结果,就可以对各亲本的遗传特点和利用价值进行评估。

2. 亲本经济性状的遗传力

一般来说,遗传力越低的性状杂种优势率越明显。如繁殖性能的遗传力一般为0.1～0.2,其杂种优势率可达15%～20%;肥育性能的遗传力为0.2～0.4,杂种优势率为10%～15%,而胴体品质性状的遗传力为0.3～0.6,杂种优势率仅为5%左右。据报道,二元轮回杂交肥羔出售时体重比双亲均值提高16.6%,三元轮回杂交比纯种均值提高32.5%。另外,如果杂交亲本品种缺乏优良基因或亲本品种的纯度很差,或者两个亲本在主要经济性状上起作用的基因显性与上位效应都很小,或者不能充分满足杂种优势的饲养管理条件等,都无法取得理想的杂种优势。

四、杂交生产实践

（一）杂交模式优化筛选试验

在肉羊养殖生产中,要进行大规模的杂交生产,首先要进行小批量的杂交试验,以筛选适合当地生态条件、饲草料资源、饲养管理水平及本场的生产方向的经济杂交模式,然后在大群中进行杂交生产推广。

1. 杂交亲本选择

杂种后代的表现取决于亲本的优劣,一般来说,性状优良的亲本才能产生性状优良的杂种后代,因此正确选择亲本是杂交成败的关键。

（1）选择杂交母本

在肉羊杂交生产中,应选择在本地区数量多、适应性好的品种作为经济杂交的母本。优先选择适应当地生态条件且繁殖力高、常年发情的品种做母本,以满足两年三产的目标;此外,母本品种最好具备泌乳力强、母性好、耐粗饲等特点,以确保羔羊成活率和生长发育等;用于经济杂交的母本还应该是已经成熟的纯种,品种纯度越高,杂交优势越明显,杂交效果越稳定。在不影响生长速度的前提下,不一定要求母本的体格很大。

（2）选择杂交父本

作为经济杂交的父本应选择体格大、生长速度快、饲料报酬率高、产肉性能好、胴体品质优的品种或品系。比如萨福克羊、无角陶赛特羊、夏洛莱羊、杜泊羊、特克赛尔羊、德国肉羊美利奴羊等都是经过精心培育的专门化品种,具有遗传性能稳定,可将优良特性稳定地遗传给杂种后代。若进行三元杂交,第一父本不仅要生长快,还要繁殖率高;选择第二父本时主要考虑体格大、生长快、产肉力强。

2. 选择杂交方式

杂交方式主要根据本场的生产方向和对后代遗传性状与经济性状的期望值来选择,同时还要考虑本场的饲养管理水平和杂交亲本的现状。如果是小规模饲养户或者养殖合作社,且现有母本羊都是繁殖率比较高的品种,建议选择纯种肉羊为父本进行二元杂交,后代羔羊不论公母全部育肥出栏或者断奶羔羊直接出售。因为杂种一代优势最明显,羔羊的增重速度最快,养殖效益高。如果母本羊是当地的季节性发情的生产性能较低的品种,则可以选择三元杂交,先使用多羔地方品种公羊为父本进行杂交,选留杂种一代中的优秀母羊为母本,再与纯种肉羊进行杂交,这样在提高原地方品种的产羔率的同时,也提高了后代羔羊生长速度和产肉率。 如果是管理比较规范的规模化养殖企业,在进行杂交试验时,可以多选几种杂交方式做比较,从中筛选出更高效的杂交方式用于日常生产。

3. 杂交生产过程管理

选择好杂交亲本和杂交方式后就要开始实施杂交生产,要取得良好的杂交效果,单凭优秀的亲本和适宜的杂交方式是不够的,杂交生产过程的管理对杂交效果的影响也是非常显著的,因此,必须加强杂交生产过程的管理。

(1)重视亲本羊的选择和更新

亲本羊的质量是杂交优势的基础,特别是母本羊需要量比较大,在进行杂交生产的同时要加强母本羊的选择和淘汰工作,最好在本场内做好母本羊的纯繁工作,以及时补充基础母羊的不足,淘汰生产性能低下的母羊,确保杂交母本群体的生产性能和杂交优势的充分发挥。同时也要重视父本羊的交流与更新,避免近亲杂交,影响杂交效果。

(2)正确把握杂交代数和改良程度

要随时监测改良进度和效果,无论是级进杂交还是轮回杂交,再次使用同一品种公羊进行杂交时,严格避免重复使用同一个公羊或与其具有血缘关系的公羊,以防止亲缘繁殖和近交衰退,尽可能保持和稳定原有品种所具有的优良特性,实现性状改良,质量提高。

(3)建立与杂交生产相配套的饲养管理和营养供给方案

最好的遗传性能的发挥需要最好的营养和最好的管理来支撑。杂交优势的发挥也离不开良好的饲养管理。因此从杂交亲本的饲养到杂交母羊妊娠、哺乳等全过程都需要加强营养的供给和饲养管理。如果进行不同杂交组合的效果比较试验,必须在相同的营养和饲养管理条件下进行,才能筛选出相对高效的杂交组合和杂交方式。

(4)建立杂交过程的监测记录

杂交优势是通过杂种一代的各项生产性能来反映的,所以要准确地筛选出经济高效的杂交组合,就必须做好杂交过程的各项记录,以便于对各杂交组合的配合力和杂交优势进行客观精准地评价。杂交过程的记录包括父本公羊的采精记录、母羊的配种记录、产羔记录、生产性能测定记录、屠宰性能测定记录等,同时要建立种用羊的系谱档案。

(二)杂交生产实例

通过杂交模式优化筛选试验筛选出适合当地或者本场的最优杂交组合或者杂交模式后,就可以大规模的进行杂交生产了,杂交生产的程序和管理要点同杂交模式优化筛选试验,杂交生产过程各类羊的饲养管理同前章所述。表6-18提供了近年来国内一些经济杂交组合试验的结果,仅供参考。

表6-18 我国肉羊二元经济杂交结果实例

母本	父本	杂种一代的主要性能
小尾寒羊	萨福克羊	羔羊初生重5.3kg,3月龄体重28.9kg,0~3月龄间日增重261.3g,6月龄重46.9kg,3~6月龄间日增重200.0g。
小尾寒羊	白萨福克羊	羔羊初生重4.2kg,3月龄体重24.9kg,0~3月龄间日增重230.0g,6月龄活重47.4kg,3~6月龄间日增重250.1g。
小尾寒羊	陶赛特羊	羔羊平均初生重4.8kg,3月龄平均体重25.1kg,0~3月龄平均日增重为226.2g,6月龄平均体重44.8kg,3~6月龄日增重218.4g,产羔率168%。
小尾寒羊	夏洛莱羊	羔羊初生重4.8kg,4月龄体重28.8kg,0~4月龄平均日增重为200.5kg;6月龄活重43.3kg,0~6月龄平均日增重241.0g。
小尾寒羊	德国肉用美利奴羊	羔羊初生重3.2kg,3月龄体重21.1kg,6月龄体重40.0kg。0~3月龄平均日增重198.8g,3~6月龄平均日增重209.9g。
小尾寒羊	南非肉羊美利奴羊	羔羊初生重3.1kg,3月龄体重25.3kg,0~3月龄平均日增重246.9g,6月龄体重44.1kg,3~6月龄平均日增重208.6g,产羔率169%。
小尾寒羊	杜泊羊	羔羊初生重5.2kg,3月龄体重24.6kg,0~3月龄羔羊平均日增重216.2g;6月龄重51.0kg,3~6月龄平均日增重293.3g;产羔率200%。
小尾寒羊	特克塞尔羊	羔羊初生重4.3kg,3月龄平均体重24.2kg,0~3月龄平均日增重221.1g,6月龄羔羊平均体重48.0kg,3~6月龄平均日增重264.4g,产羔率207%。
湖羊	杜泊羊	羔羊初生重4.6kg,3月龄重为23.7kg,0~3月龄羔羊平均日增重212.8g;6月龄重51.2kg,0~6月龄日增重305.6g;产羔率202%。
湖羊	萨福克	羔羊初生重4.5kg,3月龄体重26.6kg,0~3月龄日增重为245.7g,6月龄体重49.9kg,3~6月龄日增重258.2g,产羔率192%。
湖羊	特克塞尔羊	羔羊初生重4.5kg,3月龄体重30.9kg,0~3月龄羔羊平均增重为293.3g,6月龄体重49.6kg,3~6月龄平均日增重207.4g,产羔率208%。
湖羊	德国肉用美利奴羊	羔羊初生重3.8kg,3月龄体重23.6kg,0~3月龄日增重为219.8g,6月龄体重41.9kg,3~6月龄日增重203.3g,产羔率180%。
湖羊	陶赛特羊	羔羊初生重4.7kg,3月龄体重26.8kg,0~3月龄日增重245.8g,6月龄体重50.6kg,3~6月龄日增重263.4g,产羔率227%。
湖羊	夏洛来羊	羔羊初生重3.3kg,3月龄体重22.4kg,0~3月龄日增重212.3g,6月龄平均体重40.9kg,3~6月龄平均日增重205.7g,平均产羔率233%。

表6-18续

母本	父本	杂种一代的主要性能
蒙古羊	杜泊羊	羔羊初生重3.9kg,3月龄体重21.7kg,0~3月龄日增重为197.0g,6月龄体重42.9kg,3~6月龄日增重235.8g。
蒙古羊	萨福克羊	羔羊初生重3.6kg,3月龄体重17.9kg,0~3月龄平均日增重为159.0g,6月龄体重41.7kg,3~6月龄平均日增重265.0g。
蒙古羊	陶赛特羊	羔羊平均初生重3.3kg,3月龄体重20.6kg,0~3月龄日增重为192.3g,6月龄体重40.5kg,3~6月龄日增重220.8g。
蒙古羊	特克塞尔羊	羔羊初生重3.3kg,3月龄体重20.6kg,0~3月龄日增重为192.0g,6月龄体重40.0kg,3~6月龄日增重215.6g。
蒙古羊	德国肉用美利奴羊	羔羊初生重3.5kg,3月龄体重19.9kg,0~3月龄日增重为182.2g,6月龄体重41.0kg,3~6月龄日增重233.4g。
蒙古羊	波德代羊	羔羊初生重3.7kg,3月龄体重20.7kg,0~3月龄日增重为188.3g,6月龄体重37.9kg,3~6月龄日增重192.0g。
哈萨克羊	萨福克羊	羔羊初生重3.9kg,4月龄体重为23.7kg,0~4月龄平均日增重165.6kg,6月龄平均体重35.3kg。0~6月龄平均日增重193.3g。
阿勒泰羊	萨福克羊	羔羊初生重5.1kg,1月龄重13.2kg、3月龄体重22.6kg,分别比阿勒泰羊提高7.8%、6.8%、2.4%。
阿勒泰羊	陶赛特羊	羔羊初生重4.9kg、1月龄重12.9kg、3月龄重22.0kg,分别比阿勒泰羊提高3.6%、4.7%、4.2%。
西藏羊	陶赛特羊	羔羊初生重3.8kg、断奶重18.0kg、6月龄重33.7kg。
西藏羊	特克塞尔羊	羔羊初生重3.9kg、断奶重18.5kg、6月龄重32.9kg。
西藏羊	萨福克	羔羊初生重3.9kg、断奶重17.9kg、6月龄重33.5kg。

第七章　肉羊高效繁殖技术

第一节　母羊同期发情调控技术

母羊同期发情是利用某些激素制剂人为地控制并调整一群母羊的发情周期,使之在预定时间内集中发情,以便有计划地组织配种。

一、母羊同期发情的意义

(1)母羊同期发情技术是人工授精技术和胚胎移植技术不可缺少的配套技术,特别是在养殖比较分散的情况下,通过同期发情技术,使母羊群体集中发情,以定期批量实施人工授精和胚胎移植,提高工作效率和这两项技术的应用效果。

(2)实施母羊同期发情,可使配种妊娠、分娩及羔羊培育在时间上相对集中,便于肉羊的分批生产和标准化管理,提高生产效率,降低生产成本,对于规模化集约化养羊有很大的实用价值。

(3)实施同期发情不仅可使周期性发情的母羊集中发情,而且也能诱导乏情期的母羊实现发情和配种,从而提高母羊的繁殖率。

二、同期发情的原理

自然状态下,母羊发情按一定间隔时间往复出现,这一周期性发情活动是母羊交配受孕的生理基础。母羊的发情周期取决于卵巢黄体形成与退化的交替变化。黄体分泌的孕激素具有抑制排卵和发情行为的作用。当黄体形成并产生孕激素时,卵巢卵泡的发育受到抑制,卵巢处于以黄体活动为主的黄体期,母羊表现为休情期,即不发情。黄体退化时,孕激素的分泌随之急剧下降到基础水平,卵巢活动转化为以卵泡迅速发育排卵为主的卵泡期,母羊表现发情行为。据此,人工延长母羊母羊黄体期或缩短母羊黄体期是目前进行同期发情经常采用的两种途径。即一种是采用孕激素抑制卵巢中卵泡的生长发育,延长黄体期,经过一定时间后同时停药,卵巢摆脱了外源激素的控制,同时出现卵泡发育,母羊群体同期进入发情。另一种途径是采用前列腺素(PGF2α)溶解黄体,使一群处于不同水平黄体期的母羊的黄体同时消退,促进垂体促性腺激素的释放,同期进入卵泡发育而发情。两条途径的差异在于前者延长发情周期,使发情期推迟;后者缩短发情周期,使发情期提前到来。

三、同期发情的方法

根据同期发情机理,母羊同期发情处理的方法可分为孕激素法、前列腺素处理法和三合激素法。

(一)孕激素处理法

使用外源性孕激素让母羊体内的孕激素维持在一个较高水平。当外源孕激素撤除时,母羊体内孕激素迅速下降,卵泡开始生长发育并成熟,母羊集体表现发情行为。为了提高同期发情的效果,常在停止使用孕激素药物的同时,配合使用促进卵泡生长发育的药物孕马血清促性腺激素(PMSG)。孕激素的给药方式主要有皮下埋植、阴道栓塞和口服等,其中以皮下埋植和阴道栓塞较为常用。

1.孕激素阴道栓法

目前常见的羊用阴道栓有2种,一种是海绵阴道栓,另一种是硅胶阴道栓。由于阴道栓的制作材料不同,产品形状各异,虽然药效相同,但配种效果却有差异。因为海绵栓吸收水分,可将羊子宫、阴道内的分泌物吸收,在长达十几天的时期内,分泌物变质,部分羊取栓时有恶臭味,导致子宫颈口及周围有不同程度的感染,影响受精。硅胶阴道栓不吸水,对羊的正常受精基本没有影响,但硅胶阴道栓的价格是海绵栓的2倍,成本较高,因此,目前生产上常用于胚胎移植时的供体羊的处理。海绵阴道栓成本较低,生产上常用于配种时羊的同期发情或胚胎移植时受体羊的处理。在羊发情周期的任意一天,将孕激素阴道栓放置在被处理羊的阴道深部(子宫颈口),10~14d取出,取栓后48~52h内母羊集中发情。

2.孕激素阴道栓+PMSG法

在母羊发情周期的任意一天,将孕激素阴道栓放置在被处理羊的阴道深部,10~14d取出。同时,每只羊注射PMSG250~400IU,PMSG的注射剂量可根据羊的品种和处理时间进行调整,一般季节性发情的羊,如果是乏情期诱导发情,每只羊注射400IU;如果是发情季节,每只羊注射300~330IU;而对于常年发情的羊,每只羊注射250~300IU。注射PMSG后1~2d母羊集体发情。这种方法比单独用阴道栓效果好,平均同期发情率可达95%~98%。

3.孕激素皮下埋植法

在繁殖季节,给羊耳部皮下埋植孕激素药管6~9d,再注射孕马血清促性腺激素10IU/kg体重,72h内母羊的同期发情率达80%以上,并可提高产羔率。此法比阴道栓塞法较为理想,药物不易丢失。对母羊耳部皮下组织埋植时,注意不能太深,也不能太浅,同时应固定好羊的头部,以防止羊只挣扎影响埋植位置。

4.口服孕激素法

将一定量的孕激素制剂均匀拌在饲料中,常用的口服孕激素是醋酸美仑孕酮(MGA),连续饲喂8~14d后,停止喂药,大多数母羊可在几天内发情。此方法的好处是给药方便,但由于羊的体格大小、强弱不同,吃料的速度和多少不一样,导致服药剂量不同,效果不太理想。

（二）前列腺素处理法

前列腺素处理法就是应用前列腺素（PG）或其类似物,溶解母羊卵巢上的黄体,使母羊开始发情,也叫PG法。PG法的给药方式主要为皮下注射,通常有1次注射法和2次注射法。我国生产的PG类似物主要有氯前列烯醇和15-甲基前列腺素。

1.一次注射法

在母羊发情周期的任一天,每只母羊注射氯前列烯醇（PGF2α）0.1~0.2mg,一般情况下3~4d后发情,但是也有部分母羊注射不发情。因此,一次注射后母羊开始发情进行人工授精时,要注意观察,如果有未发情的羊,要再注射一次前列腺素,再过3~4d后观察是否发情。

2.二次注射法

在羊发情周期的任一天,注射氯前列烯醇（PGF2α）0.1~0.2mg,间隔9~12d,相同剂量再注射一次氯前列烯醇（PGF2α）,第2次注射后3~4d内羊集中发情。二次注射法比一次注射法同期发情效果好,原因是前列腺素类药物对母羊排卵5d后形成的黄体才有效,而对5d前的黄体效果不佳。因此,一次注射法对羊进行同期发情时,有部分羊不发情,而间隔9~12d后,母羊的黄体形成在5d以上,再次注射氯前列烯醇,绝大部分羊都能发情,效果较好。

一般情况下,二次注射法的效果明显优于一次注射法,建议生产实践中使用前列腺素法（PG法）时,以二次注射法比较好。

（三）孕激素和促性腺激素与前列腺素结合使用法

促性腺激素释放（GnRH）具有促进促性腺激素分泌的作用,孕马血清促性腺激素（PMSG）具有促进卵泡发育的作用,这两种促性腺激素都具有促进母羊发情和超数排卵的作用。因此,使用孕激素、促性腺激素与前列腺素结合的方法处理母羊,不仅有同期发情的作用,而且可以提高产羔数。

在母羊发情周期的任一天将孕激素阴道栓（CIDR）放置在被处理母羊的阴道深部,同时当天注射促性腺激素释放GnRH或者孕马血清促性腺激素（PMSG）,阴道栓（CIDR）保持至第8d或者第9d撤除阴道栓,同时注射前列腺素（PG）,在前列腺素（PG）注射2d后进行第二次促性腺激素释放（GnRH）或者孕马血清促性腺激素（PMSG）注射,第二次注射后48h母羊开始集中发情。

这种方法虽然处理效果较好,但是过程比较繁杂,而且使用激素种类多,成本相对较高,一般养殖户或者小型养殖企业操作有一定的难度,所以基本上用于胚胎移植时供体羊的处理。

（四）三合激素法

单位体积三合激素中含雄激素25.0mg、孕酮12.5mg、雌激素1.5mg。当羊群出现5%左右的自然发情母羊时开始用药,每只羊颈部皮下注射三合激素1mL,羊只处理后24h开始发情,持续到第5d,第2~3d发情最集中。

四、同期发情应注意的问题

（1）药物的选择是同期发情处理效果的关键环节之一，必须要严格把关。同期发情处理的主要药品有：阴道孕酮释放装置即阴道硅胶栓（CRID）或海绵阴道栓、孕马血清促性腺激素（PMSG）、促性腺激素释放激素（GnRH）、前列腺素（PG）、LRH-A3、催产素HCG等。这些药物必须低温（4℃）保存，野外处理时，避免阳光直射和持续高温。

（2）母羊体况是同期发情效果的决定因素，用于同期发情的母羊要体况良好，膘情要达3分以上，且无生殖系统疾病，精神状态良好，被毛光顺，必须有40d以上的断奶间隔，确定为空怀；同时，备选母羊要补充全价精饲料，营养要均衡，否则会影响处理母羊的发情率和受胎率。

（3）在注重同期发情效果的同时考虑成本，前列腺素（PG）成本低，操作简单，但只能在羊的繁殖季节使用，非繁殖季节使用效果不佳。孕激素阴道栓在繁殖和非繁殖季节均可使用，同时配合注射孕马血清促性腺激素（PMSG）效果较好，但成本较高。

（4）注射孕马血清促性腺激素（PMSG）时要特别细心，不能将药品遗留到羊的体外。有些人认为羊的卵巢是一边一个，将药同时注射到羊的体侧两边效果可能会好，其实这种做法是错误的。据我们试验，注射两侧时，羊的同期发情率只有50%。而在相同的操作下，将药一次注射到羊体的一侧，同期发情率达98%左右。

（5）使用海绵阴道栓时，由于海绵吸收的黏液对羊的子宫颈口及周围易造成感染，影响受精。因此，在放栓时，可将土霉素粉溶于熟的食用油中，将海绵栓蘸上土霉素油溶液后放入阴道，以起到润滑的作用的同时预防感染。需要注意的是海绵栓要即蘸即用，不可将海绵栓浸泡到药液中。或者在取栓时配制消炎药水冲洗羊的阴道，预防感染，提高受胎率。

（6）在同期发情处理时，要考虑种公羊的多少及人工授精技术人员的合理安排。在公羊不足的情况下，或者人工授精技术人员少时，不能同一天将母羊全部处理，否则会出现母羊发情时，公羊不够用或者输精人员不够的情况，应根据公羊的配种能力，合理安排每天处理母羊的数量，控制当天发情的母羊数，做到发情就配。

第二节　羊常规人工授精技术

一、人工授精前的准备

（一）人工授精配种站准备

1.人工授精站地点的选择

人工授精站应建在背风、向阳、干燥、有水源的地方，同时根据羊只的分布及适龄母羊的数量而定。如果养殖户比较分散，可以在一个区域内设置一个种公羊站，种公羊集中饲养，集中采精,然后分散输精。

2.人工授精站房舍和设备

人工受精站应因地制宜,就地取材,做到光线充足,宽敞、干燥、清洁卫生、实用。站内备有采精室、精液处理室、输精室,种公羊圈、已配母羊圈、饲料间、兽医室、工作人员宿舍等。采精室内安设固定架或假台畜;精液处理室和输精室的温度在18℃~25℃。输精室的窗户面积至少应有1.5m²,下缘距地面的高度为0.5m。输精室内安设固定架或横杠式输精架,横杠式输精架距地面高约70cm。输精时将母羊后腿搭在横杠上,前肢着地站立,便于输精。人工授精室内禁止存放有气味的药物,禁止吸烟,以免影响精液的品质。输精点不养种公羊,不设公羊圈和采精室。

(二)种公羊的调教

种公羊平时注意饲养管理,维持中等以上膘情。配种前一个半月,开始按照配种期的日粮标准饲喂,保证饲料中蛋白质、维生素及矿物质的供给。饲料种类要多样化,避免饲料单一,同时要注意加强运动。公羊附睾中积存有大量衰老、死亡的精子,配种采精前要加以排空。新参加配种的公羊,对其性欲和精液品质不了解,必须经过采精训练和精液品质检查,符合质量要求的才能用于输精,如不符合要求就要根据情况立即采取措施。有部分初次参加配种的公羊,性反射不敏感,甚至不爬跨母羊,必须加以调教,方法如下:

1.建立友好关系

训练种公羊特别是新参与配种的种公羊时,技术人员首先要与种公羊建立良好的关系,也就是要解除种公羊的恐惧心理,让它不要怕人,这是最关键的。开始的时候技术人员经常到需要训练的种公羊舍喂料、喂水、打扫圈舍等,让公羊熟悉技术员,消除其恐惧感。然后再慢慢地尝试接近种公羊,如果它比较抗拒或跑开,技术人员不要追赶,也不要马上离开,在原地站立,等待公羊平静下来,或者轻轻抚摸身边没有离开的羊的背部、脖子等,同时要安静地盯着要训练的羊,与它进行一些眼神的交流,慢慢地种公羊就会感觉到这个人对自己没有威胁,自然就会放松警惕。当种公羊愿意与你接近的时候,或者不躲避的时候,训练的第一步也是最关键的一步基本完成。接下来就要进一步增进感情,当被训公羊开始不抗拒你时,你就要慢慢地走到它身边,抚摸它的背部,然后蹲在它右侧,抚摸它的脖子,这时候公羊就会放松,这样重复几天,公羊就会完全信任你了。

2.让种公羊主动接近并爬跨母羊

有的种公羊特别是新参与配种的公羊,开始时不会主动接近母羊,或者虽然接近母羊并爬跨,但是采精有困难。我们可以将待训公羊和熟练公羊同时放入母羊群中或混入发情母羊中,让它"观摩"其他公羊的配种过程,或者将发情母羊的尿或分泌物涂抹在公羊鼻尖上,刺激其性欲。另外,每日早晚还要按摩睾丸一次,每次10~15min。经过几天后当公羊会爬跨母羊时,让其本交几次后从羊群中牵出。

3.采精训练

采精训练的地方最好就是人工授精采精的地方,在训练的同时让公羊熟悉一下环境,有助于正式采精时的操作。挑一个体况好的发情母羊和公羊一起圈在采精室,按照采精程序慢慢训练几次,在每次训练采精前,采精员同样要对公羊进行抚摸等友好安抚,这样让其全身心放松,有助于训练成功。

4.训练采精后,要检测精液品质,若排精量少,精液密度低,活力不足,就要调整饲料,使饲料种类多样化,具备必需的营养物质,加喂蛋白质饲料,增加运动的时间和路程。对种公羊的调教一定要有耐心,认真细致,不要怕麻烦,多想办法,就能收到好效果。

(三)母羊群的准备

配种季节来临前,及时做好羔羊断奶、剪毛、整群、检疫、预防接种、驱虫、药浴、修蹄等工作。提高母羊的日粮营养水平,使配种时母羊膘情达到3.0～3.5分。同时,根据选配计划把配种母羊组成群,初次参加配种的母羊体重要求达成年母羊的70%以上。必要时对母羊实施同期发情处理,这样母羊才能发情整齐,发情率高,促使母羊多排卵,集中产羔,便于管理。

(四)器械药品的准备

人工授精所需的各种器械如输精器、集精杯、假阴道内胎等要有足够的贮备。另外,必需的消毒药品和兽医常用药品也要有所准备。常规人工授精使用器械及用品如表7-1所示。

表7-1　羊人工授精需要的器具清单

品　名	规格	数量	品　　名	规格	数量
假阴道	套	3	假阴道内胎	条	5
集精杯	个	6	长玻棒	支	2
羊输精器	支	3	瓷盘20cm×30cm	个	1
羊开膛器	把	2	消毒脱脂纱布	卷	1
医用凡士林	瓶	1	1～2mL塑料注射器	支	10
600倍显微镜	台	1	量杯100mL	个	2
载、盖玻片	套	5	烧杯500mL	个	4
100℃水温计	支	2	操作台	套	1
消毒锅	个	1	铁皮柜	个	1
4孔数显衡温水浴锅	台	1	手术剪	把	1

(五)记录表格的准备

人工授精记录是血缘分析的依据。根据配种计划,准备好公羊采精记录和母羊配种记录。记录要认真细致,羊号要记录准确、清晰,并要准备好标识色料。有关记录表格式参见本书肉羊杂交一章。

(六)制定配种计划,培训技术人员

羊场或技术部门应该及时总结过去配种的经验教训,合理制定本季的配种计划,明确分工和任务,使配种工作有组织、有计划地展开并落实到位。另外,要定期组织人工授精技术培训,不断提高技术人员的实操水平。

二、母羊发情鉴定

(一)外部观察

直接观察母羊的行为、症状和生殖器官的变化来判断母羊是否发情。这是鉴定母羊发

情最基本、最常用的方法。母羊发情时表现不安，目光滞钝，食欲减退，咩叫不止，外阴部红肿，有黏液流出，发情初期黏液透明，中期黏液呈牵丝状且量多，末期黏液呈胶状。发情母羊被公羊追逐或爬跨时，往往叉开后腿站立不动，接受交配。山羊发情表现明显，发情母山羊神情兴奋不安，食欲减退，反刍停止，外阴部及阴道充血、肿胀、松弛，并有黏液流出。初产母羊发情不明显，要认真观察，不要错过配种时机。

（二）阴道检查

将开膣器插入母羊阴道，检查生殖器官的变化，如阴道黏膜的颜色潮红充血，黏液增多，子宫颈松弛等，可以判定母羊已发情。在人工授精过程中常作为辅助手段来判别母羊发情情况。在进行阴道检查时，先将母羊保定好，外阴部清洗干净。开膣器经清洗、消毒、烘干后，涂上灭菌过的润滑剂或用生理盐水浸湿。工作人员左手将阴门打开，右手持开膣器，闭合前端，稍向上方插入母羊阴门，然后水平方向进入阴道，转动打开开膣器，用反光镜或手电筒光线检查阴道变化。检查完毕后，把开膣器稍稍合拢，但不要完全闭合，缓缓从阴道中抽出来。

（三）公羊试情

用试情公羊对母羊进行试情，根据母羊对公羊的行为反应，结合外部观察来判定母羊是否发情。试情公羊要求性欲旺盛，营养良好，健康无病，一般每100只母羊配备试情公羊2～3只。试情公羊需做输精管切断手术或戴试情布。试情布一般宽35cm，长40cm，在四角扎上带子，系在试情公羊腹部。

试情公羊进入母羊圈后，用鼻去嗅母羊，或用蹄去挑逗母羊，甚至爬跨到母羊背上，母羊不动、不跑、不拒绝，或叉开后腿排尿，则表明该母羊发情。发情羊应从羊群中拉出，立即涂上标识色料。试情圈舍必须大小适当，若运动场太大，试情公羊追逐时羊只乱跑，不便观察，发现了试情羊也不容易抓住，若试情地点太窄，羊只拥挤，挤在中心的发情母羊不易被发现，达不到完全选出发情母羊的目的。初次配种的母羊，一般对公羊比较畏惧，试情公羊追逐后，不像成年发情母羊那样容易接近。它也许站立让试情公羊接近或试情公羊紧紧跟随，这样的母羊也应作为发情母羊挑出，再辅以阴道检查来进一步判断。试情公羊可一次放入羊群，迅速将发情母羊选出，也可分批放入。因先放入的试情公羊试一段时间后，性欲下降，找发情母羊不积极，再换新的试情公羊到群里去找。饲养人员要在羊群中走动，将卧下和拥挤的羊只赶开，让试情公羊能和母羊普遍接触，不要漏掉发情母羊。配种季节每次的试情时间为1小时左右，试情的次数以早晚各一次为宜，也有早晨只试一次的。

（四）"公羊瓶"试情

公山羊的角基部与耳根之间，分泌一种性诱激素，可用毛巾用力揩擦后放入玻璃瓶中，这就是所谓的"公羊瓶"。试验者手持"公羊瓶"，利用毛巾上的性诱激素的气味将发情母羊引诱出来。通过发情鉴定，及时发现发情母羊和判定发情程度，并在母羊排卵受孕的最佳时期进行输精或交配，以提高羊群的受胎率。

三、精液采集

（一）采精场地

采精要有一个合适的采精环境，以便引起公羊条件反射，同时防止精液污染。采精场地应该宽敞、平坦、安静、清洁，场内设有采精架以保定台羊，或设立假台羊，供公羊爬跨进行采精，采精场应与人工授精操作室和公羊舍相连。室内采精场的面积一般为$10×10m^2$，并附设喷洒消毒和紫外线照射杀菌设备。

（二）台羊

台羊分为真台羊和假台羊，真台羊是指使用与公羊同种的母羊、阉羊或另一头种公羊作台羊。真台羊应健康、体壮、大小适中、性情温顺，一般选发情的母羊或经过训练的公羊或母羊比较理想。假台羊即采精台，是模仿母羊体型高低大小，选用金属材料或木质材料做成的一个具有一定支撑力的支架。

（三）器械消毒

凡采精、输精及与精液接触的一切器械都要清洁、干燥、消毒，存放于清洁的柜子内，如条件允许最好放入烘箱内，柜内不允许存放其他物品，凡新购入的器械应擦去上面的油质，除去积垢，用2%~3%的碳酸钠溶液清洗，再用清水冲洗数次。假阴道也按上述方法处理后用75%的酒精消毒，用前还需用生理盐水冲洗。集精瓶、输精器、玻璃棒、存放稀释液和生理盐水的玻璃器皿应经过30min的蒸汽消毒（或煮沸消毒），用前再用生理盐水冲洗数次。金属开膣器、镊子、磁盘等用2%~3%的碳酸钠溶液清洗，再用清水冲洗数次，擦干后用酒精或酒精火焰消毒。凡士林要蒸煮消毒，每日一次，每次30min。

（四）假阴道准备

1.假阴道的装配

先检查洗涤消毒好的内胎是否破损，然后将内胎装入外壳，光滑面向着内腔，将内胎两端翻卷在外壳上，使其松紧适度并用橡胶圈固定，用75%酒精棉球擦拭消毒，待挥发后用生理盐水冲洗2次，然后装上集精杯。

2.灌水

用漏斗由注水孔灌入50℃~55℃左右的温水，水量为内胎与壳之间容量的1/2~1/3，有150~180mL。

3.涂抹润滑剂

用灭菌玻璃棒蘸取凡士林由假阴道入口处开始均匀涂抹在假阴道内壁约1/2~1/3的长度。

4.测温

将消毒过的温度计插入内腔，测定温度在38℃~40℃为宜，最高不宜超过42℃。

5.调压

从调节钮向内吹入适量空气，使腔内具有一定压力，压力大小以使内胎面呈三角状为宜。

（五）采精

成年种公羊每日可采精2~3次,对于体况较好的优秀种公羊每天可采集5~6次,每次间隔2h。若多次采精应在上午、下午进行,让种公羊有时间休息,也可连续两次采精;第一次采精后5~10min采第二次,因性兴奋尚未消除,第二次采精时往往射精多、活力也好。公羊连续采精时,采3~5d需要休息1d,以保证精液品质。公羊采精前不宜喂得过饱,一般清晨早喂料,喂后让公羊适当运动,采精前半小时进入采精舍,准备采精。配种期要让公羊充分运动,以提高精液品质。

采精前选择健康发情母羊作为台羊,外阴部用2%的来苏儿溶液消毒,再用温水洗净擦干即可进行采精。也可使用假台羊。

采精人员蹲在台羊的右后方,右手横握假阴道,无名指顶住集精杯,活塞向下,使假阴道呈前低后高,并与地面成35°~40°角紧靠母羊臀部。当公羊爬跨伸出阴茎时,左手轻托公羊包皮,将阴茎导入假阴道内,公羊猛力前冲并弓腰后,完成射精。当公羊从母羊身上滑下时,将假阴道向后下方移动,并立即倒转竖立,集精瓶一端向下。打开活塞放气,取下集精瓶送检。

采精时注意避免手指或假阴道边缘碰到公羊阴茎的龟头,也不宜用假阴道向公羊阴茎上硬套。当公羊阴茎插入假阴道后,不要将假阴道向公羊腹部推送,假阴道应固定好,防止摇摆,公羊射精动作很快,采精人员的思想必须高度集中,动作敏捷,采精技术的高低影响射精数量和质量。每头公羊对温度、压力等的反应可能不同,要注意摸索。

四、精液品质检测

（一）外观检查

肉眼观察正常精液为乳白色,能看到云雾状运动,射精量为0.8~1.8mL,一般为1.0mL,无味或略带腥味。凡带有腐败味,出现红色、褐色和绿色的精液均不可用于输精。

（二）精液活力检测

将精液或稀释后的精液滴加到载玻片上,加盖玻片后在室温18℃~25℃,400倍显微镜下镜检观察,可以看到精子的运动方式分为直线前进运动、回旋运动和摆动三种。如果有80%的精子做前进直线运动,则精子的活力为0.8,这种精液品质优良,可以用于人工授精;如果在显微镜下观察有60%的精子做前进直线运动,则精子的活力为0.6,这种精液品质不佳,不适合用于人工授精。

（三）精子密度检测

在做精子活力检测的同时,通过显微镜观察精子密度,根据精子在显微镜下的稠密程度不同,可将精子密度分为密、中、稀三级。"密"级为精子间空隙不足一个精子长度,"中"级为精子间有1个精子长度的空隙,"稀"级为精子间隙超过2个精子以上的长度。一般公羊精液的密度为每毫升10亿~40亿,平均25亿。当精子的密度在中等以上,即每毫升内的精子数为20亿~25亿,或在显微镜视野中看到精子之间有相当于1个精子长度的空隙时就可用来输精。精子密度也可作为输精时的精液稀释倍数的依据。

五、精液稀释

为了增加精液量，扩大母羊受精数，延长精子在体外的存活时间和增强精子的活力，精液在输精、保存和运输之前要进行稀释。

（一）稀释液的要求

稀释液应该对精子的生存有利无害，能供给精子营养，与精液有相等的渗透压，同时具有缓冲酸碱度的作用，且应容易配制，成本低。

（二）常用的稀释液种类

（1）牛奶或羊奶稀释液：新鲜牛奶或羊奶用数层纱布过滤，煮沸消毒 10～15min，冷却至 30℃，除去奶皮即可。这种稀释液容易配制，使用方便，效果良好。一般稀释 2～4 倍。

（2）葡萄糖 - 卵黄稀释液：无水葡萄糖 3.0g，新鲜卵黄 20.0mL，柠檬酸钠 1.4g，蒸馏水 100.0mL。将葡萄糖和柠檬酸钠溶于蒸馏水，过滤 3～4 次，蒸煮 30min，降至室温，再加卵黄（用注射器抽出，不要混入蛋白），振荡溶解即可。一般稀释 2～3 倍。

（3）生理盐水稀释液：氯化钠（化学纯）0.89g，蒸馏水 100mL。这种稀释液简便易行，但只能即时输精用，不能做保存和运输精液之用。稀释倍数为 1～2 倍。

（三）稀释方法

精液采集后应尽快稀释，稀释液必须是新鲜的，一般在采精前先将稀释液配好，配制时必须在无菌条件下进行操作，配好的稀释液放在 20℃～25℃的水浴锅或者控温装置中，使其温度和精液温度保持一致，稀释液应沿着集精瓶壁缓缓注入，用细玻璃棒轻轻搅匀。稀释精液时，要注意防止精子受到冲击、温度骤变和其他有害因素的影响。

精液稀释的倍数应根据精子的密度决定，通常是在显微镜检查评为"密"的精液才能稀释，稀释后的精液每次输精量（0.1mL）应保证有效精子数在 7500 万以上。密度不高的精液不能稀释。稀释后的精液输精前应再次进行品质检查。

六、精液的保存和运输

（一）精液保存

将经过品质检查和稀释的新鲜精液，盛于消过毒的干燥试管中，上面覆盖一层经过消毒的液体石蜡。然后加塞盖严；逐渐降低温度，当温度降到 10℃～0℃时，即可进行保存。通用的保存方法是将盛精液的试管放在 0℃～5℃的冰箱内。没有条件的地方也可放在装有冰块或井水的广口保温瓶内。如用冰块，应在冰块上铺一层棉花，将盛精液的试管用薄层棉花外衬纱布裹好放在上面。如用井水，可将用棉花、纱布缠裹的试管放在一个较大的试管里，加塞盖紧，悬挂在瓶内的水中，经过上述方法处理，盖好保温瓶塞，精液温度即可逐步降低。

精液保存时间的长短，决定于保存温度和其他一些可以影响精子存活和活率的外界条件。一般 20℃可保存 6h 左右，10℃可保存 12h 以上，5℃可保存 24h 以上，而以 0℃～5℃保存效果较好。

经过保存的精液,使用前必须逐渐升高温度,在38℃～40℃进行检查,合格的才能输精。

精子对温度的改变非常敏感,保存精子时要注意温度的骤变,以免影响活率。稀释后的精液降到保存的温度,要2h以上。无论升温或降温,每半小时温度变化为5℃。

(二)冷冻精液解冻

1.细管冻精解冻

将冻精袋提升到液氮罐颈口下约10cm处,用长镊子在10s之内将细管冻精取出进行解冻,需继续取出细管冻精,则将冻精包装袋浸入液氮中,再重复以上操作,取出的细管冻精在5s之内浸没于38℃～40℃的温水中,轻轻摆动约20s取出,用干净纱布擦干待品质检查。

2.颗粒冻精解冻

将装有1.0mL 2.9%柠檬酸钠溶液的试管放在恒温水浴锅中预热至38℃,再将颗粒冻精放入试管,适当摇动,让水浴使冻精溶化。

(三)精液运输

精液运输时的处理和包装,与保存大体相同。用于运输的精液,经过品质检查和稀释后,注入经过消毒的干燥小试管内,上面覆盖0.5cm厚的经过消毒的液体石蜡,管口用橡皮塞塞严,周围裹一层棉花并用纱布包好。试管外面贴上标签,注明公羊耳号、采精时间、精液量及精液品质等,然后将小试管放入大试管中,加盖后用蜡封口,在试管外面套上一层橡皮套,以免运输途中碰碎。再放入有冰块的广口保温瓶中。

运输精液要尽量缩短中途时间,防止剧烈震动,并避免由于温度、光线、化学药品等造成的不良影响。

七、输精

(一)输精时间

适时输精对提高母羊的受胎率十分重要。输精时间应根据母羊的发情周期来确定,最好选择在排卵期或者接近排卵期输精,这样母羊的受胎率会提高。绵羊的发情周期平均为17d,山羊的发情周期平均为20d,其中黄体期约14d,卵泡期2～3d,排卵期30～40h,排卵时间多在发情后30～40h,因此,比较适宜的输精时间应在发情中后期。如果是以外部表现来确定母羊发情的,则母羊上午开始发情,当天傍晚和次日上午各输精1次;下午和傍晚开始发情的母羊,在次日上午和下午各输精1次。

公羊试情确定母羊发情时间的,如果每天只在早晨试情1次,可在上午和下午各输精1次,2次输精间隔时间以8～10h为好,最少不低于6h。如果每天早晚各试情1次,则母羊上午开始发情,当天下午和次日上午各输精1次;下午或傍晚开始发情的母羊,在次日上午和下午各输精1次,若两次输精后母羊继续发情,可再行输精1次。

如果是经过同期发情处理的母羊,在最后一次用药后48～52h第一次输精,间隔8～12h再输精一次。

(二)输精时母羊保定

把待输精母羊赶入输精室,如没有输精室,可在一块平坦的地上栽两根木桩,相距3~4m,两根木桩上固定一根直径5~7cm粗的圆木,距地面约70cm,将待输精母羊的两后腿担在横杠上悬空,两前肢着地,1次可同时放3~5只母羊,输精时比较方便。另一种简便的方法是由一人保定母羊,使母羊自然站立在地面上,输精员蹲在输精坑内。还可以由两人抬起母羊后肢保定,高度以输精员能较方便找到子宫颈口为宜。也可由一个人将母羊头夹紧在两腿之间,两手抓住母羊后腿,将其提到腹部,保定好不让羊活动,母羊呈倒立状均可。保定好母羊后,用温布把母羊外阴部擦干净,即待输精。

(三)输精方法

一般羊在自然交配时精液射在阴道内子宫颈口附近,母羊子宫颈口小,且管道弯曲,精液大部分在阴道内。人工授精时要将精液注入子宫颈口内0.5~1.0cm处,以提高受胎率。

1.子宫颈口内输精

输精前将母羊外阴部用来苏儿溶液消毒,水洗、擦干,将经消毒后并在0.9%氯化钠溶液浸涮过的开膣器轻缓地插入阴道,打开阴道,找到子宫颈口,将吸有精液的输精器通过开膣器插入子宫颈口内,深度约1.0cm左右,稍微将开膣器往外拉一点,然后输入精液,输完后先拿出输精器,然后取出开膣器。

寻找子宫颈口时,子宫颈口的位置不一定正对阴道,但其附近黏膜的颜色较深,仔细检查很容易找到。成年母羊阴道松弛,开膣器张开后黏膜容易夹入,注意不要损伤母羊阴道。初产母羊阴道狭窄,开膣器无法打开时,只能进行阴道输精,但输精量至少增加一倍。

2.冻精阴道输精

将装有精液的塑料管从保存箱中取出,放在室温中升温2~3min后,将管子的一端封口剪开,镜检活率合格后,将剪开的一端从母羊阴门向阴道深部缓慢插入,到有阻力时停止,再剪去上端封口,精液自然流入阴道底部,拔出管子,把母羊轻轻放下,输精完毕。

(四)输精量

原精每只羊每次输精量以0.05~0.10mL为宜,精液低倍稀释后每只羊每次输精量以0.1~0.2mL为宜,高倍稀释后每只羊每次输精量从0.2~0.5mL为宜,冷冻精液每只羊每次输精量在0.2mL以上。总之要确保每次输精的有效精子数在7500万以上,初产羊输精量要加倍。

八、羊人工授精注意事项

(一)清洁卫生

采精时,假阴道的消毒很重要,要保证其无菌操作。假阴道和集精瓶的消毒方法是:先用冷开水洗净晾干后,用95%的酒精消毒,至酒精挥发无味时,再用0.9%的生理盐水擦拭,晾干备用。公羊腹部(即阴茎伸出处)的毛必须剪干净,防止羊毛掉入精液内,包皮洗净消毒。周围环境清洁卫生,不允许有尘土飞扬的现象,防止污物、尘埃进入精液而降低精液质量。

所有与精子接触的器械绝对禁止带水,发现有水时,可用生理盐水冲洗2次以上再用。输精枪用后应及时用清水冲洗,并用蒸馏水冲1~2次,需连续使用同一支输精枪时,每输完一只羊,应用酒精消毒,并用生理盐水冲洗2次后再用。

(二)采精过程

假阴道内的温度应在38℃~40℃,不宜太高或太低,手握阴茎的力度要适中,松紧有度。太轻易滑落,太重则压迫阴茎而不射精。假阴道应置于水平斜向上30°~45°的角度,绝不能向下倾斜,否则射精不多或不射精。整个过程应镇静自若,动作轻柔。在采精的过程中不允许大声喧闹,不允许太多的人围观,不允许有烟雾,不能对公羊有拳打脚踢等粗暴行为。

(三)合理利用公羊

配种前对公羊要补足精料,加强营养。公羊的采精一般每天1次,如果一天采2次则应隔天再采,每周采精不超过5次。如果采精次数过多,会造成公羊精子活力降低,甚至不射精的现象。采精期间,必须给公羊增加精料以补充营养,精料每天1.0~1.5kg,另外喂鸡蛋2个,且应使公羊加强运动,以确保充沛的体力。

(四)配种母羊

准确判断母羊发情是保证受胎率的关键,建议最好用试情公羊进行发情鉴定。配种应做好记录,按输精先后组群,在温度较低的季节输精时,输精枪在装精液时温度不宜过低,以防止精子冷休克。

第三节　羊腹腔镜子宫角输精技术

腹腔镜人工授精技术是运用外科手术的方式,借助腹腔镜,将精液直接输送到母羊子宫角内。腹腔镜人工授精技术克服了母羊子宫颈不易输精的问题,减少了精子在子宫颈的运行,提高受胎率。

腹腔镜子宫角输精技术可显著提高母羊的受胎率,同时可有效地避免母羊发情鉴定不准确的现象,能够最大限度地利用优秀种公羊的种用价值,便于精准选配选育,避免近交;手术过程中的无菌操作可很好的避免羊群间的生殖道疾病传播,不会产生交叉感染。但腹腔子宫角输精技术也存在一定的局限性,即在输精过程中,需要专业的设备如低倍显微镜、腹腔镜设备等,同时也需要专业的技术人员进行手术;在手术前需对设备进行杀菌消毒,在手术过程中要保持无菌,对技术人员和环境要求都比较高。在手术过程中如果处理不当,可能会发生手术感染,对母羊造成伤害。

一、羊腹腔镜输精所用的仪器及设备

腹腔镜子宫角输精使用的仪器设备大概包括可恒温至37℃的生物显微镜（最好带显示屏）、腹腔镜、子宫角输精枪、手术架、液氮罐、恒温水浴锅、手术器械消毒桶、持针钳、缝合针及线、工作服、小型气压力泵、注射器(5mL)、温度计、碘酒及酒精、新洁尔灭消毒液、抽纸、耳标等。

二、输精前准备

1.母羊同期发情处理及发情鉴定与常规人工授精相同。

2.冷冻精液解冻

将恒温水浴锅温度设置为37℃，同时在水浴锅放入2根温度计，防止水浴锅温度过高。从液氮罐中倒入部分液氮至保温瓶中，把所需的冻精管从液氮罐中转移至装满液氮的保温瓶中。从保温瓶中拿出部分冻精管，放入37℃水浴锅中热浴15～18s，然后从水浴锅中取出冻精管，用干净灭菌纱布把冻精管上的水擦干，放在已经消毒好的桌面，等待装枪。

3.精液品质检测

输精时要随时对冻精管中的精子活力进行检查，若精子活力过低，需暂停输精。检查精子活力时，载玻片要预热，使其温度维持在37℃左右；载玻片温度过高会杀死精子，影响精子活力。从输精枪中滴1～2滴精液至载玻片上，用显微镜观察精子活力，一般精子活力在0.4以上较好。

4.母羊输精前准备

（1）母羊保定

母羊应在输精前24～36小时禁食禁水，手术器械等提前用0.1新洁尔灭液或75%酒精中浸泡消毒，将待输精的母羊在手术架上呈仰卧斜倒立状保定，母羊保定后的姿势是前低后高，以40°角为宜。固定羊时，一般先把羊的前腿固定住，然后再把羊后腿膝关节卡在手术架上。固定后腿时速度要快，尽量使膝关节卡在手术架上，若卡在膝关节以上部位，可以先把羊后腿提高，使羊自然往下落，再重新卡在膝关节部分，以保证母羊可以完全固定好。注意使母羊的头部不要卡在手术架上。

（2）剃毛

输精前对手术部位进行常规剪毛、剃毛，清洗和消毒。先用剪刀剪去手术部位较长的羊毛，打上肥皂，用剃刀把手术区域的羊毛刮净，刮毛时保持羊皮肤紧绷，及时更换刀片，注意不要刮伤皮肤，将刮下的毛清理干净，再用清水与肥皂清洗，用湿毛巾擦净术部，然后用0.1%新洁尔灭毛巾再擦一次，用5%碘酒消毒，酒精脱碘。

（3）麻醉处理

输精前5min，在母羊的后肢大腿内侧肌肉注射0.4～0.5g静松灵进行麻醉，术后需要注射同等剂量的解麻药，通常情况下绵羊是不需要麻醉处理的，山羊好动多数情况下需要麻醉处理。

三、输精

1.精液装枪

精管解冻完成后,用消毒过的剪刀剪去精管封口小部分,约0.5cm。将精管剪掉的部分朝里放入枪针中。把输精枪尾部拉长约精管长度。把枪针固定在枪上,等待输精。待输精结束后,将输精枪的固定螺丝拧开,拔下枪针,将已输完的精管取出来。精管放入枪针时,一定注意插入的顺序,同时精管必须要擦干净,表面有水会影响精子活性。枪针固定后,要进一步确认是否牢固。

2.穿刺

穿刺部位在母羊的腹部乳房下8～10cm处,正常在奶头下方3至4手指处,避开血管位置,湖羊、小尾寒羊穿刺位置靠下。穿刺时,先左侧穿刺再右侧穿刺,大套管在左侧,小套管在右侧,左右点位要平行,穿刺深度2～3cm。穿刺时左手抓住左侧手术部位边小部分羊皮,抓皮不抓肉,使伤口皮肉不在同一个点,减少感染。用穿刺针穿刺肌层后,拔出针心,用套针穿刺腹膜,通过套针把腹腔镜伸入腹腔。穿刺时要注意角度避免穿刺到膀胱或瘤胃,如果刺入位置偏下容易伤到瘤胃,刺入位置偏上则容易伤到膀胱。刺入时用食指和拇指握住穿刺针前端以控制力度和穿刺针进入的深度,穿刺针直接进入不能有停顿,撤出穿刺针后,用套管继续向腹腔内穿进,羊叫时不可穿刺。当两侧套管均插入腹腔后,用左右两个套管平行碰撞,如果没有直接接触说明没有完全穿刺,然后用左手调整好左侧套管与腹腔的距离,用右手将腹腔镜穿进大套管内,左手固定套管,用小手指直顶在羊身上固定位置,无名指把伤口边的皮肤往套管底部压,中指放置在套管中间固定住套管,食指紧扣套管手柄,大拇指压住套管顶部,方便上下调动腹腔镜,调整腹腔镜距离,待视野清楚以后用左手大拇指固定腹腔镜,判断有无瘤胃、小肠或大网膜遮挡,可以用长钳将瘤胃、小肠、大网膜轻轻分开。太胖或空腹不彻底的母羊可以用气泵向腹腔内充气来分离遮挡物,腹腔镜的高低根据视野来调整,高度不一样看到的视野就会不同。

3.找子宫角位置

找子宫角时先寻找羊膀胱,子宫在膀胱下方,腹腔镜刚伸入腹腔时往往先被白色网膜阻挡,要把腹腔镜提到皮下面从上往下扫,把两个伤口下的网膜往下压,便于寻找子宫角。在找子宫角时,腹腔镜要尽量提到高点观看,越高看到腹腔面越大,看到子宫角后,右手拿根无针头输精套管插入小套管,找到子宫角位置。观察母羊的子宫角发育情况,子宫角充血证明母羊当前的生理状态处于发情期,如果视野中看不到子宫角的全景但是却可以看到子宫角上的脉管跳动,可以确定为母羊处于妊娠期,不能进行输精;如果子宫角呈现白色,并不呈现红色充血状态,则很可能这只母羊没有处在发情期,可以用长钳轻轻挑动子宫角,观察卵巢。如果卵巢上有黄体,说明母羊没有发情,不能输精。

4.子宫角输精

确定母羊可以输精时,先插入输精枪,用输精枪侧面调整子宫位置,使子宫角输精部位呈现在腹腔镜视野内,以便进行输精操作,切忌不可用针头调动,以免造成伤口流血。输精时插入输精枪针头将输精枪靠近子宫角大弯处,用输精枪外套管的前端细针以点式快速刺入子宫角输入精液,然后在对侧子宫角以同样的方式进行输精,输精量为每侧子宫角输入一支冻精。输精枪前端细针插入子宫角的部位要选在子宫角大弯处为最佳,不能在子宫角侧面、内侧或皱褶较多的地方。在输精枪刺入子宫角后输入精液,并随时通过腹腔镜探头观察在子宫角外侧是否有白色或乳白色的突起及输入精液是否顺畅,如有突起或精液输入不畅,说明针尖扎入子宫角内膜肌层内,应拔出输精枪针尖,重新选择位置再次刺入子宫角输入精液。

5.母羊输精后护理

每次输精结束后从腹腔内取出的所有仪器浸泡在消毒液中待用,母羊输精后,由于创口较小,且为分离性刺破,故基本不用缝合处理,可用碘酒对穿刺部位进行消毒,同时肌肉注射160万单位的青霉素后让母羊至少停留2~3h,并进行跟踪观察,输精后2h第一次采食要控制饲喂量,为正常的量三分之一,不宜采食过多,以防腹腔内大网膜从创口处鼓出。

第四节　体外胚胎生产及胚胎移植技术

一、幼龄羔羊体外胚胎生产技术

幼龄羔羊体外胚胎生产技术是由澳大利亚南澳政府生殖与发育研究所最先研发的。该项技术原理是将幼羊超数排卵与卵母细胞的体外成熟、卵母细胞的体外受精、胚胎的体外培养和胚胎移植等技术集合而成的生物高技术繁殖体系。传统的体外胚胎生产技术的世代间隔为12个月左右,使用幼龄羔羊卵母细胞可以缩短至5~6个月,为优良种羊扩繁、缩短世代间隔、遗传改良等提供了新的方法。

(一)幼龄羔羊体外胚胎生产技术原理

超数排卵即利用外源促性腺激素诱发动物卵巢卵泡发育并排出卵子。羔羊超排的原理是根据幼龄母羊(1~2月龄)卵巢对生殖激素特别敏感,卵泡很少有闭锁的特殊生理特点,利用外源促性腺激素强化卵巢的生理机能,激发大量卵泡在一个发情期中成熟排卵。自然情况下,胎儿卵巢上的有腔卵泡大约在母羊妊娠期135d时开始出现,出生时数量明显增加,之后继续增加至出生后1~2月龄达到高峰,以后随着青春期的来临开始减少。出生后1~2月龄羔羊卵巢上的卵泡发育数量不但不受出生季节和体重影响,而且没有成年羊卵巢上卵泡优势化的现象。因此,对这种羔羊进行超数排卵是一项高效生产卵母细胞的新途径。然而,由于幼龄羊垂体机能尚未健全,不能自主分泌足够的促性腺激素刺激卵巢活动,卵泡不能最终发育成熟而排卵,因此需要使用外源促性腺激素诱导并利用活体采卵技术采集卵母细胞。羔羊超排及胚胎移植技术(JIVET)是将幼龄羊超数排卵技术与卵细胞体外成熟、体外受精及胚胎移植技术结合以后进行体外生产胚胎,一方面可以充分利用卵巢上的卵母细胞,最大限度地利用优质母畜的卵子资源;另一方面又解决了胚胎移植所需胚胎来源匮乏及成本昂贵的问题,很大程度上促进了胚胎生产的商业化应用,加速了遗传改良进程。另外利用JIV-ET技术还可探索卵子发生及卵泡发育的调控机理,并为动物克隆、转基因技术、胚胎干细胞和卵子库的建立等其他生物前沿技术提供丰富的试验材料。

(二)羔羊超排及胚胎移植技术(JIVET)

1.选择供体母羔羊

羔羊个体不同,其卵巢对激素的反应亦存有差异性,个体状况和年龄是影响卵泡数量和胚胎生产的重要因素。有研究发现40~60日龄的羔羊卵泡数、卵母细胞数较121~150日龄多,且前者卵母细胞的回收率(60%)明显较后者(40%)高。Ptak等称羔羊从出生到4周龄时卵巢重量提高7倍,卵泡个数达到高峰,以后便开始下降,到33周龄时保持相对稳定。因此,在实际生产中,为了充分利用羔羊的卵母细胞资源,多选用4~6周龄的羔羊作为供体。

2.激素诱导超数排卵

激素的选择及使用对获得胚胎率和后期胚胎发育有很大的影响。运用较多的外源激素有促性腺激素(FSH)、前列腺素(PG)、促排卵(LRH)和孕马血清促性腺激素(PMSG)等。在卵泡闭锁之前,即在排卵前的3~5天给予外源性促性腺激素,可以挽救将要闭锁和退化的卵泡,诱导超排;卵泡发育过程中,卵泡腔的形成及其生长成熟是FSH和LH的联合作用。目前常用的方法为:"孕酮栓+激素"方法和促性腺激素处理法。

3.卵母细胞的采集

目前羔羊活体采集卵母细胞的方法为腹腔镜采卵法和手术采卵法。两种方法均可以在不影响母羊繁殖能力的情况下对羔羊进行反复超排,这样可以从一只动物体内获得更多的卵母细胞。下面就对两种方法做以简单介绍。

(1)腹腔内窥镜采卵法

腹腔内窥镜活体采卵法(OPU)是借助腹腔内窥镜清楚观察卵巢,在清晰视野下借助操纵杆和采卵针,抽吸出卵泡中的卵母细胞。每只羔羊根据其不同的卵母细胞数量,可获得大量的卵母细胞。由于该方法创伤小,并且不会将卵巢等器官暴露在空气中,避免了空气中病原菌的感染,同时降低了术后粘连,最大程度减少对羔羊的应激。但设备成本较高,且需要相对专业的操作熟练的技术人员。

(2)手术采卵法

活体取卵手术要求较低,通常采用腹中线手术法,打开腹腔暴露卵巢并固定,用注射器吸取采卵液2~3mL,从卵巢表面吸取卵泡。活体吸卵后的羔羊可以多次激素超排多次采卵,且不影响成年后繁殖能力,但术后通常存在术部粘连现象。也可采用屠宰后摘取卵巢采卵,这种方法比活体手术采卵获取的卵母细胞数量更多,基本上可以采集全部的卵母细胞,但成本较高。

4.幼龄羔羊体外胚胎生产

体外胚胎生产包括三个主要步骤:卵母细胞的体外成熟,使用获能的精子与卵母细胞体外受精,胚胎体外培养,之后便进行胚胎移植或冷冻保存。

（1）卵母细胞的体外成熟

卵母细胞能否获得正常受精卵裂及胚胎发育能力，主要与细胞核、细胞质的同步成熟有关。卵母细胞培养成熟条件一般是在含有 $5\%CO_2$、$5\%O_2$、$90\%N_2$，温度 38.5℃的饱和湿度下的 CO_2 培养箱中培养 24h 左右。在基础培养液中添加血清(FBS 和 EGS)、促性腺激素(FSH 和 LH)和雌激素等可明显提高卵母细胞的发育能力。除培养液中添加不同成分能对卵母细胞成熟率造成影响外，成熟的时间对此也有影响，时间过长会使卵子发生老化；而时间过短卵母细胞复合体(COCs)的成熟率较低，且卵丘扩展不充分，一般体外成熟 18~20h 最好。

（2）体外受精

体外受精培养基的选择对受精率影响较大，采用 SOF、TALP 和 Hepes-M199 作为受精基础培养基，受精率为 59.9%~86.2%；添加肝素的精子获能培养基(DM)和含有亚牛磺酸的 TALP 培养基，精子穿卵率和受精率分别为 79.7% 和 55.3%；使用咖啡精子穿卵率为 44.6%，使用青霉胺、亚牛磺酸、肾上腺素混合物精子穿卵率仅为 31.9%。羔羊卵母细胞受精时由于皮质颗粒迁移不确定和延迟导致多精入卵和孤雌激活现象明显增多，也会因为胞质存在缺陷导致受精后出现一系列不正常情况，包括精子穿卵障碍，从而无法形成正常的雄原核，不能阻止多精受精，早期卵裂失败等，造成受精率低。

（3）幼羔早期胚胎体外培养及发育能力

早期胚胎发育培养液对幼羔早期胚胎体外培养的影响较大，目前采用 SOF 添加 BSA、EAA 和 nEAA 进行幼羔早期胚胎体外培养效果较佳，囊胚率可达到 60% 左右。kelly(2005)两次试验均采用 SOF+8mg/mLBSA+氨基酸(NEAA，EAA)作为培养液，结果囊胚占卵裂卵的比例达 62.40% 和 64.68%。

羔羊卵母细胞与成年羊卵母细胞体外发育能力是否有差异尚存在争议，但多数研究认为羔羊体外胚胎发育能力较成年羊弱，羔羊卵母细胞在卵裂率(59.0%)和桑葚胚率(17.4%)方面都极显著低于成年羊卵裂率(82.4%)和桑葚胚率(46.4%)，这可能是羔羊的胚胎发育迟缓的结果，也可能与受精前卵的质量以及体外培养系统有关。

5.胚胎移植

待体外受精 48h 后将 2~8 细胞胚胎移植到同期发情处理过的受体母羊输卵管，移植约 60d 后，利用超声波检查受体母羊妊娠情况，并做好统计记录。

二、胚胎移植技术

胚胎移植是一种应用于哺乳动物的繁殖技术，通过采用外源生殖激素对优秀供体个体进行超数排卵处理，在早期胚胎时期从输卵管或子宫内将胚胎冲洗出来，移植到另一只经同期发情处理的未配种的受体母畜子宫内，使其发育成为胎儿。羊的胚胎移植是从经过超数排卵处理的少数优秀母羊(供体羊)的子宫内取出多个具有优良遗传性状的早期胚胎，移植到另一群母羊(受体羊)的子宫内，来生产供体羊后代的技术。其基本程序主要包括：供体和受体的选择，供体的超排，受体同期化处理，胚胎冲洗、回收、检胚和移植。早在 1949 年，世界首例羊胚胎移植便获得成功，如今，胚胎移植技术已发展成为家畜繁殖生物工程中成熟度较高的技术之一,它在羊的纯种繁育、快速扩群及提高优质高产种羊繁殖率等方面具有重要作用。

(一)供、受体羊的选择

1.供体羊

供体羊应选择表现型较好、生产水平高、遗传稳定的优秀羊只。年龄在2~5岁,有正常繁殖史,发情周期规律,健康无病,尤其是无生殖道疾病。初产羊通常由于超排效果较差,一般不宜选用,但周岁以上发育良好的个体也可选用。6岁以上的母羊,由于采食能力和体质下降,卵巢机能退化,其胚胎数量和质量都低于青壮年羊,一般也不选用,但体质和繁殖性能尚佳的个体例外。

2.受体羊

受体羊要选择体形较大,繁殖率较高,哺乳力较强的品种,如绵羊胚胎移植应选择经产的小尾寒羊,山羊胚胎移植可选择关中奶山羊作为受体羊。受体羊和供体羊必须是空怀母羊。不论从同期发情处理效果看,还是从羔羊的初生重和生长发育情况看,体格大、产奶量高、健康无病,有1~2胎产羔史的2~4岁青壮年羊是理想的胚胎移植受体,而老龄羊及单胎品种羊的处理效果较差。供体羊和受体羊的配备比例以1:12~1:13为宜。

(二)供体羊和受体羊同期发情处理

供体羊进行同期发情处理的方法主要有孕激素阴道栓法(如新西兰生产的CIDR内含500mg孕酮)、埋植法和PG注射法,一般以阴道栓法为常用。受体羊与供体羊同时埋植阴道栓,供体羊在埋植的第12d撤栓,受体羊较供体羊提前12h撤栓,撤栓的同时供体羊和受体羊均注射PG100~200IU/只。第2d将试情公羊系上试情布放入受体羊群中,观察并记录取栓后2d内母羊的发情情况。

(三)供体羊的超数排卵和配种

1.供体羊的超数排卵

①FSH+PG法:在羊发情的第12d或第13d开始皮下注射FSH,以递减的剂量连续注射3d,每天2次,每次间隔12h,第5次注射FSH的同时注射PG。FSH注射完后随即每天上午和下午进行试情超排处理,母羊发情后立即静脉或皮下注射LH100~150IU/只。

②PMSG法:PMSG与多次注射FSH超排相比,使用方便,仅需注射1次,价格相对低廉,对羊的刺激性小。但半衰期较长,其在羊体内的半衰期大约为21h,超排后残余的PMSG会导致第2次排卵波出现。近年来研究发现的APMSG用于中和母畜排卵后血液循环中残留的PMSG,效果较好。

③PVP(polyoinnylpyrrolidone聚乙烯毗咯烷酮)+FSH法:将7.5mg,250IU和300IU的FSH分别溶于10mL,15%的PVP中进行两次肌肉注射,可诱发绵羊超数排卵。

2.供体羊的配种

超数排卵后要密切观察供体羊的发情症状,正常情况下,供体羊大多在超排处理结束后12~48h发情,在胚胎移植实践中主要以接受爬跨站立不动为主要的判定标准。发情供体羊每天早晚采用本交各配种1次,中间进行1次人工输精,每次间隔6h,也可根据实际情况而定,直到发情结束为止。

（四）胚胎回收

胚胎回收时间的确定应该根据畜种的不同、胚胎所处部位的不同和采胚方法的不同而定。胚胎的收集主要采用手术法和非手术法。羊胚胎的收集以手术法为主。采卵时间以发情日为0d,在2~3d时用手术法从输卵管采集或在6~7d时从子宫采集。采集时供体羊肌肉注射2%的静松灵约0.25~0.50mL,或用普鲁卡因2~3mL和利多卡因2mL,在第1尾椎和第2尾椎间麻醉。供体羊仰放在保定架上,在手术部位切开约5cm的切口,然后运用冲胚管进行冲胚。

（五）胚胎的鉴定和保存

为了减少体外不利因素对胚胎的影响,从母畜生殖道冲出来的冲卵液应保持在37℃的恒温台上,然后在立体显微镜下检查胚胎。首先进行受精卵与未受精卵的鉴定:主要看细胞团是否有分裂球排列结构,细胞团周边呈小弧形连接,边缘不整齐的是受精卵胚胎;而细胞团边缘整齐圆滑的则是未受精卵。然后进行可用胚与不可用胚的鉴定,透明带圆滑、充实,形体有规则而整齐,卵裂球大小和色泽均匀一致的是可用胚;而透明带不充实,卵裂球排列大小不均或结构不紧密,有的卵裂球明显突出细胞团表面则是不可用的胚胎。然后根据对胚胎质量进行分级,并装管保存。

一级胚胎:胚胎的发育阶段与胚龄一致,胚胎的形态完整,呈球形,分裂球大小均匀,结构紧凑。

二级胚胎:胚胎的发育阶段与胚龄基本一致,轮廓清晰,分裂球大小基本一致,色调和透明带及细胞密度较好,可见到一些游离的细胞。

三级胚胎:胚胎的发育阶段与胚龄不太一致,轮廓不清楚,色调变暗,结构较松散,游离细胞较多。

四级胚胎:有碎片的卵,细胞无组织结构,变形的细胞占胚胎的大部分。

其中,一、二、三级胚胎为可用胚,四级胚胎为不可用胚胎。

（六）胚胎移植

胚胎移植技术与回收技术相对应有手术法和非手术法。手术移植时术前1天饥饿,以减小腹压,术前1天对术部进行剃毛,手术时进行麻醉、保定,在腹下股内侧与乳房之间进行切口手术,受体羊胚胎移手术时先麻醉,取出子宫角及输卵管和卵巢,检查卵巢上的黄体的发育情况,有良好功能黄体者进行移植,移植时经输卵管回收的胚胎,需移入输卵管,经子宫角回收的胚胎,需移入子宫角。用专用器具吸取胚胎分别移入相应的部位。目前非手术法移植胚胎成活率较低,除进行研究外实际操作中很少应用。

影响羊胚胎移植成功率的因素较多,供体羊和受体羊的营养状况、年龄、胎次、胚胎移植的操作人员的熟练程度、操作习惯、胚胎保护液的选择、胚胎体外保存时间以及进行胚胎移植的时间等因素都可能影响胚胎移植的成功率,但一般从子宫回收的胚胎移植成功率都大于50%。

（七）受体羊的饲养管理

受体羊术后1~2情期观察返情情况,对没有返情的羊应加强管理,妊娠前期应满足母羊的营养需要,防止胚胎早期死亡。在妊娠后期应保证母羊的全面营养需要,以满足胎儿的充分发育。

（八）评价羊胚胎移植效果的主要指标

1.可利用胚胎数

使用外源激素诱发多卵泡发育并不是每个羊都对激素敏感,不同个体的反应差异很大。超排效果与供体羊的体况、对激素的敏感程度有直接关系。波尔山羊经过超排处理后,收集的有效胚胎数最少的为0枚,即卵巢无反应,而最多却为64枚,差别之大,一目了然。超数排卵理论上是越多越好,但排出的卵子数量太多,往往会出现受胎率和有效胚胎的收集率低的问题,究其原因可能是由于外源激素引起动物内分泌的紊乱,排出不成熟的卵子而造成。一般经过超数排卵处理后,山羊可平均收集到有效受精卵数为10~14枚,绵羊为6枚左右。超排效果应取几次超排的平均数,不能以一次的超排结果来衡量其超排技术水平和供体羊对激素敏感程度。

2.胚胎移植受胎率

胚胎移植受胎率就是产羔受体数占移植受体数的百分率。受胎率的高低,是胚胎移植效果的直接体现。胚胎移植要求移植前后所处的环境要相同,即胚胎的生活环境和胚胎的发育阶段相适应,也就是说供体羊和受体羊在发育时间上要一致,移植后的胚胎与移植前的胚胎所处的生理条件尽量一致。除此之外,要想取得较高的受胎率,受体羊的后期饲养管理也非常重要,胚胎移植到受体羊后,要适应受体羊的体内环境,受体羊要给予其充足的营养以满足胚胎生长发育的需要。据调查,一般利用新鲜胚胎进行胚胎移植,受胎率山羊平均为55%以上,绵羊平均为65%以上。

3.胚胎的利用成功率

胚胎的利用成功率就是产羔数(含流产的胎儿数)占移植的有效胚胎数的百分率。胚胎利用成功率,是有效反映胚胎移植过程中可利用胚胎的鉴别水平和移植技术的一项重要指标,这一指标一般在55%以上。

第五节　频密产羔技术

一、频密产羔的一般模式

（一）一年两产体系

一年两产体系的核心技术是母羊发情调控、早期妊娠检查、母羊强化饲养和羔羊超早期断奶等。按照一年两产生产的要求,制定周密的生产计划。将饲养、兽医保健、管理等融合在一起,必须保证羔羊40d左右断奶,母羊断奶20～30d配种,才能达到预定生产目标。一年两产的第一产宜选在12月份,第二产宜选在7月份。一年两产体系在农区舍饲管理条件非常好的羊场实施比较可行,牧区及饲养管理条件一般的羊场不宜使用。

(二)两年三产体系

要达到两年三产,母羊必须每8个月产羔1次。该生产体系通常有固定的配种和产羔计划,如安排在每年5月份配种,10月份产羔;次年1月份配种,6月份产羔;9月份配种,第三年2月份产羔。羔羊通常在2月龄时断奶,母羊断奶后1个月进行配种。为了达到全年均衡产羔,在生产中将羊群分成产羔间隔相互错开的4个组,每2个月安排1次生产。如果母羊在第1组内妊娠失败,2个月后可参加下组配种,这种模式在管理规范的羊场均可实施。

(三)三年五产体系

三年五产体系又称星式产羔体系,是全年产羔的方案。羊群可被分为3组,开始时,第1组母羊在第一期产羔,第二期配种,第四期产羔,第五期再配种;第2组母羊在第二期产羔,第三期配种,第五期产羔,第一期再次配种。如此周而复始,产羔间隔7.2个月。该体系必须保证母羊具有最佳繁殖年龄、良好的饲养管理条件和精细的生产组织管理条件。

二、频密产羔的组织管理及配套技术

(一)母羊的选择

用于频密产羔的母羊要求健康、膘情中上等、泌乳性能良好、年龄在3～4岁。两年三产必须实施羔羊早期断奶,然后对母羊实施发情调控。发情调控处理的母羊,必须加强饲养管理,使之保持良好的体况和膘情,确保母羊有较高的受胎率。另外如果是通过杂交优势生产羔羊肉,所选母羊品种应该是全年发情,并且具有高繁殖率的品种,如小尾寒羊、关中奶山羊、湖羊等。

(二)母羊的饲养管理

一般说来,营养水平对山羊和绵羊季节性发情活动的启动和终止无明显作用,但对排卵率、受胎率和产羔率有很大的影响。在配种之前,母羊平均体重每增加1kg,其排卵率提高2.0%～2.5%,产羔率则相应提高1.5%～2.0%。影响排卵率的主要因素不是体格,而是膘情,即膘情为中等以上的母羊排卵率高。实行短期优饲是达到7成以上膘情、以提高排卵率的一种好办法。据报道,膘情达到7成以上配种可使产双羔率提高23%。配种前5～8d提高母羊日粮营养水平,特别是能量和蛋白质水平,这对体况中等和体况较差的母羊排卵率有显著作用。

(三)种公羊饲养管理

合理补饲使种公羊全年维持良好的健康状况,保持中上等膘情。在非配种期全日舍饲时,每日饲喂优质干草2.0～2.5kg,多汁饲料1.0～1.5kg,混合料400～500g。在配种期,每日补饲混合精料1.0～1.5kg,胡萝卜1.0～2.0kg,鸡蛋2～3枚或牛奶1.0～2.0kg。配种前期需对公羊实施2～3d采精一次,有助于排出死精和老化精子。

（四）羔羊早期断奶管理

羔羊的早期断奶是将常规3~4月龄断奶的哺乳期缩短到40~60d甚至7~21d断奶,利用羔羊在4月龄内生长速度最快这一特性,将早期断奶后的羔羊进行强度育肥。

（五）繁殖季节同期发情

山羊和绵羊的繁殖季节一般在8~11月份,少数品种也有常年发情的情况,另外舍饲饲养使得原来不表现全年发情的母羊品种也表现全年发情,这有利于频密产羔的实施。在繁殖季节进行同期发情处理,可采用PG注射法或孕激素+PMSG法均能取得较好的结果,发情母羊进行早晚两次输精,共输3次为宜。

（六）非繁殖季节诱导发情

用孕酮阴道栓处理母羊12d后撤栓,撤栓的同时肌肉注射500IU,PMSG,24h后试情、配种,第一次配种时肌肉注射促排3号,记录发情羊号和发情持续时间。

第八章　羊场环境控制及废弃物处理

第一节　羊场环境控制

肉羊养殖场选址要求周围3km以内无大型化工厂、采矿场、皮革厂、肉品加工厂、屠宰场及活畜交易市场等。羊场距离干线公路、铁路、城镇、居民区和公共场所1km以上,远离高压电线,避开水源防护区、风景名胜区、人口密集区等环境敏感地区,以利于养殖场环境质量及卫生控制。

一、圈舍环境对肉羊生产的影响

圈舍是羊赖以生存的地方,圈舍环境就是羊生活中的小环境气候,它对羊的健康及生产性能都有明显的影响,其中影响较大的环境因素有温度、湿度、风速、照度、噪音、氨气、二氧化碳、可吸入微粒、微生物等。

(一)温度对肉羊的影响

1.温度影响肉羊的繁殖性能

温度会影响公羊的精液品质。高温会使精子活力下降,精子畸形率上升;低温可促进新陈代谢,一般来说没有害处。对母羊而言,高温直接影响受精卵的着床,造成早期胚胎死亡。妊娠后期圈舍温度过高,容易造成死胎或者羔羊出生后生活力较低,死亡率升高。

2.温度影响肉羊的生长和育肥

肉羊产肉性能的发挥受温度的影响非常大,温度过高,羊的采食量下降,甚至停止采食,影响生长发育甚至威胁生命安全;温度过低,羊只摄取的饲料大部分用于维持自身体温和生命活动所需的能量,羊体生长缓慢甚至掉膘。肉羊最适宜的抓膘气温为14℃~22℃,掉膘极端低温为-5℃以下,掉膘极端高温为25℃以上,冬季产羔舍内最低温度应保持在8℃以上,成年肉羊羊舍应在0℃以上,夏季羊舍最高温度不要超过30℃。

3.温度影响肉羊的健康

处于炎热或者寒冷的条件都会引起羊发病,但是由于温度原因所导致疫病并不能通过某些特效疫苗控制,冷、热应激都会使羊的机体对某些疾病的抗病力降低,这种情况下普通的非病原体微生物在达到一定数量时也可导致羊发病。

(二)湿度对肉羊的影响

相对湿度对羊体的健康影响较大,湿度过大,羊的抗病力会降低,高温高湿环境下病原性真菌、细菌和寄生虫等的繁殖速度和传染病的传播速度都会加快,从而导致某些疾病发病率和羊的死亡率升高。比如高湿环境下羊体易患疥癣、湿疹、腐蹄病等。另外,高温高湿的环境使羊体散热困难,体温升高,呼吸困难,甚至引发中枢神经病变或者危及生命。肉羊最适宜的相对湿度为60%~70%。

(三)光照对肉羊的影响

一般来说,绵羊和山羊都属于短日照动物,其发情、排卵、配种、产羔、脱毛等都受到光照周期变化的影响。因此,光照不仅能够影响羊的睡眠休息、身体温度,同时也会影响羊的生产、繁殖与健康。增强光照对羊是有利的,光照不仅可促进肉羊的繁殖机能,还有利于其生长发育,但强烈的光照也会影响温度,如夏季太阳直射时间长,辐射强度大,特别是地面辐射强,极易引发肉羊中暑现象,从而影响羊的健康。

(四)风、尘对肉羊的影响

风速大小对肉羊的生产具有间接的影响作用,在炎热的夏季,适当的风可以加速羊体散热,减少疾病的发生。冬季风速过大,使羊体能量消耗增大而影响育肥效果。一般情况下,肉羊羊舍的风速以0.10~0.20m/s为宜,最高不宜超过0.25m/s。

羊舍内在控制风速的同时要注意防止贼风侵入舍内,以免引起羊发生关节炎、神经炎甚至冻伤。

环境灰尘直接影响羊体健康,灰尘过高,容易引发眼角膜炎、气管炎等病症。灰尘中的微生物也是羊体健康的主要威胁。

(五)噪音对肉羊的影响

羊场中的噪音主要来自舍外环境、舍内机械运行以及羊互相打闹、鸣叫、争斗、采食和运动时发出的声音。长时间噪音过高会使母羊焦躁不安、神情紧张而引起流产或早产,还会使羊平均日增重及饲料利用率下降。噪音还可以使羊血压升高,脉搏加快,听力受损,甚至出现消化系统紊乱、肠黏膜出血等。

(六)有害气体对羊的影响

羊舍内的有害气体大多来自于在高密度饲养下由羊的呼吸、排泄物和生产过程中产生的有机物的分解。羊舍内有害气体成分要比圈舍外复杂和严重,如果圈舍通风不良、卫生管理不佳,这些有害气体可能会危害羊体健康,甚至造成中毒或者死亡。

1.氨的影响

氨(NH_3)是一种无色、具有强刺激性的气体,主要来自家畜粪尿、饲料残渣腐败与垫料的发酵。NH_3在圈舍中的浓度大小受圈舍通风、清粪工艺、清粪频率、地面类型、饲养密度、日粮组成及饲养管理水平等的影响。NH_3易溶于水,在圈舍内,NH_3常溶解或吸附在潮湿的地面、墙壁表面,也可附着于羊的黏膜上,对羊黏膜造成刺激和损伤。NH_3进入呼吸系统,会引起羊咳嗽、打喷嚏,上呼吸道黏膜充血红肿,分泌物增加甚至引起肺部炎症和出血,被吸入肺部后,还可通过肺泡上皮进入血液,诱发血管中枢的反应,并与血红蛋白结合,置换氧基,破坏血液运氧能力,导致组织缺氧,引发呼吸困难。羊在NH_3浓度高的环境中,因NH_3的强刺激而导致皮肤组织灼伤,使组织溶解、坏死,甚至引起中枢神经系统麻痹、中毒性肝病、心肌损伤等病症。如果羊长期生活在含有低浓度NH_3的环境中,虽然没有明显的病理变化,但会出现采食量和对疾病的抵抗力降低,消化率和生产力下降,这其实是一种慢性中毒的表现,但是需经过一段时间后才能被人察觉。这种情况,往往对养羊业的危害更加严重,应引起高度重视。因此,我国畜禽场环境质量标准NY/T388中规定,圈舍中NH_3的最高限值为20mg/m³。

2.二氧化碳的影响

二氧化碳(CO_2)本身为无毒气体,所以空气中CO_2浓度的安全阈值比较高。但是,当羊舍中出现高浓度CO_2时,表明羊舍长期通风不良、舍内氧气消耗较多,与此同时舍内其他有害气体含量也可能会升高,氧的含量下降,造成羊慢性缺氧、生产力下降、身体虚弱、很容易感染结核等慢性传染病。因此,圈舍中CO_2的浓度通常被作为监测空气污染程度的可靠指标。

(七)微生物对肉羊的影响

新鲜的空气是羊健康生长的必要条件,空气中的各种有害气体会对羊体的健康造成很大的威胁。空气中的灰尘微粒是病原微生物传播的媒介,如果空气污浊,灰尘微粒数量增多,很容易滋生细菌,造成疾病的传播,影响羊的健康。羊舍湿度增加也会给微生物的生存繁殖创造条件。

二、羊场污染对环境的影响

养殖业排放的污染物主要包括家畜粪便中的有机质、氮(N)、磷(P)、铜(Cu)、锌(Zn)等,它们已经成为我国农区污染的主要来源。

(一)肉羊养殖对大气的污染

一般来说,不经过处理的畜禽粪便对空气的污染主要来自于粪便中微生物分解所产生的有害气体。主要有氨(NH_3)、二氧化碳(CO_2)、硫化氢(H_2S)和甲烷(CH_4)等,它们严重影响了空气的质量。长期处于含有高浓度的有害气体的环境中,会引起人畜的呼吸系统疾病、使畜禽的抗病力降低、采食量减少和生产性能下降。而且,NH_3和CH_4是酸雨和全球气候变暖的主要影响因素,甲烷和二氧化碳是导致地球温室效应的主要气体,而养殖业甲烷的排放量最大。动物通过采食摄入的氮大多数会被排泄出来,从世界范围来讲,养殖业也是最大的氨来源,每年占全球氨排放总量的40%。

(二)养殖业对水体的危害

畜禽粪便中的有机质含量比生活污水中浓度高50~250倍。畜禽粪便堆放不当或将粪便施入农田后,粪便中的有机质会随着粪水、雨水通过地表径流的方式污染湖泊、河流、水库等地表水,甚至渗入土壤并进入地下水。畜禽粪便中还含有大量来源于肠道的病原微生物与寄生虫卵,这些病原微生物与寄生虫卵进入水体后,会使水中病原菌和寄生虫大量繁殖,加重了水体的污染。

(三)养殖业对土壤的危害

养殖业对土壤的影响主要是通过粪便而产生的,一方面畜禽粪便中含有大量的氮元素和有机质,是营养丰富的有机肥料的原料之一,施用于农田,可以提高土壤抗风化、抗水侵蚀的能力,也利于改变土壤的微生态结构和耕作质量。但未经处理过的氮排放到环境中会造成环境负担,过量的氮被施入土壤后,虽然可以提高作物的产量,但是同时会引起土壤硝酸盐的大量残留,同时未经处理的粪便中含有重金属、杂草种子、寄生虫卵等有害物质,会造成土壤污染。也会引起土壤中溶解性盐的积累,导致土壤盐渍化,使其肥力下降。

三、羊场环境质量控制

(一)羊场空气质量控制

1.羊舍内空气质量控制

(1)羊舍内氨气、硫化物、二氧化碳、恶臭的控制

采用固液分离与干清粪工艺相结合的设施,使粪尿、污水及时排出;在粪便、垫料中添加各种具有吸附功能的添加剂,同时合理搭配饲料添加剂,减少有害气体产生;采取科学的通风换气方法,保证气流均匀,及时排出羊舍内的有害气体。

(2)羊舍内总悬浮颗粒物、可吸入颗粒物的控制

饲料车间、干草车间应远离羊舍且处于羊舍的下风向;避免干扫羊舍,翻动垫料要轻,减少尘粒的产生;适当进行通风换气,并在通风口设置过滤帘,保证舍内湿度,及时排出和减少颗粒物及有害气体。

2.羊场场区空气环境质量控制

在羊场场区、缓冲区内种植环保型树木、花草,减少尘粒的产生,净化空气,羊场绿化覆盖率保持30%以上,以利于控制场区空气及环境质量,羊舍、场区、缓冲区空气质量要求见表8-1。

表8-1 羊舍、场区、缓冲区空气环境质量要求

项目	羔羊舍	成年羊舍	场区	缓冲区
氨(NH_3)(mg/m^3)	12	≤18	≤5	≤2
硫化氢(H_2S)(mg/m^3)	≤4	≤7	≤2	≤1
二氧化碳(CO_2)(mg/m^3)	≤1 200	≤1 500	≤700	≤400
可吸入颗粒(PM_{10})(mg/m^3)	≤1.8	≤2.0	≤1.0	≤0.5
总悬浮颗粒物(TSP)(mg/m^3)	≤8	≤10	≤2	≤1
恶臭(无量纲)	≤50	≤50	≤30	≤10
细菌总数(个/m^3)	≤20 000	≤20 000	--	--

(二)羊场土壤环境质量控制

场区内的土壤背景值应满足羊场环境质量要求,同时要合理使用兽药、饲料,降低土壤中重金属元素的残留。避免粪尿、污水排放及运送过程跑、冒、滴、漏,采用紫外线照射等方式对排放、运送前的粪尿进行杀菌消毒,避免微生物污染土壤。用粪尿对场内草、树及饲料地进行施肥前要进行无害化处理。粪便堆放场建在羊场内部的,要做好防渗、防漏工作,避免粪污中重金属及微生物污染场内的土壤环境。羊场场区、缓冲区及羊舍区土壤质量及卫生指标应满足表8-2的要求。

表8-2 养殖场土壤环境质量及卫生要求

项目	缓冲区	场区	舍区
镉(mg/kg)	0.3	0.3	0.6
砷(mg/kg)	30	25	20
铜(mg/kg)	50	100	100
铅(mg/kg)	250	300	350
铬((mg/kg)	250	300	350
锌(mg/kg)	200	250	300
细菌总数(个/g)	1	5	—
大肠杆菌(g/L)	2	50	—

资料来源:NY/T1126 – 2006

(三)羊场饮用水质量控制

定期清洗羊场饮用水传送管道,保证传送途中无污染。如果羊场自备水井,应建在粪尿堆放场等污染源的上方和地下水位的上游,避免在低洼沼泽或容易积水的地方打井。水井附近30m范围内不得建设有渗水的厕所、渗水坑、粪坑、垃圾堆等污染源。如果使用地表水,必须进行净化和消毒,使之满足羊场饮用水水质标准(见表8-3)。净化的方法有混凝沉淀法和过滤法,消毒的方法包括物理消毒法(如煮沸)和化学消毒法(如氯化消毒)。

表8-3 羊饮用水水质标准

项目	指标范围
pH值	6.5-8.5
总硬度(以$CaCO_3$计)(mg/L)	≤1500
溶解性总固体(mg/L)	≤1500
总大肠菌群(个/100mL)	≤1.00
氟化物(mg/L)	≤1.00
硝酸盐(以N计)(mg/L)	≤30.00
总汞(mg/L)	≤0.01
总砷(mg/L)	≤0.20
铬(六价)(mg/L)	≤0.05
镉(mg/L)	≤0.05
铅(mg/L)	≤0.05

第二节　羊粪还田及无害化处理技术

羊粪是一种速效、微碱性肥料,有机质多,肥效快,适于各种土壤施用。1只成年羊1年约排粪500kg,排尿182kg。1只成年羊1年排泄的粪尿中所含的氮、磷、钾的量可折成33.0kg磷酸铁、15.6kg过磷酸钠和10.2kg硫酸钾。而且羊粪属于有机肥料,施用羊粪既环保又健康。但是,羊粪中含有细菌、寄生虫、重金属、杂草种子等,不经过处理的话,重金属会对土壤造成污染,病菌和寄生虫会引起病虫害的传播,导致作物发病或虫害增多,杂草种子会引起农田杂草蔓延,影响作物生长。因此,羊粪必须经过发酵处理后施入农田才会更安全。2010年我国就颁布了GB/T25246《畜禽粪便还田技术规范》国家标准,要求畜禽粪便作为肥料使用,应使农产品产量、质量和周边环境没有危险,不受到威胁。2020年6月,农业农村部与生态环境部联合印发通知,"深入推进畜禽粪污还田利用养殖污染监管",通知明确指出,国家支持畜禽养殖场户建设畜禽粪污无害化处理和资源化利用设施,鼓励采取粪肥还田、制取沼气、生产有机肥等方式进行资源化利用。但是禁止直接还田,必须对畜禽粪污进行科学处理和资源化利用,防止污染环境。特别强调畜禽规模养殖污染防治设施配套不到位,粪污未经无害化处理直接还田或向环境排放,或不符合国家和地方排放标准的,农业农村部门要加强技术指导和服务,生态环境部门要依法查处。养殖户可以按照相关规定自行建设粪污无害化处理和资源化利用设施并确保其正常运行。也可以委托第三方代为实现粪污无害化处理和资源化利用。施于农田的畜禽粪肥,其卫生学指标、重金属含量、施肥用量及注意要点应达到以下要求。

一、国家标准对畜禽粪便还田的规定

(一)无害化处理的要求

(1)畜禽粪便还田前,应进行处理,且充分腐熟并杀灭病原菌、虫卵和杂草种子。

(2)制作堆肥以及以畜禽粪便为原料制成的商品有机肥、生物有机肥、有机复合肥等,其蛔虫卵死亡率要达到95%～100%,大肠杆菌应在10^{-1}～10^{-2},且肥堆及其周围没有活的蛆、蛹或新孵化的苍蝇。

(3)制作沼气肥,沼液和沼渣中蛔虫卵沉降率应达到95%以上,在使用沼液中不应有活的血吸虫卵和钩虫卵,大肠杆菌应在10^{-1}～10^{-2},要有效地控制蚊蝇孳生,沼液中无孑孓,池边无活蛆、蛹或新生羽化的成蝇,沼气池粪渣应符合有机肥的指标。沼渣出池后应进一步堆制,充分腐熟后才能使用。

(4)根据施用土壤的pH值不同,施用以畜禽粪便为主要原料的肥料种植不同作物时,肥料中重金属含量限值应符合表8-4的要求。

表8-4　畜禽粪便肥料中重金属含量限值(干粪含量)

土壤pH值		<6.5	6.5~7.5	>7.5
砷 限量值 (mg/kg)	旱田作物	50	50	50
	水稻	50	50	50
	果树	50	50	50
	蔬菜	30	30	30
铜 限量值 (mg/kg)	旱田作物	300	600	600
	水稻	150	800	800
	果树	400	300	300
	蔬菜	85	170	170
锌 限量值 (mg/kg)	旱田作物	2 000	2 700	3 400
	水稻	900	1 200	1 500
	果树	1 200	1 700	2 000
	蔬菜	500	700	900

(二)安全施用要求

1.施用原则

畜禽粪便作为肥料应充分腐熟,卫生学指标及重金属含量达到要求后才可施用。畜禽粪料单独或者与其他肥料配合施用时,应满足作物对营养元素的需要,适量施肥,以保持或提高土壤肥力及土壤活性。同时,肥料的施用不应对环境产生不良后果。

2.施用方法

(1)基肥(基施)施用方法

①撒施:在耕地前将肥料均匀撒于地表,结合耕地把肥料翻入土中,使肥土相融,此方法适用于水田和大田作物及蔬菜作物;

②条施(沟施):结合犁地开沟,将肥料按条状集中施于作物播种行内,适用于大田、蔬菜作物;

③穴施:在作物播种或种植穴内施肥,适用于大田、蔬菜作物;

④环状施肥(轮状施肥):在冬前或春季,以作物主茎为圆心,沿株冠垂直投影边缘外侧开沟,将肥料施入沟中并覆土,适用于多年生果树施肥。

(2)追肥(追施)方法

①腐熟的沼渣、沼液和添加速效养分的有机复合肥可用作追肥;

②条施:使用方法同基施中的条施。适用于大田、蔬菜作物;

③穴施:在苗期按株或在两株间开穴施肥,适用于大田、蔬菜作物;

④环状施肥:使用方法同基施中的环状施肥,适用于多年生果树;

⑤根外追肥:在作物生育期间,采用叶面喷施等方法,迅速补充营养,满足作物生长发育的需要。

(3)沼液用作叶面肥施用时,其质量应符合国家标准GB/T17419《含氨基酸叶面肥料》和GB/T17420《微量元素叶面肥料》的要求。春、秋季节,宜在上午露水干后(约10时)进行,夏季以傍晚为好,中午高温及雨天不要喷施。喷施时,以叶面为主。沼液浓度视作物品种、生长期和气温而定,一般需要加清水稀释。在作物幼苗、嫩叶期和夏季高温期,应充分稀释,防止对植株造成危害。

(4)条施、穴施和环状施肥的沟深、沟宽应按不同作物、不同生长期的相应生产技术规程的要求执行。

(5)畜禽粪肥主要用作基肥,施肥时间秋施比春施效果好。

(6)在饮用水源保护区不应施用畜禽粪肥。在农业区使用时应避开雨季,施入裸露农田后应在24小时内翻耕入土。

3.畜禽粪肥还田限量

(1)以生产需要为基础,以地定产、以产定肥。

(2)根据土壤肥力,确定作物预期产量(能达到的目标产量),计算作物单位产量的养分吸收量。

(3)结合畜禽粪便中营养元素的含量、作物当年或当季的利用率,计算基施或追施应投加的畜禽粪肥的量。

(4)当通过田间试验和土肥分析化验确定了土壤肥力和单位面积作物预期产量的情况下,需要施用某种畜禽粪便的量可通过式8-1来计算

$$N = \frac{A-S}{d \times r} \times f \qquad\cdots\cdots\cdots\cdots\cdots\cdots\cdots\cdots(8\text{-}1)$$

式中:

N——需要施用某种畜禽粪便的量,单位为吨每公顷(t/hm^2);

A——预期单位面积产量下作物需要吸收的营养元素的量,单位为吨每公顷(t/hm^2);

S——预期单位面积产量下作物从土壤中吸收的营养元素量(或称土壤供肥量),单位为吨每公顷(t/hm^2);

d——畜禽粪便中某种营养元素的含量,单位为%;

r——畜禽粪便的当季利用率,单位为%;

f——当地农业生产中,施于农田中的畜禽粪便的养分含量占施肥总量的比例,单位为%。

其中,预期单位面积产量下作物需要吸收的营养元素的量A可通过式8-2来确定:

$$A = y \times a \times 10^{-2} \qquad\cdots\cdots\cdots\cdots\cdots\cdots\cdots(8\text{-}2)$$

式中:

y——预期单位面积产量,单位为吨每公顷(t/hm^2);

α——作物形成100kg产量吸收的营养元素的量,单位为千克(kg)。

不同作物、同种作物的不同品种及地域因素等导致作物形成100kg产量吸收的营养元素的量各不相同,α值选择应以地方农业管理、科研部门公布的数据为准。主要作物形成100kg产量吸收的营养元素的量可参照表8-5来确定。

表8-5　作物形成100kg产量吸收的营养元素的量

作物种类	氮/kg	磷/kg	钾/kg	产量水平/t/hm²
小麦	3.000	1.000	3.00	4.50
水稻	2.200	0.800	2.600	6.000
苹果	0.300	0.080	0.320	30.000
梨	0.470	0.230	0.480	22.500
柑桔	0.600	0.110	0.400	22.500
黄瓜	0.280	0.090	0.290	75.000
番茄	0.330	0.100	0.530	75.000
茄子	0.340	0.100	0.660	67.500
青椒	0.510	0.107	0.646	45.000
大白菜	0.150	0.070	0.200	90.000

注:表中作物形成100kg产量吸收的营养元素的量为相应产量水平下吸收的量

预期单位面积产量下作物从土壤中吸收的营养元素量(或称土壤供肥量)S可根据式8-3计算。

$$s = c \times t \times 2.25 \times 10^{-3} \quad \cdots\cdots\cdots\cdots\cdots\cdots\cdots\cdots\cdots (8-3)$$

式中:

2.25×10^{-3}——土壤养分"换算系数"(20cm厚的土壤表层或耕作层,其每公顷总重约为2250t,那么1mg/kg养分在1公顷土地中所含的量为2250t/hm²×1mg/kg即为2.25×10^{-3}t/hm²);

c——土壤中某营养元素的测定值,单位为:mg/kg;

t——土壤养分校正系数(因土壤具有缓冲性能,故任意一个测定值,只代表某一养分的相对含量,而不是一个绝对值,不能反映土壤供肥的绝对量。因此,还要通过田间实验,找到实际有多少养分可被吸收,其占所测定值的比重,称为土壤养分的"校正系数",在实际应用中,可实际测定或根据当地科研部门公布的数据进行计算)。

畜禽粪便中某种营养元素的含量"d"的大小因畜禽种类、畜禽粪便的收集及处理方式不同而差别较大。施肥量的确定应根据某种畜禽粪便的营养成分进行计算。

畜禽粪便养分的当季利用率"r"的大小因土壤理化性状、通气性能、温度、湿度等条件不同,一般在25%～30%范围内变化,故当季吸收率可在此范围内选取或通过田间试验确定。而当地农业生产中,施于农田中的畜禽粪便的养分含量占施肥总量的比例应根据当地的施肥习惯,确定粪料作为基肥和(或)追肥的养分含量占施肥总量的比例。

(5)不具备田间试验和土肥化验分析条件时施肥量的确定方法

当不具备田间试验和土肥化验分析条件时,比如老百姓需要自己确定施肥量时,可以按照式8-4来计算。

$$N = \frac{A \times p}{d \times r} \times f \quad \cdots\cdots\cdots\cdots\cdots\cdots\cdots\cdots\cdots (8-4)$$

式中:

N——一定土壤肥力和单位面积作物预期产量下需要投入的某种营养元素的量,单位

为:t/hm²;

A——预期单位面积产量下作物需要吸收的营养元素的量,单位为t/hm²;

p——由施肥创造的产量占总产量的比例,单位为%;

d——畜禽粪便中某种营养元素的含量,单位为%;

r——畜禽粪便的当季利用率,单位为%;

f——畜禽粪便的养分含量占施肥总量的比率,单位为%。

其中,A、d、r、f值的确定与前面(4)中的方法相同,而由施肥创造的产量占总产量的比例p值根据土地肥力指标不同来确定,一般当土壤肥力为一级时,P值为30%~40%,当土壤肥力为二级时,P值为40%~50%,当土壤肥力为三级时,P值为50%~60%。而土壤肥力级别是根据不同类型土地土壤中全氮含量来确定的,具体可参照表8-6。

表8-6　土壤肥力分级指标

单位:g/kg

土地类别	不同肥力水平的土壤全氮含量		
	一级	二级	三级
旱地(大田作物)	>1.0	0.8~1.0	<0.8
水田	>1.2	1.0~1.2	<1.0
菜地	>1.2	1.0~1.2	<1.0
果园	>1.0	0.8~1.0	<0.8

(6)沼液沼渣的施肥量应该折合成干粪的营养物质含量来计算。

(7)在不施用化肥情况下,不同的土壤肥力水平的小麦、玉米和水稻田施用羊粪肥的限量如表8-7所示。

表8-7　小麦、玉米和水稻每茬羊粪肥施用限量

单位:t/hm²

农田本底肥力水平	一级	二级	三级
小麦、玉米地施用限量	19	16	14
水稻田施用限量	22	18	16

苹果园每年施用羊粪肥限量为20t/hm²,梨园每年施用羊粪肥限量为23t/hm²,柑桔园每年施用羊粪肥限量为29t/hm²。黄瓜、番茄、茄子、青椒和大白菜每年施用羊粪肥限量分别为23t/hm²、35t/hm²、30t/hm²、30t/hm²和16t/hm²。以上这些限量值均指在不施用化肥情况下,以干物质计算的羊粪肥料的使用限量。如果施用牛粪、鸡粪、猪粪等肥料,可根据羊粪换算,其换算系数为:牛粪乘0.8、鸡粪乘1.6、猪粪乘1.0。

二、羊粪无害化处理

我国对畜禽粪便的无害化处理工作非常重视,2018年,国家发展改革委会同农业部制定实施了全国畜禽粪污资源化利用整县推进项目工作方案(2018-2020年),旨在通过源头减量、过程控制、末端利用的全程控制理念,提高畜禽粪污综合利用率、消除面源污染、提高土地肥力,实现种养结合、农牧循环的绿色发展,促进畜牧业转型升级、提高农业可持续发展能力。同年,国家标准GB/T36195-2018《畜禽粪便无害化处理技术规范》颁布实施,为这一项目的推进提供了技术支撑和标准依据。

(一)羊粪无害化处理的基本要求

《畜禽粪便无害化处理技术规范》要求新建、扩建和改建畜禽养殖场和养殖小区应设置粪污处理区,建设畜禽粪便处理设施;没有粪污处理设施的应补建。也就是说所有的畜禽养殖场、养殖小区都必须配套建设粪污处理区,养羊场也不例外,2018年以后新建羊场和养羊小区都必须配套粪污处理区或者处理设施,这是环保验收的指标之一。

羊粪处理应坚持减量化、资源化和无害化的原则,处理过程应满足安全和卫生要求,避免发生二次污染。无害化处理就是利用高温、好氧、厌氧发酵或者消毒等技术使羊粪达到卫生学要求的过程,是羊粪还田前必须进行的处理过程。

(二)羊粪无害化处理场的选址及布局

(1)禁止在生活饮用水水源保护区、风景名胜区、自然保护区的核心区及缓冲区、城市和城镇居民区等人口密集区域、县级及县级以上人民政府依法划定的繁养区域、国家或地方法律法规规定需特殊保护的其他区域等区域内建设粪污处理场。

(2)如果在禁建区域附近建设畜禽粪便处理场,应设在禁建区域常年主导风向的下风向或侧下风向处,场界与禁建区域边界的最小距离不应小于3km。

(3)建立的畜禽粪便处理场与畜禽养殖区域的最小距离应大于2km。

(4)畜禽粪便处理场地应距离功能地表水体400m以上。

(5)畜禽粪便处理场区地面应采取硬化、防渗漏、防径流和雨污分流等措施。

(三)羊场粪尿收集清理和贮存

1.羊场粪尿收集和清理

(1)即时清粪

即时清粪就是当圈舍里面有粪便时随时清理的一种清粪方式。即时清粪每天至少清粪一次,圈舍里面没有积粪,卫生条件和空气质量均较好。即时清粪可分人工即时清粪和机械即时清粪两种。

人工即时清粪:适用于地面没有羊床的小规模、有运动场的饲养户或者羊场清粪。一般采用扫帚、小推车等简易工具将当天的羊粪即时清扫运出。特点是基建及固定资产投资较低,但每天清粪劳动强度大,一个人只能管理100只左右的羊,养殖效率低。

机械即时清粪:机械即时清粪是有羊床的规模化养殖场,圈舍规模大,羊床底下安装粪槽和刮粪板,每天定时开启刮粪板将粪便集中到圈舍的一端或者圈舍外,用运粪车运走。这种方式机械化程度高,劳动强度小,清粪干净,羊体与粪便不接触,圈舍空气质量好,一人可负责300只以上的母羊。但是圈舍建设和设备投资大,且目前国内的刮粪机械故障多,运行和维护成本高。

(2)集中清粪工艺

集中清粪就是当圈舍内的羊粪堆积到一定厚度后集中清理的一种清粪方式,集中清粪可分为高床集中清粪、加垫料集中清粪和生态发酵菌床垫料集中清粪三种。

高床集中清粪:高床集中清粪要求圈舍内设有羊床,羊床距地面70~80cm高,床底地面由里向外有一定坡度,里面高外面低,尿液随坡度流出舍外,粪便落地堆积,自然发酵,粪便堆积到一定厚度后集中清理运出。此方法使粪尿干湿分离,集中出粪,有利于机械化清粪,节约劳动力,每人可负责1000只左右的商品羊。这种方式虽然圈舍羊床及粪池建设投资较大,但是,维护费用和运行成本低,适于工厂化养羊。需要注意的是,这种方式粪便堆积的时间不宜太久,流出舍外的尿液也要要及时处理(设置污水沟或者其他收集措施),特别是炎热的夏季,羊床底部堆积的粪尿发酵会造成圈舍内氨等有害气体浓度升高,给圈舍中的羊和饲养人员的健康带来伤害。

加垫料集中清粪:加垫料集中清粪适于有运动场、圈内没有羊床的小规模羊场清粪。圈舍地面添加垫料,让粪尿与垫料自然混合发酵,当达到一定厚度时,集中清理。此方法投资少,节省劳动力,冬季有一定的保暖作用,但是舍内空气质量较差,在北方寒冷地区,冬季有采取这种模式的。

生态发酵菌床垫料集中清粪:生态发酵菌床是利用微生物学、生态学、发酵工程学、热力学原理,以活性功能微生物作为物质能量"转换中枢"的一种生态养殖模式。该技术的核心在于利用活性强大的有益功能微生物复合菌群,长期、持续和稳定地将动物粪尿废弃物转化为有用物质与能量,同时实现将畜禽粪尿完全降解的无污染、零排放目标,是当今国际上一种最新的生态环保型养殖模式。这也是一种加垫料的清粪方式,只是在圈舍垫料中添加了有益功能微生物复合菌群,这些微生物复合菌群可以使羊粪尿转化为有用物质与能量,同时可以抑制垫料和圈舍中有害微生物的繁殖生长,降低圈舍中的臭味,减少蚊蝇等,冬季也有一定的保暖作用。待垫料中的粪便积累到一定厚度,再集中清理,然后重新填充垫料。这种方式的垫料需要定期翻倒,垫料和粪便需要人工清理,劳动量大;而且北方羊圈舍内湿度低,翻倒垫料容易造成圈内尘粒增多。另外,使用垫料和菌群会带来一定的养殖成本。

2.羊粪尿贮存

羊粪清理出来后如果不立即进行无害化处理,则需要在羊场附近进行贮存或者堆放,贮存过程中应防止因渗漏、扩散等给人畜带来伤害。

羊场的粪便贮存场应设在生产区及生活管理区常年主导风向的下风向或侧风向,与主要生产设施之间保持100m以上的距离,与生产区隔离,满足防疫要求。同时也不能远离羊场,布局紧凑,方便生产。一般情况下,每只羊每日产粪量大约为2.0kg,羊粪的密度为1000kg/m³。

粪污贮存场应建成带有遮雨棚的U型槽式堆粪池,其地面应该为混凝土结构,地面向

"U"型槽开口方向以1%的坡度倾斜,坡底设排污沟,污水排入污水贮存设施。三面墙高不宜超过1.5m,厚度不少于24cm,以混凝土结构、水泥抹面为宜。地面和墙面应做防水处理,地面的强度应能承受运粪车的重量。顶部的遮雨棚下面与地面净高不低于3.5m,棚四面外沿均应超出U型槽墙外面30cm以上。整个存贮场周围应设置排雨水沟,防止雨水流进存贮设施里面,排雨水沟不能与排污沟并流。粪污存贮场应单独开门,直接通向外界,避免运粪时经过生产区、生活区和管理区。

(四)羊粪无害化处理方法

1.自然发酵后直接还田

自然发酵后直接还田是指粪便在堆粪场或储粪池自然堆腐熟化,符合GB18596《畜禽养殖业污染物排放标准》要求后,作为肥料直接还田的处理方式。该处理方法简单,成本低,但机械化程度低,占地面积大,劳动效率低,卫生条件差。该模式适用于远离城市、土地宽广且有足够农田消纳粪便污水的经济落后、肥料需要量大的地区的规模较小的养殖场。需要注意的是自然发酵后直接还田并不是将羊粪从圈舍清理出来后直接运至农田,而是要经过堆肥熟化化再还田,否则会对环境和土壤造成污染和伤害。

2.好氧堆肥法生产有机肥

好氧堆肥法生产有机肥是利用好氧微生物在适宜的水分、酸碱度、碳氮比、空气、温度条件下,将羊粪便中各种有机物分解产热生成一种无害的腐殖质肥料的过程。这种处理方法的特点是机械化程度高。主要流程为:羊粪加菌——→混合——→通气——→抛翻——→烘干——→筛分——→包装。比自然堆肥生产效率高,占地面积较少。可以采用条形堆腐处理、大棚发酵槽处理、密闭发酵塔堆腐处理和烘干处理。

条形堆腐处理:是在敞开的棚内或露天将羊粪便堆积成宽1.5m、高1m的条形,进行自然发酵,根据堆内温度,人工或机械翻倒,堆制时间约需3~6个月。

大棚发酵槽处理:修筑宽8~10m,长60~80m,高1.3~1.5m的水泥槽,将羊粪便置入槽内并覆盖塑料大棚,利用翻倒机翻倒,堆腐时间20d左右。

密闭发酵塔堆腐处理:利用密闭型多层塔式发酵装置进行畜禽废弃物堆腐发酵处理,堆腐时间7~10d。

3.自动化高温发酵生产有机肥

利用现代化的设备,使混合、搅拌、控温、通气等过程实现一体化和自动控制。采用90℃~95℃高温发酵处理,使病菌、寄生虫卵、草籽被彻底杀灭,避免了二次污染,发酵时间只需24h,节约时间和空间,生产效率高,产品质量易于控制。也可再将发酵腐熟的有机肥进一步进行深加工,根据不同植物对营养的需求,加入辅料,制成各种专用肥。

4.生物处理

将玉米等秸秆粉碎成粉,掺入到羊粪中,使羊粪含水量达到45%,将稀释至合适比例的生物复合菌液喷洒到羊粪与秸秆混合堆上,再加入5%的玉米面,为菌种发酵提供足够的能量,最后搅拌均匀,制堆发酵,堆肥温度达到70℃时,利用翻抛机翻抛,整个发酵周期一般需要8~15d。

5.干燥处理

(1)脱水干燥处理

通过脱水干燥,使其中的含水量降低到15%以下,便于包装运输,又可抑制畜粪中微生物活动,减少养分(如蛋白质)损失。

(2)高温快速干燥

采用以回转圆筒烘干炉为代表的高温快速干燥设备,可在短时间(10min左右)内将含水率为70%的湿粪,迅速干燥至含水率仅10%~15%的干粪。

(3)太阳能自然干燥处理

采用专用的塑料大棚,长度可达60~90m,内有混凝土槽,两侧为导轨,在导轨上安装有搅拌装置。湿粪装入混凝土槽,搅拌装置沿着导轨在大棚内反复行走,通过搅拌板的正反向转动来捣碎、翻动和推送羊粪,并通过强制通风排除大棚内的水气,达到干燥羊粪的目的。夏季只需要约1周的时间即可把羊粪的含水率降到10%左右。

6.充气动态发酵

在适宜的温度、湿度以及供氧充足的条件下,好气菌迅速繁殖,将粪便中的有机物质分解成易消化吸收的物质,同时释放出硫化氢、氨等气体。在45℃~55℃下处理12h左右,可生产出优质有机肥料和再生肥料。为了减少发酵过程的气体排放量,可采取压实、覆盖等措施以减少堆放过程中的N_2O排放。另外,一定比例的羊粪和木屑、药渣、茶渣混合在适宜的好氧条件与湿度条件下堆制可直接生产有机栽培基质,以实现有机栽培基质的工厂化生产。

(五)羊尿及液态污染物处理方法

1.还田利用

羊尿还田利用是将羊场内的污水和尿液由排污沟进入储存池内进行沉淀和自然发酵,沉淀后供周边农田或果园利用,池底沉积粪污作为有机肥直接利用或和固体粪便一起进行有机肥生产。该方法建设简单,操作方便,成本较低,但对污水处理不够彻底,需要经常清淤,效率低下,且周边要有大量农田来消纳处理后的污液,部分小型养殖场采用。

2.厌氧发酵

污水和尿液经过格栅后固液分离,将残留的干粪和残渣出售或生产有机肥。而污水则进入厌氧池进行发酵。发酵后的沼液还田利用,沼渣可直接还田或制造有机肥。这种利用方式可实现"养-沼-种"结合,没有沼渣、沼液的后处理环节,投资较少,能耗低,运转费用低。但需专人管理,要有大量农田(蔬菜大棚、水生作物)来消纳沼渣和沼液,要有足够容积的储存池来贮存暂时没有施用的沼液。该方法适用于气温较高、土地宽广、有足够的农田消纳养殖场粪污的农村地区,特别是种植常年施肥作物,如蔬菜、经济类作物的地区。

3.厌氧—好氧深度处理

污水和尿液经厌氧发酵后,沼渣堆肥还田,沼气作为能源利用,沼液再次沉淀,残渣堆肥,液体部分再经好氧及自然处理系统处理,达到国家和地方排放标准,直接排放或者作为农田灌溉用水或场区回用。工艺流程如图8-1。

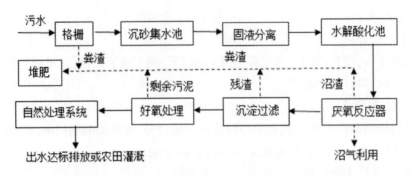

图 8-1　污水厌氧—好氧深度处理流程

4.沼气发酵

粪便沼气化处理是指将羊废弃物中的有机物通过厌氧发酵转化为CH_4加以回收利用，以减少废弃物处理过程造成的CH_4排放。沼气处理是厌氧发酵过程，可直接对粪便进行处理，其优点是产出的沼气是一种高热值可燃气体，沼渣是很好的肥料，经过处理的干沼渣还可作饲料。

第三节　羊粪堆肥技术

一、概述

羊粪质地较细，富含氮、磷、钾、微量元素和高效有机质，其中，有机质24% ~ 27%，氮0.7% ~ 0.8%，磷（五氧化二磷）0.45% ~ 0.60%，钾（氧化钾）0.4% ~ 0.5%。羊粪便能活化土壤中大量存留的氮磷钾，有助于农作物的吸收，同时，还能显著提高农作物的抗病、抗逆、抗掉花和抗掉果能力。与施用无机肥相比，施用羊粪可使粮食作物增产10%以上，蔬菜和经济作物增产30%左右，块根作物增产40%左右。但是，羊粪中含有细菌、寄生虫、重金属、杂草种子等，不经过处理的话，重金属会对土壤造成污染，病菌和寄生虫会引起病虫害的传播，导致作物发病或虫害增多，杂草种子会引起农田杂草蔓延，影响作物生长。前一节已经讲述了羊粪还田前的处理要求，而堆肥发酵就是羊粪还田前常用的处理方法，该方法方便实用，基础建设费用低，是千家万户小规模养殖中最适用的羊粪处理方式。2019年我国农业农村部颁布了NY/T3442-2019《畜禽粪便堆肥技术规范》行业标准，对畜禽粪便堆肥的场地要求、堆肥工艺、设施设备、堆肥质量评价和检测方法进行了规定。羊粪属畜禽粪便的一种，该标准也适用于羊粪堆肥处理过程。

二、羊粪堆肥原理

堆肥是指在人工控制条件(水分、碳氮比和通风)下,通过微生物作用进行高温发酵,将羊粪中的有机物降解,使之矿质化、腐殖化和无害化,进而变成腐熟肥料的过程。羊粪堆肥一般都采用好氧堆肥,也就是在有氧条件下,通过好氧微生物代谢活动,对一部分有机物进行氧化分解获得生物生长、活动所要的能量。将另一部分有机物转化合成新的细胞物质,使微生物生长繁殖,并释放大量的热量,形成55℃以上的高温,杀死羊粪中的病原微生物和杂草种子,同时将羊粪转变为无害化可利用的有机肥料。

三、堆肥的方式

按照堆肥技术的复杂程度以及使用情况,堆肥的方式有条垛堆肥、槽式堆肥和反应器堆肥等。条垛堆肥就是将混合好的物料堆成条垛进行好氧发酵的堆肥工艺,它还包括动态条垛式堆肥和静态条垛式堆肥;槽式堆肥是将混合好的物料置于槽式结构中进行好氧发酵的堆肥工艺,它包括连续动态槽式堆肥、序批式动态槽式堆肥和静态槽式堆肥等。反应器堆肥是将混合好的物料置于密闭容器中进行好氧发酵的堆肥工艺,它包括筒仓式反应器堆肥、滚筒式反应器堆肥和箱式反应器堆肥等。

每种堆肥方式都有各自的优缺点,采用那种堆肥方式应根据地理位置、气候特点、资金情况等进行确定。低温时间持续长的地区,在选择堆肥工艺时,应对低温季节粪便的贮存堆放、解冻处理、设施保温、升温等进行科学合理的设计,选择适宜的工艺方式。

四、堆肥场地要求

堆肥场应该按照畜禽粪污处理场的要求进行选址和布局,具体参见本章第二节中羊粪无害化处理场的选址及布局。

堆肥场中原料存放区应防雨、防水、防火,羊粪运到存放区后应尽快进行预处理并输送至发酵区,从进入存放区到输送至发酵区的时间不应超过1天。发酵场地也应配备防雨和排水设施,防止渗滤液渗漏。堆肥成品存储区应干燥、通风、防晒、防雨。

五、堆肥工艺

(一)物料预处理

(1)将羊粪和辅料混合均匀,辅料可以是饲料残渣、秸秆、麦草等,混合后的物料含水率以45%~65%为宜,碳氮比(C/N)以(20:1)~(40:1)为宜,粒径不大于5cm,pH值5.5~9.0。

(2)堆肥过程中可添加有机物料腐熟剂,接种量以堆肥物料重量的0.1%~0.2%。腐熟剂应该是获得相关管理部门登记的合格产品。

(二)堆肥发酵过程

1.升温阶段

堆肥制作初期,主要是以中温性微生物为主,当温度和其他条件适宜时,各类微生物菌群开始繁殖,分解有机物质(如简单糖类、淀粉、蛋白质等)产生大量的热,不断提高堆肥温度,此阶段也叫中温阶段,堆层温度基本在15℃~45℃。随着温度的提高,好热性微生物种类逐渐代替了中温性种类而起主导作用,嗜温好氧性菌迅速分解有机物,热量不断积累,温度持续上升,一般在几天之内即达到50℃以上,进入高温阶段。

2.高温持续阶段

当堆肥温度上升到45℃以上时,进入高温期,一些较难分解的有机物,如纤维素、木质素也逐渐被分解,开始形成腐殖质。此时,嗜热真菌、好热放线菌、好热芽孢杆菌等微生物的活动占了优势,腐殖质开始形成。中温性微生物受到抑制或死亡,好热性微生物逐渐代替了中温性微生物,除了易腐有机物继续分解外,当温度升到60℃~70℃时大量的嗜热菌类死亡或进入休眠状态。

在各种酶的作用下,有机质仍在继续分解。热量会由于微生物的死亡、酶的作用减弱而逐渐降低,温度低于70℃以下时,休眠的好、热微生物又更新活动产生新的热量,经过反复几次保持在70℃的高温水平,腐殖质基本形成,堆肥物质趋于稳定。原料和堆制措施不得当时,高温期很短,或根本达不到高温,因而腐熟很慢,在较长时期达不到腐熟状态。

3.降温阶段

当高温阶段持续一定时间后,纤维素、半纤维素和果胶物质大部分分解,剩下很难分解的复杂成分(如木质素)和新形成的腐殖质。此时微生物的活动减弱,热量减少,温度逐渐下降。当温度下降到40℃左右,嗜温性微生物又成为优势种类,对剩余性难分解有机物进一步分解,腐殖质不断增多且稳定化,堆肥进入腐熟阶段。

4.腐熟保肥阶段

有机物大部分已经分解和稳定,温度下降,为了保持已形成的腐殖质和微量的氮、磷、钾肥等,应使腐熟的肥料保持平衡。堆肥腐熟后,体积缩小,堆温下降至稍高于气温,应将堆体压紧,有机成分应处于厌氧条件下,防止出现矿质化,以利于肥力的保存。

(三)堆肥发酵过程注意事项

(1)通过堆体曝气或翻堆,使堆体温度达到55℃以上,条垛式堆肥维持时间不得少于15d,槽式堆肥维持时间不少于7d,反应器堆肥持续时间不少于5d。温度高于65℃时,应通过翻堆、搅拌、曝气来降低温度。

(2)堆体内部氧气浓度应不小于5%,每立方米物料的曝气风量以$0.05\sim0.20m^3/min$为宜。

(3)条垛式堆肥和槽式堆肥的翻堆次数为每天1次,反应器堆肥应采取间歇搅拌方式,比如每隔半小时搅拌一次等,实际运行中可根据堆体温度和出料情况调整搅拌频率。

(4)堆肥产物作为商品有机肥或栽培基质时应进行二次发酵,堆体温度接近环境温度时终止发酵过程。

(四)堆肥发酵过程常用的添加剂

堆肥过程使用一些有机物添加剂、微生物添加剂和无机添加剂,在改善堆肥效果的同时还可以降低堆肥过程中气体排放量。常见的添加剂主要有明矾、沸石、聚丙烯酰胺(PAM)和酸等。通过添加明矾使废弃物产生絮凝,同时使泥浆的pH降低至5甚至更低,使NH_3气动态平衡左移,降低NH_3气的挥发;而沸石作为阳离子交换介质可吸收NH_4^+,添加浓硫酸可使污泥酸化以减少NH_3排放。另外,采用人工添加覆盖物的方法以减少粪污存储过程中NH_3、CH_4等气体排放,传统的透过性覆盖物包括珍珠岩、油脂、黏土球、织布等;生物性覆盖物包括玉米秆、锯末、木屑、谷壳等。如果堆肥过程中添加稻草、油菜秸秆和食用菌渣等有机辅料,可使堆肥过程中的氨气挥发量降低40%以上。

第四节　病死及病害羊无害化处理技术

病死及病害羊包括国家规定的染疫羊及其产品、病死或者死因不明的羊、屠宰检疫中发现的病害羊、屠宰过程中经检疫或肉品品质检验确认为不可食用的羊产品等。病死及病害羊无害化处理是指利用物理、化学等方法,处理病死及病害羊及相关产品,消灭其所携带的各种病原体,消除危害的过程。

一、病死及病害羊的危害

(一)病死及病害羊的危害

随着我国肉羊产业的高速发展,特别是集约化、规模化养殖场的不断增加,在饲养、屠宰、运输、交易等环节出现病死羊在所难免,而且集中度越来越高、数量越来越多,对这些病死羊或者染疫羊的规范化、无害化处理,不仅关系着肉羊健康养殖甚至整个畜牧业可持续发展,而且也关系着人类的生存环境、食品和生命安全。

1.病死及病害羊对肉羊养殖的危害

病死羊多数是因患了某种传染病而死亡的,如炭疽、结核、布鲁氏杆菌病等,有些羊虽然不是因为传染病而死,但死亡后,体内的沙门氏菌、大肠杆菌、变形菌等就会大量繁殖并迅速散播而成为疾病的主要传染源,如果不及时妥善处理,健康羊直接或间接接触后,就会导致这些病原体的传播和蔓延,特别是集约化规模化养殖场,病原一旦传播,就会快速蔓延,后果不堪设想,甚至会给整个肉羊养殖业造成毁灭性的打击,比如2013年的小反刍兽疫使中国的养羊业跌入谷底,萎靡了近5年。

2.病死及病害羊对生态环境的危害

如果不能妥善做好病死羊及病害羊的无害化处理工作,随意丢弃或者抛尸野外,尸体腐败会产生大量有毒有害气体,这些气体会污染周围环境,刺激动物的呼吸道系统,导致动物呼吸道防御功能低下,加速疫病传播蔓延。此外,尸体腐败变质还会产生大量的代谢产物和污染物,这些污染物会污染河流、水源、土壤等,夏天还会滋生蚊蝇、污染空气,同时加快疫病传播,威胁人类和动物健康。

3.病死及病害羊对食品安全及人类健康的危害

目前我国关于病死动物无害化处理监管还存在一定漏洞,一些不良商家在发现发病羊时不上报,甚至隐瞒疫情,自行处理病死羊只,甚至将病死羊上市销售,导致食品中毒及一些人畜共患病的流行,严重影响着公共卫生和人类的生命安全。全世界已经证实的人畜共同患传染病和寄生虫病多达250种,其中比较重要的已经将近89种,我国已经证实存在的人畜共患病已达90多种,都是通过病死动物以及动物产品这个载体进行传播的。

(二)我国对病死及病害羊无害化处理非常重视

病死动物不按国家规定进行无害化处理,极易造成重大动物疫病和人畜共患病的扩散蔓延,特别是病死动物流入市场,直接危害人民群众的身体健康。加强病死及病害动物的无害化处理,关系到畜牧业的健康发展,关系到公共卫生安全。因此,我国把对病死病害动物无害化处理工作的宣传、监管、督查和实施作为动物卫生监督工作的重中之重。2021年1月22日第十三届全国人民代表大会常务委员会第二十五次会议第二次修订的《中华人民共和国动物防疫法》增设了第六章病死动物和病害动物产品的无害化处理的内容,从病死动物和病害动物产品无害化处理的责任主体、监督管理及相关政策等进行了规定,第一次使这项工作有法可依。该法规定:"从事动物饲养、屠宰、经营、隔离以及动物产品生产、经营、加工、贮藏等活动的单位和个人,应当按照国家有关规定做好病死动物、病害动物产品的无害化处理,或者委托动物和动物产品无害化处理场所处理。从事动物、动物产品运输的单位和个人,应当配合做好病死动物和病害动物产品的无害化处理,不得在途中擅自弃置和处理有关动物和动物产品。任何单位和个人不得买卖、加工、随意弃置病死动物和病害动物产品"。

2017年,农业农村部修订颁布了《病死及病害动物无害化处理技术规范》,分别从病死及病害动物和相关动物产品无害化处理的技术工艺和操作注意事项、处理过程中病死及病害动物和相关动物产品的包装、暂存、转运、人员防护和记录等方面进行了全面规范。以防止动物疫病传播扩散,保障动物产品质量安全。该规范适用于所有病死及病害动物,因此,病死及病害羊的无害化处理也可按照该规范进行。

二、病死和病害羊的收集转运

(一)病死及病害羊包装

(1)包装材料应符合密闭、防水、防渗、防破损、耐腐蚀等要求。

(2)包装材料的容积、尺寸和数量应与需处理病死及病害动物和相关动物产品的体积、数量相匹配。

(3)包装后应进行密封。

(4)使用后,一次性包装材料应作销毁处理,可循环使用的包装材料应进行清洗消毒后再使用。

(二)病死及病害羊暂存

(1)应采用冷冻或冷藏方式进行暂存,防止无害化处理前病死及病害动物和相关动物产品腐败。

（2）暂存病死及病害动物的场所应设置明显的警示标识；能够防水、防渗、防鼠、防盗，且易于清洗和消毒。

（3）应定期对暂存场所及周边环境进行清洗消毒。

（三）病死及病害羊转运

（1）可选择符合GB19217条件的车辆或专用封闭厢式运载车辆。车厢四壁及底部应使用耐腐蚀材料，并采取防渗措施。

（2）专用转运车辆应有明显的标识，并加装车载定位系统，以记录转运时间和路径等信息。

（3）车辆驶离暂存、养殖等场所前，应对车轮及车厢外部进行消毒。

（4）转运车辆应尽量避免进入人口密集区。

（5）若转运途中发生渗漏，应重新包装、消毒后运输。

（6）卸载后，应对转运车辆及相关工具等进行彻底清洗、消毒。

三、病死及病害羊无害化处理人员的防护

（1）病死及病害动物和相关动物产品的收集、暂存、转运、无害化处理操作的工作人员应经过专门培训，掌握相应的动物防疫知识。

（2）工作人员在操作过程中应穿戴防护服、口罩、护目镜、胶鞋及手套等防护用具。

（3）工作人员应使用专用的收集工具、包装用品、转运工具、清洗工具、消毒器材等。

（4）工作完毕后，应对一次性防护用品作销毁处理，对循环使用的防护用品进行彻底消毒处理后再使用。

四、病死及病害羊无害化处理方法

（一）焚烧法

焚烧法是指在焚烧容器内，使病死及病害羊和其产品在富氧或无氧条件下进行氧化反应或热解反应的方法。以在最短的时间内实现尸体完全燃烧或热解变为灰渣，杀死病原微生物，达到无害化的目的。焚烧法处理病死羊安全、彻底，减量化效果明显。集中焚烧是目前最常用的处理方法之一，通常一个适度规模化养殖集中的地区可联合建设一个病死羊焚化处理厂，同时在不同的服务区域内设置若干冷库，集中存放病死羊，然后统一由密闭的运输车辆负责运送到焚化厂，集中处理。

1.焚烧法适用对象

国家规定的染疫羊及其产品、病死或者死因不明的羊尸体，屠宰前确认的病害羊、屠宰过程中经检疫或肉品品质检验确认为不可食用的羊产品。

2.焚烧法技术工艺

根据技术工艺，焚烧法无害化处理可分为直接焚烧法和炭化焚烧法两种。

（1）直接焚烧法

首先根据实际情况对病死及病害羊和相关产品进行破碎等预处理,将预处理后的病死及病害羊和相关产品或破碎产物投至焚烧炉的本体燃烧室,经充分氧化、热解,产生的高温烟气进入二次燃烧室继续燃烧,产生的炉渣经出渣机排出。燃烧室温度应大于850℃,燃烧所产生的烟气从最后的助燃空气喷射口或燃烧器出口到换热面或烟道冷风入射口之间的停留时间应大于等于2s,焚烧炉出口烟气中氧的含量应为6%~10%(干气),二次燃烧室出口烟气经余热利用系统、烟气净化系统处理,达到GB16297《大气污染物综合排放标准》的要求后排放。焚烧炉渣与除尘设备收集的焚烧飞灰应分别收集、贮存和运输。焚烧炉渣按一般固体废物处理或作资源化利用;焚烧飞灰和其他尾气净化装置收集的固体废物需按GB5085.3《危险废物鉴别标准》的要求进行危险废物鉴定,如属于危险废物,则按GB18484《危险废物焚烧污染控制标准》和GB18597《危险废物储存污染控制标准》的要求进行处理。

（2）炭化焚烧法

将病死及病害羊和相关产品投至炭化焚烧设备的热解炭化室,在无氧条件下充分热解,产生的热解烟气进入二次燃烧室继续燃烧,燃烧产生的固体炭化物残渣经热解炭化室排出。热解温度应大于等于600℃,二次燃烧室温度大于等于850℃,焚烧后烟气在850℃以上停留时间不少于2s。烟气经过热解炭化室热能回收后,降至600℃左右,再经烟气净化系统处理,达到GB16297《大气污染物综合排放标准》要求后进行排放。

3.焚烧法操作注意事项

（1）直接燃烧法

严格控制焚烧进料频率和重量,使病死及病害羊和相关产品能够充分与空气接触,保证完全燃烧;燃烧室内应保持负压状态,避免焚烧过程中发生烟气泄露;二次燃烧室顶部要设置紧急排放烟囱,供应急时开启;要配备完善的烟气净化系统,包括急冷塔、引风机等设施。

（2）炭化焚烧法

炭化焚烧法应定期检查热解炭化系统的炉门密封性,以保证热解炭化室的隔氧状态;定期检查和清理热解气输出管道,以免发生阻塞。热解炭化室顶部必须设置与大气相连的防爆口,以备热解炭化室内压力过大时自动开启泄压。炭化焚烧时应根据处理羊体格大小严格控制热解的温度、升温速度及物料在热解炭化室里的停留时间,以保证能够在规定时间内充分炭化焚烧。

4.焚烧法的应用

以前基层常用的柴堆火化焚烧法容易造成环境和大气污染,目前已经禁止使用。在2017年农业农村部颁布的《病死及病害动物无害化处理技术规范》中焚烧法必须是在密闭的设备中进行,也就是该法需要有专业焚烧设备。但是,目前专门用于焚烧动物及动物产品的设备很少,且能耗高,处理成本也高,另外,还需要将无害化处理的羊或产品运输到指定地方(焚烧设备所在地),增加了运输成本及疫病扩散风险。所以该方法不适用于基层或者散养户的无害化处理,有能力的规模化企业或者大规模的养殖小区可以采用此方法。

（二）化制法

化制法无害化处理是指将病死羊尸体投入到高压密闭的容器内,通过向容器夹层或容器内通入高温饱和蒸汽,在干热和压力或者蒸气和压力的作用下,将病死羊尸体消解转化为无菌水溶液(氨基酸为主)和干物质骨渣,同时将所有病原微生物彻底杀灭的过程。化制法可分为干制法和湿制法两种,目前主要采用比较多的是湿制法,得到油脂与固体物料(肉骨粉),油脂可作为生物柴油的原料,固体物料可制作有机肥,实现循环利用的目的。

1.适用对象

国家规定的染疫羊及其产品、病死或者死因不明的羊尸体,屠宰前确认的病害羊、屠宰过程中经检疫或肉品品质检验确认为不可食用的羊产品。该法不得用于患有炭疽等芽孢杆菌类疫病,以及牛海绵状脑病、痒病的染疫羊及产品、组织的处理。

2.技术工艺

(1)干制法

干制法无害化处理时,可根据实际情况对病死及病害羊和相关产品进行破碎等预处理,减小处理物体积,确保处理效果。将预处理后的病死及病害羊和相关产品或破碎产物送入高温高压灭菌容器中,向容器夹层或容器内通入高温饱和蒸汽,在干热和高压力的作用下进行无害化处理。其中,处理物中心的温度应不低于140℃,压力不低于0.5MPa(绝对压力),处理时间应不少于4h,具体时间因预处理的病死羊或病害羊尸体物块大小确定。处理时加热烘干产生的热蒸汽经废气处理系统处理后排出,剩余的动物尸体残渣传输至压榨系统进一步处理后再利用。

(2)湿制法

湿制法处理前要根据实际情况对病死及病害羊和相关产品进行破碎等预处理。将预处理后的病死及病害羊和相关产品或破碎产物送入高温高压容器,向容器夹层或容器内通入高温饱和蒸汽,在蒸气和高压力的作用下进行无害化处理。处理一批投入的物料总质量不得超过容器总承受力的五分之四,处理物中心温度应不低于135℃,压力不小于0.3MPa(绝对压力),处理时间不少于30min,具体处理时间随处理物料体积大小而设定。高温高压结束后,对处理产物进行初次固液分离,固体物经破碎处理后,送入烘干系统;液体部分送入油水分离系统处理后再利用。

3.操作注意事项

干制法处理时,搅拌系统的工作时间应以烘干剩余物基本不含水分为宜,根据处理物数量的多少,适当延长或缩短搅拌时间。无害化处理时应充分结合污水处理系统,有效去除污水中的有机物、氨氮,达到GB8978《污水排放标准》的要求,冷却后排放。同时,处理车间废气应通过安装自动喷淋消毒系统、排风系统和高效微粒空气过滤器(HEPA过滤器)等进行处理,有效吸收尸体腐败产生的恶臭气体,使处理过程产生的废气达到GB16297《大气污染物综合排放标准》要求后再排放。高温高压灭菌容器操作人员应符合相关专业要求,持证上岗。处理结束后,需对墙面、地面及其相关工具进行彻底清洗消毒。

(三)高温法

高温法是指常压状态下,在封闭系统内利用高温处理病死及病害羊和相关产品的方法。

1.适用对象

国家规定的染疫羊及其产品、病死或者死因不明的羊尸体,屠宰前确认的病害羊、屠宰过程中经检疫或肉品品质检验确认为不可食用的羊产品。该法不得用于患有炭疽等芽孢杆菌类疫病,以及牛海绵状脑病、痒病的染疫羊及产品、组织的处理。

2.技术工艺

(1)高温处理前也需要对病死及病害羊和相关动物产品进行破碎等预处理,处理物或破碎产物体积(长×宽×高)不大于125cm³(5cm×5cm×5cm)。

(2)向容器内输入油脂,容器夹层经导热油或其他介质加热。

(3)将病死及病害羊和相关产品或破碎产物输送入容器内,与油脂混合。常压状态下,容器内部温度维持在180℃以上,持续时间2.5h以上,具体处理时间随处理物块大小而设定。

(4)将加热产生的热蒸汽经废气处理系统处理后排放。

(5)将加热产生的动物尸体残渣传输至压榨系统处理后收集。

3.操作注意事项

采用高温法处理时,搅拌系统的工作时间应以烘干剩余物基本不含水分为宜,根据处理物数量的多少,适当延长或缩短搅拌时间。无害化处理时应充分结合污水处理系统,有效去除污水中的有机物、氨氮,达到GB8978《污水排放标准》的要求,冷却后排放。处理车间废气应通过安装自动喷淋消毒系统、排风系统和高效微粒空气过滤器(HEPA过滤器)等进行处理,有效吸收尸体腐败产生的恶臭气体,使处理过程产生的废气达到GB16297《大气污染物综合排放标准》要求后再排放。收集的固体废物需按GB5085.3《危险废物鉴别标准》的要求进行危险废物鉴定,如属于危险废物,则按GB18597《危险废物储存污染控制标准》的要求进行处理。高温灭菌容器操作人员应符合相关专业要求,持证上岗。处理结束后,需对墙面、地面及其相关工具进行彻底清洗消毒。

(四)深埋法

深埋法是指按照相关规定,将病死及病害羊尸体及相关产品投入深埋坑中,再进行覆盖、消毒等处理,利用土壤的自净作用使病死及病害羊达到无害化处理的方法。深埋法是处理病死羊的一种常用、可靠、简便易行的方法。费用低,且不易产生气味。当发生疫情时,为了迅速控制和扑灭疫情,防止其大规模传播和扩散,最常采用的就是深埋法。但是,深埋法无害化过程缓慢,某些病原微生物能长期生存,很容易污染土壤和地下水。因此,在深埋时必须做好防渗工作。

1.适用对象

本方法适用于发生羊疫情或自然灾害等突发事件时病死及病害羊只的应急处理,以及边远和交通不便地区零星病死羊的处理。本方法不得用于患有炭疽等芽孢杆菌类疫病,以及牛海绵状脑病、痒病的染疫羊及产品、组织的处理。

2.选址要求

深埋坑应选择地势高燥,处于下风向的地方。应远离学校、公共场所、居民住宅区、村庄、动物饲养和屠宰场所、饮用水源地、河流等地区。

3.修建掩埋坑

(1)掩埋坑的大小以挖掘机械、场地和所须掩埋物品的多少而确定。

(2)掩埋坑的深度应尽可能地深(2～7m)、坑壁应垂直。

(3)掩埋坑的宽度应能让机械平稳地水平填埋处理物品。例如:如果使用推土机填埋,坑的宽度不能超过一个举臂的宽度(大约3m),否则很难从一个方向把羊尸体水平地填入坑中,确定坑的适宜宽度是为了避免填埋后在坑中移动尸体。

(4)掩埋坑的长度以填埋病死及病害羊尸体的多少来决定。

(5)掩埋坑的容积估算可参照以下参数:坑的底部必须高出地下水位至少1m,坑体底部和四周都应做好防渗、防漏处理,每5只成年羊约需1.5m³的填埋空间,坑内填埋的羊尸和物品不能太多,掩埋物的顶部距坑面不得少于1.5m。

4.掩埋过程

(1)坑底处理

掩埋前在修建好的掩埋坑底部均匀撒放厚度2～5cm的漂白粉或生石灰,也可根据掩埋尸体的量确定(0.5～2.0kg／m²),掩埋尸体量大的应增加,反之可减少。

(2)尸体处理

先用10%的漂白粉上清液对需要掩埋的羊尸体进行喷雾消毒(200mL/m²),尸体喷药消毒后等待约2小时后再入坑。

(3)入坑

将处理过的羊尸体投入坑内,使之侧卧,并将污染的土层和运输尸体时的有关污染物如垫草、绳索、饲料和其他相关物品等一并填入坑内。

(4)掩埋

先用40cm厚的土层覆盖尸体,然后再填入2～5cm厚的熟石灰或干漂白粉,然后再覆土掩埋,覆土厚度不少于1.0～1.2m,然后平整地面。

5.操作注意事项

(1)深埋时覆土不要太实,以免腐败产气造成气泡冒出和液体渗漏。

(2)深埋后,在深埋处设置警示标识。

(3)深埋后,第一周内应每日巡查1次,第二周起应每周巡查1次,连续巡查3个月,深埋坑塌陷处应及时填盖覆土。

(4)深埋后,立即用氯制剂、漂白粉或生石灰等消毒药对深埋场所进行1次彻底消毒。第一周内应每日消毒1次,第二周起应每周消毒1次,连续消毒三周以上。

(五)化学处理法

化学处理法是指在密闭容器内,用酸或碱把病死及病害羊尸体和组织进行分解的方法。经过适当周期的分解处理,杀灭其中全部的病菌和寄生虫。处理后得出的产品分为两类:一类是中性无菌水溶液,可以通过排放的方式处理,也可以回收利用;另一类是残存的动物骨渣,可以作为肥料再利用。

化学处理法也必须使用专用设备进行处理,该方法集中处理病死及病害羊,具有占地

少、外形美观、安装简便、易操作、环保节能等特点。化学处理法可分为硫酸分解法和化学消毒法两种

1.适用对象

(1)硫酸分解法

国家规定的染疫羊及其产品、病死或者死因不明的羊尸体,屠宰前确认的病害羊、屠宰过程中经检疫或肉品品质检验确认为不可食用的羊产品。该法不得用于患有炭疽等芽孢杆菌类疫病,以及牛海绵状脑病、痒病的染疫羊及产品、组织的处理。

(2)化学消毒法

适用于被病原微生物污染或可疑被污染的动物皮毛消毒。

2.技术工艺

(1)硫酸分解法

硫酸分解法处理之前需要对病死及病害羊和相关产品进行破碎等预处理。然后将预处理后的病死及病害羊和相关产品或破碎产物投至耐酸的水解罐中,按每吨处理物加入150~300kg水后再加入98%的浓硫酸300~400kg,具体加入水和浓硫酸量随处理物的含水量而设定。全部加入后密闭水解罐,加热使水解罐内温度升至100℃~108℃,压力维持0.15Mpa以上,反应时间4h以上,至罐体内的病死及病害羊尸体和相关产品完全分解为液态。

(2)化学消毒法

①盐酸食盐溶液消毒法

用2.5%的盐酸溶液和15%的食盐水溶液等量混合,将皮张浸泡在此溶液中,并使溶液温度保持在30℃左右,浸泡40h,1m²的皮张用10L消毒液(或按100mL25%食盐水溶液中加入盐酸1mL配制消毒液,在室温15℃条件下浸泡48h,皮张与消毒液之比为1:4)。浸泡后捞出沥干,放入2%(或1%)氢氧化钠溶液中,以中和皮张上的酸,再用水冲洗后晾干。

②过氧乙酸消毒法

将皮毛放入新鲜配制的2%过氧乙酸溶液中浸泡30min。将皮毛捞出,用水冲洗后晾干。

③碱盐液浸泡消毒法

将皮毛浸入5%碱盐液(饱和盐水内加5%氢氧化钠)中,室温(18℃~25℃)浸泡24h,并随时加以搅拌。取出皮毛挂起,待碱盐液流净,放入5%盐酸液内浸泡,使皮上的酸碱中和。将皮毛捞出,用水冲洗后晾干。

3.操作注意事项

(1)处理中使用的强酸应按国家危险化学品安全管理、易制毒化学品管理有关规定执行,操作人员应做好个人防护。

(2)水解过程中要先将水加入到耐酸的水解罐中,然后加入浓硫酸。

(3)控制处理物总体积不得超过容器容量的70%。

(4)酸解反应的容器及储存酸解液的容器均要求耐强酸。

(六)生物降解法

近年来,随着病死羊无害化处理的要求逐渐提高,出现了将高温化制和生物降解结合起

来的新技术。此种方法在高温化制杀菌的基础上,采用辅料对产生的油脂进行吸附处理,彻底解决高温化制后产生油脂的烦琐处理过程带来的处理成本增加的难题;同时,添加的辅料还可以改善物料的通透性,为后续的生物降解提供条件。在高温化制基础上利用微生物自身的增殖进行生物降解处理,可达到显著的减量化目的。

1.生物降解法的概念

生物降解是指将病死羊尸体投入到降解反应器中,利用微生物的发酵降解原理,将病死羊破碎、降解、灭菌的过程,其原理是利用生物热的方法将尸体发酵分解转化有机物质,使其变成有机肥料,以达到减量化、无害化处理和循环再利用的目的,是目前比较先进的无害化处理技术。

2.生物降解法的特点

高温生物降解技术具有快速、环保、节能、高效的优点,而且操作简单,不产生废水和烟气,无异味,不需要高压和锅炉,杜绝了安全隐患。还能直接彻底地杀灭微生物和寄生虫,有效地降解羊尸体和组织,且降解产生的产物可用来作为肥料,在日本、北美、欧洲的兽医机构、养殖场和屠宰场都积极推广这种高温生物降解无害化处理技术。

（1）微生物的作用

生物降解法处理病死羊,巧妙地将病死羊尸体作为主要的氮源提供者,参与到有利于芽孢杆菌等有益微生物生活繁衍的碳源和氮源环境的营造中来,加快了这些有益微生物的繁殖,使得尸体有机物快速矿质化和腐殖质化,达到快速分解,生成微生物、二氧化碳和水等,实现减量化的目的。同时处理过程释放的能量,使物料的温度持续维持在50℃以上,达到了杀灭病原微生物和寄生虫虫卵的目的,实现了无害化。

（2）工艺简单实用

病死羊生物降解法,可根据生产规模和需要,因地制宜就地取材,选取农村常用的锯末、稻壳、秸秆等农林副产物作为垫料,建设专用生物发酵池或购买专用处理设备,定期使用简单的机械或人工翻耙、调整水分,或按照推荐的流程操作即可。整个操作过程无复杂的操作工艺,一学就会,简单实用。

（3）处理场所可控

病死羊生物降解法改变了过去找地、挖坑或者长途搬运的麻烦,处理场所一般设置在羊场粪污处理区,多为相对封闭的环境,不与病死羊接触,相对固定、集中、可控,避免了疫病扩散,相对比较安全。

（4）处理效果彻底

不管是生产中产生的各阶段死亡羊只,还是木乃伊以及胎衣等生产副产物,经过微生物的氧化还原过程和生物合成过程,最后矿质化为无机物和腐殖化为腐殖质混合于垫料中,只剩下不能分解的大块骨头,处理高效彻底。

（5）环境污染极低

由于该法是以耗氧微生物作用为主,氨气、甲烷、硫化氢等产生量很少,处理过程臭味小,对大气污染很小;同时,由于有锯末等垫料的吸收作用,加之处理场所环境封闭、防渗,不会因渗漏造成地下水污染。

(6)利用形式多样

由于使用微生物处理角度不同,追求处理效果、效率的要求不同,目前市场上有各种形式的利用模式。如与堆肥技术相结合的发酵床处理模式、发酵效率较高的滚筒式发酵仓模式、还有生物降解一体机模式等。同时,为针对烈性病处理,适应区域性病死羊无害化处理的需要,将高温化制与生物降解结合形成的高温生物降解处理等。

五、病死及病害羊无害化处理记录

病死及病害羊和相关产品的收集、暂存、转运、无害化处理等环节应建有台账和记录。有条件的应保存转运车辆行车信息和相关环节视频记录。

(一)暂存环节的台账和记录

(1)接收台账和记录应包括病死及病害羊和相关产品的来源场(户)、种类、数量、标识号、死亡原因、消毒方法、收集时间、经办人员等信息。

(2)运出台账和记录应包括运输人员、联系方式、转运时间、车牌号、病死及病害羊和相关产品种类、数量、标识号、消毒方法、转运目的地以及经办人员等信息。

(二)处理环节的台账和记录

(1)接收台账和记录应包括病死及病害羊和相关产品来源、种类、数量、标识号、转运人员、联系方式、车牌号、接收时间及经手人员等信息。

(2)处理台账和记录应包括处理时间、处理地点、处理方式、处理数量及操作人员等信息。

(三)台账保存期限

涉及病死及病害羊和相关产品无害化处理的台账和记录至少要保存两年。

第九章　羊疫病防控技术

我国对动物传染病的预防控制和消灭非常重视,1985年2月14日国务院就发布了《家畜家禽防疫条例》,对动物传染病的预防、扑灭、监管、奖惩等进行了规定和规范,直到1998年前,中国的动物防疫工作都是遵照该条例执行。

为了进一步加强对动物防疫活动的管理,预防、控制、净化、消灭动物疫病,促进养殖业发展,防控人畜共患传染病,保障公共卫生安全和人体健康,1997年7月3日第八届全国人民代表大会常务委员会第二十六次会议通过了《中华人民共和国动物防疫法》,并于1998年1月1日起正式施行,同时《家畜家禽防疫条例》废止。之后我国的动物防疫工作都以此法为依据,到目前,该法已经经过了两次修订和两次修正。2021年1月22日第十三届全国人民代表大会常务委员会第二十五次会议对此法进行了第二次修订,2021年5月1日起施行。修订后的《中华人民共和国动物防疫法》共分十二章,对动物疫病(包括传染病和寄生虫病)的预防、控制、诊疗、净化、消灭和动物、动物产品的检疫以及病死动物、病害动物产品的无害化处理等都给予了详细地规定。

《中华人民共和国动物防疫法》第一章根据动物疫病对养殖业生产和人体健康的危害程度,将动物疫病分为三类。一类疫病指口蹄疫、非洲猪瘟、高致病性禽流感等对人和动物构成特别严重危害,可能造成重大经济损失和社会影响,需要采取紧急、严厉的强制预防、控制等措施的疫病;二类疫病是指狂犬病、布鲁氏菌病、草鱼出血病等对人和动物构成严重危害,可能造成较大经济损失和社会影响,需要采取严格预防、控制等措施的疫病;三类疫病是指大肠杆菌病、禽结核病、鳖腮腺炎病等常见多发,对人和动物构成危害,可能造成一定程度的经济损失和社会影响,需要及时预防、控制的疫病。并规定这三类病的具体目录由国务院农业农村主管部门制定并公布。为贯彻执行《中华人民共和国动物防疫法》,农业部对原《一、二、三类动物疫病病种名录》进行了修订,2008年12月,以农业部第1125号公告公布了新的《一、二、三类动物疫病病种名录》,包括一类动物疫病17种、二类动物疫病77种、三类动物疫病63种。其中涉及羊的一类疫病5种、二类疫病9种、三类疫病14种。

该法规定,国家对严重危害养殖业生产和人体健康的动物疫病实施强制免疫。国务院农业农村主管部门确定强制免疫的动物疫病病种和区域。饲养动物的单位和个人应当履行动物疫病强制免疫义务,按照强制免疫计划和技术规范,对动物实施免疫接种,并按照国家有关规定建立免疫档案、加施畜禽标识,保证可追溯。实施强制免疫接种的动物未达到免疫质量要求,实施补充免疫接种后仍不符合免疫质量要求的,有关单位和个人应当按照国家有关规定处理。县级以上地方人民政府农业农村主管部门负责组织实施动物疫病强制免疫计划,并对饲养动物的单位和个人履行强制免疫义务的情况进行监督检查。乡级人民政府、街道办事处组织本辖区饲养动物的单位和个人做好强制免疫,协助做好监督检查;村民委员会、居民委员会协助做好相关工作。县级以上地方人民政府农业农村主管部门应当定期对本行政区域的强制免疫计划实施情况和效果进行评估,并向社会公布评估结果。

由此可见,动物疫病防疫特别是强制免疫接种是全社会相关部门和相关人员必须执行的法律义务,而且必须各尽其责,保质保量完成,并对免疫效果的评估结果向社会公布,接受全社会的监督。各级动物疫病预防控制机构有责任按照国务院农业农村主管部门的规定和动物疫病监测计划,对动物疫病的发生、流行等情况进行监测,从事动物饲养、屠宰、经营、隔离、运输以及动物产品生产、经营、加工、贮藏、无害化处理等活动的单位和个人不得拒绝或者阻碍,应当积极配合和协助他们进行相关疫病的监测工作。只有全社会相关部门和从业人员高度重视、全力协作才能有效控制动物疫情的发生,保障畜牧业健康持续发展和人民生命安全。

羊疫病防控必须严格执行《中华人民共和国动物防疫法》,坚持预防为主,预防与控制、净化、消灭相结合的方针。加强饲养管理、搞好环境卫生、开展防疫检疫、定期消毒等综合预防措施,将饲养管理工作和防疫工作紧密结合起来,针对传染病流行过程的传染源、传播途径和易感动物三个基本环节,采取消毒、免疫接种、疫情诊断、隔离、药物治疗或预防等措施,以最大限度地预防传染病的发生。

第一节　羊场生物安全

生物安全体系不仅在保证养殖场动物健康中起着决定性作用,同时也可最大限度地减少养殖场对周围环境的不利影响。生物安全伴随着一个羊场从规划建设到建成生产的每个环节,贯穿于选址建场、引种、饲养管理、疫病防控及废弃物处理等羊场生产经营的全过程。一般来说,标准化养殖场生物安全体系包括隔离、生物安全通道、卫生消毒、人员管理、物流控制、动物免疫、健康监测等要素,这些都是保证养殖场生物安全的关键因素,只有建立完善的生物安全体系,才能保证肉羊养殖的健康发展和生态环境的安全。在生产实际中,羊群分为放牧性羊群和全舍饲羊群,两者养殖方式完全不同,但生物安全防护基本一致,放牧羊群除关注场部的生物安全外还应关注放牧区草场的生物安全,这点应该特别注意。

一、隔离

隔离可有效防止病原微生物的扩散,也是羊场最为重要的生物安全屏障。隔离措施主要包括空间距离隔离和设置隔离屏障。羊场的隔离措施在规划建设时就应该重点考虑。

（一）空间距离隔离

羊场场址应选择在地势高燥、水质良好、排水方便的地方，远离交通干线和居民区1000m以上，距离其他饲养场1500m以上，距离屠宰场、畜产品加工厂、垃圾及污水处理厂2000m以上。

根据生物安全要求的不同，羊场场区划分为放牧区、生产区、管理区和生活区，各个功能区之间的间距不少于50m，每栋羊舍之间的距离不应少于10m。全舍饲养殖的羊场不涉及放牧区。

（二）隔离屏障

隔离屏障包括围墙、围栏、防疫壕沟、绿化带等。

养殖场应设有围墙或围栏，将养殖场从外界环境中明确地划分出来，并起到限制场外人员、动物、车辆等自由进出养殖场的作用。围墙外还应建立绿化隔离带，进一步增加隔离效果。养殖场门口应设警示标志，以提醒各类人员不要随意出入。

放牧区、生产区、管理区和生活区之间设围墙或建立绿化隔离带。

在远离放牧区和生产区的下风向建立隔离观察区，四周设隔离带，重点对疑似病畜进行隔离观察和治疗。有条件的养殖场应建立真正意义上的、各个方面都独立运作的隔离区，重点对新进场动物、外出归场的人员、购买的各种原料、周转物品、交通工具等进行全面的隔离、观察和消毒。

二、生物安全通道

生物安全通道指进出场区和不同生产区的通道。生物安全通道有两方面的含义，一是进出养殖场必须经过生物安全通道，二是通过生物安全通道进出养殖场可以保证养殖场生物安全。每个养殖场应按照以下原则设置合理的生物安全通道。

（1）养殖场应尽量减少出入通道，场区、生产区和动物舍最好只保留一个经常出入的通道；

（2）生物安全通道要设专人把守，限制人员和车辆进出，并监督人员和车辆执行各项生物安全制度；

（3）设置必要的生物安全设施，包括符合要求的消毒池、消毒通道、装有消毒设施的更衣室等；

（4）场区道路尽可能实现硬化，净道和污道分开，且互不交叉。

三、消毒

消毒是生物安全最主要的措施，其目的是消灭传染源散播于外界环境中的病原体，以切断传播途径，阻止疫病的传入或蔓延，羊场应建立切实可行的消毒制度，定期对圈舍（包括用具）、地面、粪便、污水、皮毛进行清扫消毒。据统计，采用清扫方法，可使畜舍内的细菌数减少20%左右；如果清扫后再用清水冲洗，则畜舍内的细菌数可减少50%以上；清扫冲洗后再用药物喷雾消毒，畜舍内的细菌数可减少90%以上。因此，对环境卫生经常进行清扫和化学消毒，搞好环境卫生,是预防疾病的重要环节。根据消毒的目的不同分为预防性消毒、紧急消毒和终末消毒三类,这三类消毒除在消毒药物选择上不同外,消毒方式也有区别。

(一)预防性消毒

预防性消毒也叫日常消毒,是羊场日常生产中必须进行的一项活动,是指结合平时的饲养管理对畜舍、场地、用具和饮水等进行定期消毒,以杀灭环境中的病原体和有害微生物,预防一般传染病的发生、保证羊场羊群健康。预防性消毒包括环境消毒、人员消毒、圈舍内部消毒、用具及运输工具消毒等。

1.环境消毒

养殖场周围及场内污水池、粪污收集池、下水道出口等设施每月应消毒1次。养殖场大门口应设消毒池,消毒池的长度为4.5m以上、深度20cm以上,在消毒池上方最好建顶棚,防止日晒雨淋,每半月更换毒液1次。羊舍周围环境每半月消毒1次。如果为全舍饲养殖,则在羊舍入口处设长度为1.5m以上、深度为20cm以上的消毒槽,每半月更换1次消毒液;如果为放牧+舍饲的养殖方式,则羊舍入口可不设消毒槽。羊舍内每半月消毒1次。

2.工作人员消毒

工作人员进入生产区要更换清洁的工作服和鞋、帽;工作服和鞋、帽应定期清洗、更换,清洗后的工作服晒干后应用消毒药剂熏蒸消毒20min,工作服不准穿出生产区。工作人员进入工作区时手部用肥皂洗净后用消毒液(0.2%柠檬酸、洗必泰或新洁尔灭等)浸泡3~5min,再用清水冲洗干净,换上生产区专用的雨鞋或其他专用鞋,通过脚踏消毒池或经漫射紫外线照射5~10min或者其他消毒方式消毒后进入生产区。

3.圈舍消毒

(1)空圈消毒

圈舍的全面消毒通常按照羊群排空、清扫、洗净、干燥、消毒、干燥、再消毒的程序进行。比如:育肥羊整群出栏后的消毒。

在羊群出栏后,圈舍要先用3%~5%氢氧化钠溶液或常规消毒液进行1次喷洒消毒,消毒液中可加入杀虫剂,以杀灭寄生虫、虫卵和蚊蝇等。待消毒液晾干后对圈舍中的排风扇、通风口、天花板、横梁、吊架、墙壁等部位的积垢进行清扫,同时清除圈内所有垫料、粪肥等,清除的污物集中处理。圈舍彻底清扫后,用喷雾器或高压水枪由上到下、由内向外冲洗干净。对较脏的地方,可先进行人工刮除,要特别注意对角落、缝隙、设施背面的冲洗,做到不留死角。圈舍彻底清洗干净后晾干,再经过必要的检修维护后即可进行消毒。

首先用2%氢氧化钠溶液或5%甲醛溶液喷洒消毒,喷洒消毒24h后再用高压水枪冲洗,冲洗干净晾干后再用消毒药喷雾消毒1次。为了提高消毒效果,一般要求使用2种以上不同类型的消毒药进行至少3次的消毒,建议使用的消毒药及消毒顺序为甲醛→氯制剂(消毒灵)→复合碘制剂,喷雾消毒要使消毒对象表面湿润至挂水珠为宜。喷雾消毒后,对于能够实现密闭的圈舍,最好把所有用具(不耐腐蚀的用具除外)放入圈舍再统一进行一次熏蒸消毒。熏蒸消毒是通过福尔马林与高锰酸钾反应,产生甲醛气体,在密闭的环境中经过一定时间后杀死病原微生物,这是圈舍常用的比较有效的一种消毒方法。其最大优点是熏蒸药物能均匀地分布到圈舍的各个角落,消毒全面彻底、省事省力。熏蒸消毒剂的用量根据圈舍大小来计算,一般每立方米的圈舍空间,使用福尔马林42mL、高锰酸钾21g、水21mL,也就是说福尔马林、高锰酸钾和水的比例为2∶1∶1。盛放熏蒸消毒剂的容器要耐腐蚀、体积大,最好将容器放在圈舍内配制混合溶液,配制时先将水倒入容器内(一般用瓷器),然后加入高锰酸钾搅拌均匀,再加入福尔马林,人即刻离开,圈舍密闭24h后,打开门窗通风换气至少2d,待甲醛气体散尽后方可使用。喂料器、饮水器、供热及通风设施、产羔栏、羔羊保温箱、分群栏等特殊设备很难彻底清洗和消毒,必须完全剔除残料、粪便、皮屑等有机物,再用压力泵冲洗消毒。更衣间设备也应彻底清洗消毒。在完成所有清洁和消毒步骤后,保持不少于2周的空圈时间。羊群进圈前5～6d再用2%氢氧化钠溶液对圈舍的地面、墙壁彻底喷洒消毒,24h后用清水冲刷干净再用常规消毒液进行喷雾消毒。

(2)带畜消毒

带畜消毒也是对圈舍消毒的一种,带畜消毒不仅能够对圈舍进行一定的消毒,同时也可杀灭羊群体表携带的病原微生物。带畜消毒的关键是要选用杀菌(毒)作用强而对羊群无害,对塑料、金属器具腐蚀性小的消毒药。可选用0.3%过氧乙酸、0.1%次氯酸钠、枸橼酸粉、菌毒敌、百毒杀等。消毒时选用高压动力喷雾器或背负式手摇喷雾器,将喷头高举空中,喷嘴向上以画圆圈方式先内后外逐步喷洒,使药液如雾一样缓慢下落。必须喷到墙壁、屋顶、地面,以均匀湿润和羊体表稍湿为宜,不得直接对羊群喷洒,雾粒直径应控制在80～120μm,同时与通风换气措施配合起来,以防对羊的眼睛、呼吸道产生长时间刺激或中毒。

4.地面土壤消毒

土壤表面可用10%漂白粉溶液、4%福尔马林溶液或10%氢氧化钠溶液。停放过芽孢杆菌所致传染病(如炭疽)羊尸体的场所,应严格进行消毒,首先用10%漂白粉溶液喷洒地面,然后将表层土壤铲除15～20cm,取下的土应与20%漂白粉溶液混合后再行深埋。其他传染病所污染的地面土壤,则可先将地面翻一下,深度约30cm,翻地的同时撒上干漂白粉(用量为每平方米面积0.5kg),然后用水浇湿、压平。如果放牧地区被某种病原体污染,一般利用自然因素(阳光、干燥等)来消除病原体;如果污染面积不大,则应使用化学消毒药消毒。

5.粪便消毒

羊的粪便消毒方法有多种,对一般微生物和寄生虫来讲,最常用的方法是生物热消毒法,即在距羊场100～200m的地方设一个粪场,将粪堆积起来,上面覆盖10cm厚的沙土,堆放发酵30d左右,即可用做肥料。但若为炭疽芽孢杆菌污染的粪便,则必须进行焚烧,若进行深埋,深度不得小于2m。

6.污水消毒

最常用的方法是将污水引入污水处理池,加入化学消毒药品(如漂白粉或其他氯制剂)进行消毒,用量一般为每升污水2～5g。

7.皮毛消毒

羊患炭疽病、口蹄疫、布氏杆菌病、羊痘、坏死杆菌病等,其皮毛均需消毒。应当注意,羊患炭疽病时,严禁从尸体上剥皮。存储的原料皮中,即使是只发现一张患炭疽病的羊皮,也应将整批曾与之接触过的皮张统统进行消毒。皮毛的消毒,目前广泛应用环氧乙烷气体消毒法。消毒时必须在密闭的专用消毒室或密闭性良好的容器(常用聚乙烯薄膜制成的棚布)内进行。在室温15℃下,每立方米密闭空间使用环氧乙烷0.4～0.8kg,维持12～48h,相对湿度在30%以上。此法对细菌、病毒、霉菌均有较好的消毒效果,对皮毛等产品中的炭疽芽孢也有较好的杀灭作用。

8.用具及运输工具消毒

羊场内使用的工具和出入圈舍的车辆应定期进行严格消毒,可采用紫外线照射或消毒药喷洒消毒,然后放入密闭室内用熏蒸消毒剂熏蒸消毒30min以上。

(二)紧急消毒

紧急消毒是在羊群发生传染病或受到传染病的威胁时采取的预防措施,紧急消毒时首先对圈舍内外彻底消毒后再进行清理和清洗,将羊舍内的污物、粪便、垫料、剩料等各种污物清理干净,并作无害化处理。所有病死羊只、被扑杀的羊只及其产品、排泄物以及被污染或可能被污染的垫料、饲料和其他物品应当进行无害化处理。无害化处理可以选择深埋、焚烧等方法,饲料、粪便也可以堆积密封发酵或焚烧处理。羊舍墙壁、地面、饲槽,特别是屋顶木架等,用消毒液进行喷雾或喷洒消毒;金属器具等设备可采取火焰消毒;所有可能被污染的运输车辆、道路应严格消毒,车辆内外所有角落和缝隙都要用消毒液消毒后再用清水冲洗,不留死角,车辆上的物品也要做好消毒。参加疫病防控的各类工作人员,包括穿戴的工作服、鞋、帽及器械等都应进行严格的消毒,消毒方法可采用消毒液浸泡、喷洒、洗涤等,一次性用具消毒后做无害化处理,消毒过程中所产生的污水不能直接排放环境中,应作无害化处理。

(三)终末消毒

在患病羊解除隔离、痊愈或死亡后,或者在疫区解除封锁之前,为了消灭疫区内可能残留的病原体所进行的全面彻底的消毒,其目的是为了净化饲养场地,根除疫病隐患。

终末消毒可采用清扫、洗刷、通风等机械方法,也可选用火焰灼烧、熏蒸、蒸汽等物理方法及化学药品喷洒和生物热等消毒方法,也可选用几种混合消毒,总体原则是必须彻底根除隐患。

(四)消毒药物选择

养殖场根据生产实践,结合羊场防控其他动物疫病的需要,选择使用不同的消毒药。一般来说,预防性消毒即日常消毒通常采用腐蚀性小、对人畜毒性低,对环境影响小的消毒药,而紧急消毒首先需要选择对微生物杀灭作用强的药物,其他则考虑较少。有时需要根据病原微生物选择特定消毒药物。下面介绍几种常用消毒药的使用范围及方法。

1.氢氧化钠(烧碱、火碱、苛性钠)

对细菌和病毒均有强大杀灭力,对细菌芽孢、寄生虫卵也有杀灭作用。常用2%～3%溶液来消毒出入口、运输用具、料槽等,但对金属、油漆物品均有腐蚀性,消毒时用清水冲洗干净用具后方可使用。

2.石灰乳

先用生石灰与水按1:1比例制成熟石灰后再用水配成10%～20%的混悬液用于消毒,对大多数繁殖型病菌有效,但对芽孢无效。可涂刷圈舍墙壁、畜栏和地面消毒。应该注意的是单纯生石灰没有消毒作用,放置时间长从空气中吸收二氧化碳变成碳酸钙则消毒作用失效。

3.过氧乙酸

过氧乙酸是一种绿色生态杀菌剂,在环境中没有任何残留。与冷却水中一些常用的阻垢缓蚀剂,具有很好的相容性,有很强的杀菌能力,可用于传染病的消毒、饮用水消毒等。市场上出售的过氧乙酸为20%的溶液,有效期半年,杀菌作用快而强,对细菌、病毒、霉菌和芽孢均有效。常用的消毒浓度为0.3%～0.5%,消毒方法为喷洒消毒,一般应现配现用。

4.次氯酸钠

次氯酸钠是一种强氧化剂,用作漂白剂、氧化剂及水净化剂,具有漂白、杀菌、消毒的作用。在畜禽养殖中,一般用0.1%的浓度可带畜禽消毒,常用0.3%浓度作羊舍和器具消毒。宜现配现用。

5.漂白粉

漂白粉是氢氧化钙、氯化钙、次氯酸钙的混合物,主要成分是次氯酸钙($Ca(ClO)_2$),其有效氯含量25%～30%,是一种价格低廉、杀菌力强、消毒效果的杀菌消毒剂。在畜禽养殖中,可用5%～20%混悬液对圈舍、饲槽、车辆等进行喷洒消毒,也可用干粉末撒在地上消毒。用于饮水消毒时,100kg水加1g漂白粉,30min后即可饮用。

6.强力消毒灵

强力消毒灵是一种速效、安全、广谱的消毒杀菌剂,其用法简便,适用范围广,对人畜无害、无刺激性与腐蚀性,可带畜禽消毒,是目前效果最好的杀毒灭菌药。使用0.05%～0.10%浓度在5～10min内可将病毒和支原体杀灭。不仅可应用于畜牧业生产,进行防疫灭病,净化环境,而且可广泛用于日常生活,杀灭细菌病毒,防止疫病传播。

7.新洁尔灭

新洁尔灭刺激性小、毒性低,消毒效果温和,可用0.1%浓度消毒手,或浸泡5分钟消毒皮肤、手术器械等用具。0.01%～0.05%溶液用于黏膜(子宫、膀胱等)及深部伤口的冲洗。忌与肥皂、碘、高锰酸钾、碱等配合使用。

8.百毒杀

百毒杀是世界上拥有最长碳链数的一种消毒剂,碳链数越大,表面活性越大。所以百毒杀可高度聚集于菌体表面,影响细菌的新陈代谢,使其发生质变而死亡;损伤微生物细胞的细胞壁及细胞膜,破坏其表面结构,使菌体孢浆内成分漏出细胞外,以致细胞死亡。是一种较好的广谱杀菌消毒剂,无色、无味、无刺激和无腐蚀性。用本品低浓度杀菌,杀菌效力可持续7天,通常配制成万分之三或相应的浓度,用于圈舍、环境及用具的消毒。

9.福尔马林

福尔马林是甲醛的水溶液,外观无色透明,具有腐蚀性,通常含甲醛37%～40%,有广谱杀菌作用,对细菌、真菌、病毒和芽孢等均有效,在有机物存在的情况下也具有良好消毒作用。缺点是具有刺激性气味,对羊群和人的影响较大。常以2%~5%的水溶液喷洒墙壁、羊舍地面、料槽及用具消毒;也用于羊舍熏蒸消毒,用量按每立方米空间福尔马林30mL,再加高锰酸钾15g,消毒时室温不低于15℃,相对湿度70%,关好所有门窗,密封熏蒸12~24h,消毒完毕后打开门窗至少2~3d,除去气味即可。

(五)消毒注意事项

(1)重视养殖场环境卫生消毒。在生产过程中保持内外环境的清洁非常重要,清洁是发挥良好消毒作用的基础。因此,养殖场区要求无杂草、无垃圾;场区净道和污道要分开,道路要硬化;两旁要有排水沟,沟底硬化,不积水;排水方向从清洁区流向污染区。

(2)熏蒸消毒圈舍时,舍内温度保持在18℃~28℃,空气中的相对湿度达到70%以上才能很好地起到消毒作用。盛装药品的容器应耐热、耐腐蚀,容积应不小于福尔马林和水的总容积的3倍,以免福尔马林沸腾时溢出灼伤人。

(3)根据不同消毒药物的消毒作用、特性、成分、原理、使用方法及消毒对象、目的、疫病种类等,选用两种或两种以上的消毒剂交替使用,但更换频率不宜太高,以防相互间产生化学反应,影响消毒效果。

(4)消毒操作人员要佩戴防护用品,以免消毒药物刺激眼、手、皮肤及黏膜等。同时也应注意避免消毒药物伤害动物及物品。

(5)消毒剂稀释后稳定性变差,不宜久存,应现用现配,一次用完。配制消毒液应选择杂质较少的深井水或自来水。寒冷季节水温要高一些,以防水分蒸发引起家畜受凉而患病;炎热季节水温要低一些并选在气温最高时,以便消毒同时起到防暑降温的作用。喷雾消毒时药物的浓度要均匀,对不易溶于水的药应充分搅拌使其溶解。

(6)生产区门口及各圈舍前的消毒池内的药液应定期更换。

四、人员管理

人员管理包括人员行为管理和明确人员职责两个方面,人员管理对养殖场生物安全和保证养殖场生产的正常运作都至关重要。

(一)人员生物安全行为规范

(1)进入养殖场的所有人员,一律先经过门口脚踏消毒池(垫)、消毒液洗手、紫外线照射等消毒措施后方可入内。

(2)所有进入放牧区和生产区的人员按指定通道出入,必须坚持"三踩一更"的消毒制度。即:场区门前消毒池(垫)踩一踩、更衣室更衣和消毒液洗手、生产区门前消毒池及各羊圈舍门前消毒池(盆)踩踏消毒后方可入内。条件具备时要先沐浴再更衣和消毒才能入内。

(3)外来人员禁止入内,并谢绝参观。若生产或业务必需,经消毒后在接待室等候,借助录像了解情况。若系生产需要(如专家指导)也必须严格按照生产人员入场时的消毒程序消毒后入场。

(4)任何人不准带食物入场,更不能将生肉及含肉制品的食物带入场内,场内职工和食堂均不得从市场采购肉品。

（5）在场技术员不得到其他养殖场进行技术服务。

（6）养殖场工作人员不得在家自行饲养口蹄疫病毒易感染偶蹄动物。

（7）饲养人员各负其责，一律不准串区串舍，不互相借用工具。

（8）不得使用国家禁止的饲料、饲料添加剂及兽药，严格落实休药期规定。

（二）生物安全管理人员职责

（1）负责对员工和日常事务的管理；

（2）组织各环节、各阶段的兽医卫生防疫工作；

（3）监督养殖场生产、卫生防疫等管理制度的实施；

（4）依照兽医卫生法律法规要求，组织淘汰无饲养价值、怀疑有传染病的羊，并进行无害化处理。

（三）相关技术人员职责

（1）协助管理人员建立养殖场卫生防疫工作制度；

（2）根据养殖场的实际情况，制定科学的免疫程序和消毒、检疫、驱虫等工作计划，并参与组织实施；

（3）及时做好免疫、监测工作，如实填写各项记录，并及时做好免疫效果的分析；

（4）发现疫病、异常情况及时报告管理人员，并采取相应预防控制措施；

（5）协助、指导饲养人员和后勤保障人员做好羊群进出、场舍消毒、无害化处理、兽药和生物制品购进及使用、疫病诊治、记录记载等工作。

（四）饲养人员生物安全职责

（1）认真执行养殖场饲养管理制度；

（2）经常保持羊舍及环境的干净卫生，做好工具、用具的清洁与保管，做到定时消毒；

（3）细致观察饲料有无变质，注意观察羊采食和健康状态，排粪有无异常等，发现不正常现象，及时向兽医报告；

（4）协助技术人员做好防疫、隔离等工作；

（5）配合技术人员实施日常监管和抽样；

（6）做好每天的生产记录，及时汇总，按要求及时向上汇报。

（五）后勤保障人员职责

（1）门卫要做好进、出人员的记录；定期对大门外消毒池进行清理，定期更换消毒液；检查所有进出车辆的卫生状况，认真冲洗并做好消毒。

（2）采购人员做好原料采购，原料要在非疫区采购，原料到场后交付工作人员在专用的隔离区进行消毒。

五、物流管理

有效的物流管理可以切断病原微生物的传播，因此养殖场对场内的物流应该有明确的规定。羊场内物流应该遵循以下原则。

（1）养殖场内羊群、物品按照规定的通道和流向流通；

（2）养殖场应坚持自繁自养，如果必须从外场引进种羊时，要确认引种地为非疫区。羊引进后要隔离饲养14d，期间进行观察、检疫、监测、免疫，确认健康后方可并群饲养。

（3）圈舍实行全进全出制度，羊出栏后，圈舍要严格进行清扫、冲洗和消毒，并保持空圈14d以上方可进羊。

（4）羊群出场时要对羊的免疫情况进行检查并做临床观察，无任何传染病、寄生虫病症状迹象和伤残情况方可出场，严格禁止带病羊出场；运输工具及装载器具经消毒处理，才可带出。

（5）杜绝同外界业务人员的近距离接触，杜绝使用经营商送上门的原料；养殖场采购人员应从农业部颁发生产经营许可证的饲料生产企业采购饲料和饲料添加剂。严禁使用残羹剩饭饲喂羊。

（6）限制采购人员进入放牧区和生产区，购回后交付其他工作人员存放、消毒方可入场使用。

（7）所有废弃物要无害化处理达标后才能排放。病羊尸体、皮毛的处理按GB16548的规定执行。目前病羊尸体多采用掩埋法处理，应选择离羊场100m之外的无人区，找土质干燥、地势高、地下水位低的地方挖坑，坑底部撒上生石灰，再放入尸体，放一层尸体撒一层生石灰，最后填土夯实。

第二节　羊免疫接种

疫苗接种能激发羊产生对某种传染病的特异性抵抗力，使其对该种疫病由敏感转为不易感。除某些烈性传染病外，某一地区流行的疫病具有相对的稳定性，养殖场或专业户应对本地区羊只常见疫病进行免疫接种，这是有效预防和控制传染病的重要措施之一。各地区、各羊场存在的传染病不同，预防这些传染病所需的疫苗也就各异，免疫期长短也不一致。因此，羊场往往需要多种疫苗来预防不同的传染病，这就要求根据各种疫苗的免疫特点和本地区羊的发病动态，合理安排疫苗的种类、免疫次数和间隔时间，这就是所谓的免疫程序。如使用"羊梭菌病四联氢氧化铝菌苗"重点预防羊快疫和肠毒血症时，应在历年发病前1个月接种疫苗；当重点预防羔羊痢疾时，应在母羊配种前1～2个月或配种后1个月左右进行免疫接种。

2010年9月农业农村部颁布了NY/T1952-2010《动物免疫接种技术规范》，从动物免疫效力的保证、动物免疫接种方法、免疫标识、免疫程序、免疫效力评价及免疫档案建立等方面进行了规定。羊的免疫接种可以参照该标准执行。

一、疫苗的选择

（1）选择与流行毒株相同血清型的疫苗。尽可能选择与当地毒株血清型一致或者是同一病原体的多价苗。

（2）根据饲养羊的数量,准备足够完成一次免疫接种所需要的疫苗量。

（3）常用的疫苗种类有弱(活)毒疫(菌)苗、灭活疫(菌)苗、基因工程苗和类毒素类。弱(活)毒疫(菌)苗又分为液体苗和冻干苗。

（4）所用疫苗应是有资质的生产厂家合法生产的、同一批次的且在有效保存期限内的疫苗。

二、疫苗的运输和贮存

（1）各类疫苗均按照疫苗标签上的说明保存。所有疫苗都应进行"冷链"运输和保存,严禁阳光照射或接触高温。对弱(活)毒疫(菌)苗,无论是冻干苗,还是液体苗,温度越低保存时间越长,油乳剂灭活疫苗在2℃～8℃的条件下运输和保存。

（2）稀释液和疫苗要按照说明书要求分开或混合保存。

（3）疫苗的运输和保存应有完善的管理制度。同时应做好疫苗的入库和发放记录。

（4）每批次疫苗均应留样,留样时间一般为4～6个月,原则上保留至疫苗有效期结束。

三、接种时间

（1）当地有某疫病流行或威胁时必须进行该种疫苗的紧急接种,或者在疫病流行季节到来之前1～2个月进行预防接种。

（2）原则上,除了对国家规定强制免疫的疫病必须接种外,对当地没有威胁的疫病不进行免疫接种。对于国家强制免疫的疫病,应该严格按照当地主管部门制定的免疫接种程序进行免疫接种。

（3）对于初次免疫接种疫苗的幼龄动物,接种时间应根据母源抗体效价确定。

四、疫苗使用前的检查和准备

（1）疫苗使用前,要检查外包装是否完好,标签是否完整,包括疫苗名称、免疫剂量、生产批号、批准文号、保存期或失效日期、生产厂家等信息是否清晰准确。

（2）出现瓶盖松动、疫苗瓶裂损、超过保存期、色泽与说明不符、瓶内有异物、气味或物理形状有异常、发霉的疫苗,不得使用。

（3）冻干疫苗的稀释配制

疫苗稀释时在无菌条件下操作,所用注射器、针头、容器等要严格消毒。

稀释液用灭菌的蒸馏水(或无离子水)或生理盐水或专用的稀释液。稀释液中不含任何可使疫苗病毒或细菌灭活的物质,如消毒剂、重金属离子等。活菌疫苗稀释时,稀释液中不含有抗微生物药物或消毒剂。稀释疫苗时,先把少量的稀释液加入疫苗瓶中,待疫苗均匀溶解后,再加入其余量的稀释液。若疫苗瓶不能装入全量的稀释液,需要把疫苗转入另一容器时,用稀释液把原疫苗瓶漂洗2～3次,使全部疫苗都被洗下,并移出。疫苗与稀释液的量须准确。

（4）油乳剂灭活疫苗使用前先升至室温并充分摇匀,启封后当日用完。弱(活)毒疫(菌)苗稀释后,一般应于2～4h内用完。

（5）接种前将疫苗充分混合均匀,防止气泡产生,以免影响免疫剂量的准确性。

五、接种羊的准备

准备接种的羊临床表现应健康，近期没有与患病动物接触史。正在发病的羊，除了已经证明紧急预防接种有效的疫苗外，不进行免疫接种。怀孕羊、羔羊的免疫严格按说明书要求进行。体质瘦弱的羊，如果不是已经受到被传染的威胁，一般暂时不进行接种，待机体恢复正常后再进行免疫；对曾有过疫苗不良反应病史的羊，在注射疫苗前，先在皮下注射0.1%的盐酸肾上腺素5mg后，再注射疫苗，可减少不良反应的发生。

羊饲养环境及自身机体健康状况均是影响免疫的重要因素。在环境方面，定期或不定期对圈舍进行消毒，时常保持圈舍的通风和清洁。在饲料方面，选用优质饲料，合理配置营养成分，保证充足的营养，适时适当添加维生素、电解多维、免疫调节剂等，增强羊的免疫力。

六、接种器具的准备

羊接种疫苗用的针头一般为18号针头，尽量使用一次性注射器。如果使用金属注射器和可重复使用的针头，每次使用前注射器和针头都必须洁净，并经湿热高压灭菌或用洁净水煮沸消毒至少15min，置于无菌盒内待用，如果消毒后存放超过7d，使用前应重新灭菌消毒，一般不建议用化学方法消毒，确保一羊一针。

七、制定免疫程序

目前国内没有一个统一的羊传染病免疫程序，各地应根据当地疫病的流行情况及严重程度、各种疫病的流行规律、母源抗体的水平、同种疫病的加强免疫时机依据上次免疫的抗体水平、疫苗的种类及各种疫苗间的相互干扰作用、本区域疫病特点等定期制定合理的免疫程序。

1.羔羊免疫程序

初生羔羊的自身免疫保护能力比较差，容易受外界环境的感染，只有通过母乳的母原抗体来抵御外来疾病，因此，必须制定合理有效的免疫程序，及早进行免疫接种，以预防各种传染病的发生。表9-1提供的羔羊免疫程序可做参考。

表9-1　羔羊免疫程序

接种时间	预防疫病	疫苗名称	接种方法	剂量	免疫期
7日龄	羊口疮	羊口疮弱毒苗或羊传染性脓疱灭活苗	尾根无毛部或口唇黏膜划痕接种	0.5mL	12个月
15日龄	羊传染性胸膜肺炎	山羊传染性胸膜肺炎氢氧化铝苗	肌肉或皮下注射	5.0mL	12个月
30日龄	小反刍兽疫	小反刍兽疫活疫苗	颈部皮下注射	1.0mL	36个月
50日龄	羊快疫、猝狙、肠毒血症、羔羊痢疾	羊梭菌病多联干粉灭活疫苗	肌肉或皮下注射	1.0mL	12个月
	羊痘	山羊痘活疫苗	尾根内侧皮内注射	0.2mL	12个月
60日龄	口蹄疫	口蹄疫灭活苗	肌肉注射	1.0mL	4~6个月

续表9-1

接种时间	预防疫病	疫苗名称	接种方法	剂量	免疫期
4月龄	炭疽	Ⅱ号炭疽芽孢苗	皮内注射	0.2mL	12个月
7月龄	口蹄疫	口蹄疫灭活苗	肌肉注射	1.0mL	4～6个月
	羊快疫、猝狙、肠毒血症、羔羊痢疾	羊梭菌病多联干粉灭活疫苗	肌肉或皮下注射	1.0mL	12个月
入冬前	羊链球菌病	羊链球菌氢氧化铝甲醛菌灭苗	皮下注射	3.0mL	12个月

2.母羊免疫程序

母羊的免疫既要考虑母羊的防疫,还要考虑羔羊的健康,另外还要考虑各生理阶段的安全。特别是在繁育后代的过程的免疫非常重要,这个阶段免疫做得好与坏,关系着羔羊疫病的发生率,可起到事半功倍的效果。表9-2提供的母羊免疫程序可做参考。

表9-2 母羊免疫程序

接种时间	预防疫病	疫苗名称	接种方法	剂量	免疫期
配种前3周	口蹄疫	口蹄疫灭活苗	肌肉注射	1.0mL	4～6个月
	羊快疫、猝狙、肠毒血症、羔羊痢疾	羊梭菌病多联干粉灭活疫苗	肌肉或皮下注射	1.0mL	12个月
配种前2周	炭疽	Ⅱ号炭疽芽孢苗	皮内注射	0.2mL	12个月
产前30d	羔羊痢疾	羔羊痢疾氢氧化铝菌苗	皮下注射	2.0mL	6个月
	破伤风类毒素	破伤风类毒素	皮下注射	0.5mL	12个月
产前20d	羊快疫、猝狙、肠毒血症、羔羊痢疾	羊梭菌病多联干粉灭活疫苗	肌肉或皮下注射	1.0mL	12个月
产前15d	羔羊痢疾	羔羊痢疾氢氧化铝菌苗	皮下注射	2.0mL	6个月
产后15d	小反刍兽疫	小反刍兽疫活疫苗	颈部皮下注射	1.0mL	36个月
产后20d	羊痘	山羊痘活疫苗	尾根内侧皮内注射	0.2mL	12个月
产后35d	口蹄疫	口蹄疫灭活苗	肌肉注射	1.0mL	4～6个月
	羊传染性胸膜肺炎	山羊传染性胸膜肺炎氢氧化铝苗	肌肉或皮下注射	5.0mL	12个月
产后45d	羊链球菌病	羊链球菌氢氧化铝甲醛菌灭苗	皮下注射	3.0mL	12个月
每年3～4月或9～10月	羊口疮	羊口疮弱毒苗或羊传染性脓疱灭活苗	尾根无毛部或口唇粘膜划痕接种	0.5mL	12个月

3.公羊免疫程序

公羊的免疫程序相对简单,只是在几个重要的时间节点上进行免疫接种相应的疫苗,就能预防各种传染病的发生。表9-3提供的公羊免疫程序可做参考。

表9-3 公羊免疫程序

接种时间	预防疫病	疫苗名称	接种方法	剂量	免疫期
每年3~4月或 9~10月	羊快疫、猝狙、肠毒血症、羔羊痢疾	羊梭菌病多联干粉灭活疫苗	肌肉或皮下注射	1.0mL	12个月
	小反刍兽疫	小反刍兽疫活疫苗	颈部皮下注射	1.0mL	36个月
	羊痘	山羊痘活疫苗	尾根内侧皮内注射	0.2mL	12个月
	口蹄疫	口蹄疫灭活苗	肌肉注射	1.0mL	4~6个月
每年3~4月或 9~10月	羊传染性胸膜肺炎	山羊传染性胸膜肺炎氢氧化铝苗	肌肉或皮下注射	5.0mL	12个月
每年3~4月或 9~10月	炭疽	Ⅱ号炭疽芽孢苗	皮内注射	0.2mL	12个月
	羊链球菌病	羊链球菌氢氧化铝甲醛菌灭苗	皮下注射	3.0mL	12个月
	羊口疮	羊口疮弱毒苗或羊传染性脓疱灭活苗	尾根无毛部或口唇黏膜划痕接种	0.5mL	12个月

八、免疫接种方法

1.皮下接种法

皮下接种也叫皮下注射,将疫苗注入羊的皮下组织,皮下注射适用于注射灭活疫苗或弱毒苗。凡引起全身性广泛损伤的疫病,均可采用此种免疫接种方法,如炭疽、狂犬病、破伤风、布鲁氏菌病等。

注射部位多选择在肘后或股内侧皮下注射,或按不同疫苗要求进行,如羊链球菌病活疫苗皮下注射免疫时要求在尾根皮下注射。为了防止注射在皮外的毛下,注射时要将注射部位的羊毛分开,将皮肤提起,针头与皮肤呈45°角扎入皮下,轻轻摆动针头,如果摆动自如,慢慢推压注射器的推管,无阻力感时慢慢将疫苗注入,如果进针后摆动针头带动皮肤,推动药液时有阻力感时,说明进针位置不正确,应拔出重新扎入,确保注入皮下而不伤及肌肉、血管、神经和骨骼。

2.皮内接种法

皮内接种法也叫皮内注射,该方法使用不多,少数疫苗需进行皮内注射,如山羊痘弱毒株活疫苗、绵羊痘弱毒株活疫苗等。皮内注射一般选择颈部外侧和尾根皮肤皱襞处,用16~24号针头或卡介苗注射器注射。在尾根皮内注射时,首先将羊保定好,将尾部翻转,用酒精棉球对注射部位消毒,用左手拇指和食指将注射部位皮肤绷紧,右手持针对与皮肤平行方法慢慢刺入皮肤,缓缓推入药液,注射部位有小水泡状隆起即为注射正确。而在颈外侧注射时,首先剪去注射部位的被毛,清洗消毒后,用左手拇指与食指顺皮肤的皱纹从两边平行捏起一个皮皱褶,右手将注射器持紧,同时使针头与注射平面平行缓慢刺入,防止刺出表皮或深入皮下,确保针头刺入皮肤的真皮层中。推药时要慢而均匀,注射部位有小水泡状隆起即为注射正确。注射完后用酒精棉球消毒针孔及周围皮肤。

3.肌肉接种法

灭活苗多采用肌肉注射法。可进行皮下注射的疫苗部分也可采用肌肉注射,如狂犬病、布鲁氏菌病等疫菌。

肌肉注射的部位一律在颈部或臀部,其中,颈部一般选择颈部上缘下1/3、距颈部下缘上2/3处。注射方法:将羊保定,局部剪毛消毒,注射时针头与皮肤表面为45°角,深度进针,将疫苗注入深层肌肉内;颈部肌肉注射时,要保持针头指向后方,以保证避开耳道;臀部肌肉注射时,注意避开坐骨神经;尾部肌肉注射时,朝头部方向,沿尾骨一侧刺入尾部肌肉。

4.划痕法

传染性脓疱弱毒苗采用下唇黏膜划痕或黏膜内注射法。

5.饮水免疫法

饮水免疫具有使用方便、应激小的特点,适合于群体免疫,不适于初次免疫。按免疫羊的数量计算饮水量,根据气温、饲料的不同免疫前停水2～6h,夏季应夜间停水、清晨饮水免疫,一般按实际头的150%～200%量加入疫苗。

稀释疫苗的饮水必须不含任何可使疫苗病毒或细菌灭活的物质,如消毒剂、重金属离子等。可用深井水或用蒸馏水,自来水或经含氯消毒剂消毒的天然水煮沸后自然冷却再用,也可按每升自来水加入0.1～1.0g的硫代硫酸钠中和氯离子后再用,最好同时在饮水中加入0.1%～0.5%的脱脂奶粉。

稀释水量适中,保证羊在疫苗稀释后2～3h内饮完,在夏季或免疫前停水时间较长时,可增加饮水量。

6.拌料喂食免疫法

拌料喂食免疫法必须是活疫苗,如链球菌病活疫苗等,按羊数量计算采食量,停喂半天,然后按实际头数的150%～200%量加入疫苗。保证喂疫苗时每只羊都能采食一定量的料,得到充分免疫。

7.气雾免疫法

(1)室内气雾免疫法

室内气雾免疫法疫苗用量根据羊舍的大小按式(9-1)计算而定。

$$\text{疫苗用量} = \frac{DA \times 1000}{tVB} \quad \cdots\cdots\cdots\cdots\cdots\cdots (9-1)$$

式中:

D——免疫剂量;

A——免疫室体积;

t——免疫时间;

V——常数,动物每分钟吸入空气量,动物免疫时的常数为1000;

B——疫苗浓度。

疫苗用量计算好后,用生理盐水将其稀释,装入气雾发生器中,关闭圈舍门窗。操作人员将喷头保持与羊头部同高，均匀喷射。喷射完毕后，保持房舍密闭20~30min。操作人员要注意防护，戴上大而厚的口罩。

（2）室外气雾免疫法

室外气雾免疫法疫苗用量要按照不同疫苗说明书，根据羊的数量计算而定，实际用量应比计算用量略高。用生理盐水稀释疫苗，装入气雾发生器中。将羊赶入围栏内，操作人员手持喷头，站在羊群中，喷头与羊头部同高，朝羊头部方向喷射，操作人员应站在上风向，边喷边走动，使每只羊都有机会吸入疫苗。喷射完毕，让羊在围栏内停留数分钟即可放出。

九、接种剂量及免疫次数

疫苗的剂量按规定使用，不得任意增减。根据疫苗在动物体内产生抗体的规律制定免疫次数。

十、接种注意事项

（1）首次使用某种疫苗的地区，选择一定数量的羊（30头／只）进行小范围试用，观察7～10d，临床无不良反应后，方可扩大接种范围。

（2）发生疫情时，免疫接种从安全区再到受威胁区，最后到疫区。

（3）参加免疫的工作人员要分工明确，紧密配合，专人负责监督接种过程，发现漏种的羊应及时补种。

（4）免疫工作人员穿戴防护衣物，戴防护口罩和一次性灭菌手套，工作前后均需洗手消毒，工作中不吸烟、不吃食物、不喝水。

（5）提前要准备好免疫器具、表格和标识用品等，确保免疫过程严格执行消毒及无菌操作。

（6）不同疫苗不能混合使用，也不能未经试验验证同时免疫，必须按照当地制定的免疫程序进行免疫。

（7）疫苗在使用间隙中保持低温，并避免日光直射。

（8）吸取疫苗时，先除去封口的火胶或石蜡，用酒精棉球消毒瓶塞，瓶塞上固定一只消毒过的针头，上面覆盖洁净酒精棉球。

（9）疫苗使用前必须充分振荡，使其均匀混合后再使用。免疫血清不应振荡，不应吸取沉淀，随吸随注射。须经稀释后才能使用的疫苗，应按说明书的要求进行稀释。疫苗一旦启封使用或稀释过的疫苗，必须当日用完，不能隔日再用。如有剩余，则废弃并进行无害化处理。

（10）吸出的疫苗液不可再回注于瓶内。针筒排气溢出的疫苗液吸于酒精棉球上，并将其收集于专用瓶内，用过的酒精棉球、碘酊棉也放置入专用瓶内，与疫苗瓶一同进行无害化处理。

（11）注射部位剪毛后，用碘酊或70%~75%酒精棉擦净消毒，再用挤干的酒精棉擦干消毒部位。

（12）注射剂量遵从疫苗使用说明书规定的剂量，注射部位准确，严禁改变疫苗用量或注射的部位。

（13）一支注射器在使用中只能用于一种疫苗的接种。接种时，针头要逐头（羊只）更换。

（14）做好记录工作，记录内容包括动物的品种、数量、日龄、疫苗的来源、批次和接种时间等。

十一、免疫后的注意事项

羊只疫苗免疫后有些会出现免疫副反应,应注意观察并及时处理。

(1)一般反应

羊免疫后在48h内注射部位出现红肿、热、痛等炎症反应、注射一侧肢体跛行,个别伴有体温升高、呼吸加快、恶心呕吐、减食或短暂停食、泌乳减少等现象为一般反应。一般反应是由疫苗本身固有特性引起的,一般不会对羊只的生长、繁殖等造成影响。一般反应不需进行处理,持续1天可自行消退恢复健康;或供给复方多维自由饮水,同时饲喂优质饲草料,即可缓解反应症状并逐渐恢复健康。

(2)严重反应

羊免疫后如出现站立不安、卧地不起、呼吸困难、瘤胃鼓气、口吐白沫、鼻腔出血、抽搐等现象,可立即皮下注射0.1%盐酸肾上腺素1mL进行救治,然后观察羊只病情缓解程度,如果需要可在20min后重复注射一次;也可肌肉注射盐酸异丙嗪100mg,或肌肉注射地塞米松磷酸钠10mg,但地塞米松不能用于怀孕动物。怀孕羊免疫后出现流产征兆,可肌肉注射复方黄体酮注射液15~25mg,每天注射一次,连续注射两天。

(3)休克的救治

除按照严重反应的救治方法实施救治外,还可采取以下措施:

一是迅速针刺耳尖、尾根、蹄头、大脉穴等部位,放血少许。

二是迅速输液建立静脉通道,将去甲肾上腺素2mg加入10%葡萄糖注射液500mL中静脉注射。待羊苏醒、脉律逐渐恢复后,撤去此组药物,换成5%葡萄糖注射液500mL,加入1g维生素C、500mg维生素B₆静脉注射,之后再静注5%碳酸氢钠液100mL。

十二、免疫标识及档案

(1)实施强制免疫后,必须按照《动物免疫标识管理办法》的规定,佩带免疫耳标。

(2)对免疫接种后的羊应建立免疫档案,免疫档案需注明接种羊的品种、年龄、性别、接种时间、疫苗各类、疫苗生产厂家和生产批号等内容。

十三、免疫效力的评价

按规定在疫苗免疫一定时间后采集血清,测定疫苗免疫产生的抗体效价,如果免疫抗体达不到规定的标准,应进行重复免疫或补免。

(1)抗体监测

免疫接种后2~3周,采集血清监测免疫抗体水平的高低,以评价免疫接种的效果。

(2)细胞免疫监测

对主要通过激发动物机体细胞免疫功能来发挥预防疾病作用的疫苗,采集抗凝血,及时分离淋巴细胞,检测细胞免疫的指标来衡量免疫效果。

(3)流行病学评价

可通过流行病学调查，用发病率、病死率、成活率、生长发育与生产性能等指标与免疫接种前的或同期的未免疫接种羊群的相应指标进行对比，可初步评价免疫效果。

十四、我国常用预防羊传染病的疫苗

1.绵、山羊痘弱毒冻干苗

用于预防绵、山羊痘。每年3～4月份进行接种。接种时按瓶签上的头数应用，每头份用0.5mL生理盐水稀释；每只羊皮内注射0.5mL（不论大小瘦弱、怀孕均可同量）。注射后5～8d肿胀，硬结，5～10d逐渐消失。注射后4～6d可产生坚强免疫力，免疫期1年。

2.羊痘鸡胚化弱毒苗

用于预防羊痘。冻干苗按瓶签标示疫苗量，用生理盐水25倍稀释，振荡均匀，不论羊只大小，一律皮下注射0.5mL。注射后6d产生免疫力，免疫期为1年。

3.羊链球菌氢氧化铝菌苗

用于预防羊链球菌病，每年的3月份、9月份两次接种，接种部位为背部皮下注射，接种量为6月龄以下每只羊3.0mL，6月龄以上羊每只5.0mL，免疫期为半年。

4.羊链球菌弱毒菌苗

用于预防羊链球菌病，每年的3月份、9月份两次接种或者入冬前接种，接种部位为羊尾根部皮下注射，成年羊50万～100万活菌，2岁以下的羊减半；免疫期为半年至一年。

5.羊二联苗

羊二联苗用于预防防羊快疫和羊黑疫。每年2月底到3月初和9月下旬两次接种，不论大小羊只一律肌肉注射3.0mL，注射后14d产生免疫力，免疫期为1年。

6.羊三联苗

羊三联苗用于预防防羊快疫、羊猝狙、羊肠毒血症。每年2月底到3月初和9月下旬两次接种，不论大小羊只一律肌肉注射5.0mL，注射后14d产生免疫力，免疫期为1年。

7.羊四联苗

羊四联苗用于预防防羊快疫、羊猝狙、羊肠毒血症、羔羊痢疾。每年2月底到3月初和9月下旬两次接种，不论大小羊只一律肌肉注射5.0mL，注射后14d产生免疫力，免疫期为1年。

8.羊五联苗

羊五联苗用于预防防羊快疫、羊猝狙、肠肠毒血症、羔羊痢疾、羊黑疫。每年2月底到3月初和9月下旬两次接种，不论大小羊只一律肌肉注射5.0mL，注射后14d产生免疫力，免疫期为1年。

9.羔羊痢疾氢氧化铝菌苗

预防羔羊痢疾，专门用于怀孕母羊，可使羔羊通过吃奶获得被动免疫。在怀孕母羊分娩前20～30d和10～20d时，进行两次注射，接种部位分别在两后腿内侧皮下，疫苗用量第一次为2.0mL、第二次为3.0mL，注射10d后产生免疫力，免疫期为5个月。

10.山羊传染性胸膜肺炎氢氧化铝菌苗

用于预防山羊丝状支原体引起的传染性胸膜肺炎，皮下注射，6月龄以下羊每只3.0mL，6

月龄以上羊每只5.0mL,注射后2周产生免疫力,免疫期为1年。该疫苗疫区使用效果较好,注射前检查羊只体温,如有发热的羊不可注射。

11.羊肺炎支原体氢氧化铝灭活苗

用于预防由绵羊肺炎支原体引起的传染性胸膜肺炎,绵羊颈部皮下注射,成年羊每只3.0mL,6月龄以下羊每只2.0mL,注射后2周产生免疫力,免疫期为1.5年。

12.口疮弱毒细胞冻干苗

用于预防羊口疮,每年3月和9月两次接种,不论大小羊只,一律口腔黏膜内注射0.2mL,免疫期为半年。

13.羊流产衣原体油佐剂卵黄灭活苗

用于预防羊衣原体性流产,免疫时间在羊配种前或怀孕后一个月内,每只羊皮下注射3.0mL,免疫期为1年。

14.布鲁氏菌羊型5号和羊型5号90(M5-90)菌苗

用于预防羊布鲁氏菌病,每羊皮下注射10亿活菌,气雾25亿/m³活菌,免疫保护期为1年。

15.布鲁氏菌猪型2号弱毒菌苗

用于预防羊布鲁氏菌病,羊臀部肌肉注射0.5mL(含菌50亿),但阳性羊、3月龄以下羔羊及怀孕羊均不能注射;口服剂量为每只羊100亿活菌;饮水免疫,按每次每只羊200亿菌体计算,2d内分2次饮服;亦可气雾免疫,50亿/m³活菌。免疫期为1年。

16.破伤风类毒素

用于预防破伤风,免疫时间在怀孕母羊产前30d或羔羊育肥阉割前30d或受伤时,一律在颈部中央1/3处皮下注射0.5mL,一个月后产生免疫力,免疫期为1年。

17.羔羊大肠杆菌病苗

用于预防羔羊大肠杆菌病,皮下注射,3月龄以下羔羊每只1.0mL,3月龄以上羊每只2.0mL,注射后14d产生免疫力,免疫期为6个月。

18.无毒炭疽芽胞苗

用于预防绵羊炭疽病,每年9月中旬接种一次,不论羊只大小,一律皮下注射0.5mL,14d后产生免疫力,免疫期为1年。山羊禁用。

19.Ⅱ号炭疽菌苗

用于预防羊炭疽病,绵羊每年9月中旬接种一次,山羊每年3月和9月各注射一次,不论羊只大小,一律皮下注射1.0mL,14d后产生免疫力,绵羊免疫期为1年,山羊免疫期为半年。

20.中O型口蹄疫灭活疫苗

用于预防羊O型口蹄疫。肌肉注射,成年羊每只2.0mL,羔羊每只1.0mL。注射后15d产生免疫力,免疫期为4个月。注射后出现不良反应用肾上腺素救治。

21.小反刍兽疫弱毒疫苗

用于预防羊小反刍兽疫。一般按瓶签注明的头份,用生理盐水稀释至每头份1.0mL,颈部皮下注射1.0mL,免疫期为3年。

第三节　羊疫病诊断

发生传染病时,应立即采取一系列紧急措施,就地扑灭,以防止疫情扩大。兽医人员要立即向上级部门报告疫情;同时要立即将病羊和健康羊隔离,不让它们有任何接触,以防健康羊受到传染;对于发病前与病羊有过接触的羊(虽然在外表上看不出有病,但有被传染的嫌疑,一般叫做"可疑感染羊"),不能再同其他健康羊在一起饲养,必须单独圈养,经过20d以上的观察不发病,才能与健康羊合群;如果有出现病状的羊,则按病羊处理。对已隔离的病羊,要及时进行药物治疗。隔离场所禁止人、畜出入和接近,工作人员出入应遵守消毒制度。隔离区内的用具、饲料及粪便等,未经彻底消毒不得运出。没有治疗价值的病羊,由兽医根据国家规定进行严格处理。病羊尸体要焚烧或深埋,不得随意抛弃。对健康羊和可疑感染羊,要进行疫苗紧急接种或用药物进行预防性治疗。发生口蹄疫、羊痘等急性烈性传染病时,应立即报告有关部门,划定疫区,采取严格的隔离封锁措施,并组织力量尽快扑灭。

一、羊病临床诊断

(一)临床检查的基本方法

临床检查的基本方法包括问诊、视诊、嗅诊、触诊、叩诊和听诊。

问诊:询问饲养管理人员病羊的主要症状、病史和饲养管理情况等。

视诊:观察病羊的营养、精神、皮毛、运动、口鼻、肛门、呼吸、反刍、饮水、采食、神态、叫声等状态。

嗅诊:近距离嗅闻病羊的各种分泌物、排泄物或呼出气体的气味。

触诊:用手触摸病羊身体各部位,感知硬度、温度、压痛反应、移动性等,查看病变位置、大小和性质。

叩诊:用手指或叩诊器叩打病羊体表,从发出的声音来判定有无病变。

听诊:主要是用听诊器听取心、肺、瘤胃等器官的声音、强弱、节律等。

(二)观察病羊的体征和行为

羊是群牧性家畜,对疾病耐受力较强,在患病初期症状往往表现不明显,很难发现症状。饲养人员在日常饲养管理过程中或兽医人员在疾病诊断过程中要细心观察羊群的体征和行为变化,以便及早发现疫病,及早防控及治疗。

羊的体征和行为观察主要包括头部状况(神态变化、头部动作等)观察、表皮(颜色、异变等)观察、休息(呼吸、神态、反刍等)观察、粪便及尿液(颜色、质地、次数、排便状态)观察及采食(次数、数量等)和行为(步态、神态、动作等)观察。

（三）羊病系统检查

通过观察，如发现可疑，要进一步检查，以判断病情，做出进一步的诊断。

1.眼结膜和鼻部检查

将病羊头部固定，用手掰翻病羊上下眼帘，检查病羊眼结膜的颜色和状态，同时仔细检查羊鼻子部位有无异常。健康羊结膜为淡红色、湿润；鼻镜部位潮湿、发红，鼻孔周围干净无黏液。

2.体表淋巴结的检查

通常检查肩前淋巴结和股前淋巴结，主要检查淋巴结的大小、形状、硬度等。

3.消化系统检查

消化系统是一个完全开放的系统，它通过羊的采食过程与外界直接相通，而外界环境中的各种致病因素也很容易通过饲草饲料进入消化系统，导致消化系统疾病。在临床实践中，可通过检查饮水、采食、反刍、嗳气、口腔、食道、胃肠道及排便等情况来诊断羊消化系统的疾病。

（1）检查饮水和采食

羊的饮水和采食能反映全身及消化系统的健康状况，饲养人员仔细观察了解羊只采食草料的多少和饮水状态，或用幼嫩的青草或清洁的饮水当场试验，以探寻羊体消化系统的状况；若饮水次数减少、食欲下降，表示消化系统功能降低。如果饮水和食欲废绝，说明有严重的全身性功能紊乱；如果羊表现想吃而不愿或不敢咀嚼，说明病在口腔或牙齿；如果羊喜欢吃泥土、砖瓦或舔食其他不应该吃的异物，表示羊体微量元素缺乏或慢性消化功能紊乱；如发现羊饮水增加或见水急饮，说明羊患有高热、腹泻或大出血性疾病。

（2）检查反刍

羊是草食动物，反刍是羊非常重要的生理过程，健康羊通常在饲喂后半小时后开始反刍，每次反刍持续 30～40min，每一食团咀嚼次数为 50～70 次，每昼夜反刍为 6～8 次。如果羊反刍次数减少，或每次反刍持续时间变短，或每一食团咀嚼次数减少，说明胃部患有疾病；如果反刍废绝，则可能出现高热、严重的前胃及真胃疾病或肠炎等。

（3）检查嗳气

嗳气是羊的一种正常生理现象，羊在休息时可观察颈部食管有自下而上的逆蠕动波即为嗳气动作，通常每小时有 9～12 次，也可用听诊器在颈部食管处听诊。如果瘤胃运动机能障碍则嗳气减少；如果羊食欲废绝、反刍消失，或者瘤胃鼓气，则嗳气就会停止。

（4）检查口腔

用食指和中指从羊嘴角处伸进口腔，拉出羊舌头查看舌头表面颜色、舌苔状态、口腔黏膜颜色、状态及气味等。健康羊舌面红润，口腔颜色潮红。检查口腔时，应注意口腔的温度、湿度及牙齿的情况。口腔温度升高多见于热性病及口腔黏膜炎症；口腔温度偏低，常见重度贫血、虚脱及疾病的垂危期。口腔黏膜湿润或流涎，应检查口腔黏膜有无异物刺入或溃烂，特别检查是否感染羊口疮和口蹄疫。口腔干燥，多见于发热性疾病、瓣胃阻塞及脱水性疾病。当口腔黏膜迅速变为苍白或呈青紫色，说明病情严重，大多预后不良。同时还要注意切齿是否整齐、有无松动或氟斑牙,臼齿有无脱落及牙龈有无肿胀等。

(5)查腹部

成年健康羊腹围比较饱满。当羊腹围增大,肷窝平坦或凸起时,可能患有瘤胃鼓气、瘤胃积食;当腹围增大,但膁窝凹陷、腹中下部膨起时,可能出现膀胱破裂、腹膜炎并有大量渗出液,此时用手冲击触诊,有水响声。长期饥饿、腹泻或患慢性消耗性疾病时,腹围缩小,甚至呈现腹部蜷缩状。

(6)检查瘤胃

如果羊患有消化系统或全身性疾病时,瘤胃蠕动次数减少、音量降低、蠕动持续时间缩短,病情严重时瘤胃蠕动完全停止;当瘤胃积食时,还可用拳头触压左腹肋部,检查瘤胃内容物的软硬程度。若是瓣胃或真胃阻塞致使瘤胃内容物停滞,触诊时瘤胃内容物松软有波动,冲击触诊有水响音;当瘤胃鼓气时,用手掌拍击右侧肷窝部,可听到类似敲鼓的声音。

(7)检查网胃

检查者骑在羊背上,用双手从剑状软骨突起的后方合拢,向上猛然提举,此时如有创伤性网胃炎,则病羊反应激烈、躁动、呻吟或大声咩叫等。

(8)检查瓣胃

瓣胃阻塞时,一只手放在瓣胃区,轻轻向对侧有节律地煽动,借此来判断肋骨内侧瓣胃的硬度,也可用四个手指从右侧最后肋骨处向前内方插入,可触到坚实的瓣胃。

(9)检查真胃

健康羊的真胃不易触摸到,只能通过听诊来判断,正常听诊时可听到类似流水声或含漱音。当羊只出现真胃炎时,触压真胃区则羊表现敏感、不安、咩叫。当真胃阻塞、内容物大量聚集时,观察右肋弓区真胃向外扩展,并可触摸到坚实的真胃的前后界限,听诊时真胃蠕动音消失。

(10)检查肠道

健康羊在右腹部可听到短而稀少的流水声或漱口音,即为肠蠕动音,一般不再区分小肠音或大肠音。当患肠炎时,肠音亢盛,呈持续而高朗的流水声;发生肠便秘时,肠蠕动音减弱或消失。

(11)检查粪便

主要观察羊排粪的动作、排粪次数、排便量、粪便的软硬及混杂物,可帮助诊断胃肠道疾病。

4.呼吸系统

将病羊保定好,检查呼吸系统是否正常。主要检查呼吸状态、上呼吸道和肺部听诊。

(1)查呼吸运动

成年健康羊的呼吸次数为每分钟20~30次,当患发热性疾病、缺氧、中暑、胃肠道鼓气、瘤胃积食等疾病时,呼吸次数会明显增加;当患脑部疾病或者代谢疾病时,呼吸次数会减少;当患有胸膜炎时,羊会出现明显的腹式呼吸,呼吸时腹壁起伏显著加强;当患腹膜炎或腹腔压力增大时,则呈现胸式呼吸;当呼吸道狭窄、部分阻塞或肺的呼吸面积减少、心力衰竭、循环障碍、红细胞数减少或血液中存在大量变性血红蛋白、有毒物质作用于呼吸中枢或者器质性病变时均可造成呼吸困难。

（2）查上呼吸道

上呼吸道包括鼻、喉、气管等。首先检查鼻液是浆液性的清鼻液，还是黏液性或脓性的稠鼻液。上呼吸道及肺部的细菌感染，往往流浓稠鼻液；当鼻腔有羊鼻蝇幼虫寄生时，初期流清鼻液，后逐渐变稠，有时混有血液，鼻液黏附在鼻孔周围可形成痂皮。然后检查羊有没有咳嗽，通常用手捏压患病羊的第一、第二个气管软骨环或喉头，诱发咳嗽，以判断咳嗽的频次、强度和性质。当患气管炎时常发生干咳；支气管炎、肺炎时常发生频咳。湿咳表明气管、支气管有稀薄痰液存在，干咳时无痰液或有少量黏稠痰液。最后查看喉部有没有肿胀、变形，喉及气管有没有敏感疼痛反应，听诊喉与气管有没有异常声音等。

（3）肺部听诊

用听诊器听其肺的呼吸音，听诊时应平心静气、仔细听肺部呼吸音的变化。健康羊呼吸持续时间长，发出比较轻而且均匀的"夫夫"声音。

当肺部有疾病时，肺泡呼吸音增强，听诊时能听到明显的"夫夫"声；当病羊有发热、支气管炎、支气管黏膜肿胀、呼吸中枢兴奋、局部肺组织病变时，会出现肺泡呼吸音增强；当患肺炎、肺膨胀不全、呼吸肌麻痹、呼吸运动减弱、胸壁疼痛等疾病时，肺泡呼吸音都会减弱；当患有慢性支气管炎、支气管肺炎、肺线虫病等时，可听到类似笛音、哨音、咝咝音等粗糙而响亮的声音，也叫干啰音。当患肺充血、肺水肿、各型肺炎、急性或慢性支气管炎时，听诊时会有类似水泡破裂的声音或含漱音；当肺实质发生病变时，会听到一种细小、断续、大小相等而均匀的捻发音；当患有纤维素性胸膜炎、胸膜结核时，可听到肺脏与胸膜之间有一种类似粗糙的皮革相互摩擦发出的断续声音。

5.心血管系统检查

（1）听心音

将病羊保定，用听诊器检查测量其心率是否正常，主要听心音的强弱、节律、性质有没有变化。健康羊心率70～80次/min。如果第一心音增强，且心血管的充盈度不足时，可能患有心肌炎（初期）或贫血；如果第一心音减弱，则可能心肌变性和已处于心肌炎的后期；如果第二心音增强，则可能肺充血、肺水肿、肺炎和肾炎；如果第二心音减弱，多见于主动脉瓣闭锁不全或主动脉口狭窄等；如果第一心音增强并伴有明显的心搏动增强和第二心音减弱，则可能心脏衰竭晚期；如果第一、第二心音均增强，多见于热性病初期；如果第一、第二心音都减弱，则可能心脏功能障碍已处于后期或患有渗出性胸膜炎、心包炎。如果心脏搏动时快时慢，或者偶见间歇，也叫心律不齐，则说明心脏传导系统出现障碍；如果心音出现分裂，可能是左右房室瓣或半月瓣关闭不全或者心室肌严重损伤；如果听到摩擦音、排水音，则可能为胸膜炎或创伤性心包炎。

（2）检查脉搏

羊脉搏检查部位是颌外动脉或股动脉处，健康羊的正常脉搏为每分钟80～120次，母羊怀孕后期及羔羊脉搏会快一些。如果羊脉搏每分钟少于40次，表明临近死亡；如果脉搏次数增加，可能是心肌炎初期，或患发热或疼痛性疾病；如果脉搏次数减少，可能患心脏传导性和兴奋性降低的疾病。

6.泌尿生殖系统检查

(1)检查排尿及尿液

当羊膀胱括约肌麻痹时羊会出现排尿失禁;当羊尿道发生急性炎症时,羊会表现排尿痛苦,摇头摆尾,频频回头顾腹;当羊发生尿结石时,羊不仅表现排尿痛苦,而且排尿困难甚至排不出尿;如果羊的尿液呈红色,说明羊尿道出血;如果尿液呈混浊状或者乳白色,则可能出现急性肾炎或化脓性肾盂肾炎。

(2)检查肾脏

用双手在肾区自下而上抬举时,如果羊的反应很敏感,或者用手触摸肾脏肿大,同时尿液混浊或变红时,说明肾脏发生病变。

(3)检查生殖器

母羊主要检查阴道分泌物的颜色、气味,来判断羊生殖道是否有炎症或者损伤;也可通过触摸来检查是否存在子宫水肿和卵巢囊肿。公羊可检查睾丸和阴囊是否正常。

二、病理剖检

病理剖检就是对病羊进行解剖,寻找病变部位和组织,进行现场诊断和采集病理样本进行实验室确认的方法。

1.病理剖检注意事项

(1)剖检前应对病羊或病变部位进行仔细检查,如怀疑为炭疽病,应先采耳尖血涂片镜检,排除后方可进行剖检。

(2)病死羊剖检时间愈早愈好,一般不超过24h。

(3)选择地势较高、地下水位低、干燥且远离水源、道路、住户、动物饲养场等比较僻静的地方进行剖检。

(4)剖检时要严格做好消毒和人员防护,减少对周围环境和衣物的污染,避免人员交叉感染。

(5)剖检后将尸体和污染物作深埋处理,在尸体上洒上生石灰等;污染的表层土壤铲除后投入坑内,与尸体一起掩埋,埋好后对埋尸的地面要再次进行消毒,并做好标记。

2.剖检方法和程序

为了全面系统地观察病羊体内各组织、器官所呈现的病理变化,病羊尸体剖检必须按照一定的方法和程序进行。病理剖检的程序一般为:

(1)外部检查

在对病羊尸体进行剖检之前,必须对要剖检的羊的品种、性别、年龄、毛色、体征、营养状况、皮肤、尸僵、尸斑、腐败等病尸的外表进行检查。特别是对疑似恶性传染病的病羊,剖检前必须对病羊的口、眼、鼻、耳、肛门和外生殖器等天然孔进行检查,查看有没有出血、排泄物、渗出液及分泌物等,并注意可视黏膜的变化。可用手扒开羊嘴,查看牙齿和口腔黏膜的变化;检查口腔、鼻腔有没有外伤、出血、炎性水肿、水泡或溃烂等;查看局部淋巴结有没有化脓或肿大。

（2）剥皮及皮下检查

剥皮：剥皮时要带上解剖手套，将尸体仰卧固定，由下颌间隙经过颈、胸、腹下至肛门（绕开阴茎或乳房、阴户）纵向切开羊体皮肤，再由四肢系部沿其内侧正中线至上述切线作4条横切口，然后剥离全部皮肤。皮肤剥离后毛朝下铺垫与尸体下面，开始进行皮下检查。

皮下检查：皮下检查时应注意查看皮下脂肪、血管、血液、肌肉、外生殖器、乳房、唾液腺、舌、眼、扁桃体、食道、喉、气管、甲状腺、淋巴结等的变化。如果皮下组织有出血，则可能是炭疽、中毒或者败血症等；如果皮下有胶样浸润物，则可能气肿疽等；如果淋巴结肿大，则多见于结核或急性传染病。如果发现体表肌肉颜色变淡或者色泽混浊，则可能是中毒或者热性传染病等；如果肌肉水肿且有出血，则可能是炭疽、恶性水肿或者中毒等。

（3）开腹检查

剥皮且检查完皮下后，将尸体呈左侧卧，首先从右侧肷窝沿肋骨后缘至剑状软骨切开腹壁，再从髋关节至耻骨联合切开腹壁。将切开的腹壁向外侧翻转，暴露出腹腔器官和腔体，检查腹膜是否有炎症，器官有无移位，腔体内有无积水和出血等。然后在横隔膜处切断食道，用左手握住食道断端拉出食道，取出腹腔脏器，依次检查胃、肠道、肝脏、胰脏、脾脏、肾脏、肾上腺等，重点注意这些器官的颜色、大小、质地、形状、表面、切面等有无异常变化。

检查胃时首先要检查胃的容积大小有没有变化，观察浆膜面的色泽变化及有没有粘连和破裂现象；然后切开胃壁，查看胃内容物的质地、容量、颜色、气味等，再看胃黏膜的变化；要仔细查看真胃中有没有寄生虫、瓣胃中有没有阻塞、网胃内有没有异物刺伤或穿孔、瘤胃内容物的状态等。

检查肠道时，首先沿肠系膜附着部位检查肠浆膜面的变化，然后沿肠系膜附着边的对侧剪开肠管，检查肠内容物的气味、有没有异物、血液和寄生虫等，再检查肠黏膜有没有充血、淋巴结肿胀或者黏液增多等。

检查脾脏时，应先检查脾脏的形态、大小、质地、颜色及脾脏边缘的形态、脾门淋巴结的状态等，然后纵向切开脾脏检查切面的形状、颜色及脾小梁和脾小体的变化，如果发现脾脏明显充血、肿胀、柔软，切面呈暗红色的血囊时，则很可能是炭疽病，要格外小心。

检查肝脏时，首先应该从外部观察肝脏的整体形状和各叶的大小，然后检查被膜的性状、边缘和肝门淋巴结是否肿胀等；再检查胆囊和胆管的充盈程度、有没有结石、胆汁多少和色泽等。

检查肾脏时，先用手剥离肾脏外的被膜，观察被膜剥离的难易程度及肾脏表面的整体状态、颜色变化等，再将肾脏切成两半，观察皮质和髓质的颜色、有没有出血或瘀血、有没有化脓或梗死，然后再检查肾盂、输尿管的状态，有没有肿瘤和寄生虫等变化，如果发现有出血，则很可能是中毒或者传染病。

（4）骨盆腔器官的检查

对盆腔的检查，除输尿管、膀胱、尿道外，还包括生殖器官，重点观察这些器官的位置及表面和内部的异常变化。首先检查膀胱的大小、贮尿量、尿液色泽及膀胱黏膜有没有出血、炎症和结石；检查母羊生殖系统时，首先沿子宫背侧剪开左右子宫角，检查子宫角内膜的颜色，有没有出血、充血和炎症;然后检查卵巢、输卵管、子宫颈及阴道的位置有没有炎症等;检查公羊生殖系统时主要是观察公关精索、输精管、精囊腺、前列腺、外生殖器官的位置是否正常,表面有没有变化,内部有没有炎症等。

(5)胸腔器官检查

胸腔器官主要有心脏和肺脏,在检查胸腔器官前先要割断前后腔静脉、主动脉、纵隔及气管与心脏和肺脏的联系,将心脏和肺脏从胸腔中取出。

检查心脏时,首先查看心包液的数量,心脏的大小、形状、软硬度、心肌的颜色、心室和心房的充盈度,心内膜和心外膜的变化等,然后切开心外膜,检查半月瓣及左右心室内膜、二尖瓣、三尖瓣和左右心房内膜、主动脉瓣等有没有变化。

肺脏的检查主要是看肺脏的大小和质地变化,查看肺胸膜表面有无出血点和出血斑、是否有炎性渗出物和发生实质性变化,然后切开气管和支气管,查看内部有没有炎症、渗出液和寄生虫等。

(6)脑组织检查

首先打开颅腔,检查脑膜有没有出血、瘀血和寄生虫等。然后沿两侧及正中切开大脑组织,再沿中线切开小脑组织,观察脑脊液、脑回和脑沟的变化及脑室有没有积水等情况。

(7)关节的检查

要注意检查关节囊壁的变化,关节液的数量、性质及关节面的状态。同时观察淋巴结是不是有出血、水肿和炎性。

三、病料的采集、保存和送检

在羊病诊断过程中,经常遇到仅凭临床检查不能确诊,需要进一步采取病料送实验室进行微生物学、血清学和病理学等检验确诊,而采样的方法、采样部位、采样数量和样本保存运输等不仅关系着检测结果的准确可靠,更关系着羊场和从业人员的安全,应该高度重视。

(一)羊病料采集应遵循的原则

(1)病料采集必须无菌操作,防止外源污染和样本之间的交叉污染。

(2)在剖检前,要调查疫情,若可疑炭疽则禁止剖检。凡是血液凝固不良,鼻孔流血的病死动物,应耳尖采血涂片镜检,首先排除炭疽。

(3)为减少污染,一般应先采取微生物检验材料,然后再取病理组织学材料。

(4)采样时应从胸腔到腹腔,先采实质器官,再采集腔肠等易造成感染的组织器官及其内容物,最后采集感染的组织。

(5)死亡动物的内脏病料采集,最迟不超过死后6h(夏季最好在4h之内)。否则,尸体腐败,难以采到合格的病料。

(6)血液样品在采集前一般禁食8h,采集血样时,应根据采样对象、检验目的及所需血量确定采血方法与采血部位。

(7)采样时做好个人防护,预防人畜共患病感染。

(8)防止污染环境,防止疫病传播,做好环境消毒和废弃物的处理。

(二)样本选择

采取病料时应根据不同的疫病或检验目的,采其相应血样、活体组织、脏器、肠内容物、分泌物、排泄物或其他材料。怀疑某一种传染病时,就应采取该病常侵害的部位(病变典型的部位)。如果弄不清楚类似那类疫病时,则应采取全身各器官组织。有败血症病理变化的,应采取心脏、淋巴结、脾、肝等。有明显神经症状的,应采取脑、脊髓等。呈现流产的疫病应该采取胎儿、羊水等。如需血清抗体检测时,则采取血液,并经离心分离出血清,装入灭菌的带盖离心管。如群体发病,应选择症状和病变典型的病料,最好是未经抗生素治疗动物的病料。羊常见传染病病料样本采集选择如表9-4推荐。

表9-4　羊常见传染病病料选择

病名	生前	死后
炭疽	濒死期采末梢血涂片数张,取炭疽痈水肿液或分泌物	与生前同,另外剪取一块耳朵
巴氏杆菌病	采取血液,并制作血片数张	肝、脾、肺及心血,并作涂片数张
结核病	痰、粪、尿、精液、阴道分泌物、溃疡渗出物及脓汁	病变组织、内脏各两小块
羊快疫、羔羊痢疾	无诊断意义	小肠内容物、肝、肾及小肠一段
布鲁氏杆菌	采取血清、乳汁、羊水、胎衣坏死灶、胎儿等、采水泡及水泡液做病毒检验	无诊断意义
口蹄疫	采痊愈血清做血清学实验	无诊断意义
小反刍兽疫	血液抗体检测,眼鼻分泌物、直肠棉拭子做病原检验	淋巴结,肺、脾各两小块
羊痘	采未化脓的丘疹	

(三)病料的采集

1.采样前的准备

(1)器械准备

根据采样需求,准备采样箱、保温箱或保温瓶、解剖刀、剪刀、镊子、酒精灯、酒精棉、碘酒棉、注射器及针头等;样品容器包括小瓶、玻片、平皿、离心管及易封口样品袋、塑料包装袋等;试管架、铝盒、瓶塞、无菌棉拭子、胶布、封口膜、封条、冰袋等。

(2)采样记录用品

采样记录用品包括不干胶标签、签字笔、记号笔、采样单、采样登记表等。

(3)样品保存液

用于保存样本的液体包括阿氏液、30%甘油盐水缓冲液、肉汤、PBS液、双抗、抗凝剂等。

(4)防护用品:一次性手套、乳胶手套、防护服、防护帽、胶鞋或一次性鞋套、护目镜、消毒剂等。

2.采集微生物检测样本

采取肝、脾、肺、肾、淋巴结等供微生物检测使用时,选择典型病变部位采取 $1 \sim 4 cm^3$ 的小方块,置于灭菌容器内。

3.采集血样

需用血清进行检测的,不能在血液中加抗凝剂,应将采集的血液在室温下静置至凝固,收集析出的血清即可;必要时,可经低速离心分离血清。供细菌或病毒学检验的血液,应加抗凝剂(每10mL血液加1mL抗凝剂)并混合均匀,以防凝固,但不能加防腐剂。供病毒中和试验用的血清,应避免添加化学防腐剂。必须长期保存的,可将血清于-20℃以下冷冻,但要尽量避免反复冻融。

4.采集脓汁、乳汁、鼻液、粪便及子宫、阴道分泌物

一般用灭菌棉棒蘸取后,分别放入试管内。未破溃的脓肿可用注射器抽取数毫升,注入灭菌容器。采集乳汁样品时,应先挤3~4把奶废弃后,再挤取所需的样本。

5.采集肠管

用线将病变明显处(5~10cm)的两端双结扎,从两端剪断,置于玻璃器皿或塑料袋内,冷藏送检。

6.采集水泡、皮肤

采集水泡和皮肤样本时,先局部进行消毒,抽取水泡液(未破溃的水泡),然后剪取水泡皮或皮肤样本一小块,装入灭菌容器内冷藏送检。

7.采集流产胎儿

将整个胎儿放入塑料袋内冷藏或者冷冻送检。

8.采集肠内容物

选择肠道病变明显部位,取内容物,用灭菌的生理盐水轻轻冲洗;也可烧烙肠壁表面,用吸管扎穿肠壁,从肠腔内吸取肠内容物,放入盛有灭菌的30%甘油盐水中送检。

(四)病料的保存

(1)一般将装有病料的容器放在装有冰块的保温瓶或冰箱内保存。

(2)如病料不能很快送到检验单位,或需要寄外地检验时,应加入适量的保存剂。

①细菌检查材料的保存:将采集的组织块,保存于饱和盐水或者30%甘油缓冲液中,容器加塞封固后尽快送检。注意不能加"双抗"。

②病毒检验材料的保存:将采集的组织块装在小口瓶或青霉素瓶内加50%甘油生理盐水。若用作病毒分离,还应加一定量的"双抗"(青霉素和链霉素),容器加盖封固后送检。50%甘油生理盐水的配制方法:氯化钠8.5g、蒸馏水500mL、中性甘油500mL,混合后高压灭菌。

③病理组织学检查材料的保存:将采取的组织块放入10%福尔马林溶液或者95%酒精中固定,固定液的用量为固定病料的5~10倍,容器瓶口蜡封后保存送检。若作冷冻切片用,在将组织块放入保存液后,迅速置0℃~4℃环境中,并尽快送检。

(3)用于寄生虫检验的粪便样品以冷藏不冻结状态保存。

(4)供微生物学检查的液体病料,应包扎严密,防止外溢、污染、变质。

(5)采集的各组织样本应仔细分开包装,并在样品袋或平皿外贴上标签(注明样品名、样品编号、采样日期等),放到塑料包装袋中。装拭子样品的小离心管应放在规定的塑料盒内。血清样品装于小瓶时,应用铝盒盛放,并在盒内加填塞物,避免小瓶晃动。

（五）病料的送检

(1)最好由了解羊发病情况的技术人员送检,或者附有详实的记录,尽可能提供羊发病过程的全部信息(流行特点、病史、治疗情况)、剖检记录及其他资料。

(2)装病料的器皿上应贴标签,注明病料名称、采集时间、保存方法。

(3)将病料装入盛有冰块的保温瓶中,保证整个运输过程中始终处于低温状态。

(4)包装要安全、稳妥、密封,保证运输中不散毒。

第四节　羊主要传染病诊断及防控

一、小反刍兽疫

小反刍兽疫又称羊瘟、小反刍兽伪牛瘟,是由小反刍兽疫病毒引起的一种急性、烈性传染病,主要对山羊、绵羊、骆驼、野山羊、长角羚等多种小反刍动物有较强的感染力,在临床上主要以出现高烧、腹泻、肠炎、肺炎等症状为特征。

小反刍兽疫于1942年首次在西非的科特迪瓦发现,至今已经有70多年的历史,其作为世界上重要的烈性传染病之一,目前已被世界动物卫生组织(OIE)规定为法定报告传染病,我国农业农村部也将其列为一类动物疫病。近几年,小反刍兽疫在多个国家和地区不断蔓延,西亚、南亚、中非及东非都先后有该疫情发生的报道,而且流行形势愈来愈严峻。2007年,我国西藏地区首次发生小反刍兽疫疫情,2013年后,中国新疆、甘肃、内蒙古等地均有小反刍兽疫疫情发生的报道。小反刍兽疫的流行严重阻碍了养羊业及其相关产业的发展,给我国乃至世界畜牧业生产都带来了严重的损失。

（一）小反刍兽疫的病原

小反刍兽疫病毒属于单负股病毒目,副粘病毒科、副粘病毒亚科,麻疫病毒属。该属病毒还有麻疹病毒(MV)、牛瘟病毒(RPV)、犬瘟热病毒(CDV)、海豹瘟病毒(PDV)等。小反刍兽疫病毒只有一个血清型,分为四个系,其中Ⅰ系和Ⅱ系常见于非洲西部地区,Ⅲ系常见于非洲东部和阿拉伯半岛,Ⅳ系常见于亚洲国家,尤其是中东和印度。通过分子流行病学调查发现,近年来在我国流行的小反刍兽疫病毒与在印度流行的毒株同源性最高,同属于Ⅳ系。因此,人们推测,引起我国小反刍兽疫疫情发生的病原可能是由印度传播而来。

小反刍兽疫病毒粒子只能在pH5.8～9.5之间存活,在干燥寒冷或降雨频繁的季节,病毒容易存活。但是,一旦用强酸强碱刺激,病毒极容易失活,比如用2%的氢氧化钠溶液消毒效果就非常显著。此外,该病毒粒子对紫外线、热、化学灭活剂和去垢剂等均较为敏感,用这些方法也可使该病毒很容易被灭活从而失去感染力。

（二）小反刍兽疫的流行病学

小反刍兽疫病毒主要感染绵羊和山羊，其中山羊比绵羊更为易感，且症状也更加严重。不同品种、不同年龄的羊对小反刍兽疫病毒的敏感性有显著差别，例如，欧洲品系的羊易感性较高，幼年羊比成年羊更为易感，但哺乳期的羔羊具有较强的抵抗力。野生小反刍动物对小反刍兽疫也比较敏感。患病羊和隐形感染的羊为主要传染源，处于亚临床型的病羊尤为危险。病羊的分泌物和排泄物均含有病毒，可引起传染。

该病毒具有高度接触性，主要通过呼吸系统进行传播。精液和胚胎也是造成羊感染的途径之一。此外，近距离的动物间也可以通过气溶胶形式进行传播。健康羊与被病羊污染的饮水、饲料、工具、水槽、圈舍接触，也有可能间接感染。但是由于该病毒对外界的抵抗力很弱，病毒在外界存活时间较短，因此间接传播不是主要的传播方式。

小反刍兽疫一般多发生在雨季以及干燥寒冷的季节。在疫病流行地区，发病率可达100%，死亡率约为10%~40%，幼年羊的死亡率可达50%~80%，在未免疫地区，幼龄羔羊和山羊的发病率和死亡率可达90%以上，严重暴发时死亡率甚至可高达100%。

（三）小反刍兽疫的临床症状

该病的潜伏期一般为3~6d，最长为21d。患病羊发病急剧，主要表现为体温骤升至40℃~42℃，发热持续3~5d左右。病羊初期精神沉郁，食欲减退，鼻镜干燥，有水样口鼻液，眼睛流泪（如图9-1）；此后发展为口、眼、鼻流脓性黏液，阻塞鼻孔，造成呼吸困难，并会遮住眼睑，引起眼结膜炎（图9-2）。发热开始4d内，齿龈充血，后发展为口腔黏膜弥漫性溃疡和大量流涎（图9-3），最常见的是齿龈、硬腭、颊部、舌等处出现坏死性病灶或溃疡（图9-4）。后期多数病羊出现咳嗽、胸部啰音、腹式呼吸及严重腹泻，导致脱水、消瘦甚至死亡（图9-5）。

怀孕母羊可发生流产。常在发病后5~10d死亡，易感羊群发病率为60%，病死率可达50%。小反刍兽疫病毒能抑制淋巴细胞的增殖，从而引起免疫抑制，造成继发感染，可能是导致感染羊死亡的主要原因。

图9-1 小反刍兽疫症状:病羊鼻镜干燥,有水样口鼻液,流泪

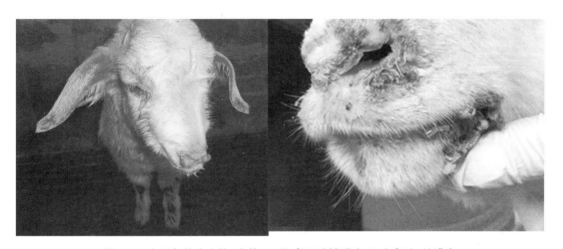

图9-2 小反刍兽疫症状:病羊口、眼、鼻流脓性黏液,阻塞鼻孔,结膜炎

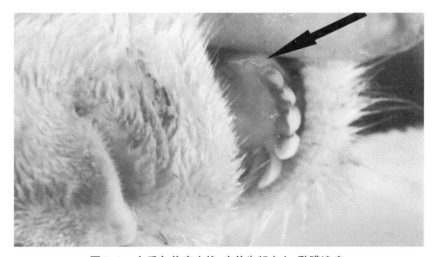

图9-3 小反刍兽疫症状:病羊齿龈充血,黏膜溃疡

图9-4　小反刍兽疫症状:病羊颈部、唇部、舌头均出现坏死性病灶或溃疡

图9-5　小反刍兽疫症状:病羊后期腹泻、脱水消瘦、大批死亡

(四)小反刍兽疫的病理变化

小反刍兽疫感染的病羊肺部出现暗红色或紫色区域,触摸手感较硬,出现间质性肺炎灶或支气管肺炎灶等症状(图9-6a)。口腔黏膜和胃肠道出现大面积坏死,但瘤胃、网胃和瓣胃却很少有损伤,齿龈、嘴唇等部位出现坏死灶甚至糜烂,皱胃常出现有规则的出血坏死糜烂(图9-6b),气管内有黏性分泌物,鼻腔黏膜、鼻甲骨、喉和气管等处可见小的瘀血点。回肠、盲-瓣区、盲肠-结肠交界处以及直肠表面有严重出血、坏死。在部分病例盲肠-结肠交界处可见特征性的线状条带出血。小反刍兽疫病毒对淋巴细胞和上皮细胞有着特殊的亲和性,能够在上皮细胞和多核巨细胞中形成特征性的嗜伊红胞浆包涵体。此外,还会导致淋巴细胞坏死,淋巴结充血、水肿,特别是肠系膜淋巴结肿大(图9-6c),脾脏肿大或梗死(图9-6d)。淋巴细胞和上皮细胞坏死,脾脏肿大、坏死等病理变化在诊断上有重要意义。

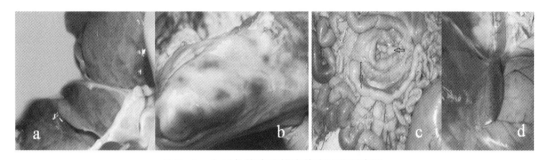

图9-6　小反刍兽疫症状病羊病理组织变化

a.肺部淤血；b.直肠淤血；c.肠西膜淋巴结肿大；d.脾脏梗死

（五）小反刍兽疫的诊断

要对小反刍兽疫进行确诊,必须进行实验室诊断。由于小反刍兽疫是一种烈性传染病,因此,病毒分离、血清学检测等实验必须在生物安全3级以上的实验室进行。目前,常用的实验室诊断技术分为:病毒分离培养、血清学检测和抗原检测。主要包括病毒分离、病毒中和试验(VN)、酶联免疫吸附试验(ELISA)、琼脂凝胶免疫扩散(AGID)、对流免疫电泳(CIEP)、聚合酶链式反应(RT-PCR)、胶体金试纸条以及其他分子生物学检测方法,其中VN是国际贸易指定试验,PCR和竞争ELISA是被OIE指定为标准的检测方法,同时也是应用最为广泛的检测方法。

（六）小反刍兽疫与其他相似传染病的鉴别

1.与羊传染性胸膜肺炎(羊支原体病)的鉴别

（1）相似点

两者均有传染性,且病羊体温升高(41℃~42℃),食欲减退,精神沉郁,有咳嗽,眼、鼻有分泌物,口流涎,呼吸困难,口腔黏膜发生溃疡,怀孕母羊发生流产等。

（2）不同点

羊传染性胸膜肺炎以浆液性和纤维素性肺炎和胸膜炎为特征症状。病羊最急性病例可在12~36小时内极度呼吸困难而窒息死亡。急性型病例病羊鼻汁呈铁锈色,肺部叩诊呈浊音或实音,听诊肺泡呼吸音减弱、消失或捻发音;唇、乳房等处皮肤发疹,不见严重腹泻症状。剖检病变局限于胸腔,肺表面凹凸不平,红色或灰色,切面大理石样,流带血液和大量泡沫的褐色液体;胸肋膜变厚,附着纤维素,肺胸膜、肋胸膜、心包膜互相粘连。胸腔积淡黄色液体,遇空气凝集。

2.与羊巴氏杆菌病的鉴别

（1）相似点

两者均有传染性。病羊精神沉郁,食欲废绝,体温升高(41℃~42℃),呼吸急促、困难,咳嗽,眼、鼻流分泌物,腹泻。

（2）不同点

羊巴氏杆菌病最急性型病例突然发病,数分钟至数小时死亡。急性型病例可视黏膜潮红,病初便秘,颈部、胸下部水肿,不见口腔黏膜弥漫性溃疡。剖检见病羊皮下有浆液浸润,胸腔有黄色渗出物,病程长的可见纤维素性胸膜肺炎和心包炎。取病羊血液、黏液、心、肝、脾、渗出物涂片镜检,可见大量革兰氏阴性两端钝圆的杆菌。

3.与羊蓝舌病鉴别

(1)相似点

两者均有传染性。病羊体温升高(40℃～42℃),食欲废绝,精神委顿,口腔黏膜糜烂、溃疡,呼吸困难,腹泻,消瘦。怀孕母羊流产。

(2)不同点

羊蓝舌病发病率、死亡率低于小反刍兽疫。病羊口腔黏膜、舌发绀呈蓝紫色;蹄冠、蹄叶有炎症,跛行,卧地不起;不见眼结膜炎。剖检见皮肤及黏膜有小出血点;蹄、腕、跗趾间的皮肤有发红区;肌肉纤维变性,皮下组织广泛充血和胶冻样浸润。

(七)小反刍兽疫的防治措施

小反刍兽疫属于一类重大动物疫病,危害极其严重,必须进行科学处理和防范。一旦发现疫情后,应立即按照《中华人民共和国动物防疫法》《重大动物疫情应急管理条例》《小反刍兽疫防治技术规范》等法律法规,及时报告和确诊疫情,按照一类动物疫情处置方法立即对发病和感染羊进行扑杀、销毁,划定疫点、疫区进行隔离封锁,防止疫情继续扩散。小反刍兽疫没有治疗的特效药,防治最主要的方式还是以预防为主。从传染源、传播途径、易感羊三个方面进行防控。

1.控制传染源

一旦有小反刍羊被确诊为小反刍兽疫的,应立即向当地兽医主管部门、当地动物疫病预防控制中心报告,由当地主管部门进行处理。对染疫的羊扑杀、消毒进行无害化处理,对疫区和受威胁地区的动物进行紧急免疫接种,严格控制一切可能的传染源,禁止任何动物进出疫区,禁止疫区内动物向外输出。同时,要禁止从发生过小反刍兽疫的国家和地区引进小反刍羊。

2.阻断传播途径

切断传播途径最主要的方法就是消毒,酒精、酚类消毒剂、碘类消毒剂以及碳酸钠等碱类消毒剂对防控小反刍兽疫都有很好的效果。消毒前要清除被污染的饲料、饮用水、粪便等杂物。对不同的物品、场地等消毒要采取不同的消毒方式:对羊舍、车辆及屠宰加工等场所可以用消毒液清洗、喷洒等方式消毒;对一些金属设备,可以采用火焰消毒和熏蒸消毒;对人员办公、居住的场所可以采用消毒液喷洒消毒方式。

3.消灭易感羊只

一旦发生该病,必要时经农业农村部等相关部门批准,可以采取免疫措施。在平时要对易感羊进行免疫接种,通常在6月份之前对2～6月龄的羔羊进行免疫接种,目前最常用的是小反刍兽疫弱毒疫苗,可经颈部皮下注射,两周左右即可产生免疫抗体。

4.加强饲养管理和检疫

在平时没有发生小反刍兽疫的时候,也要做好防控准备,对于养殖户而言,保持养殖场内的环境卫生对防治小反刍兽疫的发生也有不可小觑的作用,要经常对畜舍环境进行消毒,保持养殖场内通风良好、安全卫生。同时要避免从羊群来源不明、风险较大的动物交易市场引进山羊或绵羊。及时对动物进行免疫,尤其是新生羔羊和刚引进的羊只。此外,经常检查羊只的精神状态和临床表现,一旦发生可疑情况要及时上报相关部门,切忌不要私自解决,以免疫情进一步扩大。

5.小反刍兽疫消灭计划

2012年,OIE提出"小反刍兽疫全球控制战略"。小反刍兽疫虽然是一种新的危害极其严重的外来传染病,但是消除该病还是有一定可能性的。首先,小反刍兽疫病毒只有一个血清型,即一种单一基因系地疫苗都可以预防另外3系的病毒感染。目前应用最广泛的Nigeria75/1弱毒疫苗就可以很好地预防小反刍兽疫所有4个系的病毒感染,且接种该疫苗生产的抗体可达3年以上。其次,病毒不通过虫媒介传播,这就在一定程度上限制了小反刍兽疫的传播;同时该病毒宿主单一,只是感染小反刍兽,且大部分发生疫病的感染宿主是山羊和绵羊。最后,小反刍兽疫并不是人兽共患病,不会导致接触人员的感染。到目前为止,小反刍兽疫未造成全球范围内的流行,只在非洲和亚洲流行,美洲、欧洲和大洋洲并没有发生该病的报道。随着技术储备的不断成熟、人们对小反刍兽疫的研究不断深入,从小反刍兽疫的病原分子学、发病机制、病原学诊断到小反刍兽疫的疫苗预防等方面都取得了惊人的进展。因此,我们完全相信,小反刍兽疫的疫情将逐渐得到控制,OIE消灭小反刍兽疫的计划在不久的将来也会实现。

二、口蹄疫

口蹄疫又称"口疮"或"蹄癀",是由口蹄疫病毒引起的猪、牛、羊等偶蹄兽的一种高度接触性传染病,临床以口腔黏膜、鼻、蹄和乳头等处皮肤形成水疱和烂斑为主要特征。国际兽医局和我国将本病列为发病必须报告的烈性传染病。

(一)口蹄疫的病原

口蹄疫病毒(Footandmouthdiseasevirus,FMDV)属微RNA病毒科口蹄疫病毒属,无囊膜。口蹄疫病毒具有相当易变的特征,目前已知有7个主型,即A型、O型、C型、SAT型(南非)I型、SAT(南非)Ⅱ型、SAT(南非)Ⅲ型及Asia(亚洲)I型。同一血清型又有若干不同的亚型,已知至少有65个亚型。各血清型之间几乎没有交叉免疫性,同一血清型内各亚型之间仅有部分交叉免疫性。口蹄疫病毒对日光、热、酸碱均很敏感,常用的消毒剂如2%氢氧化钠溶液,20%~30%的草木灰水,1%~2%甲醛溶液,0.2%~0.5%过氧乙酸和4%碳酸氢钠溶液等均可将其灭活。

(二)口蹄疫流行病学

口蹄疫病毒主要侵害偶蹄兽,以奶牛、牦牛、水牛和猪最易感,绵羊、山羊、骆驼和大象次之,幼龄动物更为易感,其他偶蹄动物也有发生。病畜和带毒动物是最主要的传染源,在发热初期病畜的奶、尿、眼泪、唾液、粪便及呼出的气体均含有病毒,在水疱皮和水疱液含毒量最多。

口蹄疫以直接接触和间接接触两种方式传播,以间接接触方式传播为主。其传播方式为水平传播,通过污染的空气经呼吸道传播更为常见;另外,一些易感动物也可经消化道感染;或者动物的皮肤和黏膜受到损伤时,病毒也会由此侵入。狗、猫、鼠、吸血昆虫及人的衣服、鞋等,也能传播本病毒。人类可通过接触病畜而感染本病。

口蹄疫的发生没有严格的季节性,但流行却有明显的季节规律。往往在不同地区,流行于不同季节。在牧区以秋末开始,冬季加剧,春秋减轻,夏季基本平息。在舍饲的条件下无明显的季节性。呈大流行性或流行性,在两次大流行性之间,小流行不断。呈一定年份高发,某些年份所有偶蹄兽都感染,但某些年份只流行于某种动物。不同的血清型均有一定的地域分布性。该病传染性强,一旦发生便会很快波及全群。

(三)口蹄疫临床症状

口蹄疫潜伏期一周左右,感染动物体温升高到40℃~41℃,食欲减退,流涎,1~2d后在唇内、齿龈、舌面等部位出现蚕豆或核桃大小的水疱,随后在蹄踵、蹄叉、乳房等部位出现水泡;发病后期,水泡破溃、结痂,严重者蹄壳脱落。羊的症状一般较轻,绵羊仅在蹄部出现豆粒大小的水疱,需仔细检查才能发现;山羊在蹄部则较少见到水疱,主要出现于口腔黏膜,水疱皮薄,且很快破裂(如图9-7)。患病羊由于头部被毛耸立,外观似头部变大,有人称之为"大头病"。如无继发感染,成年羊会在四周之内康复,死亡率在5%以下。幼年羊死亡率较高,有时可达70%以上,主要引起心肌损伤而猝死。

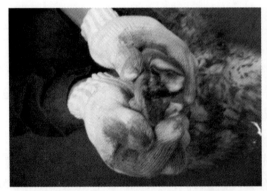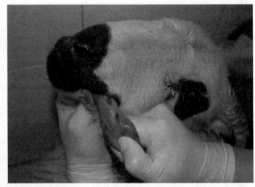

图9-7　羊口蹄疫症状

(四)口蹄疫病理变化

特征病变是在皮肤和皮肤型黏膜形成水疱和烂斑。水疱通常发生在口腔、蹄部、乳房部位,有时可在食管、前胃、鼻部、咽喉、气管等处出现;幼畜则心肌变化明显,在室中隔、心房与心室壁上散在有灰白和灰黄色条纹,呈"虎斑心"外观。

(五)口蹄疫诊断

可根据口、蹄部的病变做出初步诊断;确诊需采取水疱液或水疱皮送中国农业科学院兰州兽医研究所"国家口蹄疫参考实验室"进行诊断。

临床诊断时应注意与羊传染性脓疱(羊口疮)、羊痘、蓝舌病等类似疾病相区别。

羊传染性脓疱(羊口疮):病程较长,多发生于断奶羔羊,成年羊少见;病变局限于口唇部,蹄部无病变。

羊痘:全身及部分组织器官均出现痘斑。

蓝舌病则不出现水泡。

(六)口蹄疫防治措施

1.预防

应严格执行检疫、消毒等预防措施,对口蹄疫流行区应该用与当地流行毒株同型的口蹄疫灭活疫苗进行免疫接种。本病一般不允许治疗,发现后应就地捕杀,进行无害化处理。同时对周围环境隔离消毒。

2.治疗

对于一些保护的优良品种,必要时可在严格隔离条件下方可允许治疗。羊被感染后,一般经10~14天不加治疗即可痊愈。对症治疗可缩短病程:口腔可用清水、食醋或0.1%高锰酸钾冲洗,糜烂面上可涂以1%~2%明矾、碘酊甘油;蹄部可用0.1%高锰酸钾或3%来苏儿洗涤,擦干后涂松馏油或鱼石脂软膏。必要时可口服或注射抗生素防止并发感染。

三、羊痘

羊痘实际上包括山羊痘和绵羊痘两种,是分别由山羊痘病毒和绵羊痘病毒引起的一种接触性传染病。其特征为全身皮肤、粘膜和内脏上出现典型的痘疹,病羊发热并有较高的死亡率。该病在国际兽医局和我国均定为发病必须报告的传染病。

(一)羊痘病原

绵羊痘病毒(Sheeppoxvirus)和山羊痘病毒(Goatpoxvirus)均为痘病毒科山羊痘病毒属,其中绵羊痘病毒毒力强,可感染绵羊和山羊,而山羊痘病毒在自然条件下只感染山羊,仅少数毒株可感染绵羊,发病率和死亡率也较低。琼脂扩散及补体结合交叉试验证明,山羊痘病毒与绵羊痘病毒存在共同抗原。两种病毒均呈砖型或卵圆形,为双股DNA病毒,有囊膜,病毒粒子大小为100~200mm;病毒对外界抵抗力较强,干燥的环境下病毒能存活1.0~1.5年,在干燥痂皮中能存活3个月,在2℃~4℃淋巴液中能存活2年。该病毒对高温比较敏感,在58℃的条件下5分钟即可将其杀死;羊痘病毒对酸碱及消毒液也比较敏感,3%石炭酸、0.5%甲醛溶液、2.5%硫酸、2.5%盐酸或2%氢氧化钠溶液几分钟也可将其杀死,该病毒对氯仿和乙醚也比较敏感。

(二)羊痘流行病学

病羊、病愈后带毒羊及新鲜尸体是羊痘的传染源。病毒主要存在于病羊皮肤和黏膜的痘疹中,在痘疹成熟期、结痂期和脱痂期传染力最强。当口腔黏膜发生痘疹时,病毒可随唾液和鼻汁排出污染饲料、饮用水和用具等;羊被毛中的病毒,持续毒力可达8周之久。本病主要通过被污染的空气经呼吸道传染,也可通过消化道及皮肤外伤而传染,其传播方式为水平传播。一年四季都可发生,但以春季最为多见。幼年羊比成年羊易感,多为散发或呈地方性流行。我国许多省区均有羊痘发生,国外主要见于非洲和亚洲一些国家。

（三）羊痘临床症状

羊痘的潜伏期一般为6～8d,典型病例病初精神沉郁,食欲不振,体温升高到41℃～42℃,脉搏和呼吸加快,结膜潮红,有浆液、黏液或脓性分泌物从鼻孔中流出。经1～4d后在全身的皮肤无毛和少毛部位(如唇、鼻、颊部、眼周围、四肢和尾的内面、乳房、阴唇、阴囊及包皮等)相继出现红斑、丘疹(结节呈白色或淡红色)、水疱(中央凹陷呈脐状)、脓疱、结痂。结痂脱落后遗留红色或白色瘢痕,之后会痊愈。非典型病例不呈现上述典型经过,常发展到丘疹期而终止,呈现良性经过,即所谓的"顿挫型"。有的病例发生继发感染,痘疱化脓、坏疽、恶臭,并形成较深的溃疡,常为恶性经过,病亡率可达20%～50%(图9-8)。

图9-8 羊痘典型症状

（四）羊痘病理变化

病变主要表现为痘疹,痘疹不仅发生于皮肤和可视黏膜,剖检可见消化道与呼吸道的黏膜以及前胃和皱胃、肺、肝、肾等内脏器官出现痘疹病变。痘疹为大小不等的圆形或半球形坚实结节,有的融合在一起形成糜烂或溃疡。肺部可见干酪样结节和卡他性炎症变化。

（五）羊痘诊断

对典型病例可根据临床症状、病理变化和流行情况做出诊断。对非典型病例,特别是顿挫型,要仔细检查发病羊群,结合流行病学、病理变化和临床症状,一般也可做出初步诊断。确诊需要在实验室进行血清学或病原检测,血清学方法有病毒中和试验和酶联免疫吸附试验等方法,病原检测主要有血清中和试验、荧光免疫技术、PCR方法等。

临床诊断时要注意与丘疹性湿疹及螨病相区别,这两种疾病均为皮肤局部病变,黏膜和内脏器官并不出现病变。

（六）羊痘防治措施

1.预防

平时加强饲养管理,每年要对羊群进行定期的预防接种。常用的疫苗为羊痘鸡胚化弱毒疫苗,产生免疫力较快,免疫期达一年之久。仔细检查羊群状况,当出现疫情时,做到早发现、早隔离;被污染的环境、用具等,应该用2%烧碱液、2%福尔马林、30%草木灰水或10%~20%的石灰乳进行彻底消毒;当最后一只病羊恢复健康后21d,对圈舍进行彻底消毒后方能解除封锁。

2.治疗

对发病的羊只严格隔离后方可治疗,皮肤上的痘疹可用碘甘油、碘酊或龙胆紫药水处理。黏膜上的痘疹可使用0.1%高锰酸钾、龙胆紫药水或碘甘油处理。发生继发感染时,可注射青霉素或磺胺类等药物。有条件的可用免疫血清治疗,每只羊皮下注射10~20mL,必要时可重复注射1次。

四、羊传染性脓疱病（羊口疮）

羊传染性脓疱病也叫羊口疮,是由传染性脓疱病病毒引起人畜共患的一种急性接触性传染病,主要危害羔羊,但也发生于育成羊和成年羊。其特征为口腔、唇部和乳房部的皮肤黏膜形成丘疹、脓疱、溃疡和结成疣状厚痂病变。

（一）羊传染性脓疱病病原

传染性脓疱病毒(Contagiouspustulardermatitisvirus)属于痘病毒科副痘病毒属。病毒粒子呈砖形,为双股DNA有囊膜的病毒,在上皮细胞的细胞浆内繁殖,从我国各地分离的所有毒株均属于同一个血清型。本病毒抵抗力较强,干痂暴露于夏季日光暴晒30~60d才能使其失去传染性,污染的牧场可保持几个月仍有传染性,干燥的病料在冰箱保存三年之久仍有传染能力;该病毒能在50%甘油生理盐水中保存1年之久。但该病毒对高温比较敏感,在64℃条件下,2min内可将其杀死。本病毒与痘苗病毒、羊痘病毒、兔痘病毒等都有抗原交叉性,抗山羊痘病毒的血清能中和传染性脓疱病毒,抗兔痘病毒血清可部分中和病毒,但抗传染性脓疱病毒的血清不能中和山羊痘病毒与兔痘病毒。

（二）羊传染性脓疱病流行病学

羊传染性脓疱病易感羊群无性别和品种差异,以3~6月龄的羔羊发病最多,多发于春季、夏季和秋季,传染速度很快,能够短期内群发,呈地方性流行,成年羊则为常年散发。人和猫也可感染本病,其他动物不易感染。传染源为病羊和其他带毒动物。皮肤和黏膜的伤口是主要感染途径。其传播方式为水平传播,在羊群中可连续危害多年。

（三）羊传染性脓疱病临床症状

羊传染性脓疱病潜伏期为4~7d,人工感染为2~3d。羔羊病变常发于口角、唇部、鼻的附近、面部和口腔黏膜形成损害,成年羊的病变部多见于上唇、颊部、蹄冠部和趾间隙以及乳房部的皮肤。口腔内一般不出现病变,病轻的羊只在嘴唇及其周围散在地发生红疹,渐变为脓疱融合破裂,变为黑褐色疣状痂皮,痂皮逐渐干裂,撕脱后表面出血,痂皮下有肉芽组织增生。病较重的羊,在唇、颊、舌、齿龈、软腭及硬腭上产生被红晕包围的水泡,水泡迅速变成脓疱,脓疱破裂形成烂斑,破损处被厚痂所覆盖,痂块逐渐扩大,口角形成增生性桑葚状痂垢,不断的干燥,其结痂可于患病的10~14d脱落,皮肤尚需几天后才能恢复正常。哺乳病羔的母羊常见在乳房等处出现米粒大至豌豆大的红斑和水泡,以后变成脓疱并结痂,痂多为淡黄色,较薄,易剥脱。公羊阴鞘和阴茎肿胀,出现脓疱和溃疡。有的病羊蹄部患病(几乎只发生在绵羊),在蹄叉、蹄冠、系部发生脓疱及溃疡。单纯感染本病时,体温无明显升高,死亡率较低,如继发感染则死亡率较高。羊传染性脓疱病典型症状如图9-9。

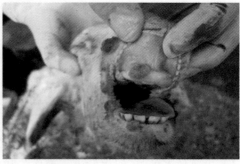

图9-9　羊传染性脓疱病典型症状

（四）羊传染性脓疱病病理变化

病变常始于唇部，沿唇边缘延及口鼻部，重症病变见于口腔。眼观可见，皮肤病变初期为红色斑点，很快转变为结节状丘疹，再经短暂的水疱期而形成脓疱。脓疱直径约5mm，高出于周围皮肤，色暗黄，易破裂。脓疱破裂后形成灰褐色硬痂。病变较轻时，1～2周后痂皮自行脱落，局部损伤经再生而修复。严重时，病变部可以扩大且相互融合，形成大面积硬痂，波及整个口唇及其周围与颜面、眼睑等部位，其表面干燥并具有龟裂。病变很少蔓延至食管和前胃。

（五）羊传染性脓疱病诊断

根据流行病学、临床症状、病羊在口角有增生性桑葚状痂垢，一般易于诊断。若鉴别诊断有怀疑时进行PCR及血清学等实验室诊断。临床诊断要注意与羊痘、溃疡性皮炎、坏死杆菌病、蓝舌病等类似症的相区分。

羊痘为全身性的丘疹，且体温升高，全身反应严重，丘疹节结为扁平圆形凸出表面，且其界线明显，后呈脐状。

溃疡性皮炎为皮肤发生溃疡性炎症，而传染性脓疱病的损伤是增生性的，仅在痂皮下有坏死溃疡。

坏死杆菌病主要表现组织坏死，无水泡、脓疱的病变，也无疣状物的出现。

蓝舌病主要病变出现于口角部，有时可延伸到口腔黏膜，有严重的全身反应，病死率高。且本病具有严格的季节性。

（六）羊传染性脓疱病防治措施

1.预防

注意保护皮肤和黏膜，饲料和垫草中的芒刺应尽量拣出，以防发生外伤而感染。发病时，对病羊立即隔离治疗，用2%氢氧化钠液或10%石灰乳对圈舍和用具彻底消毒。流行严重的地方用羊口疮弱毒疫苗进行免疫预防。

2.治疗

对唇部和外阴部的病变，首先用0.1%～0.2%高锰酸钾液清洗创面，再涂以2%龙胆紫、碘甘油、抗生素软膏，每天1～2次。对蹄型病羊，可将病蹄泡在5%福尔马林液体中1min，必要时每周重复1次,连续3次。或每隔2~3d用3%龙胆紫、1%的苦味酸重复涂擦。

五、羊梭菌性疾病

羊梭菌性疾病是由梭状芽胞杆菌属中的微生物所引起的一类疾病的总称,包括羊快疫、羊猝击、羊肠毒血症、羊黑疫、羔羊痢疾等病。这一类疾病在临床上以急性死亡为特征,对养羊业危害很大。

(一)羊梭菌性疾病病原

羊快疫和羊猝击病原为腐败梭菌和C型魏氏梭菌,羊肠毒血症为D型魏氏梭菌,羊黑疫为B型诺维氏梭菌,羔羊痢疾则为B型魏氏梭菌。这些细菌形态及各种特性基本相似,均为革兰氏阳性大杆菌,严格厌氧,能形成芽胞,无荚膜,周身鞭毛,能运动。细菌繁殖体抵抗力均不强,一般消毒液都能够杀死,但芽胞抵抗力强,在95℃需2.5h方可杀死。这些细菌在羊的胃肠道内生长繁殖时产生大量外毒素,毒素进入血液引起羊只发病甚至死亡。

(二)羊梭菌性疾病流行病学

幼龄、成年羊均能发生羊快疫、羊猝击、羊肠毒血症、羊黑疫,但1~2岁膘情好的绵羊对羊快疫、羊猝击、羊黑疫易感,而3~12月龄肥胖幼龄羊对羊肠毒血症易感;羔羊痢疾则主要发生于7日龄以内的羔羊,其中2~3日龄高发,7日龄以上的羔羊很少患病。梭菌性疾病一年四季均可发生,特别是秋冬和初春,气候骤变,阴雨连绵之际发病较多。

(三)羊梭菌性疾病临床症状

羊快疫、羊猝击、羊肠毒血症、羊黑疫大多数突然发病,没有任何症状倒地死亡;病程稍缓者表现为食欲废绝,卧地,不愿走动,有腹痛、腹泻及神经症状,随即昏迷死亡。羔羊痢疾表现病初精神萎靡,不吃奶,腹泻,粪便稀薄如水且恶臭,到了后期,粪便带血甚至血便。羔羊逐渐消瘦,卧地不起,如不及时治疗,常在1~2d内死亡。

(四)羊梭菌性疾病病理变化

羊快疫尸体腐败,腹部膨胀,皮下组织胶样浸润,主要表现真胃的出血性变化,黏膜充血肿胀,尤其是胃底部及幽门附近,常有大小不等的出血点、斑或弥漫性出血。羊猝击十二指肠和空肠黏膜严重充血、糜烂,有的区段可见大小不等的溃疡,胸腔、腹腔和心包大量积液。羊黑疫尸体迅速腐败,皮下静脉显著充血发黑,使羊皮呈暗黑色外观故称黑疫;胸部皮下组织常水肿,皮下结缔组织中含清朗胶样液体;真胃幽门部和小肠充血和出血。肝脏肿胀,有针头大到鸡蛋大的黄白色坏死病灶。羊肠毒血症肾脏高度软化,实质松软,呈泥状,稍加触压即碎烂,故称"软肾病";肝脏肿大,胆囊肿大1~3倍;小肠黏膜充血、出血,严重的整个肠壁呈血红色,肠内容物有血红色稀便;全身淋巴结肿大、充血。羔羊痢疾尸体消瘦、脱水,可视黏膜苍白,肛门周围被稀粪污染;皱胃内常存有未消化的凝乳块;小肠尤其空肠、回肠呈出血性肠炎,严重时肠壁呈暗红色,肠内充满血样物。

(五)羊梭菌性疾病诊断

根据临床症状及病理剖检结果及流行病学特点可作初步诊断,应注意各种梭菌性疾病之间、炭疽、巴氏杆菌病等鉴别诊断。确诊还需要实验室检验,证明肠内容物中是否有毒素存在。

(六)防治措施

1.预防

平时预防:应加强饲养管理,保持好环境卫生。尽可能避免诱发本病的因素。应逐渐更换饲料,切忌多喂食谷物,特别是在初春时不能多喂饲青草和带有冰雪的饲草、饲料。

免疫接种:羊的梭菌病种类繁多,常混合感染,流行广泛,在免疫预防方面应根据病的流行情况,采用羊快疫、羊猝击、肠毒血症、羔羊痢疾、黑疫五联疫苗进行免疫接种,可预防本病的发生。

2.治疗

本病发病快,病程短,很少见到明显的临床症状,常常来不及治疗,多数死于毒素中毒。对病程稍缓的病羊,可肌肉注射青霉素80万～160万国际单位,每天2次,连用3d;也可用相应的抗血清或抗毒素注射治疗或预防,必要时可重复1次。同时将羊群迅速转移牧地,从低洼地转移到高坡干燥地,少给青饲料,多给颗粒饲料。同时加强检疫、消毒和隔离工作,对病死羊只及时焚烧或深埋。

六、羊布鲁氏菌病

布鲁氏菌病是由布鲁氏杆菌引起的以流产为特征的一种慢性、接触性传染病。牛、羊、猪最易感染,且可传染给人及其他动物,是一种重要的人兽共患病。特征是生殖器官和胎膜发炎,流产、不育和各种组织的局部病灶。此病在世界范围广泛分布,引起不同程度的流行,给养羊业和人类健康造成巨大危害。

(一)布鲁氏菌病的病原

病原体为羊型布氏杆菌(OvinetypeofBrucella),又称马尔他布氏杆菌(Bacteriummelitensis),有3个生物型。本菌为细小的球杆状或短杆状的小杆菌,革兰氏染色阴性,两极无浓染。本菌的抵抗力较强。在土壤中可生存30～120d,水中生存30～120d,在乳汁内生存10d。布氏杆菌对热的抵抗力弱,100℃,数分钟死亡。1%～3%石炭酸液、5%来苏尔或0.1%升汞液均能在数分钟将布氏杆菌杀死。

(二)布鲁氏菌病的流行病学

病畜及带菌动物为主要传染源,尤以受感染的妊娠母畜最为危险,在流产或分娩时大量布鲁氏杆菌随胎儿、胎水和胎衣排出,而且流产后的阴道分泌物和乳汁中都含有该菌。主要传播途径为消化道、生殖器官、眼结膜和损伤的皮肤。吸血昆虫也可传播本病。羊性成熟后极易感染此病。

(三)布鲁氏菌病的临床症状

布鲁氏菌病症状表现轻微,有的几乎不表现任何症状,首先发现的就是流产。流产多发生在妊娠3～4个月,首次妊娠的羊流产多,占50%以上,多数病羊很少发生第二次流产。母羊在流产前精神沉郁,常喜卧,食欲减退,体温升高,从阴道内流出分泌物;有的会出现关节炎而跛行,有的会伴发乳房炎。公畜多发睾丸炎和附睾炎。布氏杆菌病的病变多发生在生殖器官和关节,不影响家畜生命,故不被人重视,易留下后患。

(四)布鲁氏菌病的病理变化

布鲁氏菌病的病变主要表现在流产物,流产胎衣部分或全部呈黄色胶样浸润,其中有的附有纤维蛋白或脓液,胎衣增厚并有出血点;流产胎儿主要为败血症病变,浆膜与黏膜有出血点与出血斑,脾脏和淋巴结肿大,肝脏出现坏死灶。

(五)布鲁氏菌病的诊断

根据流行病学特点、流产及胎儿胎衣的病理变化,胎衣滞留以及不育等可做出初步诊断。但要注意与弓形虫、衣原体等以流产为主要特征的疾病相区分。布鲁氏菌病血清学诊断方法一般采用平板凝集,操作简单易行,当怀疑该病时,可采血送相关单位进行检测,平板凝集阳性时再用试管凝集法确定,两者均为阳性可判定为感染,否则排除。除非必要,否则不进行病原检测。

(六)布鲁氏菌病防治措施

本病一般不进行治疗,而是采取检疫、淘汰、免疫接种相结合的措施进行预防和净化。

(1)采取"预防为主"的方针。引进种羊或补充羊群时必须严格检疫;对净化的羊群要定期检疫,患病的羊只没有治疗价值,应全部淘汰,消灭传染源;若发现流产,应马上隔离流产羊,清理流产胎儿、胎衣,对环境进行彻底的消毒,并尽快做出诊断。

(2)疫苗接种可有效控制本病,我国选育的猪布鲁氏菌2号弱毒苗(简称猪型2号苗)和马耳他布鲁氏菌5号弱毒苗(简称羊型5号苗),对山羊、绵羊都有较好的免疫效力,在疫区可用于预防该病。

七、破伤风

破伤风又名强直症,俗称锁口风,是由破伤风梭菌经伤口感染引起的一种人、畜共患的急性、中毒性传染病。多发生于新生羔羊,绵羊比山羊多见。其特征为全身或部分肌肉发生痉挛性收缩,表现出强硬状态。本病为散发,没有季节性,必须经创伤才能感染,特别是创面损伤复杂、较深的创伤更易感染发病。

(一)破伤风的病原

破伤风病原为破伤风梭菌,分类上属芽孢杆菌属,为细长的杆菌,多单个存在,能形成芽孢。芽孢位于菌体的一端,似鼓槌状,周鞭毛,能运动,无荚膜。幼龄培养物革兰氏染色阳性,培养48h后常呈阴性反应。本菌为厌氧菌,一般消毒药均能在短时间内杀死。但其芽孢具有很大的抵抗力,煮沸10~90min才能杀死。在土壤表层能存活数年。对1%碘酊、10%漂白粉、3%双氧水等敏感。破伤风梭菌繁殖体的抵抗力与一般非芽孢菌相似,但芽孢抵抗力甚强,耐热,在土壤中可存活几十年。10%碘酊、10%漂白粉液及30%过氧化氢能很快将其杀死。本菌对青霉素敏感,磺胺药次之,链霉素无效。

(二)破伤风的流行特点

本病通常由伤口污染含有破伤风梭菌芽孢的物质引起。当伤口小而深,创伤内发生坏死或创口被泥土、粪便、痂皮覆盖或创内组织损伤严重、出血、有异物,或在需氧菌混合感染的情况下,破伤风梭菌才能生长发育、产生毒素,引起发病。也可经胃肠黏膜的损伤部位而感染。发生主要是细菌经伤口侵入身体的结果,如脐带伤、去势伤、断尾伤、去角伤及其他外伤等,均可以引起发病。母羊多发生于产死胎和胎衣不下的情况下,有时是由于难产助产中消毒不严格,以致在阴唇结有厚痂的情况下发生本病。病菌侵入伤口以后,在局部大量繁殖,并产生毒素,危害神经系统。由于本菌为专性厌氧菌,故被土壤、粪便或腐败组织所封闭的伤口,最容易感染和发病。

(三)破伤风的临床症状

潜伏期为5~20d。病初症状不明显,常表现卧下后不能起立,或者站立时不能卧下,逐渐发展为采食、吞咽困难,眼睑麻痹,瞳孔散大,两眼呆滞。随后体温升高,四肢强直,运步困难。由于咬肌的强直收缩,牙关紧闭,流涎吐沫,头颈伸直,角弓反张,尾直,四肢开张站立、呆若木马。在病程中,常并发急性肠卡他,引起剧烈的腹泻。病死亡率甚高。

(四)破伤风的病理变化

剖检一般无明显病理变化,通常多见窒息死亡的病变,血液呈暗红色且凝固不良,黏膜及浆膜上有小出血点,肺脏充血且高度水肿。感染部位的外周神经有小出血点及浆液性浸润。心肌呈脂肪变性,肌间结缔组织呈浆液性浸润并伴有出血点。

(五)破伤风的诊断

1.临床诊断

根据流行特点,病羊体表有创伤史,结合临床病羊表现运步困难,卧地后不能起立,四肢强直,角弓反张,牙关紧闭,流涎,腹胀,肌肉痉挛,体温正常等典型症状,可做出初步诊断。

2.实验室诊断

必要时可从创伤感染部位取材,进行细菌分离和鉴定,结合动物实验进行诊断。

3.鉴别诊断

本病与马钱子中毒、脑膜炎、狂犬病有相似之处,临床应注意鉴别诊断。

(1)马钱子中毒的痉挛发生迅速,有间断性,致死时间相对慢。

(2)脑膜炎有精神沉郁,牙关不紧闭,对外界刺激不出现远部肌肉的强直性痉挛。

(3)狂犬病有典型的恐水症状。

(六)防治措施

1.治疗

(1)加强护理:将病羊放于黑暗安静的地方,避免能够引起肌肉痉挛的一切刺激。给予柔软易消化且容易咽下的饲料(如稀粥),经常在旁边放上清水。多铺垫草,每日翻身5~6次,以防发生褥疮。

(2)创伤处理:对感染创伤进行有效的防腐消毒处理:彻底排除脓汁、异物、坏死组织及痂皮等,并用消毒药物(3%过氧氢、2%高锰酸钾或5%~10%碘酊)消毒创面,并结合青霉素,在创伤周围注射,以清除破伤风毒素来源。

(3)中和毒素:可先注射40%乌洛托品注射液5~10mL,再用破伤风抗毒素5万~10万单位,肌肉或静脉注射,每日1次,连用2~4d。亦可将抗毒素混于5%葡萄糖注射液中静脉注射。

(4)缓解痉挛:可用40%的硫酸镁注射液5~10mL,分点注射,每日1次。或用氯丙嗪注射液每千克体重2mg,肌肉注射;对牙关紧闭的羊,可将3%普鲁卡因注射液5mL和0.1%肾上腺素注射液0.2~0.5mL混合后注入咬肌。

(5)防止继发感染:可用青霉素80万单位,链霉素100万单位,肌肉注射,每日2次,连用3~5d。

2.预防

(1)预防注射

破伤风类毒素是预防本病的有效生物制剂。羔羊的预防以母羊妊娠后期注射破伤风类毒素较为适宜。

(2)创伤处理

羊身上任何部位发生创伤时,均应用碘酒或2%红汞严格消毒,并应避免泥土及粪便侵入伤口。对一切手术伤口,包括剪毛伤、断尾伤及去角伤等,均应特别注意消毒。对感染创伤进行有效的防腐消毒处理。彻底排除脓汁、异物、坏死组织及痂皮等,并用消毒药物(3%过氧化氢、2%高锰酸钾或5%~10%碘酊)消毒创面,并结合青霉素,在创伤周围注射,以清除破伤风毒素来源。

(3)注射抗破伤风血清

早期应用抗破伤风血清(破伤风抗毒素)。可一次用足量(20万~80万单位),也可将总用量分2~3次注射,皮下、肌肉或静脉注射均可;也可一半静脉注射,一半肌肉注射。

八、羊炭疽

羊炭疽是由炭疽杆菌引起的人畜共患的一种急性、热性、败血性传染病。羊多呈最急性发生,突然眩晕,全身痉挛,可视黏膜发紫,天然孔出血,很快死亡。

(一)羊炭疽病的病原

羊炭疽病原为炭疽杆菌,革兰氏阳性,不运动,属于芽孢杆菌科、芽孢杆菌属。本菌在形态上具有明显的双重性:病料中,单个或成对,少数为3~5个菌体相连的短链,每个菌体均有明显的荚膜,培养物中的菌体则呈长链,像竹节样,对于一般条件不形成荚膜,病羊体内的菌体不形成芽孢;在环境改变或条件不适时,形成卵圆或圆形的芽孢,位于菌体中央或略偏一端。菌体对外界环境的抵抗力不强,但芽孢抵抗力很强,干燥条件下可存活12年以上,煮沸需15~25min才能杀死。消毒剂可用20%漂白粉、0.5%的过氧乙酸和10%的氢氧化钠。

(二)羊炭疽病的流行特点

各种家畜、野生动物及人对该病均有易感性,羊等草食兽的易感性最高。病羊是主要的传染源,濒死病羊的体内及其排泄物中常有大量菌体,若尸体处理不当,菌体形成芽孢污染土壤、水源等,则可成为长久的疫源地。本病主要经消化道感染,皮肤损伤、呼吸道以及吸血昆虫的叮咬也可成为该病的传播途径。本病呈地方性流行,在炭疽严重污染地区且羊群没有采取适当措施时易发生。该病多发生于夏季。

（三）羊炭疽病的临床症状

根据病程的不同,可分为最急性、急性和亚急性3种类型。

(1)最急性型:表现突然发病,体温升高到42℃以上,病羊眩晕,摇摆,磨牙,倒地,呼吸困难,结膜发绀,全身痉挛,口、鼻流出白色泡沫状液体。濒死期肛门、阴门流出血液,且不易凝固,数分钟即可死亡。

(2)急性型:病初病羊兴奋不安,大叫,行走摇摆,呼吸加快,心跳加速,可视黏膜发绀,后期全身痉挛,天然孔出血,数小时内即死亡。

(3)亚急性型:症状与急性相同,但症状表现较为缓和,病程2～5d。

（四）羊炭疽病的病理变化

死于炭疽的羊,严禁解剖,需要剖检时,应在非常安全的专用场地进行。外观可见尸体迅速腐败而极度膨胀,天然孔出血,血液呈煤焦油样,凝固不良,可视黏膜发绀或有点状出血,尸僵不全。剖检脾脏肿大2～5倍,淋巴结肿大。

（五）羊炭疽病的诊断

1.临床诊断:根据流行特点,结合临床病羊突然死亡,死后尸僵不全,天然孔出血,血液呈煤焦油样,凝固不良等典型症状,可做出初步诊断。

2.实验室诊断

(1)镜检:对可疑炭疽病羊,生前可采取静脉血、水肿液或便血,死后可立即从末梢血管采血涂片,用姬姆萨、瑞士或美蓝染色镜检,发现菌体呈红色,荚膜呈紫色(美蓝染色菌体呈蓝色,荚膜呈红色),两端平截如竹节状粗大杆菌,即可诊断为炭疽。

(2)动物试验:取病料或培养物用生理盐水制成10倍悬液,接种于小鼠腹部皮下0.2mL;豚鼠0.5mL;家兔1mL。如12h后局部发生水肿,经36～72h死亡,并在血液或脏器中检出炭疽杆菌,即可确诊。

(3)炭疽沉淀反应:取病死羊的组织数克,剪碎或捣烂,加5～10倍生理盐水,煮沸10～15min,冷却后过滤或离心沉淀,用毛细吸管取上清液,沿管壁慢慢加入已装有炭疽沉淀素血清的细玻璃管内,形成整齐的两层液面,在两液的接触面出现清晰的白色沉淀环判为阳性(反应在1～2min内出现,最好在10～15min观察),可确诊本病。

3.鉴别诊断

本病与羊快疫、羊狙猝在临床症状上相似,都是发病突然,很快死亡,但是炭疽病羊流出煤焦油样血液,尸僵不全,另外可通过涂片镜检区别。

（六）防治措施

1.治疗

（1）血清疗法

病羊必须在严格隔离条件下进行治疗，对病程稍缓的病羊，可用抗炭疽血清50～100mL，皮下或静脉注射，12h后体温如不下降，则应再注射一次。

（2）抗菌素治疗

炭疽杆菌对青霉素、土霉素及氯霉素敏感。用青霉素治疗时，大羊80万～160万单位，小羊40万～80万单位，每4～6h注射1次；用10%磺胺噻唑钠注射液肌肉注射治疗时，首次40～60mL，以后每隔8～12h注射20～30mL。

2.预防

（1）上报疫情

发现炭疽病羊时，应上报疫情。发病场所的家畜做临诊检查，测温，分离病羊和可疑病羊。

（2）预防接种

经常发生炭疽及受威胁地区的易感羊，每年均应用羊2号炭疽芽孢苗免疫接种，每只羊1ml，皮下注射。

（3）隔离消毒

有炭疽病例发生时应及时隔离病羊。尸体要严格销毁。对污染的羊舍，用具及地面要彻底消毒，可用10%烧碱水或20%漂白粉连续消毒3次，间隔1h，羊群除去病羊后，全群用抗菌药3d。

（4）加强个人防护

人感染炭疽病有三种类型，皮肤炭疽、肺炭疽和肠炭疽。该病发展迅猛，一旦发生，要及早送医院抢救治疗。

九、羊巴氏杆菌病

羊巴氏杆菌病也称羊出血性败血病，是由多杀性巴氏杆菌引起的羊的急性传染病。绵羊以高热、呼吸困难、皮下水肿等败血症状为特征，山羊主要表现发热、咳嗽、呼吸困难等肺炎症状为特征。本菌广泛存在于自然界，对多种动物和人均有致病性。

（一）羊巴氏杆菌的病原

多杀性巴氏杆菌是两端钝圆、中央凸起的短杆菌，属革兰氏阴性菌。分类上属巴氏杆菌科，巴氏杆菌属。病羊组织涂片、血液涂片经瑞氏染色或美蓝染色，可见菌体两级浓染，呈两极着色。病菌通常存在于病羊的血液、内脏器官、淋巴结及病变局部组织和一些外表健康动物的上呼吸道、黏膜及扁桃体内。多杀性巴氏杆菌抵挡力不强，对空调热和阳光敏感，用通常消毒剂在数分钟内可将其杀死。本菌对链霉素、青霉素、四环素、氯霉素以及磺胺类药物敏感。

（二）羊巴氏杆菌病的流行特点

多种动物对多杀性巴氏杆菌都有易感性，绵羊多发生于幼年羊和羔羊，绵羊较山羊易感。病羊和健康带菌羊是本病的主要传染源。病原随排泄物和分泌物排出体外，经呼吸道、消化道及损伤皮肤而感染。带菌羊在受寒、长途运输、饲养管理不当,抵抗力下降时,可引起本病发生。

(三)羊巴氏杆菌病的临床症状

多杀性巴氏杆菌病病程可分为最急性、急性和慢性三种。

1.最急性

多见于哺乳期的羔羊,突然发病,呈现寒战、瘦弱、呼吸困难等症状,可于数分钟至数小时内死亡。

2.急性

患急性巴氏杆菌病的羊精神沉郁,食欲废绝,体温升高至41℃～42℃,呼吸急促,咳嗽,鼻孔常有出血,有时血液混杂于黏性分泌物中。眼结膜潮红,有黏性分泌物。初期便秘,后期腹泻,有时粪便全部变为血水。颈部、胸下部发生水肿。病羊常在严重腹泻后虚脱而死,病期2～5d。

3.慢性

患慢性巴氏杆菌病的羊病程可达3周左右。病羊消瘦,不吃不喝,鼻腔流出脓性鼻液,呼吸困难,咳嗽。有时颈部和胸下部发生水肿。眼角膜发炎,眼结膜发红,流泪。病羊腹泻,粪便恶臭。临死前极度瘦弱,四肢发冷,体温下降。山羊感染本病时,主要呈大叶性肺炎症状,病程急促,平均10d左右,存活羊长期咳嗽。与绵羊相比,山羊发病较少。

(四)病理变化

患巴氏杆菌病的羊胸前皮下胶样出血性浸润;心包和胸腔内有渗出液及纤维素凝块;肺脏体积膨肿、水肿,呈现紫红色。病程长的绵羊,病理变化界限更为明显,呈暗红色,胸膜粘连;有时肺部可见黄豆至胡桃大小的化脓灶;其他脏器呈水肿和瘀血,有出血点;肝脏有坏死灶,脾脏不肿大。山羊则以肺部病变为主,可见一侧或两侧肺局部有小叶性病变,肝脏病变区干燥,切面呈暗红色或灰红色颗粒状。病变处胸膜上覆盖有纤维膜,慢性病程常见有坏死灶,有的形成空洞,内含有干酪样物。

(五)羊巴氏杆菌病的诊断

1.临床诊断

根据流行病学及发病特点、结合临床症状表现和病理变化,可做出初步诊断。

2.实验室诊断

采取病死羊的肺脏、肝脏、脾脏或胸腔积液,制成涂片,用碱性美蓝或瑞氏染色后镜检,可见两端明显着色的圆形或椭圆形小杆菌,结合临床症状和病理变化即可做出诊断。必要时可以进行动物试验。

(六)防治措施

1.治疗

(1)青霉素每千克体重3万单位、链霉素每千克体重1.5万单位,肌肉注射,每日2次,连用3天。

(2)20%磺胺嘧啶钠注射液5～10mL,肌肉注射,每日2次,连用3d。

(3)复方新诺明片每千克体重10mg,内服,每日2次。

(4)对食欲废绝、高烧不退的重症病羊,加用30%安乃近注射液3~5mL,肌肉注射,并用5%葡萄糖生理盐水250~500mL、安钠咖1.0g、维生素C注射液5.0mL混合静脉滴注。也可用10%葡萄糖注射液250mL、10%磺胺嘧啶钠每千克体重0.2mL、40%乌洛托品注射液10~20mL,混合静脉滴注,每日1次,连用3d。

2.预防

(1)加强饲养管理

加强饲养管理,抓膘、保膘,避免拥挤、受寒,消除各种促使疾病发生的因素。疫区要严格搞好隔离、消毒等无害化处理措施。发病后,羊舍可用5%的漂白粉或10%的石灰乳等彻底消毒。必要时羊群可用高免血清或菌苗做紧急免疫接种。对病羊活动的圈舍、场地、接触过的用具应反复消毒,空栏2个月以后才能引进健康羊。

(2)加强防疫检疫

避免从疫区引入种羊及羊肉、皮毛等产品。必需引进种羊时,要严格检疫并隔离观察15天以上,确认健康无病后才能合群饲养。

十、羊李氏杆菌病

李氏杆菌病又称转圈病,是家畜、家禽、啮齿动物和人共患的一种散发性传染病。病羊的临床特征是神经系统紊乱,表现转圈运动,面部麻痹,孕羊可发生流产。本病不仅在家畜之间传播,还可传染给人。

(一)李氏杆菌病的病原

李氏杆菌病的病原为单核细胞增多症李氏杆菌,是一种革兰氏阳性菌,该病菌无荚膜、无芽孢、有鞭毛、能运动、不抗酸、形状细长,属于李氏杆菌属。在组织涂片中或渗出液中常以团状集结,在培养物中单个或两个菌体形成"V"字形或互相并列。本菌为微嗜氧菌,在22℃~37℃、5%~10%的二氧化碳条件下能良好生长。在青贮饲料、干草、干燥土壤和粪便中能长期存活。对碱和盐的耐受性较高,可在pH9.6的10%食盐溶液内生长,可在20%的食盐溶液中经久不死。在潮湿的泥土中能存活11个月以上。该菌对高温和消毒药抵抗力不强,在85℃的条件下40s即可杀死,在65℃条件下经30~40min也可被杀死。一般消毒药的常用浓度均能很快使之灭活。该菌对青霉素有抵抗力,但对链霉素、四环素和磺胺类药物敏感。

(二)李氏杆菌病的流行特点

该病的易感动物非常广泛。自然感染以绵羊、猪和兔较多,牛、山羊次之,马、犬、猫较少。人可感染并发病。患病羊及健康带菌羊、人是主要的传染源。病菌随病羊的粪、尿、乳汁、精液等分泌物排出,在外界增殖后才成为传染源。本病主要经消化道感染。羊吃了被病菌污染的饲料、土壤、植物等就会感染,但少量细菌不会引起发病,而在青贮饲料(玉米秆、青草、豆科植物)中增殖后,用这些被污染的饲料喂羊时,可经消化道感染发病,因此本病多见于饲喂青贮饲料的反刍动物。本病有一定的季节性,主要在早春及冬季发病,通常为散发,发病率低,但病死率高。气候剧变、阴雨天气、青饲料缺乏、寄生虫感染以及沙门氏菌感染均可诱发本病。各种年龄的羊都可发病,但幼年羊易感,且发病急。

(三)李氏杆菌病的临床症状

患李氏杆菌病的羊,初期体温升高达40.5℃~41.5℃,不久降至常温。表现精神沉郁、不吃草,病后2~3d出现神经症状,病羊眼球突出,目光呆滞,视力障碍或完全失明,一侧或两侧耳麻痹,唇震颤,舌咽麻痹而不能采食、咀嚼、饮水,大量流涎。有的病羊呈现角弓反张,作转圈运动;后期卧地不起,呈昏迷状,卧于一侧,四肢划动呈游泳状动作;一般病程短的3~7d,病程长的1~3周或更长;一般成年羊症状不明显,妊娠母羊常发生流产,羔羊多以急性败血症而迅速死亡,死亡率极高。

(四)李氏杆菌病的病理变化

患李氏杆菌病的羊剖检一般没有特殊的肉眼可见病变。有神经症状的病羊主要是大脑病变,脑膜和脑可能有充血、炎症或水肿的变化,脑积液增多、稍浑浊,脑干变软,有化脓灶。败血症的病羊,有败血症变化,肝脏有坏死。流产的母羊可见到子宫内膜充血以至广泛坏死,胎盘炎,子叶常见有出血和坏死,血液和组织中单核细胞增多。

(五)李氏杆菌病的诊断

1.临床诊断

根据流行特点、临床症状和病理变化,可做出初步诊断。

2.实验室诊断

可采血、肝、脾、肾、脑脊髓液、脑的病变组织作触片或涂片,革兰氏染色镜检。如见有革兰氏阳性,呈"V"形排列或并列的细小杆菌,可做出初步诊断,再取上述材料接种于0.5%~1.0%葡萄糖血琼脂平板上,得到纯培养物后,通过革兰氏染色、溶血检查、运动性检查、生化特性检查及血清学检查,即可确诊。荧光抗体染色可用于迅速鉴定本菌。另外,培养物的鉴定也可应用实验动物进行(用家兔或豚鼠作滴眼感染试验)。

(六)李氏杆菌病的防治措施

1.治疗

(1)抗菌消炎

本病早期大剂量使用抗生素,疗效显著。可用20%磺胺嘧啶钠注射液5~10mL,肌肉注射,每日2次;氨苄青霉素每千克体重1万~1.5万单位,肌肉注射,每日2次;庆大霉素每千克体重1000~1500单位,肌肉注射,每日2次,直到体温下降。

(2)对症治疗

病羊有神经症状时,可用盐酸氯丙嗪注射液每千克体重1~3mL,肌肉注射。

2.预防

(1)严格防疫制度,不从有病地区引入羊、牛或其他家畜。

(2)消灭鼠类和驱除其他啮齿动物。

(3)由于本病可感染人,故畜牧兽医人员应注意个人保护。

第五节　羊寄生虫病的防治

寄生虫病对养羊业的危害不亚于传染病,轻则影响生长发育,降低羊的抗病能力、繁殖能力和相关羊产品的质量;重则造成羊只死亡,严重影响养羊的经济效益,甚至会对人类的健康造成威胁。因此,羊寄生虫病的防治非常重要,应该引起广大养殖户的高度重视。我国早在2004年就颁布实施了GB/T19526-2004《羊寄生虫病防治技术规范》,农业农村部2010年又颁布实施了NY/T1947-2010《羊外寄生虫病药浴技术规范》,以规范和指导我国羊内外寄生虫病的防治工作。

一、羊寄生虫防治原则

在流行病学调查研究的基础上,以本地区绵羊和山羊的常发寄生虫为对象,选择高效、广谱、安全、低残留、低污染药物,进行定期、高密度、大面积防治。整群全浴,不漏浴分散羊;在寄生虫病流行特别严重时,可紧急药浴。

(一)羊外寄生虫防治方法

羊外寄生虫防治防治方法主要是药浴,包括池浴和喷淋式药浴(淋浴)两种方法。

1.药浴人员要求

药浴人员必须经过兽医专业技术培训;药浴时,应配戴口罩和橡胶手套,严格执行操作规程,做好人畜防护安全工作。

2.设施、设备

(1)规模化养殖场应设置专门的药浴池或药淋间。羊药浴池的大小(长×宽×高)为(3.0～10.0)m×(0.6～0.8)m×(1.0～1.5)m。保证池中的药液能淹没羊体的同时,药液面与药浴池上沿必须保持足够的高度。药浴池要防渗漏,并建在地势较低处,远离居民生活区和人畜饮水水源。羊药浴池底应有坡度,以便排水;入口端为陡坡,设待浴栏;出口端为台阶,设滴流台。

(2)小型养殖场或散养户可用小型药浴槽、浴桶、浴缸、帆布药浴池、移动式药浴设备等。

(3)药淋设备通常由喷淋器、药液泵、待浴栏、滤液栏和淋浴间(栏)设备等组成。

3.羊外寄生虫药浴药物选择

(1)药物的使用必须符合《中华人民共和国兽药典》、《兽药质量标准》(第一册、第二册)、《中华人民共和国兽药规范》、《进口兽药质量标准》的相关规定。所用兽药必须来自具有《兽药生产许可证》和产品批准文号的生产企业,或者具有《进口兽药许可证》的供应商。所用兽药的标签应符合《兽药管理条例》的规定,严禁使用未经农业部批准或已经淘汰的药物。

(2)严格执行药物休药期或停药期。未规定休药期的药物,休药期应不少于28d。

(3)针对不同抗寄生虫药物的特点,采取轮换用药、穿梭用药或联合用药措施,以确保驱

328——
肉羊养殖提质增效技术

虫效果,同时使寄生虫不产生耐药性。

4.确定药浴液浓度

药浴液浓度计算要准确,用倍比稀释法重复多次。药浴液应充分溶解或混悬,搅拌均匀,当天配制当天使用,药浴过程中应注意及时补充药液,保持药液的有效浓度。

5.确定药浴(淋)时间

(1)药浴(淋)时间可根据当地具体情况确定,一年可进行两次药浴(淋),第一次在转场前或绵羊剪毛、山羊抓绒后7~15d进行。第二次深秋进行。视各地防治情况每年只进行一次药浴也可,但所有羊只必须进行秋季药浴。在疥癣等外寄生虫病高发地区,必须进行两次药浴。

(2)药浴(淋)应选择在晴朗暖和无风天气的上午或中午进行,阴雨、大风、气温低时,不能药浴。

6.药浴(淋)前的准备

(1)药浴要做到有的放矢,事前应做好流行病学调查,对当地需进行药浴的羊螨病病原及其他外寄生虫感染情况做到心中有数,以保证药浴工作的顺利实施。

(2)药浴(淋)前,首先应选择少量不同年龄、性别、品种、体质和病情的羊进行安全性试验。确认无问题时,再大批药浴,尤其对第一次使用的药物或不熟悉其质量的药物更需加以注意。

(3)药浴(淋)前8小时要停止放牧和饲喂,浴前2h让羊充分饮水。

(4)药浴(淋)前应做好羊中毒解救的准备工作。

牧羊犬驱治前应禁食12h以上。

7.药浴(淋)注意事项

(1)药浴液最好保持在36℃~37℃,最低不能低于30℃。

(2)药浴(淋)的顺序是先让眼观无症状的羊药浴(淋),疥癣等外寄生虫病症状明显的羊后药浴(淋)。老、弱及羔羊应分群药浴。

(3)药浴液的深度以淹没羊体为原则,当羊通过药浴池时,要将羊头压入药液内2~3次。

(4)药淋时将羊群从待浴栏赶入淋浴间(栏),对羊全身喷淋药液至羊毛完全湿透后,将羊群赶入滤液栏进行滤液。

(5)预防性药浴浸浴时间为1min,治疗性药浴浸浴时间须达2~3min。

(6)离开药浴池或淋浴间的羊应在滴流台上或滤液栏停留20min,待身上药液滴流入池后,再将羊收容在凉棚或宽敞的圈舍内,免受日光照射。羊药浴后要注意保暖,防止感冒。

(7)妊娠两个月以上的母羊,不宜进行药浴(淋)。有外伤的羊暂不药浴(淋)。

(8)对同一区域的羊最好集中时间进行药浴,不应漏浴。

(9)药浴后,应细心观察6~8h后再饲喂或放牧。如发现口吐白沫、精神沉郁、兴奋或惊厥等中毒症状,要立即进行抢救。工作人员也要注意自身的安全防护。

(10)第一次药浴后,最好经过7~8d再进行第二次药浴,这样效果会更好。

(11)药浴后的剩余药液泼洒到羊舍内,外排的要有专门的排放通道和排放地,做好环境保护。

8.牧地净化与饲养管理

(1)有计划地实行划区轮牧制度,保护草场和减少寄生虫感染。

(2)采取不同畜种间轮牧,减少寄生虫交叉感染。

(3)污染牧地特别是潮湿和森林牧地,草场休牧时间一般不少于18个月,以利净化。

(4)羊群应尽量避免清晨在低湿的地点放牧,避免雨天放牧。

(5)禁止饮用低洼地区的积水或死水,建立清洁的饮水地点。

(6)羔羊与成年羊分开放牧,以减少感染机会。

(7)已经感染寄生虫病的羊应及时隔离治疗,严禁混群放牧饲养,以防感染传播。

(二)药浴效果评价

一般在药浴前后分别进行寄生虫检测,以评价药浴的效果。

1.监测抽样比例

(1)羊单群监测

抽样数不少于30只,200只以上抽样15%,羔羊、周岁羊、成年羊间的抽样比例为2∶4∶4。

(2)大范围监测

以饲养场或县乡为单位,抽样群数为总群数的10%~15%,按年龄比例抽样,总抽样数不少于200~300只。

2.监测时间与方式

(1)螨病监测:每年春、秋高发季节结合临床症状进行虫体检查。

(2)羊狂蝇蛆病监测:冬宰期间,根据临床症状,剖解羊头部检查蝇蛆。

(3)其他外寄生虫病的监测:根据外寄生虫的活动季节和规律,检查羊体表虫体。

3.监测计算

(1)药浴密度

药浴密度按式(10-1)计算:

$$M = \frac{Q_1}{Y_1} \times 100\% \tag{10-1}$$

式中:

M——药浴密度,单位为%;

Q_1——药浴羊头数,单位为只;

Y_1——羊总头数,单位为只。

(2)寄生虫平均感染率

寄生虫平均感染率按式(10-2)计算:

$$G = \frac{Y_2}{Y_3} \times 100\% \tag{10-2}$$

式中:

G——寄生虫平均感染率,单位为%;

Y_2——寄生虫感染羊头数,单位为只;

Y_3——抽检羊头数,单位为只。

(3)驱虫率

驱虫率按式(10-3)计算:

$$D = \frac{S_0 - S_1}{S_0} \times 100\%$$ (10-3)

式中:

D——驱虫率,单位为%;

S_0——空白对照组荷虫数,单位为条;

S_1——驱虫组荷虫数,单位为条。

(4)驱净率

驱净率按式(10-4)计算:

$$Q = \frac{Y_4}{Y_1} \times 100\%$$ (10-4)

式中:

Q——驱净率,单位为%;

Y_4——虫体转阴羊头数,单位为只;

Y_1——试验羊总头数,单位为只。

(三)药浴记录

做好药浴防治记录,内容包括防治数量、用药品种、使用剂量、环境与粪便无害化处理、放牧管理措施、补饲、发病率、病死率及死亡原因、诊治情况等,建立发病及防治档案。逐年记录、监测、掌握虫情动态。

二、羊内寄生虫病驱治

(一)驱治原则

根据各地不同生态条件和不同寄生虫病的流行病学规律,采取以本地区重点寄生虫病为主的集中、定期驱虫防治原则。与羊群近距离的狗也应定期驱虫。

(二)驱虫前的要求

(1)驱虫前,先小群试驱,确认安全后方可大群驱治。

(2)驱虫的羊应在清晨空腹投药,按大小、体况分别给药。狗驱虫前应禁食12h以上。

(三)驱虫药使用原则

(1)药物应选择高效、安全且给药方便的驱虫药,允许使用表10-1中推荐的抗寄生虫药,但必须严格遵守规定的休药期,表中未规定休药期的品种,休药期不应少于28d。

(2)根据剂型含量不同,具体用量以药品说明书为依据,必须严格按照说明书规定的用法和用量给药。

(3)凡未经鉴定和未进行区域试验验证的药物不得使用,严禁使用未经农业农村部批准或已经淘汰的驱虫药。

表10-1　允许使用寄生虫防治药物及使用规定

名称	制剂	用法与用量	休药期/天
双甲脒	溶液	药浴、喷洒、涂擦,配成0.05%的溶液	7
伊维菌素	片剂	内服,一次量:0.2mg/kg体重	21
	注射液	皮下注射,一次量:0.2 mg/kg体重	21
克洛汕特	片剂	内服,一次量:10 mg/kg体重	-
	注射液	皮下、肌肉注射,一次量:5.0~7.5 mg/kg体重	-
螨净	溶液	初浴液浓度为:250×10^{-6},补充药液为750×10^{-6}	-
硫双二氯酚	片剂	内服,一次量:75~100 mg/kg体重	-
芬苯达唑	片剂	内服,一次量:10~20 mg/kg体重	-
丙硫苯咪唑	片剂	内服,一次量:5~15 mg/kg体重	-
盐酸左旋咪唑	片剂	内服,一次量:5~10 mg/kg体重	-
	注射液	皮下、肌肉注射一次量:5~6 mg/kg体重	3
奥芬达唑	片剂	内服,一次量:5~10 mg/kg体重	-
赛福丁	溶液	初浴液浓度1:2 000,补充药液1:2 500稀释	-
澳氰菊酯(敌杀死)	溶液	预防浓度为30×10^{-6} 治疗浓度应达$50 \times 10^{-5} \sim 80 \times 10^{-6}$溶液	-
倍硫磷	溶液	泼淋,配成0.05%的溶液	-
氢溴酸槟榔碱	粉剂	犬内服:一次量:2~4 mg/kg体重	-
吡喹酮	片剂	内服,一次量:10 mg~35 mg/kg 体重	-
盐酸噻咪唑	片剂	内服,一次量:10~15 mg/kg体重	3
	注射液	皮下、肌肉注射一次量:10~12 mg/kg体重	
氯硝柳胺	片剂	内服,一次量:50~70 mg/kg体重	-

表10-2　羊驱虫后宜使用的圈舍消毒药及使用方法

名称	制剂	用法与用量
石灰	粉剂	喷洒,配成浓度为10%~20%石灰乳
漂白粉	粉剂	喷洒,配成浓度为10%~20%乳剂
草木灰	粉剂	喷洒,30%的草木灰煮沸,过滤取上清液
火碱	粉剂	喷洒,配成2%~5%的水溶液

(四)驱虫时间确定

(1)放牧的羊宜于春季和秋冬季节各进行驱虫一次,视各地情况可适当调整。

(2)全舍饲的公羊可参照放牧羊的驱虫时间周期进行驱虫,但是尽量避免在配种前50d内驱虫。

(3)全舍饲的母羊,特别是常年发情配种的母羊,宜在羔羊断奶后或者配种前驱虫,尽量避免在怀孕期驱虫。

(4)羔羊宜在断奶后驱虫,育肥羊在进入育肥期前驱虫,严禁临出栏的育肥羊驱虫。

(5)养羊场(户)的狗应每月固定驱虫。

(五)预防性驱虫程序

(1)放牧羊实施两次综合预防性驱虫,第一次春季驱虫应在成虫期前进行驱虫,第二次冬季驱虫应在感染后期驱治,羊绦虫病在虫体未成熟前驱虫,羊消化道线虫在幼虫感染高峰期时进行,绵羊狂蝇蛆应在幼虫滞育前驱治。

(2)舍饲羊每个驱虫期应该连续驱虫两次,第一次驱虫后,相隔5~7d以同样的剂量再驱虫一次,这样效果会更好。

(3)驱虫时必须实行整群全驱,保证投药剂量准确,驱虫后应跟踪观察,有中毒迹象的羊应及时抢救和治疗。

(4)羊驱虫12h后对圈舍的地面、围栏、饲具及其周围环境进行彻底清扫和消毒。消毒药可参照表10-2选择。

(5)羊驱虫后清除的圈舍粪便应集中堆积发酵处理,利用生物热杀灭各类虫体和虫卵。

(6)狗驱虫后3d内的粪便应就地焚烧或深埋,场地应用火焰消毒处理,以防污染。

(六)驱虫效果监测及记录

羊驱虫效果监测程序、方法及驱虫记录要求与药浴效果监测方法相同。

三、羊螨病

羊螨病是由疥螨和痒螨寄生在体表而引起的慢性接触传染皮肤病。该病又称疥癣、疥疮等,往往在短时间内可引起羊群严重感染,危害十分严重。临床上主要表现为剧痒、皮炎、脱毛和消瘦,严重时甚至可以引起羊只死亡。

(一)羊螨病的病原

1.疥螨

疥螨虫体呈圆形,浅黄色,体表生有大量小刺,背面突起,腹面扁平,雌虫大小约0.25~0.50mL。疥螨虫体较小,肉眼不易看到,有4对足,雄虫的第一、二、四对足上有柄和吸盘,雌虫第一、二对足上有柄和吸盘。疥螨寄生在皮肤角质层下,不断在皮内挖掘隧道,并在隧道内不断发育和繁殖。

2.痒螨

痒螨虫体寄生在皮肤表面,呈长圆形,较大,长0.5~0.9mm,肉眼可见,口器呈椭圆形,足比疥螨长。雌虫的第一、二、四对足和雄虫的前三对足都有吸盘,雌虫在羊体表病灶和健康的皮肤交界处产卵,卵在适宜的条件下孵出幼虫。

(二)羊螨病的发育史

1.疥螨

疥螨为不完全变态的节肢动物,发育包括卵、幼虫、若虫、成虫,雌雄交配后雄虫死亡。疥螨钻入羊表皮挖凿隧道,卵在其中孵化为幼虫,其爬出表皮再钻入皮肤蜕化为若虫,随后若虫入皮肤蜕化为成虫。整个发育过程为8～22d,且发育进度与外界环境有关。疥螨在外界环境中仅能存活3周左右。

2.痒螨

痒螨的发育过程与疥螨相似,痒螨寄生于皮肤表面,对外界环境的抵抗力超过疥螨,离开宿主后,仍能生活相当长的时间。痒螨对宿主皮肤表面的温湿度变化的敏感性很强,通常聚集在病变部和健康皮肤的交界处。潮湿、阴暗、拥挤的羊舍常使病情恶化。痒螨整个发育过程为10～20d。一旦离开羊体它们的生命就会受到威胁。痒螨在羊体能存活2个月左右。

(三)羊螨病的症状及病变

通常发生于嘴唇上、口角附近。鼻边缘及耳根部,严重时,蔓延到整个头、颈部皮肤,病变部位皮肤如干枯的石灰,故称为"石灰头"。有时病灶可扩散到眼睑,引起眼肿胀、羞明、流泪,最后失明。螨病主要通过直接接触传播,也可通过污染的圈舍、用具等间接传播。绵羊感染后,初期疼痒不安,常向墙壁、草架等物体上摩擦皮肤或啃咬患处。然后出现一系列典型病变。最后出现消瘦、贫血、死亡。

1.疥螨

疥螨病变主要集中在头部,它在宿主的表皮挖掘隧道,以角质层组织和渗出的淋巴液为食,在隧道内发育和繁殖。在采食时直接刺激和分泌有毒物质,使皮肤发生剧烈的痒觉和炎症。由于皮肤乳头层的渗出作用,使皮肤出现丘疹和水疱,水疱被细菌侵入后变为小脓疱,脓疱和水疱破溃,流出渗出液和脓汁,干涸后形成黄色痂皮。毛囊和汗腺受损,致使表皮角质化,结缔组织增生,患部脱毛,皮肤增厚,形成皱褶和龟裂,病变部位逐步向周围扩大,直至蔓延全身。后期则形成坚硬白色胶皮样痂皮。

2.痒螨

痒螨寄生于皮肤表面,以渗出液为食。主要发生在绵羊背、臀部密毛部位,以后蔓延至体侧和全身。发病时奇痒,皮肤出现丘疹、水疱、脓疱、结痂、脱毛、皮肤变厚等一系列典型病变。

(四)羊螨病的诊断

在临床症状不明显时,在患部和健康皮肤交界处用刀片刮取表皮,加入10%的苛性钠溶液煮沸,待毛、痂皮等溶解后,静止20min,吸取沉渣,滴载玻片上镜检。检查有无虫体,便可确诊。

(五)羊螨病的预防

(1)注意羊舍卫生、通风、干燥,不要使羊群过于密集。

(2)应选无风、晴朗的天气定期给羊群进行药浴。绵羊一般在剪毛后1～2周进行药浴,山羊在温暖季节进行药浴,药浴时间应保证在1min以上,且头部要压于药液中2～3次。

(3)对发病羊只进行隔离治疗。对新引进的羊只需隔离观察2周以上,在确认没有本病的情况下,方可混群。

(4)对病羊用过的圈舍、工具及接触过病羊的工作服等都要进行彻底清洗消毒。

(5)有条件的放牧场,要实行轮牧。

（六）羊螨病的治疗

羊螨病治疗时，为使药物有效地杀死虫体，应在涂擦药前剪去患部及周围的羊毛，彻底清洗并除去垢痂及污物。药浴前让羊饮足水，以免误饮药物。药浴时药液温度不应低于30℃，药浴时间应维持1min左右。若大规模药浴最好选择绵羊剪毛后数天进行。且应对选用药物先做小群安全试验。大部分药物对螨的虫卵无杀灭作用，治疗时必须重复用药2~3次，每次间隔5d，方能杀死新孵出来的螨虫，达到彻底治愈的目的。

1.局部治疗

（1）可用1%敌百虫液或石流合剂（生石灰1份、硫磺粉1.6份、水20份混合均匀，煮1~2h，待煮成橙红色，取上清液）洗刷患部，也可用灭疥灵药膏涂于患部。

（2）滴滴涕乳剂：第一液（滴滴涕1份加煤油9份）、第二液（来苏儿1份加水19份），用时将两液混合均匀，涂擦患部。

（3）克辽林擦剂：克辽林1份、软肥皂1份、酒精8份调和均匀后涂擦患部。

（4）阿维菌素或伊维菌素：按每千克体重0.2mg皮下注射。

（5）可用0.5%螨净（二嗪农）、0.5%~1.0%敌百虫水溶液、0.05%%双甲脒溶液进行喷洒。

2.药浴治疗

（1）溴氰菊酯：是一种新型药浴药物。使用时，在1kg水中加入1mL溴氰菊酯即可。药浴过程中需要补充新药液，比例为1kg水加入1.6mL。此药宜现用现配，加水稀释后不可久置，以免影响药效。

（2）螨净：也是一种新型的药浴药物，具有高效广谱、作用期长、毒性低、无公害的特点。使用剂量为1kg水加入药液1.0mL，补充药液为1kg水加入药液3.3mL。

（3）可用0.05%双甲脒、0.25%螨净（二嗪农）、0.30%敌百虫、1.00%克辽林、2.00%来苏儿进行药浴。

四、羊片形吸虫病

羊片形吸虫病是由肝片吸虫和大片吸虫寄生于羊的肝脏胆管所引起的羊寄生虫病。该病在全国各地均有不同程度的发生，呈地方性流行，能引起大批羊的发病及死亡，并能危害其他反刍动物及猪和马属动物，人亦可遭受感染。

（一）羊片形吸虫病的病原

1.肝片吸虫

虫体呈树叶状（俗称柳叶虫），长20~30mL，宽5~13mL。其前端呈圆锥状突起，称头锥。头锥基部扩展变宽，形成肩部，肩部以后逐渐变窄，体表生有许多小刺。虫卵为椭圆形、黄褐色；长120~150mL，宽70~80mL；前端较窄，有一不明显的乱盖，后端较钝。在较薄而透明的卵内，充满卵黄细胞和1个胚细胞。

肝片吸虫为雌雄同体，寄生于肝脏胆管内产卵，卵随胆汁进入肠道，最后从粪便排出体外。虫卵在适宜的环境下孵化发育成毛蚴，毛蚴进入中间宿主锥实螺体内，再经过3个阶段的发育(胞蚴、雷蚴、尾蚴)又回到水中,成为囊蚴,囊蚴被羊吞食即能感染。本病多发生于潮湿多水地区的夏、秋两季。

2.大片吸虫

大片吸虫成虫呈长叶状,其体长超过体宽的两倍以上,长33~76mL,宽5~12mL。大片吸虫与肝片吸虫的区别在于虫体前端无显著的头锥突起,肩部不明显;虫体两侧边缘几乎平行,前后宽度变化不大,虫体后端钝圆。

(二)羊片形吸虫的发育史

羊两种片形吸虫的发育史基本相同。成虫寄生于羊的肝脏胆管和胆囊中,虫卵随胆汁进入消化道,随粪便排出体外。在外界条件适宜的情况下,卵在水中孵出毛蚴,遇到中间宿主锥实螺时,钻入其体内发育成尾蚴,尾蚴从螺体逸出后在水草上变成囊蚴,羊吞食含有囊蚴的水草而感染。囊蚴进入羊消化道,在十二指肠内形成幼虫,经三条途径到达胆管寄生:一条是穿过肠壁到腹腔,经肝包膜进入肝脏,到达肝胆管内,大多数虫体是经这一途径移行的,也是临床上引起羊急性死亡的原因;另一条是幼虫进入肠壁静脉,经门静脉入胆管;第三条是从十二指肠的胆管开口处进入胆管。自囊蚴进入羊体内到发育成为成虫,约经3~4个月。成虫可在胆管内生存3~5年。

(三)羊片形吸虫病的症状及病变

羊片吸虫病的临床表现因感染强度和羊只的抵抗力、年龄、饲养管理条件等不同而有所差异。轻度感染时病羊常不表现症状,感染数量多时(约50条成虫),可表现症状,幼年羊即使轻度感染也能表现症状。绵羊最敏感,最易发生,死亡率高。

1.急性型

感染季节多发生于夏末和秋季,当羊在短时间内吞食大量的囊蚴时,便遭严重感染,可使患羊突然倒毙。表现为精神沉郁,体温升高,食欲降低或废绝,腹胀,偶尔可见腹泻;随后出现黏膜苍白,红细胞、血红素显著降低等一系列贫血现象。严重的病例可在几天内死亡。

2.慢性型

慢性型羊片形吸虫病较为多见,是由寄生于胆管中的成虫引起的。病羊逐渐消瘦,黏膜苍白,贫血,被毛粗乱,颌下、胸腹皮下出现水肿。食欲减退,便秘和下痢交替发生,一般见不到黄疸现象,随着病情的延长,病羊体质下降,经1~2个月因恶病而死亡,有的可拖到下一年。

剖检时主要可见肝肿大,肝包膜上有纤维素沉积,出血;腹腔中有带血色的液体,有腹膜炎变化。慢性的可见肝脏萎缩硬化,小叶间结缔组织增生;胆管扩张、增厚、变粗,像绳索样凸出于肝脏表面,挤压切面时,有黏稠污黄液体及虫体流出。

(四)羊片形吸虫病的诊断

该病可根据病羊的临床症状、流行病学、虫卵检查及剖检等几方面综合确诊。

(五)羊片形吸虫病的预防

(1)羊片形吸虫病的传播者是病羊和带虫者。因此,驱虫不仅有治疗作用,也是积极的预防措施。我国可根据不同的地域,进行各自的定期驱虫,最好每年进行三次定期预防性驱虫。

第一次在大量虫体成熟之前20~30d进行;第二次在虫体部分成熟时进行;第三次在第二次之后2.0~2.5个月进行。

（2）尽可能地选择地势高而干燥的地方做牧场或建牧场。如果必须在低洼潮湿的地方放牧,应考虑有计划地分段使用牧场,以防羊只吞食囊蚴。可在湖沼池塘周围饲养鸭、鹅,消灭中间宿主椎实螺;常用5%硫酸铜溶液(加入10%盐酸更好)等药物来灭杀椎实螺,每平方米用不少于5000mL。也可用氯化钾,每平方米20~25g,每年1~2次。

（3）消灭中间宿主,灭螺是预防本病的重要措施。应大力兴修水利,改变螺蛳的生活条件,同时加以化学灭螺。

（4）加强饲养管理,选择干净、卫生的饮水和饲草。

（5）病羊的粪便应收集起来进行生物热杀虫(尤其是每次驱虫后),对病羊的肝脏和肠内容物应进行无害化处理。在有条件的地方,统一将粪便进行发酵处理。

（六）羊片形吸虫病的治疗

羊片形吸虫病可选用以下药物进行治疗。

（1）碘醚柳胺:驱成虫和6~12周龄未成熟的幼虫都有效,剂量按每千克体重7.5mL,口服。

（2）双酰胺氧醚:对1~6周龄肝片吸虫幼虫有高效,但随虫龄增长,药效降低。用于治疗急性期的病例,剂量按每千克体重100mL,口服。

（3）丙硫咪唑(抗蠕敏):对驱除片形吸虫的成虫有良效,剂量按每千克体重5~15mL,口服。

（4）五氯柳胺(氯羟杨苯胺):驱成虫有高效,剂量按每千克体重15mL,口服。

（5）硝氯酚(拜耳9015):驱成虫有高效,剂量按每千克体重4~5mL,口服。

（6）溴酚磷(蛭得净):驱童、成虫都有效,剂量按每千克体重12mL,口服。

（7）硫溴酚(血防846):剂量按每千克体重125mL,口服。

（8）硫双二氯酚(别丁):剂量按每千克体重100mL,口服。病羊有可能出现不同程度的拉稀。

五、羊脑多头蚴病

羊脑多头蚴病又称脑包虫病,是由多头绦虫的幼虫脑多头蚴寄生于牛、羊的脑部引起的一种寄生虫病。成虫在终宿主犬的小肠内寄生。幼虫寄生在羊等偶蹄类动物胸内。2岁以下的绵羊比较易感。

（一）羊脑多头蚴病的病原

（1）脑多头蚴

脑多头蚴呈囊泡状,囊体大小从豌豆大到鸡蛋大不等,囊内充满透明液体。囊的内膜上有许多原头蚴。原头蚴直径为2~3mL,数目有100~250个。

（2）多头绦虫

多头绦虫体长40~80cm,节片200~250个,头节有4个吸盘,顶突上有22~32个小钩,孕节片中充满虫卵。卵为圆形,直径20~37mm。

（二）羊脑多头蚴病发育史

羊脑多头蚴的终末宿主是犬、狼、狐等肉食动物,多头绦虫的孕节片随终末宿主的粪便排出体外,中间宿主羊等吞食了被污染的饲料、水源等,卵进入胃肠道后,六钩蚴逸出,其借小钩钻入肠黏膜的血管内,随血液被带到脑内,约需2~3个月发育成囊泡状的多头蚴。如果被血流带到身体其他部位,六钩蚴则不能继续发育而迅速死亡。含有多头蚴的脑被犬类动物吞食后,多头蚴附着在终宿主的小肠壁上,经1.5~2.5个月发育为成虫。成虫可在终宿主体内生存数年,它们不断排出卵节片,成为污染源。

（三）羊脑多头蚴病的症状及病变

1.前期症状一般表现为急性型

羊脑多头蚴病的前期症状一般表现为急性型,羔羊的急性型最明显,六钩蚴移行到脑部,引起体温升高,呼吸脉搏加速,有强烈的兴奋或沉郁,病羊做回旋、前冲或后退运动,躺卧,脱离羊群。有的因急性脑膜炎而死亡,部分病羊耐过后转为慢性症状。

2.后期症状为慢性经过

羊脑多头蚴病急性型耐过的病羊,在一定时间,不显病状,约经2~6个月,随着多头蚴的发育增大,逐渐出现典型症状,因寄生部位不同而特异转圈的方向和姿势不同。病羊表现精神沉郁,食欲不振,反刍减弱,逐渐消瘦,对声音刺激反应很弱,甚至卧地不起。虫体寄生在大脑半球表面的出现率最高,典型症状为转圈运动,其转动方向多向寄生部位同侧转动,对侧视力发生障碍甚至失明,多头蚴囊体越大,病羊转圈越小。病部头骨叩诊呈浊音,头骨常萎缩变薄,甚至穿孔,该部皮肤隆起,压痛,对声音刺激反应弱。如寄生在大脑正前部,病羊头下垂,向前做直线运动,常不能自行回转,碰到障碍物头抵呆立。寄生在大脑后部,病羊头高举或作后退运动,直到跌倒卧地不起。寄生在小脑,病羊神经过敏,易惊,运动或站立均常失去平衡,易跌倒。寄生在脊髓时,常表现步态不稳,转弯时最明显,后肢麻痹,小便失禁。

（四）羊脑多头蚴病的诊断

该病常有特异症状,但应注意与特殊情况下的莫尼茨绦虫病、羊鼻蝇虫病等其他脑病相区别,这些病一般不含有头骨变薄、变软和皮肤隆起等症状,同时还可以用变态反应试验加以区别。

（五）羊脑多头蚴病的预防

(1)对牧羊犬及羊场周边的狗进行定期驱虫,阻断成虫感染。

(2)禁止让犬吃到患本病的羊等动物的脑和脊髓等。

(3)彻底烧毁病羊的头颅、脊柱,或做无害化处理。

(4)用硫双二氯酚按每千克体重1g一次喂服进行定期驱虫。

（六）羊脑多头蚴病的治疗

羊脑多头蚴病的前期即急性型阶段尚无有效的治疗方法,急性耐过的后期可通过手术法摘除泡囊。

1.药物治疗

吡喹酮:剂量按每千克体重50mg,连用5d;或剂量按每千克体重70mg,连用3d。据报道,这样用药可取得80%的疗效。

2.手术治疗

根据囊体所在的部位施行外科手术,开口后,先用注射器吸出囊中液体,使囊体缩小,而后完整地摘除虫体。

(1)手术部位确定

①依据旋转方向确定部位:部位就在旋转侧的同侧,向右侧转则寄生在右侧,向左转则寄生在左侧,术前反复观察,并向饲养管理人员询问。

②以视力判断部位:由于虫体压迫交叉视神经,使寄生对侧眼反射迟钝或失明,虫体就寄生在眼反射迟钝或失明的对侧。

③结合听诊确定部位:固定病羊,头部剪毛后,用小听诊锤或镊子敲打两边脑颅骨疑似部位,若出现低实音或浊音者即为寄生部位,非寄生部位鼓音。因寄生部位包体不断增大,使脑实质和骨质之间的正常空隙完全填充,且血管变细,故呈低实音或浊音。

④进行压诊确定部位:包虫寄生在脑实质后,不断增大,脑实质对骨质的长时间压迫,头骨质萎缩软化,甚至骨质穿孔,用拇指按压,可摸到软化区,按压时患羊异常敏感,此处即为最佳手术点。

(2)器械和药品准备

①准备手术用的手术刀、止血钳、骨钻、镊子,并准备足够的药棉、纱布、绷带、消炎粉、5%碘酊和75%酒精、5～10mL玻璃注射器和8～9号针头。

②场地选择和保定:选择干净、避风、干燥、向阳的场地或温暖光线明亮的畜舍进行手术,避免污物对伤口颅骨的污染,甚至造成手术感染。手术时将病羊放倒侧卧,四肢用小绳捆邦固定,助手将羊头抬起保定,剪去局部被毛洗净污物,用5%的碘酊消毒。

(3)摘除方法

①将术部皮肤做"V"形切口,分离皮下结缔组织,用骨钻轻轻打开术部颅盖骨,用针头轻轻划破脑膜,细心分离,如果包囊寄生较浅,此时脑实质鼓起,甚至可看见豆粒大的水泡,用镊子缓缓剥离脑质,让包囊鼓起,以便摘除。寄生比较深时,用镊子由浅入深,反复缓慢分离脑实质,使包囊鼓起而摘除。尽量防止损伤血管和脑实质或弄破包囊而造成手术失败,若血管粗大,脑实质不向外鼓起,部位不准或包虫在深部位,遇到这样的情况,要首先接好玻璃注射器(8～9号针头)探察回抽液体,寻找包虫位置,确定包囊寄生部位和深度,以便达到摘除的目的。

②包囊摘除后,用镊子或棉球将包囊孔中的剩余包囊液或渗出液引流干净,然后整复脑实质和脑膜,用一块消毒的棉花堵塞骨小孔,在周围撒少量消炎粉,取出棉花,缝合皮肤,消毒包扎。在"V"形切口下端作一针缝合即可,敷上有少量碘酊的药棉,用绷带或纱布包扎,注意防冻防雨,可用手术时剪下的羊毛敷于上面再行包扎。

③摘除的包囊及污物必须烧毁或深埋,同时认真清扫地面,以免再传播感染。

3.术后治疗和护理

(1)术后半小时,羊只处于兴奋状态,要避免骚动,防止脑实质塌陷及脑内出血,公羊要防止相互撞击,最好是单独管理。

(2)为了防止伤口感染或继发脑炎,用青霉素、磺胺咪啶钠等消炎药治疗,每日两次,用药3~5日,以助于病羊康复。

(3)认真做好术后羊的饲养管理,在术后预防治疗的同时,要求放牧及饲养管理人员将术后的羊单独放在平坦向阳的牧地或圈舍,给予易消化的饲草料,每天要给予足够的饮水,在没有完全康复前,不宜混群放牧或饲养,以防顶撞而发生震动引起的脑炎。

六、羊夏伯特线虫病

夏伯特线虫病是由绵羊夏伯特线虫引起的一种慢性、散发性羊寄生虫病,病羊的特征是逐渐消瘦、贫血、消化不良、最后粪便干燥坚硬,严重的直至死亡,老百姓也称为"干肠病"。

(一)夏伯特线虫病的病原

夏伯特线虫的虫卵大而圆,呈灰褐色,内部充满卵黄细胞,卵壳厚。头端为圆形,有半球形口囊,口孔开向前腹侧,因为口孔宽大,因此也叫阔口线虫。成虫虫体呈淡黄色、白色或淡红色,长约14~20mm。镜检有一个斜形的大口囊,具有头泡和颈沟,口囊内无齿。雄虫长度14.0~22.5mm,雌虫16~26mm,雄虫交合伞发达,有一对长的交合刺,呈褐色,有一个铲状的导刺带。雌虫阴门距肛门较近,在输卵管内有大量的虫卵存在。

(二)夏伯特线虫病的发育史

夏伯特线虫成虫寿命9个月左右,寄生在绵羊的肠道内。排出的虫卵随粪便流到外界,在适宜的条件下,经38~40h孵出幼虫,经两次蜕化,在1周左右发育成为侵袭性幼虫。卵在牧场上能存活2~3个月。幼虫在足够的湿度及弱光线下,向着草叶的上部移行,如果草上的湿度消失,光线变强,幼虫就移回草根泥土中。由此可知幼虫活动最强的时间是早晨,其次是傍晚,这些时候也正是感染的适宜时机。当羊只吞入这些侵袭性幼虫后,便会受到感染。在正常情况下,幼虫就附着在肠壁或钻入肌层,在羊体内25~35d即发育为成虫,吸附在肠黏膜上,而且大量产出虫卵。

(三)夏伯特线虫病的症状及病变

患夏伯特线虫病的病羊精神沉郁,被毛干燥,结膜苍白黄染,便秘,贫血,逐渐消瘦,初期少食,后期停食,喜饮水,排出极少量坚硬干燥的粪球。时间较长时,患病羊变得消瘦,有时能够引起羊只死亡。

患病羊的脾脏点状出血,肝脏略肿大,胆囊高度肿大,充满墨绿色胆汁。肝门淋巴结水肿、贫血,肾脏贫血、淡红色。剖开肠道,小肠黏膜严重脱落,粪便呈淡红色,空肠内有粪结节,表面有假膜。在肠壁和粪内有大量的白色、淡黄色或淡红色的虫体寄生。结肠盘内也有粪结,肠粘膜脱落,并有大量虫体寄生。有的在大结肠处有肠粘连,并形成硬结节,粘连部位肠壁有团状红色线虫寄生。肠壁上形成许多虫道,并有化脓、坏死,多处形成溃疡。有的肠管变狭,肠壁变薄,其中一半形成钙化结节。盲肠内充满气体,没粪便,直肠内有极少量的干燥坚硬粪球。

（四）夏伯特线虫病的诊断

用1%的福尔马林灌肠，进行诊断性驱虫，根据对所排出虫体的鉴定，诊断是否为该病。也可根据剖检时发现的虫体，进行确诊。

（五）夏伯特线虫病的预防

（1）加强饲养管理及卫生工作。保持羊舍清洁干燥，注意饮水卫生，对粪便进行发酵处理，杀死其中的虫卵。

（2）进行计划性驱虫。在牧区，根据四季牧场轮换规律安排驱虫；在不是常年放牧的地区，于春季出牧之前和秋冬转入舍饲以后的2周内各进行一次驱虫。

（3）进行药物预防。在严重感染地区，放牧季节内应按捻转胃虫的季节动态和牧场轮牧情况，在一定阶段内连续内服少量吩噻嗪（硫化二苯胺）。用量为每天每只成年羊1.0g，羔羊0.5g，混入食盐或精料内自由采食。吩噻嗪在羊体内可制止成虫排卵，随粪排出后可阻止幼虫发育，故可达到预防的目的。也可用噻苯唑进行药物预防。

（4）合理轮牧。在温暖季节，从虫卵发育到可感染的幼虫，一般需要1周左右时间，因此为了防止羊受感染，应该每5～6d换一次牧场。

（六）夏伯特线虫病的治疗

（1）口服丙硫咪唑。按体重5～20mg/kg用药。

（2）口服吩噻嗪。按体重0.5～1.0g/kg，混入稀面糊中或用面粉做成丸剂使用。奶羊应避免应用，因可使奶汁变为淡红色，并发生石灰渣样沉淀。

（3）口服噻苯唑。按体重50～100mg/kg用药。对成虫和未成熟虫体都有良好效果。

（4）驱虫净（四咪唑）。对成虫和未成熟虫体都有良好效果。按体重10～15mg/kg，配成5%的水溶液灌服。

（5）用1%的福尔马林溶液灌肠，进行驱虫。

七、双士吸虫病

绵羊双士吸虫病是由斯克里亚宾吸虫（又称双士吸虫）寄生在小肠内引起的疾病。其主要特征是腹泻、消瘦，感染严重时可引起死亡。

（一）双士吸虫病的病原

双士吸虫体形较小，呈红褐色。口吸盘和腹吸盘都较小。肠管延伸到虫体末端，卵黄腺在虫体前部两侧。虫卵呈深褐色，卵圆形，壳厚，有卵盖。

（二）双士吸虫病的发育史

双士吸虫的中间宿主为陆地螺，并以同一螺或同科其他螺为中间宿主。成虫在绵羊肠道内产卵，虫卵随粪便排出后，被中间宿主吞食，在螺体内发育为胞蚴和尾蚴。成熟的尾蚴离开螺体被同一种螺或同科其他螺吞食后，在其体内发育为囊蚴。绵羊吞食了含有囊蚴的螺后，囊蚴在羊体内发育成成虫，达到一定数量就发病。

（三）双士吸虫病的症状及病变

大量成虫寄生在羊的肠道内，就会引起绵羊肠道发炎、腹泻和消瘦。病羊常常表现为慢性经过，首先出现持续性腹泻，粪便稀薄，呈黑色，并混有黏液和血液。由于粪便污染，羊群中出现明显的"黑屁股"现象。然后出现渐进性消瘦、贫血、体温降低、呼吸加快、黏膜苍白等症状。最后体质衰弱，营养不良，全身虚脱而死亡。

病变主要是肠系膜淋巴结水肿，剖开小肠，肠壁上寄生大量的成虫，肠黏膜脱落现象严重，肠壁出血、发炎，有的形成溃疡面。

（四）双士吸虫病的诊断

双士吸虫病可根据病羊的临床症状、流行病学、虫卵检查及剖检等来综合确诊。

（五）双士吸虫病的预防

（1）加强饲养管理及卫生工作。保持羊舍清洁干燥，注意饮水卫生，对粪便进行发酵处理，杀死其中虫卵。

（2）进行计划性驱虫，每年春秋两季搞好羊的驱虫预防工作，舍饲养应定期驱虫。

（3）合理轮牧。在温暖季节，从虫卵发育到可感染幼虫，一般需要1周左右时间，因此为了防止羊受感染，应该5～6d换一次牧场。

（六）双士吸虫病的治疗

（1）用丙硫咪唑灌服，效果很好。用药量为按体重20mg/kg，预防用药量为按体重15mg/kg。

（2）用伊维菌素0.2mg/kg或吡喹酮30～50mg/kg皮下注射或灌服。

（3）症状严重的可采取补液、消炎、强心等综合治疗。

八、蠕形蚤

蠕形蚤是属于蠕形蚤科蠕形蚤属的蚤类，主要寄生在羊颈静脉沟和胸部，吸食血液，引起绵羊贫血、消瘦、衰竭、死亡的一种外寄生虫病。

（一）蠕形蚤的病原

蠕形蚤的成虫体形扁平，有三对发达的足，体形独特，分头、胸、腹三部分。

（二）蠕形蚤的发育史

蠕形蚤发育过程一般要经过卵、幼虫、蛹、成虫四个阶段。成虫前各个阶段的发育在夏季地表进行，成虫于晚秋侵袭绵羊，冬季产卵，初春离开畜体，生活在灌木林、石头间隙等隐蔽的地方。尤其在11月中旬到翌年1月寄生在绵羊身体上，危害最大。

（三）蠕形蚤的症状及病变

蠕形蚤寄生后，大量吸血，并排出血色粪便，引起羊皮肤发痒和发炎，进而影响绵羊采食和休息。多寄生在绵羊颈静脉沟和胸部。蠕形蚤吸血具有常换吸血点的特点，在一个吸血点边吸血边排黑色血便，之后，又会爬到其他部位吸血，所以会在羊体上出现易被发现的很多的吸血点和排粪点，但找不到虫体的迹象。早期感染的虫体小，吸血后的吸血点不出血，但在12月份以后，吸血后的伤口常常血流不止，造成血染羊毛，出现"红尾羊"。由于虫体在羊体皮肤上爬动和吸血,导致羊体瘙痒、不安,皮肤出血,并发炎;严重感染的羊会出现食欲下降、消瘦、贫血,母羊会流产,最后衰竭死亡。

（四）蠕形蚤的诊断

该病可根据病羊的临床症状、流行病学、虫卵检查及剖检等几方面综合确诊。

（五）蠕形蚤的预防

(1)进行计划性驱虫,对进入冬牧场的羊群要进行药浴,并且要连续坚持3年以上。

(2)药物预防,对在冬牧场出生的羔羊,应在出生后2周左右进行必要的药物防治。

(3)加强饲养管理及卫生工作。保持羊舍清洁干燥,注意饮水卫生,对粪便进行发酵处理,杀死其中的虫卵。

（六）蠕形蚤的治疗

(1)可用0.5%的敌百虫溶液或300mg/kg的螨净溶液擦洗患部。

(2)用敌敌畏溶液按0.5mL/m³用量进行熏蒸法杀虫。

九、羊鼻蝇病

羊鼻蝇病是羊狂蝇属的羊狂蝇(又称羊狂蝇蛆病)的幼虫寄生于羊的鼻腔及其附近的腔窦内引起一种慢性寄生虫病。表现为流脓性鼻涕、呼吸困难和打喷嚏等慢性窦炎症状,本病主要危害绵羊,对山羊危害较轻。

（一）羊鼻蝇病的病原

羊鼻蝇是一种中型的蝇类,体形如蜜蜂,体长10～12mm,头部呈黄色,翅透明,全身淡灰色。口器不发达,因此不采食,不叮咬。属胎生,第一期幼虫呈淡黄色,体长1mm,体表长满小刺;第二期幼虫为椭圆形,体长20～25mm,只有腹部有小刺;第三期幼虫呈棕褐色,体长30mm,有2个黑色的口沟,虫体分节。

（二）羊鼻蝇病的发育史

羊鼻蝇出现在春、秋两个季节,尤以7～9月最为活跃。雌、雄交配后,雄蝇死亡,雌蝇遇到羊时,急速而突然地飞向羊鼻孔,将幼虫生产在羊的鼻孔周围,产完幼虫后成虫死亡。幼虫即爬进鼻腔、鼻窦、额窦等处,发育为第二期幼虫和第三期幼虫。当羊打喷嚏时,被喷落地面,钻进土内或羊粪内变为蛹,蛹经1～2个月羽化为成蝇。

（三）羊鼻蝇病的症状及病变

成虫为了产幼虫会突然袭击羊群,导致羊群骚动、不安,互相拥挤,频频摇头,喷鼻,或以鼻孔抵地、擦地,或将头部掩藏于另一只羊的腹下或腿间。羊感染后食欲不振,进行性消瘦。随后羊表现打喷嚏、甩鼻子,流鼻涕(脓性、血性),有时眼睑浮肿、流泪,有时出现神经症状。

（四）羊鼻蝇病的诊断

该病可根据病羊的临床症状、流行病学、虫卵检查及剖检等几方面综合确诊。

（五）羊鼻蝇病的预防

(1)在羊鼻蝇病流行的地区,重点消灭冬季幼虫,每年夏、秋季节,定期应用1%敌百虫喷擦羊的鼻孔,用0.05%的双甲脒或0.005%的倍特喷洒羊群,平时用依维菌素等进行预防性驱虫。

(2)保持羊舍清洁卫生。

(六)羊鼻蝇病的治疗

(1)敌敌畏:按每千克体重配成水溶液灌服,每天1次,连续2d。也可将其配成40%的敌敌畏乳剂,按1mL/m³剂量喷雾,吸雾时间15～30min。

(2)阿维菌素或伊维菌素:按每千克体重0.2mg皮下注射。

(3)敌百虫治疗:用1%敌百虫水溶液喷鼻或10%～20%的兽用敌百虫溶液按每千克体重0.075～0.100g灌服。

十、羊血吸虫病

羊血吸虫病是由吸虫寄生在羊的门静脉、肠系膜静脉和盆腔静脉内,引起贫血、消瘦及营养障碍等症状的一种蠕虫病。分体属的血吸虫能感染人,也感染羊、牛等以及30多种野生动物。此病流行于长江以南的十余个省、自治区,是危害十分严重的一种人兽共患病。东北属的血吸虫则分布于全国各省市,宿主范围包括牛、羊、骆驼、马属动物及一些野生动物。

(一)羊血吸虫病病原

1.分体属

该属在我国仅有日本吸虫1种,雄虫乳白色,体长10～20mm,体宽0.50～0.97mm,吸盘位于体前端,腹吸盘较大,位于口吸盘后方不远处。体壁自腹吸盘后方至尾部两侧向腹面卷起形成雌沟。雌虫暗褐色,体长12～26mm,宽约0.3mm,通常居于抱雌沟内呈合抱状态。虫卵呈短卵圆形,淡黄色,卵壳薄,无盖,在卵壳一端侧上方有一小刺,卵内含毛蚴。

2.东毕属

东毕属中重要的虫种有土耳其斯坦东毕吸虫、彭氏东毕吸虫、程氏东毕吸虫和土耳其斯坦结节变种等。土耳其斯坦东毕吸虫类似于分体属虫种,但体型微小,雄虫体长4.20～8.00mm,体宽0.36～0.42mm。雌虫体长3.4～8.0mm,体宽0.07～0.12mm。虫卵无卵盖,两端各有一个附属物,一端的较尖,另一端的钝圆。

(二)羊血吸虫病的发育史

日本分体吸虫与东毕吸虫的发育过程大体相似,包括虫卵、毛蚴、母胞蚴、尾蚴、幼虫及成虫等阶段。其不同之处是:日本吸虫的中间宿主为钉螺,而东毕吸虫为多种椎实螺;此外,它们在不同宿主间,各个幼虫阶段的形态及发育所需时间等方面也有所区别。

(三)羊血吸虫病的症状及病变

日本分体吸虫大量感染时,病羊表现为腹泻和下痢,粪中带有黏液、血液,体温升高,黏膜苍白,日渐消瘦,生长发育受阻;可导致不孕或流产。通常绵羊和山羊感染日本分体吸虫时症状表现较轻。感染东毕吸虫的羊多为慢性过程,主要表现为颌下、腹下水肿,贫血,黄疸,消瘦,发育障碍及影响受胎,发生流产等,如饲养管理不善,最终可导致死亡。

剖检可见尸体明显消瘦、贫血和出现大量腹水;肠系膜、大网膜,甚至胃肠壁浆膜层出现显著的胶样浸润;肠黏膜有出血点、坏死灶、溃疡、肥厚或瘢痕组织;肠系膜淋巴结及脾变性、坏死;肠系膜静脉内有成虫寄生;肝脏病初肿大,后则萎缩、硬化;在肝脏和肠道外有数量不等的灰白色虫卵结节;心、肾、胰、脾、胃等器官有时也可发现虫卵结节的存在。

(四)羊血吸虫病的诊断

该病可根据病羊的临床症状、流行病学、虫卵检查及剖检等几方面综合确诊。

(五)羊血吸虫病的预防

(1)安全放牧,全面合理规划草场建设,逐步实行划区轮牧;夏季防止家畜涉水,避免感染尾蚴。

(2)在疫区,结合水土改造工程或用灭螺药物杀灭中间宿主,阻断血吸虫的发育途径;将人、畜粪进行堆肥发酵或制造沼气,既可增加肥效,又可杀灭虫卵;选择无螺水源,实行专塘用水或用井水,以杜绝尾蚴的感染。

(3)及时对人、畜进行驱虫和治疗,并做好病畜的淘汰工作。

(六)羊血吸虫病的治疗

(1)硫酸氰胺(7505):剂量按每千克体重4mg,配成2%~3%水悬液,颈静脉注射。

(2)敌百虫:剂量绵羊按每千克体重70~100mg,山羊按每千克体重50~70mg,灌服。

(3)六氯对二甲苯:剂量按每千克体重100mg,灌服每日1次,连用7d。

(4)吡喹酮:剂量按每千克体重20~30mg,1次口服。

十一、羊球虫病

羊球虫病是由艾美尔科、艾美尔属的球虫寄生于肠道引起的以下痢为主的羔羊原虫病。临床表现特征为渐进性贫血、消瘦及血痢。各种年龄的羊均可感染该病,尤以羔羊和两岁以内的羊易感,羔羊最易感染而且症状严重,死亡率也高。本病多发生于多雨炎热的夏季(4~9月),常呈地方性流行。

(一)羊球虫病的病原

寄生于羊体的球虫种类很多,仅在我国内蒙古就发现5种,致病力较强的有阿氏艾美尔球虫、浮氏艾美尔球虫、错乱艾美尔球虫和雅氏艾美尔球虫。

(1)阿氏艾美尔球虫:卵囊呈圆形或椭圆形,有卵膜孔和极帽。长为27μm,宽为18μm。孢子形成时间48~72h,寄生于小肠。

(2)浮氏艾美尔球虫:卵囊呈长圆形,有卵膜孔无极帽。长大约为29μm,宽为21μm。孢子形成时间24~48h,寄生于小肠。

(3)错乱艾美尔球虫:是一种较大型的球虫。卵膜孔明显,有极帽。长为45.6μm,宽为33μm。孢子形成时间72~120h,寄生于小肠后段。

(4)雅氏艾美尔球虫:卵囊呈圆形,卵囊无卵膜和极帽。长为23μm,宽为18μm。寄生于小肠后段、盲肠和结肠。

（二）羊球虫病的发育史

球虫的发育分为两个阶段：内生性发育阶段和外生性发育阶段。内生性发育阶段在羊体内进行，球虫感染羊后，寄生于肠道上皮细胞，产生裂殖子，裂殖子再浸染上皮细胞，若干代后形成卵囊，随粪便排出体外。外生性发育阶段在羊体外进行，排出体外的卵囊，在适宜环境中可形成孢子，每个卵囊含四个孢子囊，每个孢子囊又含有两个子孢子，含孢子的卵囊具有感染性，羊吃了含卵囊的饲料后即被感染。

（三）羊球虫病的症状及病变

羊球虫病潜伏期一般为2～3周，多为慢性经过，病羊的主要症状是腹泻，粪便中带有黏液和大量血液，甚至带有黑色的血凝块，大便失禁。病羊迅速消瘦，精神萎靡，食欲不振、极度衰竭，终止死亡。羔羊表现症状最为明显，精神不振，食欲减退，饮水增加，被毛粗乱，可视黏膜苍白，腹泻，粪便中常带有血液、黏膜和上皮等，味恶臭。

病变仅见于小肠，肠黏膜上有淡黄色圆形或卵圆形结节，如粟粒至豌豆大，常呈星簇分布，十二指肠和回肠有卡他性炎症，有点状和带状出血。

（四）羊球虫病的诊断

可应用饱和盐水漂浮法检查新鲜羊粪，能发现大量球虫卵囊。结合临床症状和剖检病变等可做出确诊。

（五）羊球虫病的预防

（1）不在潮湿低洼的地方放牧，不在小的死水池内饮水。

（2）成年羊与羔羊分群饲养。

（3）保持羊舍的干燥、卫生，饲料和饮水要清洁。

（4）对病羊采取隔离治疗，对环境、用具进行彻底消毒，粪便进行无害化处理。

（5）将呋喃西林以0.0165%比例添加到饲料中，或以0.008%的比例添加在饮水中进行预防性治疗，也可在每千克饲料中加0.01～0.03g莫能霉素，以预防羊球虫病的发生。

（六）羊球虫病的治疗

（1）磺胺二甲基嘧啶（SMZ）：剂量按每千克体重0.1mg，口服，每日1次，连用1～2周。

（2）磺胺脒1份、次硝酸铋1份、矽炭银5份，混合成粉剂，剂量按每千克体重0.67mg，一次内服，连用数日，效果较好。

（3）硫化二苯胺：剂量按每千克体重0.2～0.4g，每日一次，使用3d后间隔1d。

（4）痢特灵：剂量按每千克体重7～10mg，内服，连用7d。

（5）氨丙啉：剂量按每千克体重20～25mg，连喂两周。

（6）呋喃西林：剂量按每千克体重10mg，连喂7d。

十二、羊莫尼茨绦虫病

羊莫尼茨绦虫病是由扩展莫尼茨绦虫和贝氏莫尼茨绦虫寄生在羊的小肠内引起的一种危害严重的消化道寄生虫病。本病呈地方性流行，羔羊受害最严重。

（一）羊莫尼茨绦虫病的病原

（1）扩展莫尼茨绦虫

扩展莫尼茨绦虫链体长 1～5m，最宽 16mm，乳白色，头节近似球形，上有四个近似椭圆形的吸盘，无顶突和钩。节片的长度小于宽度，越靠后部虫体的长宽之差越小。卵形不一，有三角形、方形或圆形，直径 50～60μm，卵内有一个含有六钩蚴的梨形器。

（2）贝氏莫尼茨绦虫

贝氏莫尼茨绦虫链体长可达 6m，最宽 26mm。两虫的区别是扩展莫尼茨绦虫的节片腺呈泡状，有 8～15 个排成一行；贝氏莫尼茨绦虫的呈节片腺小点状密布，呈横带状，仅排列于节片后缘的中央部。

（二）羊莫尼茨绦虫病的发育史

成虫寄生于羊的小肠内。成虫蜕脱的孕节或虫卵随宿主粪便排到外界，被中间宿主地螨吞食，六钩蚴在消化道内孵出，穿过肠壁，入血管，发育为似囊尾蚴，成熟的似囊尾蚴开始有感染性，羊只采食了含有发育成熟的似囊尾蚴的地螨后，地螨即被消化而释放出似囊尾蚴，似囊尾蚴附着于肠壁上发育为成虫，成虫在羊体内的生活期限多为 2～6 个月，超过此期限自行排出体外。1.5～7.0 个月的羔羊最容易感染莫尼茨绦虫，随着羊年龄的增长就能获免疫性而感染率下降。

（三）羊莫尼茨绦虫病的症状及病变

羊莫尼茨绦虫病症状的轻重与虫体感染强度及羊的体质、年龄等因素密切相关。一般表现为食欲减退、贫血、水肿；羔羊腹泻时，粪中混有虫体节片，有时可见虫体一段吊在肛门处。被毛粗乱无光，喜卧，起立困难，体重减轻。若虫体阻塞肠管，则出现腹胀和腹痛，甚至因肠破裂而死亡。晚期时，病羊仰头倒地，常作咀嚼运动，口周围有泡沫，反刍几乎消失，直至衰竭而死亡。

剖检死羊可在小肠中发现数量不等的虫体；其寄生处有卡他性炎症，有时可见肠壁扩张，肠套叠乃至肠破裂；肠系膜、肠黏膜、肾脏、脾脏甚至肝脏发生增生性变性过程；肠黏膜、心内膜和心包膜有明显的出血点；脑内可见出血性浸润和出血；腹腔和颅腔有渗出液。

（四）羊莫尼茨绦虫病的诊断

剖检病死的羔羊，发现小肠内有带状分节虫体，长 1～2m，宽度 1～1.5cm；外观呈黄白色，前有一球形头节。头节经显微镜检查，上有 4 个近似椭圆形的吸盘，再根据病羊的临床症状、流行病学、虫卵检查等几方面综合确诊。

（五）羊莫尼茨绦虫病的预防

（1）冬季舍饲至春季放牧之前，全面进行驱虫。在秋后转入舍饲或移到冬季营地之前再驱虫一次，驱虫后的粪便集中进行无害化处理。

（2）羔羊在开始放牧时要进行绦虫驱虫，在 50 日龄内应驱虫两次。驱虫后的粪便集中进行无害化处理。

（3）消灭中间宿主地螨。地螨具有避光强和喜潮湿的习性，早晨和黄昏及夜间数量较多，阴雨天更为活跃，此时应避免在污染草场放牧；也可以通过深耕、作物轮作、改换种植牧草品种等措施改变地螨的生存环境,从而减少地螨数量。

(4)注意选择好放牧时间、地点,以减少羊只对地螨的接触机会。

(六)羊莫尼茨绦虫病的治疗

(1)丙硫咪唑:剂量按每千克体重5～20mg,制成1%的水悬液,口服。

(2)氯硝硫胺:剂量按每千克体重100mg,制成10%的水悬液,口服。

(3)硫双二氯酚:剂量按每千克体重75～100mg,包在菜叶里口服,亦可灌服。

(4)硫酸铜:配制成1%水溶液服用。配制时1000mL溶液中加入1～4mL盐酸有助于硫酸铜充分溶解,配制的溶液应贮存于玻璃或木质容器内。治疗剂量为:1～6月龄的绵羊15～45mL;7月龄至成年羊50～100mL;成年山羊不超过60mL,可用长颈细口玻璃瓶灌服。

(5)仙鹤草根牙粉:绵羊每只用量30g,一次性口服。

(6)吡喹酮:剂量按每千克体重15mg,一次性口服。

十三、羊捻转血矛线虫病

羊捻转血矛线虫病是由捻转血矛线虫寄生在羊的真胃(偶见于小肠)引起的一种危害严重的线虫病。该病在全国各地均有不同程度的发生和流行,尤以西北、东北和内蒙古地区更为普遍。

(一)羊捻转血矛线虫病的病原

捻转血矛线虫虫体似线状,呈粉红色,头端尖细,口囊很小,内有一个角质背矛。雄虫体长15～19mm,雌虫体长27～30mm,由于红色的消化管和白色的生殖管相互缠绕,形成红白相间的外观,故称捻转胃虫(俗称麻花虫)。虫卵大小为长75～95μm,宽40～50μm,无色,壳薄。捻转血矛线虫在发育过程中不需中间宿主,虫卵在适宜的温度和湿度下,经4～5d发育成幼虫,羊吞食了含有幼虫的饲草易被感染。

(二)羊捻转血矛线虫病的发育史

羊捻转血矛线虫的虫卵随宿主粪便排到外界,在适宜的环境下,经过第一、二幼虫期,发育成有感染性的第三期幼虫,被宿主摄食后,在瘤胃中蜕鞘,经再次蜕皮,形成童虫而寄生在真胃中。

(三)羊捻转血矛线虫病的症状及病变

根据病羊感染捻转血矛线虫的数量和其体质的具体情况,症状有轻有重。据测定,2000条雌虫每天大约可使羊损失30mL血液。因此,贫血是受感染病羊的主要症状。病羊精神不振,食欲减少,眼结膜苍白,消瘦,便秘与腹泻交替出现,下颌间隙水肿,心跳弱而快,呼吸急促,严重者卧地不起,最后因体质极度衰竭,虚脱而死。羔羊感染时,常呈急性死亡。

病羊死后尸体消瘦,真胃、小肠有数量不等的羊捻转血矛线虫。其黏膜呈卡他性、出血性炎症。肠黏膜、肠壁可见灰黄色寄生虫结节,有的呈现化脓性结节。肠黏膜上有少许溃疡,肠系膜淋巴结水肿,腹膜有炎症,腹腔脏器部分发生粘连。

（四）羊捻转血矛线虫病的诊断

根据流行情况和临床症状,特别是对死羊剖检后,可见真胃内有大量红白相间的线虫,便可初诊。再根据实验室诊断:无菌采集粪便,用饱和盐水浮集法、直接涂片法检查,发现粪便中有捻转血矛线虫卵,便可确诊。

（五）羊捻转血矛线虫病的预防

（1）定期进行预防性驱虫,一般为春秋两季各进行一次。驱虫后的粪便堆积进行无害化处理,以消灭虫卵和幼虫。

（2）加强饲养管理,增强机体的抵抗力。

（3）放牧时应避开低湿的地点,不要在清晨、傍晚或雨后放牧,以减少感染机会。注意饮用水的卫生。

（4）加强牧场管理,做好有计划轮牧。

（六）羊捻转血矛线虫病的治疗

（1）丙硫咪唑:剂量按每千克体重5～20mg,口服。

（2）左咪唑:剂量按每千克体重5～10mg,混饲食喂或皮下、肌肉注射。

（3）塞苯唑:剂量按每千克体重50mg,口服。该药对毛首线虫效果较差。

（4）精致敌百虫:剂量按绵羊每千克体重80～100mg;山羊每千克体重50～70mg,混饲。

（5）甲苯唑:剂量按每千克体重10～15mg,口服。

（6）伊维菌素:剂量按每千克体重200mg,皮下注射。

需要注意的是寄生于羊小肠的羊仰口线虫病(钩虫病),寄生于羊大肠的食道口线虫病(结节虫病)和阔口线虫病的防治方法与捻转血矛线虫病相似。

十四、羊肺丝虫病

羊肺丝虫病是由丝状肺虫寄生于支气管内引起的,该病多发生于夏秋季,绵羊和山羊都可发生。

（一）羊肺丝虫病的病原及发育

羊肺丝虫病的病原是丝状网尾线虫,寄生于羊的支气管内,致病力强,危害很大。成虫产卵于支气管或气管内,卵在肺内发育成含有幼虫的卵,在咳嗽时随着痰液到达口腔,然后再咽入消化道,一小部分虫卵可直接咳嗽于体外发育为幼虫,在消化道内一部分卵可发育为幼虫,随粪便排到体外。幼虫在适宜的环境中发育为侵袭性幼虫。侵袭性幼虫爬上青草或进入水中,当羊吃了这种草或饮用这种水后,即受到感染。进入羊消化道的幼虫脱出囊鞘,钻到肠淋巴管,经肠系膜淋巴结进入血液,最后进入支气管内发育为成虫。再重复其生活史,扩大传染。

（二）羊肺丝虫病的症状

患肺丝虫病的病羊主要表现为支气管肺炎症状。病初干咳,以后逐渐变为湿咳,鼻流黏性鼻液,体温一般正常,严重时可上升到40℃以上,食欲减退,逐渐消瘦。肺丝虫对羊的危害很大,需加强防治。

病羊开始表现短而干的咳嗽。最初个别羊咳嗽,以后波及多数,咳嗽次数亦逐渐增多,有时咳出黏稠含有虫卵及幼虫的痰液。在运动后和夜间休息时咳嗽更为明显。在羊圈附近可以听到患羊呼吸困难,呼吸如拉风箱。常见患羊鼻孔流出黏性液体。听诊肺部有湿性啰音,常并发肺炎。患病久的羊,表现食欲减少,身体瘦弱,被毛干燥而粗乱。喜卧地上,不愿行走。随着病势的发展,逐渐发生腹泻及贫血,眼睑、下颌、胸下和四肢出现水肿,最后由于严重消瘦而死亡。当虫体与黏液缠绕成团而堵塞喉头时,亦可因窒息而死亡。

（三）羊肺丝虫病的病理变化

羊患肺丝虫病死后尸体消瘦、贫血,主要病变在肺脏。肺的边缘有肉样硬度的小结节,颜色发白,突出于肺的表面。肺的底部有透明的大斑块,形状不整齐,周围充血。支气管和气管内充有黄白色或红色黏液,其中含有很多伸直或成团的虫体。支气管和气管的黏膜肿胀而充血,并有小点状出血。

（四）羊肺丝虫病的鉴别诊断

羊肺丝虫病跟感冒、支气管炎诊断要区别开,该病一般体温不高,病程较长,听诊肺部有湿啰音,而感冒、支气管炎炎症一般仅在大支气管。在化验室通过对粪便镜检可见到活动的幼虫。

（五）羊肺丝虫病的预防

放牧是引起该病的主要原因,虽然国家已禁牧,但仍有很多地方没有严格舍饲,舍饲后该病发生率将明显降低。青草要先晾晒后再饲喂,不饮污水;对粪便进行发酵处理,以杀死幼虫。

（六）羊肺丝虫病的治疗

（1）驱虫净:按体重10～20mg/kg,灌服;或者按体重10～12mg/kg,肌肉或者皮下注射。

（2）左旋咪唑片:按体重8mg/kg,灌服;或者按体重5～6mg/kg,肌肉或者皮下注射。

以上两种方法第7d同样剂量再治疗一次,然后服用健胃散,同时添加一些益生菌。

第六节　羊中毒病的防治

一、羊氢氰酸中毒

氢氰酸中毒症是由于羊采食了富含氰苷配糖体的青饲料所引起的一种中毒性疾病。本病以呼吸困难、震颤、痉挛和突然死亡为特征。

（一）病因

（1）羊采食过量的胡麻苗、高粱苗、玉米苗等而突然发作。

（2）机榨胡麻饼,因含氰苷量多,饲喂过多易发生中毒。

（3）用中药治病时,当杏仁、桃仁用量过大时,亦可致病。

（二）临床症状

氢氰酸中毒一般发病很急，病初兴奋不安，表现出一系列消化器官的机能紊乱，如流涎、呕吐、腹痛、胀气和下痢等。接着心跳及呼吸加快，精神沉郁。后期全身衰弱，行走摇摆，呼吸困难，结膜鲜红、瞳孔散大。最后心力衰竭，倒地抽搐而死。最急性者，突然极度不安，惨叫后倒地死亡。

（三）病理变化

剖检可见尸僵不全，血液呈鲜红色，凝固不良，口腔有血色泡沫，喉头、气管和支气管黏膜有出血点，气管和支气管内有大量泡沫状液体。肺充血、出血和水肿，心内外膜有点状出血。胃肠黏膜充血和出血，胃内充满气体，有苦杏仁味。

（四）诊断

1.临床诊断

根据病羊有采食含氰苷植物或被氰化物污染饲料或饮水的病史，结合临床发病急速，呼吸困难，血液呈鲜红色，皮肤和黏膜发红，神经机能异常等临床典型症状，可做出初步诊断。

2.实验室诊断

（1）苦味酸试纸法：取胃内容物或饲料样品20~30g放入三角烧瓶中加水50mL搅成粥状，再加10%酒石酸10mL使成酸性，将装有苦味酸试纸木塞盖上，使试纸悬于烧瓶中，放置一定时间观察颜色变化，在沸水浴上加热30min，如样品中有氢氰酸存在，试纸由金黄色变为橙黄色，含量大的变为砖红色。

（2）改良柏林蓝法：若遇紧急情况需快速检验时，可直接取检样10g置于三角烧瓶内，加水成粥状，随后加少量酒石酸，迅速将硫酸亚铁－氢氧化钠试纸盖在瓶口上（定性滤纸1小块，在中心部位依次滴加20%硫酸亚铁和10%氢氧化钠溶液各1滴即成），然后用小火缓慢加热，使氢氰酸挥发而被试纸吸收，待三角瓶内溶液沸腾后2~10min，取下试纸浸入稀盐酸中，若样品中有氢氰酸或其他氰化物存在，则试纸上出现蓝绿色（柏林蓝）斑点。

（五）防治措施

1.治疗

（1）对食入含氰类食物不久或未出现明显症状的病羊，可立即用5%硫代硫酸钠溶液或0.1%高锰酸钾溶液或3%碳酸氢钠溶液反复洗胃，以减少氢氰酸在胃内产生和深度吸收。

（2）对中毒症状明显的病羊，可用2%的亚硝酸钠0.1~0.2g，配成5%的溶液，静脉注射，然后再用5%的硫代硫酸钠注射液20~60mL，静脉注射。若配合注射5%~10%维生素C注射液10mL，效果更佳。

（3）在应用解毒剂的同时，可灌服0.1%的高锰酸钾溶液，以破坏消化道内未被吸收的毒物。

（4）对不宜静脉注射的羊群和羔羊发生中毒时，可一并用硫代硫酸钠2份，亚硝酸钠1份混合灌服，必要时可2次给药。

2.预防

（1）禁止在含有氰甙作物的地方放牧。

（2）用含有氰甙的高粱苗、玉米苗、胡麻苗等做饲料时,应经过水浸或发酵后再喂饲,要少量勤喂,一次不喂过多。

（3）对氰化物农药应严加保存,以防污染饲料和饮用水。

二、有机磷中毒

有机磷农药中毒是羊接触、吸入或采食了有机磷制剂所引起的一种中毒性疾病。农业生产上广泛应用的有机磷类杀虫剂有对硫磷(1605)、内吸磷(1059)、敌敌畏、乐果、甲基内吸磷(甲基1059)、敌百虫、马拉硫磷等,若使用不当,被羊吃入,即可引起中毒。临床上以体内胆碱酯酶活性受到抑制,导致神经生理机能紊乱为特征。

（一）病因

羊有机磷中毒常是误食喷洒有机磷农药的牧草或农作物、青菜等;误饮被有机磷农药污染的饮用水;误食拌过农药的种子;应用有机磷杀虫剂防治羊体外寄生虫,剂量过大或使用方法不当;羊接触有机磷杀虫剂污染的各种工具器皿等,而发生中毒。

（二）临床症状

有机磷中毒在临床上可以分为三类症候群:

（1）毒蕈碱样症状:表现为食欲不振,流涎,呕吐,腹泻,腹痛,多汗,尿失禁,瞳孔缩小,可视黏膜苍白,呼吸困难,肺水肿,发绀等。

（2）烟碱样症状:表现为肌纤维性震颤,血压升高,脉搏频数,麻痹。

（3）中枢神经系统症状:表现为兴奋不安,体温升高,抽搐,昏睡等,中毒羊兴奋不安,冲撞蹦跳,全身震颤,渐而步态不稳,以至倒地不起,在麻痹下窒息死亡。

（三）病理变化

剖检可见胃黏膜充血,出血,肿胀,黏膜易脱落,肺充血肿大,气管内有白色泡沫,肝脾肿大,肾脏混浊肿胀,包膜不易剥落。

（四）诊断

（1）临床诊断:根据病羊有毒物接触史,结合临床症状和剖检病变,可做出初步诊断。

（2）实验室诊断:测定胆碱酯酶活性和进行毒物分析,可做出确诊。紧急时可用阿托品做治疗性诊断。

（五）防治措施

1.治疗

（1）排出毒物:先用1%的盐水或0.05%的高锰酸钾溶液洗胃,再灌服50%的硫酸镁溶液40~60mL进行导泻,使中毒羊胃内毒物通过肠道尽快排出。经皮肤染毒者,用5%的石灰水或肥皂水刷洗。

（2）解毒:可用1%的硫酸阿托品注射液1~5mL,1次皮下注射,每隔1~2h重复用药1次,使羊快速呈现阿托品化,即病羊出现瞳孔散大、流涎停止、口腔干燥、视力恢复、症状明显减轻或消失等。在此基础上使用解磷定1~2g,配成2%~5%的溶液,静脉注射,4~5h用药1次。

也可用氯磷定、双解磷。

（3）对症治疗：呼吸困难者注射氯化钙；心脏及呼吸衰弱时注射尼可刹米；兴奋不安；痉挛抽搐时注射巴比妥；腹泻时，注射葡萄糖和复方氯化钠、维生素C；防止继发感染注射抗菌消炎药。

2.预防

严格农药管理制度和使用方法，不在喷洒农药地区放牧，拌过农药的种子不得喂羊。

三、硝酸盐和亚硝酸盐中毒

羊采食了含有硝酸盐和亚硝酸盐的饲料而引起的中毒性高铁血红蛋白血症，绵羊亚硝酸盐每千克体重67mg即可致死。急性中毒以突然发病、黏膜发绀、血液呈暗褐色、呼吸困难、神经紊乱为特征。慢性中毒以流产、不孕、甲状腺肿大、免疫力下降等为特征。

（一）病因

1.急性中毒

（1）采食富含硝酸盐的饲料：如白菜、包心菜、萝卜叶、甜菜、莴苣叶、油菜、马铃薯叶、南瓜叶、甘薯藤、玉米、高粱及未成熟的燕麦、小麦、大麦、黑麦、苏丹草等，这些植物在幼嫩时硝酸盐含量高，羊大量采食即可引起急性中毒。

（2）饮水中硝酸盐含量高：从非常肥沃的土壤中渗出的水硝酸盐含量很高，施过硝酸盐粪肥的田水，制革的废水，羊舍、粪堆、垃圾附近的水源，常有硝酸盐存在，如水中硝酸盐含量超过每升200～500mg，即可引起中毒。

（3）饲料贮存不当，形成亚硝酸盐：当青绿饲料堆放过久、雨淋、发酵腐熟，或煮熟后低温缓焖延缓冷却时间，可使饲料中的硝酸盐转化为亚硝酸盐。同时瘤胃条件也有利于硝酸盐还原成亚硝酸盐。绵羊的亚硝酸盐致死量为每千克体重67mg。

（4）羊体状况：羊禁食或饥饿对硝酸盐和亚硝酸盐的敏感性增高，而以良好的平衡日粮饲喂的羊敏感性降低。

2.慢性中毒

较长时间摄入一定量的硝酸盐和亚硝酸盐的饮水或饲料，可引起慢性中毒。

（二）临床症状

1.急性中毒症状

病羊表现沉郁、流涎、呕吐、腹痛、腹泻、脱水等症状。可视黏膜发绀，呼吸困难，心跳加快，肌肉震颤，步态蹒跚，很快卧地不起，四肢划动，全身痉挛挣扎而死。有些病例突然倒地死亡，而没有任何症状。

2.慢性中毒症状

病羊表现前胃弛缓，腹泻，跛行，抵抗力降低，甲状腺肿大，母羊流产和分娩无力，受胎率降低。

（三）病理变化

剖检可见皮肤青紫色，肺水肿、气肿，血液酱油色，凝固不良，胃底部黏膜充血、出血或黏膜脱落,小肠有时出血,心外膜有点状出血,肝肿大。

(四)诊断

1.临床诊断

根据病羊有采食富含硝酸盐和亚硝酸盐饲料和饮水的病史,结合临床发病迅速、口吐白沫、呼吸困难、黏膜青紫、血液呈酱油色等典型症状,可做出初步诊断。

2.实验室诊断

(1)取血液5mL,在空气中震荡15min,在有高铁血红蛋白的情况下,血液不变色,仍保持棕色。正常的血液则由于血红蛋白与氧结合,变为猩红色。

(2)取血5mL,滴入数滴10%的氰化钾或氰化钠溶液,在含有高铁血红蛋白的情况下,血液立即变为鲜红色。

(3)取胃内容物稀释过滤,将滤液置于试管内,滴加5滴5%的安替比林溶液,振摇,然后滴加2滴5%的铬酸钾,最后加等量浓硫酸,若有亚硝酸盐时,检液呈橙黄色。

(五)防治措施

1.治疗

(1)特效疗法

用美蓝每千克体重8mg,配成溶液(美蓝1g溶于酒精10mL中,加生理盐水9mL)缓慢静注或分点肌注,必要时2h后再注射1次。同时用维生素C注射液6～10mL,皮下注射;甲苯胺蓝配成0.5%溶液,每千克体重0.5mL,肌肉或静脉注射,疗效高于美蓝。

(2)对症治疗

用0.1%的高锰酸钾水洗胃;或者用双氧水10～20mL、生理盐水30～60mL,混合静脉注射;重症病羊可用5%的葡萄糖生理盐水500～1000mL、樟脑磺酸钠注射液5～10mL、维生素C注射液6～8mL,静脉注射。

2.预防

(1)避免青饲料长时间堆放。

(2)接近收割的青饲料不要再施用硝酸盐类肥料。

四、尿素中毒

尿素除可作肥料外,也可作羊的蛋白质饲料。但是,如果羊食入尿素过多,就会发生中毒。

(一)病因

(1)在饲料中首次加入尿素时,没有经过一个逐渐增量的过程,而是按定量突然饲喂。

(2)在饲喂尿素过程中,不按规定控制用量,或添加的尿素同饲料混合不匀,或将尿素溶于水而大量饲喂。

(3)对尿素管理不善,被羊大量偷食。

(4)平时饲料的种类过于单纯,前胃有病,影响瘤胃中微生物的总量、种类和活性,因而对尿素的利用率降低,也可发生中毒。

(二)临床症状

多为急性病例,采食后20～30min发病。患病初期表现不安、发抖、呻吟,混合性呼吸困难,呼出气有氨味,大量流涎,口唇周围挂满泡沫,不久则步态不稳,卧地,精神沉郁,衰弱,肌肉震颤、共济失调,瘤胃胀气,腹痛,偶有前肢麻痹,最后出汗,瞳孔散大,肛门松弛,倒地死亡。

(三)病理变化

可见瘤胃膨胀,内容物有氨嗅味,消化道黏膜充血、出血及溃疡。脑组织死亡,心外膜出血,肝脏、肾脏肿大,肺脏水肿,外观呈大理石状。

(四)诊断

1.临床诊断

根据病羊有采食尿素等含氮化肥状况,结合临床症状及剖检变化,可做出初步诊断。

2.实验室诊断

(1)血氨检查:一般情况下,当血氨含量每升为8.4～13.0mg时,即出现症状;当达每升20mg时,表现共济失调;每升50mg时,羊即死亡。

(2)胃内容物检查:取胃内容物加水成粥状,然后取3mL粥状液于试管中,加入1%亚硝酸钠1mL,再加入浓硫酸1%,摇匀后静置5min,待泡沫消失后,加0.5g格里斯试剂,摇匀,观察颜色反应,同时做空白试验。如果有尿素存在,呈黄色反应,无尿素则为紫红色。

(五)防治措施

1.治疗

(1)制止尿素分解为氨,避免机体吸收氨而发生碱中毒,应立即灌服酸类药物,可用10%稀盐酸10～20mL,加水10倍灌服。或用食醋0.5～1.0kg,加10倍水混合搅匀,1次灌服。

(2)消炎、镇痉,消除胃肠内毒物,用硫酸镁(钠)60～120g、鱼石脂15g,灌服。或内服植物油200～300mL。

(3)保护胃黏膜,阻止毒物吸收。在服用泻剂时,加入蛋清、牛奶等黏膜保护剂。服用泻剂后,可用硝酸毛果芸香碱注射液40～50mg,皮下注射。

(4)提高机体的解毒能力,防止机体脱水,增强肝脏与全身解毒机能和排毒能力,可用20%硫代硫酸钠注射液10～30mL,静脉注射。同时用10%葡萄糖酸钙注射液100～200mL,静脉注射。

(5)病羊呼吸困难时,可用25%尼可刹米注射液2～4mL,皮下或肌肉注射;心脏衰弱时,可用安钠咖注射液5～10mL,肌肉注射或5%葡萄糖生理盐水300～500mL,加入0.5%氢化可的松注射液100～200mL,静脉注射。

2.预防

(1)尿素只能供6个月以上的羊利用。用量不超过日粮总氮量1/3,或占混合精料量的2%,也可占日粮总量(精料+粗料)的1%。

(2)饲料中加入脲酶抑制剂。

(3)尿素不应和尿酶含量高的生大豆、生豆粕等配合使用。和高能饲料如糖蜜、果渣、谷、薯类配合使用时,应注意维生素补加和矿物质均衡。

(4)不可通过饮水饲喂。应用尿素干粉与饲料混匀饲喂,喂完尿素1~2h后再饮水。

五、食盐中毒

食盐是羊维持生理活动必不可缺少的成分之一,每天需0.5~1.0g。但是,过量饲喂食盐或注入浓度特别大的氯化钠溶液都会引起中毒,甚至死亡。

(一)病因

(1)日粮含盐量过高,中等个体羊的盐中毒致死量为150~300g,中毒量为每千克体重3~6g。

(2)发生食盐中毒与否和羊的饮水量有关,若供给充足饮水,虽然食入大量食盐也可使之从肾脏和肠管排出,减少毒性。例如,喂给绵羊含2%食盐的日粮并限制饮水,数日后便发生食盐中毒;而喂给含13%食盐的日粮,让其随意饮水,结果在很长时间内并不表现出食盐吸收中毒的神经症状,只表现有多尿和腹泻。

(二)临床症状

中毒后表现口渴,食欲或反刍减弱或停止,瘤胃蠕动消失,常伴发鼓气。急性发作的病例,口腔流出大量泡沫,结膜发绀,瞳孔散大或失明,脉细弱而增数,呼吸困难。腹痛,腹泻,有时便血。病初兴奋不安,磨牙,肌内震颤,盲目行走和转圈运动,继而行走困难,后肢拖地,倒地痉挛,头向后仰,四肢不断划动,多为阵发性。严重时呈昏迷状态,最后窒息死亡。体温在整个病程中无显著变化。

(三)病理变化

胃肠黏膜充血、出血、脱落。心内外膜及心肌有出血点。肝脏肿大,质脆,胆囊扩大。肺水肿。肾紫红色肿大,包膜不易剥离,皮质和髓质界限模糊。全身淋巴结有不同程度的瘀血、肿胀。也可见到嗜酸性白细胞性脑炎。

(四)诊断

(1)临床诊断:根据病羊有采食食盐的病史、结合临床症状及剖检变化,可做出初步诊断。

(2)实验室诊断:主要测定肝脏内氯化钠的含量和胃肠内容物中氯化钠的含量,如果显著增高,则可确诊为食盐中毒。

(五)防治措施

1.治疗

(1)中毒初期,内服黏浆剂及油类泻剂,并少量多次地给予饮水,切忌任其暴饮,使病情恶化。

(2)胃肠炎时内服胃肠黏膜保护剂,如鞣酸、鞣酸蛋白、次硝酸铋等。

(3)为抑制肾小管对钠离子和氯离子的重复吸收作用,可内服溴化钾5~10g,双氢克尿噻50mg。

(4)对症治疗,可用镇静剂,肌内注射盐酸氯丙嗪注射液,用量按每千克体重1~3mg,静脉注射25%硫酸镁注射液10~20mL或5%溴化钙注射液10~20mL;心脏衰竭时,可用强心剂;严重脱水时应立即进行补液。

2.预防

(1)日粮中补加食盐时要充分混匀,量要适当。

(2)兽医人员用高渗氯化钠注射液静脉注射时应掌握好用量,以防发生中毒。

第七节　常见普通病的防治技术

一、口炎

口炎是口腔黏膜炎症的总称,是由于口腔黏膜表层或深层组织发生炎性病变,以卡他性口炎、水疱性口炎和溃疡性口炎较为常见,并且可能出现相继交错发病的迹象,以羔羊多发。

(一)病因

一般原发性口炎主要是由于采食过程中受到机械性损伤,如采食坚硬、粗糙、带刺的粗纤维性食物,刺伤(划伤)口腔上皮黏膜导致发炎。也有误食某些高浓度强刺激性药物、有毒植物、过期霉变饲草料等引起整个消化道黏膜发生炎性病变。还可因长期缺乏某些维生素(主要是B族维生素)导致消化道表皮黏膜及皮肤严重发育不良。羊痘、羊口疮、羊霉菌中毒等常见传染病也可引起羊消化道继发或并发性感染而引发口炎。

(二)临床症状

患病羊口腔黏膜充血、肿胀、有疼痛感,特别是上下唇、齿龈、面颊部病灶最为明显。水疱性口炎的特点是上下唇散布较为密集的颗粒状、半透明、大小不一的水疱。溃疡性口炎可见口腔黏膜出现成片坏死灶、黏膜脱落、出血等,继发细菌性感染时常伴有恶臭。病程中后期造成病羊采食困难、饮食欲显著下降,继发感染、多元混感现象较为普遍,某种单纯性口炎独立存在的情况较为少见。

(三)诊断要点

一般根据病羊症状即可诊断,诊断要点为:羊采食谨慎,咀嚼缓慢,口腔黏膜红肿,上下唇内存在水疱呈透明或半透明状,或存在白色溃疡斑,口腔恶臭并流涎。

(四)预防

提高对羊群管护的精细程度是防控口腔炎症复发的前提条件,不能将工业用化学物质、尖锐利器带入场内,以免对羊的口腔造成伤害。重视饲草料的合理配制和粗硬秸秆的加工调制,要防止羊只因为缺乏维生素引起的消化道表皮黏膜发育不良或坚硬秸秆刺伤口腔黏膜。另外,禁止饲喂腐烂变质饲料,定期对料槽和水槽进行消毒,要预防感染性口腔炎。

(五)治疗

早期轻度感染,可用雷佛奴尔液(0.1%浓度),或高锰酸钾液(0.1%浓度),或盐水(20%浓度),进行冲洗,康复效果较好。如果诊治不及时,发生糜烂,有渗出液,可用明矾液(2%浓度)进行冲洗,康复效果较好。如果口腔黏膜发生溃烂,可选用碘甘油、碘酊、龙胆紫溶液、磺胺软膏、四环素软膏等,进行患部涂抹。后期,随病程加剧,继发细菌感染,体温明显升高,可需要用链霉素100万单位,肌肉注射,每天2次,3~5d为一个疗程。

如果西药治疗效果不佳,或者羊群体发病,可使用中药青黛散治疗。具体配方为:薄荷3g,桔梗、黄连、儿茶各6g,青黛9g。将这五味药集中到同一容器内进行打粉混合,分成3份,分别装入小型布袋内,置于羊口腔内。也可将混合药粉直接涂于炎症点上,便能有效控制炎症。

如果口腔炎症不及时得到处理和控制,可能会累及到肺部引发肺炎。则需要使用中药方清热消炎,具体配方可选择:黄檗、牛蒡子、木通各15g,大黄24g,花粉、黄芩、枝子、连翘各30g,上述药物混合研磨成粉末后,后加入芒硝60g,分10次用开水冲后灌服,或供10只羊1次灌服。

二、羊食管阻塞

食管阻塞,俗称"草噎",是指食管某段被食物或其他异物阻塞,以致吞咽障碍为特征的疾病。还可引起嗳气排不出来,患病羊苦闷不安、摇头、流涎,亦可继发瘤胃鼓气等。

(一)病因

食管阻塞有原发性和继发性2种。原发性食管阻塞多因采食马铃薯、甘薯、甘蓝、萝卜、西瓜皮或苹果等块根类饲料过急而发生;或采食大块豆饼、花生饼、谷秆、玉米棒以及谷草、青干草等,未经充分咀嚼,吞咽过急或受到惊吓所致;或因饥饿采食过急吞咽过猛而致;或因误吞毛巾、塑料手套、胎衣等而致。继发性食管阻塞,常见于食道麻痹、狭窄和扩张;或因中枢神经兴奋性增高,发生食管痉挛引起食管阻塞。

(二)临床症状

病羊采食中突然发病,停止采食,口涎下滴,头向前伸,表现吞咽动作,精神紧张,痛苦不安。严重时,嘴可伸至地面。由于嗳气受到障碍常常发生瘤胃鼓胀,并因食管和颈部肌肉收缩,引起反射性咳嗽,呼吸困难。

因阻塞物的位置不同,临床症状也各异。完全阻塞时,采食、饮水完全停止,表现空嚼和吞咽动作,大量流涎;上部食管阻塞时,病羊流涎并有大量唾液附着在唇边和鼻孔周围,吞咽的食糜和唾液有时从鼻孔溢出;下部食管发生阻塞时,咽下的唾液先蓄积在上部食管内,颈左侧食管沟呈圆桶状膨大,触压可引起哽噎运动。食管完全阻塞时,不能进行反刍和嗳气,迅速发生瘤胃鼓胀,呼吸困难。不完全阻塞时,液体可以通过食管而食物不能下咽,多伴有轻度瘤胃鼓胀。

(三)诊断要点

根据突然发生吞咽困难的病史,结合临床检查、观察及食管外部触诊可以做出初步诊断。胸部食管阻塞,应用胃管探诊或食管造影检查,显示钡剂到达该处则不能通过。完全性阻塞时，用X射线检查，阻塞部呈块状密影。

本病应与胃扩张、食管痉挛、食管狭窄以及咽炎等进行鉴别诊断。瘤胃扩张具有呼吸困难甚至呕吐的现象，呕吐物酸臭呈酸性反应，疼痛症状剧烈。而本病从口鼻逆出物不具酸味，呈碱性反应，并且没有腹痛症状。食管痉挛与本病症状相似，用水合氯醛等解痉剂，或用胃管探诊可以进行鉴别。食道狭窄病情发展缓慢，食物吞咽障碍，常呈现假性食管阻塞症状，但饮水和流体饲料可咽下。咽炎则表现头颈伸展、流涎、吞咽障碍等。

（四）预防

平时饲养管理要有规律，定时定量饲喂草料，避免过于饥饿而抢食。加强羊只管理，防止羊偷食块根、玉米棒等未加工的饲料，饲喂块根饲料时要切碎，最好切成片状，秋后尽量不到块根茬地放牧。饲料中注意补充各种无机盐和微量元素，以防异嗜癖，经常清理牧场及圈舍周围的废弃杂物。

（五）治疗

（1）阻塞物卡于咽或咽喉时，将羊保定好，装上开口器，用手掏取出或用铁丝圈套取出阻塞物。也可用手沿食管轻轻向上按压，使其上行，再用镊子掏出或用铁丝圈套取出。必要时可先注射少量阿托品以消除食管痉挛和逆蠕动，协助取出阻塞物。

（2）如果阻塞物位于胸部食管，可先将2%盐酸普鲁卡因注射液5mL和液状石蜡30mL，用胃管送至阻塞物位置，润滑解痉，然后用硬质管将阻塞物推送进入瘤胃。如果不成功，可先灌入油类，然后插入胃管，用手捏住阻塞物上方，在打气加压的同时推动胃管，使阻塞物入胃。但油类不可灌入太多，以免引起吸入性肺炎。

（3）也可用冷水一碗，猛然倒入羊耳内，使羊突然受惊，肌肉发生收缩，即可将堵塞物咽下。

（4）当阻塞时间过长，鼓胀严重时，应及时用粗针头或套管针在瘤胃左肷部穿刺放气，防止发生死亡。

（5）如果以上方法都无法取出或咽下阻塞物时，需要施行外科手术将其取出。手术时要避免同食管并行的动脉和静脉血管壁的损伤。首先将羊保定，确定手术部位，按外科手术程序，对手术部位进行局部剪毛、消毒，用0.25%盐酸普鲁卡因注射液进行局部浸润麻醉。切开皮肤，剥离肌肉，暴露食管壁。将距阻塞物前后1.5cm处的食管用套有细胶管的止血钳夹住，不宜过紧，然后在阻塞部位纵行切开取出阻塞物。取出后用0.1%的雷佛奴尔溶液洗涤消毒，再用生理盐水冲洗。缝合黏膜层和肌肉层，然后将肌肉与浆膜层进行内翻缝合，再进行肌肉缝合，最后结节缝合皮肤。为防止污染，外涂碘伏和药膏。手术后用青霉素80万单位、安痛定注射液10mL混合一次肌内注射，每日2次，连用5d。维生素C0.5g，每日1次，肌肉注射，连用3d。术后禁食1d，防止感染。第二天喂少量小米粥，第三天开始给予少量青干草，直至痊愈。

三、羊前胃弛缓

羊前胃弛缓是指前胃神经肌肉感受性能逐渐下降，收缩能力减弱，瘤胃内容物运转迟缓，菌群失调，产生大量发酵和腐败物质，引起胃部消化道障碍，食欲反刍下降乃至全身功能紊乱的一种胃部疾病。羊前胃迟缓常发生于山羊,绵羊很少发病。

（一）病因

主要分为原发性前胃弛缓致病原因和继发性前胃弛缓致病原因。

（1）原发性主要为单纯性消化不良引起,主要由日粮搭配不当、饲料配比变化过快、外界环境剧烈变化导致应激反应（如长途运输、外界温度短时间波动等）、误食了难消化或不消化的胎衣、塑料等。其中常见的是日粮搭配不当引起该病的因素：

①精料比例过高,超过日粮比例20%;

②粗饲料粉碎长度太短,平均长度小于0.8cm;

③长期单一饲喂不经粉碎的秸秆;

④缺少矿物质或者矿物质搭配不合理、运动不足、饮水不足等。

（2）继发性前胃弛缓主要是由羊患有消化道疾病（如瘤胃积食、鼓胀、酸中毒、瓣胃阻塞等）、产科疾病、传染病、寄生虫病以及疫苗注射反应、长期过量饲喂精饲料、过量使用抗生素等导致的前胃弛缓。

（二）临床症状

前胃弛缓的病羊一般表现精神萎靡、食欲不振或废绝、反刍减少或停止,常伴随磨牙、呻吟、呼气有酸臭味、脱水、鼻镜干燥、体温稍下降、卧地等症状。

按压患病羊左侧腹部,松软如生面团,内容物呈粥状,按压时羊有痛感,出现躲闪、侧踢、逃脱等现象。如果发生产气,则左侧腹部隆起;如果长时间不采食,则左肷窝凹陷。听诊时,瘤胃收缩力变小、蠕动次数减少、持续时间短、蠕动音不明显。

剖检患该病羊时会发现瘤胃和瓣胃胀满,特别是瓣胃容积会增大2~3倍,内容物干燥,用手指摩擦即可成粉末,真胃下垂,瓣叶间的内容物干涸,其上覆盖成块瓣叶及脱落的上皮。此外,病羊瘤胃和瓣胃的黏膜颜色变红并有血斑,瓣叶组织有穿孔、溃疡或坏死。

若是继发性前胃弛缓,也会伴有原发病的症状。如果是有慢性酸中毒、慢性感染性炎症、部分寄生虫病导致的前胃弛缓,则通常是慢性过程,表现为精神、食欲、反刍、瘤胃蠕动等时好时坏,排便呈黑色,有时便秘,有时腹泻,体况日渐消瘦。原发性疾病未治愈就会继发前胃弛缓,且症状一直存在,患病羊瘤胃液 pH < 5.5（正常值为 5.5 ~ 7.4）。

（三）诊断要点

本病诊断首先依据发病原因和临床症状进行分析和判定,同时结合瘤胃内容物检测进行确诊。正常健康羊只瘤胃内 pH 值为 5.5~7.4,前胃弛缓时,瘤胃内 pH 值为 5.5 以下,或升高至 7.4 以上。采集患病羊的适量胃液,去除杂质和各种内容物后,将过滤得到的液体静置一段时间,记录微粒物质漂浮需要的时间,通常健康营养需要 3 ~ 9min,如果存在严重的消化不良,漂浮时间要延长。

羊前胃弛缓与创伤性网胃炎、瓣胃阻塞、皱胃阻塞症状较为相似,因此需做好鉴别诊断工作。

羊瘤胃积食:主要表现为瘤胃蠕动音逐渐减弱,直至消失,叩诊瘤胃成浊音和半浊音,体温不会升高。用手触诊瘤胃时，患病羊不会有疼痛的表现，胃内容物黏硬或坚实，瘤胃显著膨大，患病羊不停地回头顾腹，从口腔中呼出酸臭气体，口腔湿润，排尿量减少或者不排尿，尿液呈现赤黄色。

创伤性网胃炎：主要表现为患病羊在发病较短时间内，体温就会升高到40℃以上，站立时肘关节头外展，左肘后部肌肉震颤，患病羊前肢落地时十分小心。触诊网胃部位羊表现出有疼痛感，用多种促进瘤胃蠕动药物治疗均无效。

皱胃阻塞：主要表现为羊的毛皮干燥，皮肤失去弹性，眼球向内凹陷，呈现出严重的脱水症状，左侧下腹部到肋弓会出现一条宽条状的突起物，触诊时有疼痛感。患病羊频繁的做排便姿势，但只能排出少量棕黑色的恶臭糊状粪便，在粪便中常会混杂有黏液或紫黑色的血丝和凝血块。听诊肋部能听到叩击钢管的声音，清朗而铿锵有力。

瓣胃阻塞：主要表现为患病区域疼痛难忍，蠕动音先是减弱，最后消失，鼻子干燥甚至发生菌痢，胃穿刺能感到内容物坚硬，通常不会由穿刺孔内流出液体。

（四）预防

强化肉羊的日常饲养管理，确保饲草料配比合理并且安全无发霉变质。禁止投放质量不合格或者冰冻以及霉变饲料。禁止随意更换饲料或是突然增减饲喂量，确保日粮在含有足量的粗饲料。要引导羊群适度运动，羊舍中要保持干净和通风。

（五）治疗

1.原发性前胃弛缓治疗

（1）洗胃+补盐

让病羊呈前低后高的姿势站立，从口腔将塑料橡皮胶管插入瘤胃，通过胃管灌服2000~3000mL温水（温度大约为40℃），然后轻轻按摩瘤胃，使胃内液体导出，如此进行3~4次冲洗，使瘤胃内环境恢复正常。

洗胃后配合口服补液盐，即取氯化钠3.5 g、葡萄糖20 g、碳酸氢钠2.5 g、氯化钾1.5 g，与1000mL水混合均匀，通过胃管灌服，每天2次，以降低瘤胃内渗透压，减轻机体脱水，排出有毒产物，有效改善血液循环。

（2）生物接种法

用胃管抽取300~500mL健康羊的瘤胃液，快速给洗胃后的病羊灌服，以促使病羊瘤胃纤毛虫活力恢复，增强消化机能。

（3）补充维生素B

肌肉注射5 mL复合维生素B注射液，每天1次，连续使用3~5d。维生素B能够调节胃肠道功能，刺激食欲，有利于消化，使胃内食物及时排空，促进瘤胃功能恢复。也可使用促反刍注射液，每次静脉注射500~1000mL，每天1次，以刺激瘤胃加速蠕动。

（4）重症和并发症

如果病羊发生明显脱水，可根据具体脱水程度补充适量的5%葡萄糖生理盐水；如果心脏功能不全，可取10%安钠咖注射液0.5~2.0 g添加在5%葡萄糖生理盐水内，混合均匀后静脉注射;如果发生酸中毒,可静脉注射 5 % 的碳酸氢钠液 300 ~ 500mL。

（5）中药治疗

①加减越鞠保和丸,消导运化:黄芪 10 g、山楂 30 g、白术 15 g、神曲 30 g、茯苓 10 g、鸡内金 20 g、大枣 50 g、陈皮 8 g、炙甘草 5 g,加水煎煮,取药液给病羊内服,每天 1 剂,连续使用 3 ~ 5 剂。

②加减八珍散,补气养血散结:党参 30 g、熟地 20 g、黄芪 25 g、当归 30 g、茯苓 4 g、白术 30 g、白芍 20 g、陈皮 15 g、香附 6 g、肉桂 8 g、干姜 25 g、甘草 25 g,加水煎煮,取药液给病羊内服,每天 1 剂,连续使用 5 ~ 7 剂。

③加减健脾散,补脾气运化水谷:党参 15 g、藿香 10 g、厚朴 10 g、白术 20 g（炒）、茯苓 6 g、丁香 10 g、砂仁（炒）10 g、陈皮 8 g、草豆蔻 8 g、神曲（炒）8 g、甘草 10 g,加水煎煮,取药液给病羊内服,每天 1 剂,连续使用 5 剂。

2.继发性瘤胃弛缓治疗

继发性瘤胃弛缓治疗,关键是治疗原发病。

（1）瓣胃阻塞而继发引起前胃弛缓

羊因患有瓣胃阻塞而继发引起前胃弛缓,要先对瓣胃阻塞进行治疗,可选用增液承气散加味治疗,即取大黄 25 g,厚朴、麦冬、槟榔、生地、玄参、枳实各 6 g,蒲公英 10 g,芒硝 20 g,全部研成粉末,与 50 g 猪油混合均匀后给病羊灌服,同时配合进行输液;当瓣胃疏通后,必然会减轻前胃疾病。

（2）寄生虫类疾病继发引起前胃弛缓

因患有寄生虫类疾病而继发引起前胃弛缓,可按体重内服敌百虫 80mg/kg,以驱除虫体。病羊驱虫后如果依旧停止采食,可取白术、当归各 9 g,炙甘草 4g,香附、白芍、茯苓各 6 g,党参 12 g,青皮 5 g,厚朴、炒山楂、炒麦芽各 7 g,混合后充分研磨,添加适量开水冲服,具有较好的治疗效果。

（3）将 10 ~ 12 g 酒石酸锑钾和 500mL 水混合均匀后给病羊一次性灌服,每天 1 次,连续使用 2 次。

（4）取 0.1 % 新斯的明注射液,每只羊肌肉注射 2 ~ 4mg,间隔 2h 用药 1 次。

四、羊瘤胃积食

瘤胃积食也叫做急性瘤胃扩张、瘤胃食滞症、瘤胃阻塞,兽医称为宿草不转,是反刍动物采食过多饲料,使其在瘤胃内积滞,造成瘤胃膨大,胃壁过度伸张,影响前胃机能,引起严重的消化不良。临床上表现为反刍和嗳气均停止,瘤胃的蠕动音减弱或消失,瘤胃表现扩张、坚实并发生疝痛等。

（一）病因

羊瘤胃积食可分为原发性瘤胃积食和继发性瘤胃积食。原发性瘤胃积食的发病原因是由于羊在一定时间内采食过量的草料,比如原来饲喂的草料质量较差,突然给羊提供优质饲料,如青草料或者多汁草料,导致羊出现暴食而引起;或者在进料过程中由于羊没有及时饮水,加之规模化养殖下羊群运动量较少,消化系统功能紊乱,导致羊出现羊瘤胃积食疾病;或者由于分娩、运输及过于劳累等其他因素,使羊的反刍功能受到抑制,也会诱发羊出现瘤胃积食的现象;或者羊采食了大量的精料,同时饮用了大量的水,使精料在瘤胃内膨胀和发酵,产生大量的乳酸和有机酸,导致病羊出现瘤胃胀气和积食。

(二)临床症状

患病初期,羊通常会对饲料不感兴趣,出现食欲减退,反刍、嗳气停止或减少、弓背、后肢踢腹的症状。继而还会有磨牙、打滚、坐卧不安等症状。同时,病羊的身体状况越来越差,听诊可以发现瘤胃蠕动下降或停滞,胃部基本不进行消化,但不出现体温异常的情况。触诊发现患病羊胃部明显增大,内容物坚实,形状如面团状。另外,患病羊情绪比较急躁、鼻镜干燥、鼻孔会出现黏性分泌物。如果是由于过量采食谷类饲料,除了上述症状外,病羊还会出现腹泻的情况,且排泄物呈现黑色、气味恶臭,排泄物中还会夹杂黏液和没有被完全消化的饲料颗粒。患病后期,就会出现脱水和酸中毒现象,患病羊眼球下陷、皮肤弹性变差、排尿量大大降低、运动能力逐渐消退,甚至黏膜发紫、呼吸困难、嗜睡、昏迷等,最终因身体机能衰竭而亡。

(三)诊断要点

1.望诊

观察病羊的临床症状表现,分析病羊表现出的症状是否属于典型性的羊瘤胃积食症状,包括羊鼻镜是否出现干燥和龟裂、鼻镜有无鼻珠、是否有腹痛表现、是否存在摇尾弓背和回头顾腹的现象、是否有粪便干黑,且难以排便的现象。

2.触诊

对患病羊的瘤胃部位进行按压,观察该部位是否存在胀满的现象,在用手进行按压时是否会感受到坚实的触感,如果用力按压会出现坑状凹陷。

3.听诊

用听诊器在患病羊的瘤胃部位进行听诊,如果瘤胃蠕动音强度较弱,蠕动波较短,且蠕动次数较少,则代表羊存在瘤胃积食,如果病羊病情极其严重则蠕动音会消失,甚至出现呼吸功能障碍等。

4.与瘤胃鼓气和前胃迟缓相鉴别诊断

羊在患瘤胃鼓气时瘤胃里会产生气体,一般是在进食之后腹部有明显的变化,触诊有弹性。羊变得非常躁动,没有进食的欲望,呼吸和心跳加速,瘤胃的蠕动也会变快,后期声音降低直至消失,体表温度正常。如果不能在第一时间治疗,病羊就会死于窒息。发生前胃迟缓时,病初患羊的进食量就会逐渐减少,相比之下,更喜欢进食新鲜的饲料和粗饲料。随着病情进一步严重,病羊食欲直线下降,此时瘤胃的蠕动速度会逐渐降低直至完全消失,无力行走。

(四)预防

预防瘤胃积食首先应从合理饲养入手,强化羊的日常饲养管理,确保饲草料配比合理并且安全无发霉变质;禁止投放质量不合格或者冰冻以及霉变饲料;禁止随意更换饲料或突然增减饲喂量,确保日粮在含有足量的粗饲料;要准备充足、干净的饮用水。要引导羊群适度运动,羊舍中要保持干净和通风。

(五)治疗

1.饥饿按摩疗法

对于发病症状较轻的病羊可采取"饥饿按摩疗法"治疗。即病羊先进行2~3d禁食,在此期间给其投服适量的酵母粉,一般每天使用200~250g左右。用手按摩病羊的瘤胃区域,每隔2h按摩1次,每次持续20min左右,这样能够促使瘤胃内的食物变软,并在人工刺激下蠕动,实现瘤胃内容物向下运送,减轻瘤胃因积食导致的鼓胀,发病症状好转,逐渐康复。

2.药物导泻

(1)鱼石脂3g、硫酸钠50~60g、95%的酒精30~50mL,同时配备适量水,将其混合后进行灌服。

(2)5%的葡萄糖注射液250~300mL、5%的氯化钙注射液20~40mL、10%的氯化钠注射液20~40mL,混合后进行皮下注射,必要时也可同时增加硫酸新斯的明注射液,注射量为2~4mL。

(3)植物油100mL、硫酸镁50g,混合后加入500mL水,给病羊灌服。

(4)中药治疗:大黄、麦芽、槟榔、枳实、茯苓各60g,厚朴90g,白术、青皮、香附各45g,山楂120g,甘草、木香各30g,研磨成粉末,用开水进行冲服。

(5)洗胃疗法

让患病羊站立,并固定其头部,随后用开口器打开空腔,将胃导管深入瘤胃中,先通过胃管灌入0.5%~1%的温食盐水,然后再利用虹吸作用将胃中的食物导出来。这样反复操作直到注入胃内的水不再浑浊,这样既可以排除其中的有害食物,同时也可以防止酸中毒。

(6)手术治疗

如果在进行药物治疗5h之后仍然没有任何的效果,症状也没有缓解,并且带有四肢发抖、不能行走和腹泻等一系列的症状时就要实施手术治疗。即切开瘤胃,把胃内的所有内容物全部清理干净,以减少胃内积食,恢复瘤胃功能。需要注意的是在手术完成12h后,就可以让羊慢慢活动,促进肠胃功能恢复,同时将10mg地塞米松、10mL安痛定和500mL氯化钠注射液混合后静脉注射,每天1次,持续4d。手术完成后的2~3d内一定要禁食,等到瘤胃恢复正常后,再给羊喂少量能够快速消化的优质饲料。手术完成8d后如果没有其他症状,就可以拆线,然后正常饲喂。

五、羊瓣胃阻塞

羊瓣胃阻塞,又称瓣胃秘结,是由于羊的瓣胃蠕动减慢所致,运化和传送能力降低,导致食物停留在胃里时间过长,水分被吸收减少,食物变干滞留在胃中形成阻塞。该病是养羊生产中的常见病,主要症状是食欲逐渐减退、营养不良。

(一)病因

羊瓣胃阻塞主要是由于给羊只长期饲喂单一饲料,缺乏粗饲料刺激瓣胃,使其收缩力不断减弱,影响瓣胃排空速度,加之瓣胃内容物的水分被逐渐吸收,使其干固积滞,从而发病。尤其是供水不足的情况下,会促使症状加重。如果羊的饮水和饲料不卫生,或者运动量小等也可能会导致瓣胃阻塞的发生。严重的瓣胃阻塞也会影响其他器官的正常功能。

(二)临床症状

羊瓣胃阻塞的发病初期,病羊会表现出食欲减退,精神迟钝。部分病羊因为胃腹部疼痛难忍而出现起卧不宁,有时发出呻吟声。病情发展到一定程度时,病羊会表现出明显的消瘦、头低耳聋、眼窝下陷、常拱背。病羊后期精神不振、体力衰竭、站立不稳、呼吸困难、心律不齐,最后多因脱水、自体中毒导致全身衰竭而死亡。

(三)诊断要点

羊瓣胃阻塞初期的症状与前胃迟缓的症状基本相似。主要表现是食欲减退,鼻镜干燥,嗳气减少,反刍缓慢或停止,瘤胃蠕动力量减弱,内容物柔软等。随着病情的发展,病羊瓣胃的蠕动逐渐消失,触压右侧第7~9肋间,肩胛关节水平线上下时,病羊会表现出明显的疼痛不安,多出现回顾腹部、努责、摇尾、左侧横卧、粪便干少、色泽暗黑,后期停止排便。此时即可确诊为羊瓣胃阻塞。如果未及时治疗,后期病羊瓣胃小叶发炎或坏死,常可继发败血症,病羊体温升高,呼吸和脉搏加快,尿少或无尿,全身表现衰弱,病羊卧地不能站立,最后死亡。

(四)预防

保持羊舍干燥和空气流通,搞好舍内卫生,定期消毒。羊群禁止长时间饲喂单一的粗硬饲料,也不可饲喂存在大量泥沙的草料,适量增加青饲料和多汁饲料的喂量,特别在是比较寒冷的冬天,一定要严格控制粗硬饲料的数量。另外,注意饲料的卫生,不要过多的采用精饲料喂养,以减少羊瓣胃阻塞的发生。并确保供给足够饮水,注意补充一些食盐,一般每只成年羊每天的食盐量控制在5~10g的为宜。

(五)治疗

羊瓣胃阻塞的治疗原则是及时将瓣胃中的阻塞物软化,促进胃肠道蠕动,将内容物排空。临床上常使用植物油类物质软化胃阻塞物,辅以少量泻药来加速胃部的蠕动速度,可采用灌服和注射两种方式加快瓣胃内容物的排空速度,防止羊脱水和自体中毒现象的发生。

1.促使瓣胃内容物排出

内服5%硫酸镁250~400mL,或植物油150~300mL,或石蜡油100~200mL。其中硫酸镁是一种盐类泻剂,它不会被肠壁吸收,可加速胃部蠕动,从而加速粪便排出;植物油或者石蜡油属于润滑性泻剂,其服用后只有小部分被消化道吸收,大部分会以原来状态通过胃肠道,促使粪便软化,加速粪便排出。

2.刺激瓣胃蠕动

取10%氯化钠50~100mL、5%氯化钙50mL、10%安钠咖溶液20mL,混合均匀后给病羊静脉注射。以上药物能够调节机体渗透压,保持体液酸碱平衡,并反射性地促使迷走神经兴奋,刺激胃肠的蠕动和增强分泌。需要注意的是,药液要缓慢注射,避免其漏至血管外,如果病羊心跳微弱要慎用。

3.瓣胃内直接注入药液

如果病羊症状较重,可直接向瓣胃内注入药液,可有效缓解症状。选择右侧肩关节水平线与5~8肋间的相交处作为注射部分,向左肋头方向刺入较长的封闭针头,进针深度控制在10~12mm,这样就能刺入瓣胃。为确定针头准确刺入瓣胃内,可先注入少量注射用水,然后快速抽取,如果看到含有草料的黄色液体,则说明针头已经刺入瓣胃内,接着向瓣胃内注射10%~20%硫酸镁50~100mL,或者注入由30g氯化钠、50mL甘油、150~200mL水组成的混合溶液。

4.中药治疗

(1)槟榔散:取黄芪20g、当归10g、党参10g、枳实10g、厚朴10g、槟榔10g、香附10g、神曲10g、山楂10g、陈皮10g、麦芽粉30g、酵母片30片(每片含0.3g干酵母),然后加水500mL煎煮,沸腾后以温火继续煎煮30min,取药液给病羊灌服,每天1剂,连续使用3~5d。

(2)藜芦汤:取藜芦10g、当归10~15g、常山10g、川芎10g、二丑10g、滑石15g、蜂蜜50g、石蜡油150mL,加水煎煮,取药液给病羊灌服,每天1剂,连续使用3~4d。

(3)增液承气汤加减:取大黄、玄参、枳壳、生地、郁李仁各10g,加水煎煮,在药液中添加蜂蜜、芒硝各20g、猪油100g,搅拌均匀后给病羊灌服,每天1剂,连续使用2~3d。

(4)猪膏散加减:取大黄15g、白术、当归、大戟、牵牛子、甘草各5g,全部研成粉末,再加入滑石10g、芒硝20g、猪油100g以及适量的开水冲调,待温度适宜后给病羊灌服,每天1剂,连续使用2~3d。

六、羊皱胃阻塞

羊皱胃阻塞又称为皱胃积食,是由于迷走神经调节机能紊乱或受损,导致皱胃内积满大量食糜,使胃壁扩张,体积增大而形成阻塞的一种疾病。该病会导致消化机能极度紊乱、瘤胃积液、自体中毒和脱水的病理过程,病羊死亡率极高。

(一)病因

原发性皱胃阻塞的根本原因是饲养管理不当,养殖户如果长期饲喂谷草、麦秸、玉米秸秆加单一的谷物精料,再加上饮水不足,极易引发消化机能和代谢机能紊乱,发生异食现象,如舔食砂石、水泥、毛球、麻线、破布、木屑、刨花、塑料薄膜甚至食入胎盘而引发皱胃阻塞。

继发性皱胃阻塞主要是由前胃弛缓、创伤性网胃炎、皱胃炎、皱胃溃疡、小肠秘结等疾病引起。

(二)临床症状

患病初期羊只出现前胃弛缓,食欲减退或消失,尿量少、粪便干燥,随着病情的发展,病羊反刍停止,肚腹显著增大,肠音微弱,有时排少量糊状、棕褐色、恶臭粪便,并混有少量黏液。

病羔临床表现为食欲废绝,腹胀疼痛,口流清涎,眼结膜发绀,严重脱水,腹泻,触诊瘤胃、皱胃松软。

(三)诊断要点

调查病羊有无采食异物史。了解病羊所表现的消化机能障碍是否呈渐进性,即食欲由减退到废绝,反刍次数由减少到停止,胃蠕动音逐渐减弱至消失。

(四)预防

加强饲养管理,消除致病因素,定时定量饲喂,供给优质饲料和清洁饮水;科学搭配日粮,给予全价饲料,防止羊只因营养物质缺乏而发生异食癖,同时要保证羊舍、运动场及饲草的卫生清洁,严防异物混入草料中。

(五)治疗

皱胃阻塞前期的治疗原则为消积化滞,促进皱胃内容物排除,防止脱水和酸中毒。可用25%硫酸镁溶液50mL、甘油30mL、生理盐水100mL,在皱胃区注射,具体注射部位为右腹下肋骨弓处胃体突起的部位,注射8~10h后,用吡噻可灵2mL,皮下注射,效果较好。

疾病发展到中期的治疗原则主要是改善神经调节功能,提高胃肠运动机能,强心补液,同时为了防止继发感染还可使用一些抗生素。具体可用10%氯化钠注射液20mL、20%安钠咖注射液3mL,静脉注射。维生素C10mL,肌肉注射。

皱胃阻塞的后期为了防止脱水和自体中毒,主要以补液为主。用5%葡萄糖生理盐水500mL、20%安钠咖注射液3mL、40%乌洛托品注射液3mL,静脉滴注。

同时,皱胃阻塞也可用中药治疗。大黄8g、厚补3g、枳实8g、芒硝40g、莱菔子12g、生姜12g,水煎后晾温,一次灌服。或大黄、郁李仁各8g、牡丹皮、川楝子、桃仁、白芍、蒲公英、双花各10g、当归12g,一次煎服,连服3剂。

皱胃阻塞药物治疗疗效不佳时,可进行瘤胃切开术,取出阻塞物,冲洗瓣胃和皱胃,以达到治疗目的。

七、羊急性瘤胃鼓气

羊急性瘤胃鼓气是因为前胃神经反应能力显著下降,收缩能力放缓,采食了大量容易产生气体的饲料,在瘤胃菌群的作用之下,异常发酵产生大量气体引起瘤胃和网胃急剧扩张,压迫膈肌、胸腔内部器官,引起呼吸和血液循环障碍,甚至造成窒息的一种疾病。常发生于春、夏季,绵羊和山羊均可患病。

(一)病因

1.原发性急性瘤胃鼓气

羊在放牧或饲喂过程中,大量采食幼嫩的牧草,尤其是在下午过量采食幼嫩牧草;大量食入霉变干草、多汁易发酵的青贮饲料、堆积发酵青草;饲养过程中没有对饲料进行合理搭配,饲草过少、精料过细;喂食了过多的马铃薯、胡萝卜以及红薯等块茎饲料;误食有毒植物等,都有可能引发急性瘤胃鼓气。

2.继发性急性瘤胃鼓气

如果羊患有前胃粘连、创伤性网胃炎、破伤风、腹膜炎、前胃弛缓或者食道阻塞等疾病,极容易继发急性瘤胃鼓气。

（二）临床症状

1.原发性急性瘤胃鼓气

发病较为突然，仅仅采食后20min羊即可出现鼓气现象。病羊回顾腹部，弯腰拱起同时后肢不断踢向腹部，躁动不安。病羊食欲不佳，停止反刍以及嗳气。腹围迅速增大，与右侧相比左侧更为明显，其肷窝部向外凸起，甚至与腰背处于同一水平线。触诊可以发现其左侧瘤胃上方较为紧致，充满弹性，用手指对其按压不会出现指痕。对瘤胃上部进行叩诊，可以听到高朗的鼓音，如果瘤胃产生了过多的气体，可以听到类似金属音。对瘤胃进行听诊，听不到瘤胃的蠕动音，但是在瘤胃收缩的初期，可以听到类似于气体流动所发出的"滋滋声"。病羊无法正常呼吸，如果病情较为严重，病羊不断张口伸舌、流涎不止，其头颈处于伸展状态，呼吸以及心跳频率明显加快，病羊无法正常站立，焦虑不安，同时有出汗现象，其静脉怒张。在发病后期，病羊常常卧地不起，最终因心脏停搏或者窒息而死亡。

2.继发性急性瘤胃鼓气

病羊常常因肚胀而出现食欲下降、消化以及反刍机能减退，病羊逐渐消瘦，最终因衰竭而死亡。

（三）诊断要点

（1）腹部鼓胀为此症典型症状。严重鼓胀，甚至高出脊背。腹壁紧张，触诊有弹性，叩诊有鼓音。病羊频频回望，甚至后肢频踢，起卧不安，触之羊有疼痛感。瘤胃早期，蠕动音先强后弱，后期逐渐消失。

（2）病羊呼吸加快，张口喘气，体温正常。心跳加快，脉搏浅快，运动失调。

（3）慢性瘤胃鼓气，多数呈周期性发生。症状时好时坏，采食后经常发生。发病个体逐渐消瘦。

（4）泡沫性瘤胃鼓气，多因采食过量的豆科牧草和谷物饲料所致。症状可见腹胀加快，症状严重，触诊鼓胀部位有坚实感，瘤胃内高度充满，上下不一致，严重的可导致病羊窒息而亡。

（5）因食道阻塞导致的瘤胃鼓气，病羊多因吞咽马铃薯、萝卜等，未经咀嚼卡在食道处而诱发，可见嗳气停止，同时流涎。

（四）预防

（1）在饲喂的过程中，应当将幼嫩的豆科牧草与其他牧草混合后给羊饲喂，或者在给羊喂食豆科牧草之前先给其喂食纤维含量较高的干草，从而有效避免急性瘤胃鼓气的发生。不得饲喂发霉腐败的草料、分解的块状饲料以及劣质青贮饲料。

（2）由舍饲转为放牧时，最初几天在出牧前先喂一些干草后再出牧，并且还应限制放牧时间及采食量；在饲喂易发酵的青绿饲料时，应先饲喂干草，然后再饲喂青绿饲料；尽量少喂堆积发酵或被雨露浸湿的青草；不让羊进入到苕子地、苜蓿地暴食幼嫩多汁植物；不到雨后或有露水、下霜的草地上放牧。

（3）舍饲育肥羊，应该在全价日粮中至少含有10%~15%的铡短的粗料，粗料最好是禾谷类秸秆或青干草。

（五）治疗

一旦发现羊患有急性瘤胃鼓气，必须立即进行治疗。在实际的治疗过程中，应当以阻止发酵、排气解压，将瘤胃内有害内容物除去以及帮助病羊恢复机能为治疗原则。

（1）发病初期，或症状较轻时取来苏水，每次2.5mL；或甲醛，每次1~3mL；或鱼石脂，每次2~5g；或硫化镁，每次30g，将上述药物适量溶解于水中，1次性灌服，排气止酵效果较好。

（2）急性瘤胃胀气病情危重时，首先应将病羊站立于斜坡上，保证其头部位置明显高于后驱位置，接着在病羊口中横置一根涂抹有松馏油的木棒，使木棒的两端露出口角以外，用细绳将木棒系紧并将其绑于两侧角基部，通过病羊的不断咀嚼而促进其嗳气。如果病情较为严重，必须尽快对病羊进行瘤胃穿刺手术来急救，通过对瘤胃放气，可以帮助病羊有效缓解其腹部压力。剪去病羊左肷部的毛纤维并清洁消毒，对准方向后将套管针刺向病羊的瘤胃，接着将针芯拔出，留置套管进行放气。在实际的放气过程中，必须将病羊的腹壁压紧，使其腹壁与瘤胃壁处于一个紧贴的状态，与此同时要保证放气过程缓慢进行，以防因放气速度过快而导致病羊脑贫血的发生。也可采用套管针向病羊瘤胃内注入100~150mL的植物油或者10~20mL的松节油，以消灭放气过程产生的泡沫，防止出现放气困难的情况。由于放气仅仅能对呼吸困难进行有效的缓解以防病羊因窒息而死亡，并不能从根本上解决问题。因而在实际的治疗过程中还需为病羊进行止酵缓泻治疗，通常将30g硫酸镁加300mL水后给病羊一次性灌服。

八、羊创伤性网胃腹膜炎及心包炎

创伤性网胃腹膜炎及心包炎，是指羊在采食时吞下尖锐的金属或者其他异物，并被穿过网胃壁、膈肌后刺入心包，从而引起的网胃损伤、机能障碍及腹膜和心包炎症。该病在肉羊养殖中比较常见，且致死率很高，严重威胁着羊养殖业的健康发展。

（一）病因

羊创伤性网胃腹膜炎及心包炎的病因主要是羊在进食时，不小心进食了夹杂钉子、铁丝等尖锐物质或者其他金属异物的饲料，或在活动场所误食金属异物而引起。在被吞咽的异物中，如果异物的形状怪异或者体积较大时，很不容易排出体外而长期滞留在瘤胃中。如果食糜中的尖锐异物随着瘤胃的收缩-扩张运动进入网胃，因网胃体积较小，收缩力强，此时异物就很有可能刺伤或者刺穿网胃壁，从而造成创伤性的炎症。当羊处于分娩、驱赶、打斗等剧烈运动状态，或者发生瘤胃积食、瘤胃胀气而导致腹内压急剧增高时，刺入网胃壁的异物就很可能进一步刺穿膈肌而刺伤心包，最终引起创伤性网胃膜炎及心包炎。

（二）临床症状

羊创伤性网胃腹膜炎及心包炎包括创伤性网胃炎、创伤性心包炎等多个病理过程。创伤性网胃炎，其临床症状主要与创伤的程度、炎症发生范围和异物成分以及个体差异等因素有关。如果造成网胃损伤的金属异物只是损伤了网胃黏膜，而且发生炎症的范围较小，则临床往往表现为轻度的前胃迟缓症状。如果胃壁已经被金属或者其他异物刺穿或者发生严重的炎症反应时,病羊则可能表现为精神不振,停止进食,反刍困难,前胃的蠕动音很弱或听不到蠕动音等顽固的前胃蠕动弛缓症状,病羊常拱背,四肢聚拢于腹下,肘头朝外,并伴随肘肌震颤;不愿俯卧,转动身体或者卧下时表现痛苦、动作小心缓慢。发病初期羊的体温可能会升高,随后保持正常。如果异物已经刺伤羊的下腹壁,则羊剑状软骨区变得非常敏感,并可能已发生泛发性腹膜炎。如果异物已经刺入羊的心包膜,并引起创伤性的心包炎,初期有轻微的心包摩擦音,当心包腔内有大量液体渗出后,摩擦音即消失,而出现拍水音,叩诊时心浊音区扩大,心跳加速,同时因静脉回流障碍而引起颈静脉高度扩张,以及由于淋巴回流障碍而引起颌下水肿。

(三)诊断要点

1.创伤性网胃炎

病羊可能会出现顽固性的前胃弛缓,且反复发作,对药物治疗没有明显效果;病羊的体温发生变化,时高时低,用药后可能下降,但是随后又超出正常范围。部分发病严重的羊只在初期常表现为剧烈疼痛,但是随着发病时间的延长,因异物被逐渐包裹成包囊而形成慢性炎症。此时,异物对网胃的刺激减轻,动物常表现的疼痛不明显。

2.创伤性心包炎

创伤性心包炎一般是在创伤性网胃炎临床症状的基础上结合以下症状来进一步诊断。在发病初期最主要也是最明显的症状是心包摩擦音,随后出现特征性病症拍水音,同时心跳加速,心音遥远,心浊音区扩大。后期多出现静脉扩张、颌下水肿。另外可结合心包穿刺液的性状来进行确诊。

(四)预防

加强饲草、饲料管理,防止尖锐异物混入饲草;每年用瘤胃取铁器对1岁以上的羊实施瘤胃取铁1~2次,可以有效地减少本病发生

(五)治疗

1.药物治疗

药物治疗属于保守治疗,仅适用于创伤性网胃炎,且金属异物不在药物治疗的范围。首先将发病羊置于前高后低的位置,以促使异物从胃壁缩回,同时每天分别用400万IU的普鲁卡因青霉素和链霉素进行肌肉注射,连续注射2~3d。

2.手术治疗

手术治疗应选择在发病的早期进行,此时手术治愈率可达50%以上;后、晚期手术治疗效果则十分有限。方法是采用瘤胃切开术,切开瘤胃以后,可以直接将手伸入网胃,通过触摸探查金属或者其他坚硬异物,并小心摘除。手术后要注射抗生素2~3d,以防继发感染,帮助羊迅速恢复健康。对于铁质异物,也可以采用一种磁笼进行治疗,将磁笼投到网胃里面,在网胃的蠕动下,磁铁不仅可以把异物吸到笼内,还可以随时吸取吃进去的铁质异物,此方法可以用于大群的预防。

九、羊胃肠炎

胃肠炎是夏秋季节常见的一种羊病,主要是由于某些致病因素对机体胃肠黏膜表层以及深层组织造成不良刺激而导致的一种急性炎症。病羊的主要症状是腹泻、体温升高、脱水、酸中毒等。

(一)病因

1.原发性胃肠炎

原发性胃肠炎的主要原因是饲养管理不规范,饲养环境发生改变等导致羊只自身调节能力下降,肠道内的菌群发生紊乱,进而导致胃肠炎的发生。比如在羊只饲养中,进食霉变或者冰冻饲草,或者养殖场内的湿度高、环境卫生差、羊只营养补充不及时等都会引发胃肠炎。

2.继发性胃肠炎

继发性胃肠炎主要是由于羊只已经患其他胃部疾病或者传染病,进而引发胃肠炎;此外,大量使用抗生素会导致胃肠菌群失调而引发胃肠炎;羊群在日常养殖过程中感染寄生虫病也会引起胃肠炎;羊身体的其他器官发生病变,如口腔炎等,也会导致继发性胃肠炎的发生。

(二)临床症状

1.急性胃肠炎

患急性胃肠炎的病羊表现精神不振,食欲下降或者停止采食,鼻镜干燥,出现口臭,口腔变干,舌苔厚重,反刍、嗳气次数减少或者完全停止。也可能出现腹泻,排出粥样或者水样稀粪,其中混杂血液、黏液或者脱落的黏膜组织,有时甚至存在脓液,并散发腥臭味。伴有程度不同的腹痛和肌肉震颤,蜷缩肚腹。肠音初期增强,之后不断减弱甚至完全消失。当直肠出现炎症时,则会出现排粪里急后重,后期则肛门变得松弛,排粪失禁,且体温升高,心率加快,呼吸急促,眼窝凹陷,眼结膜发绀或者呈暗红色,皮肤弹性降低,排尿量减少。随着症状的加重,病羊体温下降,甚至低于正常体温,出冷汗,四肢厥冷,脉搏微弱,精神极度萎靡甚至昏迷或者呈昏睡状态。

2.慢性胃肠炎

患慢性胃肠炎的病羊精神萎靡,机体衰弱,食欲忽好忽坏,明显挑食,并出现异嗜,经常舔食墙壁、砂土以及粪尿。发生便秘或者交替出现便秘和腹泻,并伴有轻度腹痛,肠音不整。但体温、呼吸、脉搏一般没有明显变化。

(三)诊断要点

通常情况下,患胃肠炎的羊群临床表现非常明显,可以结合病羊的体温变化情况、腹泻以及粪便变化等进行初步诊断,也可以结合剖检症状进一步确诊。首先,病羊的食欲会发生明显变化,其次是病羊的舌苔、粪便、尿液会发生改变。可通过对日常所食用的草料、饮水及其他相关物质以及血常规、尿液及粪便成分检测来判别致病原因。此外,当羊群口腔散发出的异味较重时,应当立即停止供应食物,因为出现这一现象极有可能是其胃部出现病变;若病羊出现明显的腹泻、腹痛现象,极有可能是小肠出现病变。

（四）预防

首先,重视对饲料的管理,喂养之前必须检查饲料的质量,严禁给羊使用发霉变质、过期的饲料。保证饲料中各类微量元素、矿物质成分充足,且配比合理,能有效地被羊只吸收,以提高羊的免疫力。在更换饲料时,需要给羊一个缓冲过渡期,严禁频繁或者突然变换饲草料和饲喂方案。其次,重视对饲养人员的培训工作,不断提高饲养管理的水平,在喂养过程中坚持定时定量的原则,坚持少食多餐。另外,保持羊舍环境的干净清洁也是非常重要的,可以避免细菌的大量滋生,降低胃肠炎的发生率。最后,在羊养殖的过程中,应结合实际情况科学合理的用药,抗生素等药物必须在专业医师的指导下使用。同时,注意对羊群的运动状况和采食情况进行观察,如果发现羊只出现异常,要做到早发现、早治疗,避免疾病的传播与蔓延。

（五）治疗

1.清理肠胃

全面清理胃肠,以尽快排出体内的有毒物质,从而减少炎症刺激,并减轻自体中毒程度。一般来说,病羊可灌服100mL植物油或者50~100mL石蜡油,或者取1~5g鱼石脂与适量水混合均匀后灌服。

2.缓解瘤胃发酵

若发现病羊瘤胃内有异常发酵情况出现,则需要先使用药物减缓瘤胃发酵症状,如可以通过投喂大蒜汁、高锰酸钾等药物予以对症治疗,防止瘤胃发酵过分膨胀。在有效缓解瘤胃发酵症状后,则需要对胃酸进行中和,可内服磺胺类药物或者投喂小苏打等碱性药物。如果病羊有瘤胃鼓胀的情况,且采取上述治疗措施依然没有任何好转,则可以尝试穿刺放气进行有效缓解。

3.化药治疗

若病羊不存在瘤胃鼓胀的情况,则可取硫酸钠50~80g、鱼石脂3~4g,加入500~1000mL水中,混合均匀后给病羊内服;也可取次硝酸铋4g、碳酸氢钠8g、炭末40g、鞣酸蛋白4g,加入300mL水中混合均匀后内服。也可取樟脑磺酸钠注射液3~5mL、硫酸庆大霉素注射液5~10mL以及维生素C注射液5~10mL,加入5%的葡萄糖生理盐水250~500mL给病羊静脉注射,每天1次,连续使用3~5d,从而达到缓泻、止泻的疗效。此外,加强对病羊心脏的保护,提高羊的免疫力和抵抗力,结合具体的症状采取有针对性的治疗措施。

4.中药治疗

除采用西药治疗方式外,还可采用中药治疗的方式。

方剂一:白芍、当归、黄芩各20g,山楂、甘草、郁金香各10g,混合后加水进行煎煮,取药液给病羊灌服。

方剂二:木香、黄连各4g,陈皮18g,山楂、茯苓各12g,山栀子、大黄各6g,加水煎煮,取药液给病羊灌服。

方剂三:干姜15g、槐花20g、葛根25g、白术25g,加水煎煮,取药液给病羊灌服。

方剂四:丹皮6g、黄连9g、葛根9g、黄芩9g、连翘15g、银花15g,加水煎煮,取药液给病羊灌服。

十、羔羊白肌病

羔羊白肌病俗称僵羔病,也叫肌营养不良症,主要由羔羊摄取的营养中缺乏维生素E和微量元素硒而引起的一种营养代谢障碍性疾病。多发生于出生后至6个月的羔羊,多呈地方性群发病,死亡率较高。

(一)病因

羔羊白肌病主要是饲料中胱氨酸、半胱氨酸等含硫氨基酸以及维生素A、维生素B和维生素C含量较低而引起。如果养殖地区土壤和水源中缺乏硒元素,导致羊的草料和饮水中硒元素缺乏,母羊奶水中硒元素不足,羔羊就会缺硒,当日粮中的硒含量低于0.05mg/kg时就会导致羔羊发生白肌病。或者饲料中铜、锌、铁、钴、镉等元素过高就会影响羊对硒的吸收,使母羊乳汁中硒缺乏,羔羊后天获得硒不足。另外,长期饲喂劣质干草、秸秆及发霉变质的精料等,从而导致怀孕母羊、哺乳期母羊及羔羊维生素E摄入量不足,也会导致羔羊白肌病。

(二)临床症状

该病按照病程的长短可以分为三种类型,分别为急性型、亚急性型和慢性型。均以机体衰弱、运动障碍、消化机能紊乱为主要特征。

1.急性型

患病羊多表现为无症状死亡,或者仅表现精神沉郁、呻吟、不食,在突然受惊而剧烈运动的情况下瞬间倒地死亡,其原因多是由于心肌营养不良而突然休克,随即死亡。

2.亚急性型

病羊精神萎靡、食欲减退、腹泻、跛行、站立不稳或卧地不起,驱赶运动时会表现出鸭子游水样步态,且有疼痛表现。触诊四肢及腰部肌肉,僵硬、肿胀且有痛感,骨骼肌弹性降低。呼吸浅而快,达80~100次/min。可视黏膜苍白,有的发生结膜炎,角膜浑浊、软化,最终导致失明。四肢及胸腹下出现水肿,少数患病羔羊出现排便次数和排尿次数增多,尿呈红褐色。常因咬肌及舌肌机能丧失无法采食,心肌及骨骼肌严重损害时导致死亡。

3.慢性型

病羊运动缓慢,步态不稳,喜卧;精神沉郁,食欲减退,生长减缓,有异嗜现象;被毛粗乱、无光泽,黏膜黄白色,顽固性腹泻、多尿;脉搏增数,呼吸加快。

(三)诊断要点

1.临床诊断

根据发病羔羊的表现,如精神萎靡,站立困难,运动障碍,卧地不愿起立,有的会出现强直性痉挛现象,之后出现麻痹、死亡前昏迷、呼吸急促呈间歇性呼吸状态,有的羔羊在疾病初期不出现明显症状,往往在做剧烈运动或过度兴奋后突然倒地死亡等症状初步诊断。

2.实验室诊断

采用血液生化检验的方法进行检测,病羊的血清谷草转氨酶活性明显升高;颈静脉无菌采血后,通过血清分离试验对血液中硒进行检测,血硒量低于0.005mg/mL;对怀孕母羊、哺乳期母羊及羔羊日粮成分分析测定,日粮中硒低于0.05mg/kg时,即可说明羔羊机体严重缺硒。

(四)预防

1.加强母羊的饲养管理

加强母羊饲养管理,确保饲料多样化,尤其是妊娠后期和哺乳期的母羊。在冬季和春季,青绿饲料缺乏时,要给母羊饲喂富含维生素A、E的饲料,也可制成硒盐砖供羊自由舔食以补充微量元素硒。母羊怀孕3个月至产羔前,每只羊肌肉注射0.2%亚硒酸钠注射液4~6mL,同时每只羊每次肌肉注射维生素E10~15mg,每月1次,连用2月,可收到良好的效果。也可给哺乳期母羊日粮中加入0.02%的亚硒酸钠-维生素E粉,以预防本病的发生。

2.加强新生羔羊的饲养管理

对新生羔羊精心护理,做好羊舍的保温工作,调配好饲料,注意补充矿物质元素及各种维生素。新生羔羊出生后3d内,每只羊肌肉注射0.1%亚硒酸钠-维生素E复合注射液1.5mL,间隔20d后再注射1次。

(五)治疗

对发病羔羊应用硒制剂治疗,每只可注射0.1%的亚硒酸钠溶液2~4mL,10~20d后再注射1次。与此同时,用氯化钴3mg、硫酸铜8mg、氯化锰4mg、碘盐3g,加入适量清水搅拌均匀,给病羊灌服,效果较好。另外,在补硒、补维生素E的基础上,按照补充能量、提高代谢、增强免疫、促进生长的治疗原则辅之中药疗法,效果更好。方剂:党参15g,黄芪15g,当归10g,知母10g,炒山楂8g,丹参10g,山药15g,紫草15g,麦冬10g,沸石8g,板蓝根12g,白术10g,玄参10g,百合10g,蒲公英10g,炒枳壳25g。用法:水煎3次,将3次药液混合后约150mL,分3次灌服,每天1剂,连服3~5剂。在治疗的同时,加强对羔羊的饲养管理,充分满足羔羊的营养需要,补饲适量的精料,并注意精料中矿物质及微量元素添加剂的含量,补充多种维生素。

十一、羊酮病

羊的酮病也就是羊妊娠毒血病,又称酮尿病、醋酮血病、酮血病等,是一种营养代谢性疾病,由于饲养管理不善,机体脂肪和糖代谢发生紊乱,在血液、乳、尿及组织内酮的化合物蓄积而引起的疾病。多见于营养好的羊、高产母羊及妊娠羊,死亡率高。奶山羊和高产母羊泌乳的第一个月易发。

(一)病因

1.原发性酮病

通常是由于大量饲喂含蛋白质、脂肪高的饲料如油饼及豆类等,而富含碳水化合物的饲料如青草、禾本科谷类等供应不足,特别是在缺乏糖和粗饲料的情况下供给多量精料,很容易导致酮尿病的发生。在泌乳高峰期,高产奶羊需要大量的能量,当所给饲料不能满足需要时,就动员体内贮备,因而产生大量酮体,酮体积聚在血液中而发生酮血病。

2.继发性酮病

继发性酮病是由于某些疾病(如前胃弛缓、真胃炎、子宫炎及饲料中毒等)治疗过程中,瘤胃代谢紊乱而影响到维生素B_{12}的合成,从而导致肝脏利用丙酸盐的能力下降。另外,瘤胃微生物异常活动所产生的短链脂肪酸,也与酮病的发生有着密切关系。

3.诱发因素

母羊妊娠期肥胖,运动不足,饲料中缺乏维生素A、维生素B族和矿物质,导致羊抵抗力下降等都可诱发本病的发生。

(二)临床症状

羊酮病在临床上比较容易与其他代谢类疾病相混淆,应仔细诊断并加以区别。本病初期表现为消化不良、食欲减退、迅速消瘦、视力减退。病羊大多保持呆立状态,不喜欢运动,如果强迫其运动时,病羊表现步履蹒跚,摇晃不稳的情况。到了发病后期可以看到病羊的精神恍惚,意识紊乱,不听呼唤,视力基本丧失,呈失明状态,对其头部仔细观察可以发现头部和眼部周围肌肉出现痉挛,并可出现耳、唇震颤、空嚼、口流泡沫状唾液。有的病羊也会出现头向后仰,或偏向一侧,有时也可以看到病羊会在原地作无目的的转圈运动,当出现全身痉挛时则往往会突然倒地死亡。体温正常或低于正常,呼出的气体和尿中会有丙酮的气味。

(三)诊断要点

1.临床诊断

通过观察病羊的临床症状,嗅闻病羊的口腔和尿液的气味,同时对病羊的饲料进行检查,然后再结合血酮、尿酮的检查结果,就可以做出比较准确的诊断结果

2.实验室诊断

采用亚硝基铁氰化钠法来检验羊尿液,如呈阳性反应,即可诊断为该病。

(四)预防

(1)加强妊娠母羊的饲养管理,供给营养充足、富含维生素和矿物质的饲料,使母羊最好保持在八分膘情,避免过肥和过瘦。

(2)保证母羊有充足的活动场地,加强分娩前的运动,必要时进行驱赶运动或诱导运动。

(3)避免突然更换饲料,如更换饲料时要采取新旧饲料按比例增减,逐渐过渡的方式进行。

(4)根据不同生理阶段需要增加精料饲喂量时,要采取在能保证完全消化的情况下逐日缓慢增加或通过增加每日饲喂次数的方式逐渐进行。

(5)保证饲草的比例和品质,切忌精料过多。同时要注意饲草的加工,避免加工过细,影响羊的反刍和消化吸收,甚至会导致瘤胃积食,诱发代谢病的发生。

(五)治疗

(1)静脉注射25%葡萄糖液100~150mL,连续注射3d,以防肝脂肪变性。

(2)采用糖皮质激素,5mg地塞米松或50mg氢化可的松,但怀孕母羊禁用地塞米松。

(3)每天饲喂丙二醇20g,或醋酸钠15g,连用5d。

(4)柠檬酸钠15~20g,每天1次,灌服,连用4d。

十二、绵羊脱毛症

绵羊脱毛症是指因病导致的绵羊被毛发生脱落的综合病症,应与季节性、生理性脱毛加以区别。

(一)病因

羊脱毛可分为生理性脱毛、环境性脱毛、营养性脱毛和病理性脱毛四种。其中生理性脱毛是指羊在春秋两季因气候变化和季节性换毛引起的脱毛,这是一种生理现象,不属于脱毛症的范围。环境性脱毛是指放牧或养殖环境中存在的一些树枝、灌木、栏杆等,长期剐蹭导致的脱毛,也不属于脱毛症的范围。只有营养性脱毛和病理性脱毛才属于脱毛症的范围。

1.营养性脱毛症

(1)硫缺乏引起脱毛

硫是羊毛的主要成分之一,当羊体内硫元素缺乏时,在引起食欲下降、消瘦、异食癖等的同时,会影响被毛的生长和质量,严重的会引起脱毛症状。

(2)锌缺乏引起脱毛

当羊机体缺锌时,也会出现脱毛症状,主要表现为羊毛开始变脆,被毛粗乱并伴有不同程度的脱毛,严重时被毛成片脱落,直至脱光。同时,羊还会表现出生长发育迟缓、身体消瘦、繁殖力降低、皮肤粗糙、被毛生长受阻、创伤愈合慢、免疫力低下等症状。

(3)铜缺乏引起脱毛

铜缺乏是一种慢性地方性疾病,多见于放牧山羊,往往大群发生或呈地方性流行。临床上除了脱毛症状外,还会出现贫血、腹泻、运动失调及被毛褪色等症状。

(4)碘缺乏引起脱毛

羊在幼龄期缺乏碘元素时,除了引起甲状腺肿大外,也可引发脱毛症状。山羊常因为皮肤梳刷不够,使皮肤新陈代谢紊乱而发生脱毛现象。

(5)维生素缺乏引起脱毛

某些维生素(如维生素A,维生素B族等)作为甲硫氨基酸代谢的辅助因子,对羊毛生长发挥着重要的作用。维生素缺乏既可通过影响毛囊的代谢而直接影响羊毛生长,也可通过对采食量和整体代谢的影响而间接影响羊毛生长。维生素A缺乏,会导致表皮和毛囊的毛球细胞增殖减少和角质化提前。B族维生素对毛囊的正常功能和纤维生长是必需的,在缺乏生物素、核黄素、吡哆素和叶酸时常发生脱毛现象。除含硫氨基酸外。

(6)氨基酸缺乏引起脱毛

含硫氨基酸缺乏直接影响羊毛的生长,引起脱毛。除此之外,其他氨基酸如赖氨酸、亮氨酸或异亮氨酸不足,同样会使羊毛生长显著下降,甚至脱毛。

2.病理性脱毛

病理性脱毛是由于病毒、细菌或寄生虫感染而造成的,常见的有金黄色葡萄球菌感染和朊病毒、蓝舌病病毒、霉菌孢子感染等。

(1)金黄色葡萄球菌引起脱毛

金黄色葡萄球菌广泛存在于羊生活的环境中,可通过皮肤损伤而感染,所产生的毒素可引起皮肤发炎,毛囊损坏,营养供给不足,导致羊毛无法生长乃至脱落。有些羊场山羊脱毛症,就是因剪毛抓绒和蜱、虱的叮咬而损伤皮肤,继而感染金黄色葡萄球菌,引起渗出性皮炎、结痂和脱毛。

(2)霉菌孢子感染引起脱毛

霉菌孢子感染损伤皮肤后,在表皮角质层发芽,长出菌丝,蔓延深入毛囊。由于霉菌能溶解和消化角蛋白而进入毛根,并随羊毛向外生长,受害羊毛长出毛囊后很易折断,使羊毛大量脱落形成无毛斑。由于菌丝在表皮角质中大量增殖,使表皮很快发生角质化并引起炎症,造成皮肤粗糙、脱屑、渗出和结痂。

(3)寄生虫引起脱毛

引起羊脱毛症的寄生虫病主要为羊螨病(疥螨和痒螨)。疥螨寄生于羊体表或表皮内引起慢性皮肤病,为高度接触性传染,病羊会发生脱毛、剧痒及各种类型的皮肤炎症为特征。在秋冬季,尤其是阴雨天气,发病最严重。

(4)其他病理性脱毛

皮肤真菌病、羊痘、羊传染性脓疱、溃疡性皮炎、坏死杆菌病等都能引起羊脱毛症。这些疫病通过引起局部皮肤溃疡或坏死,导致局部脱毛。其中,以皮肤真菌病和绵羊(山羊)痘最为常见。

(二)临床症状

患有脱毛症的羊被毛较为粗糙,没有光泽,颈部和躯干部的被毛脱落,脱毛部位没有渗出物和炎性反应。一些患病羊出现异食癖,相互啃食被毛,喜吃塑料袋、地膜等异物,但采食量和饮水量均无异常。虽然会有整群发病,但是多数情况下没有传染性。病羊严重时腹泻,个别视力模糊,体温、脉搏正常。极少数的羊会因脱毛症而死亡,剖检可以看到患病羊胃内有大量的毛团。

(三)诊断要点

发病羊除了身体逐渐消瘦和出现严重的营养不良之外,主要表现为瘙痒难耐,不停地摩擦患病部位,患部皮肤开始出现针尖大小的结节,进而形成水疱和脓疱,渗出浅黄色的液体,结节后皮肤变厚龟裂,患病部位羊毛脱落。

(四)预防

加强饲养管理,增加维生素和微量元素的供给量,尽可能消除病患。注意保持皮肤清洁,并改善放牧地。特别要加强妊娠中后期和哺乳期母羊的饲养管理,这两个时期胎儿生长迅速,对蛋白质、营养元素、维生素和微量元素的需求量增加,如果微量元素和蛋白质补充不及时,母羊体内微量元素持续短缺就会导致脱毛症发生。

(五)治疗

营养性脱毛的治疗,应当先对饲料进行检测,以确保提供营养均衡的全价饲料。针对患病羊,在饲料中添加硫酸锌,每只羊添加60mg,每天一次,连续使用一周为一个疗程,间隔五天再使用一次。同时每只羊每周补充硫酸铜1.5g,合理饲喂精饲料。如果是个别羊脱毛,也可将鸡蛋煮熟捏碎后拌在精料中给羊饲喂,每天1个,连喂3~5d。同时还应当对羊群进行血液微量元素的检测,当血液中微量元素含量达到正常时脱毛症也会消失。对病理性脱毛症则应当找出原发病并积极开展治疗。如果是寄生虫原因导致的脱毛,可将鱼石脂10g、樟脑油5g、酒精50g混合成乳剂后涂擦脱毛部位,有比较好的效果。

十三、母羊流产

母羊流产是指母羊在妊娠阶段因受到外界因素或者自身因素作用,引起妊娠中断或者胎儿出现早产、死产的现象,任何品种的母羊都有发生,在春季比较容易发生。

(一)病因

1.饲养管理不当

(1)圈舍环境卫生差

圈舍湿度过高、有害气体过多、粪污清理不及时、消毒不彻底等不良的养殖环境均会使母羊发生疫病的概率大大增加,体质变差,导致流产的发生。

(2)饲料营养供应不足

母羊饲养过程中,必须确保足够喂料量,且饲料中所含的各种营养物质能够满足机体妊娠阶段的需要,特别是含有充足的微量元素和维生素,否则容易导致母体营养不良而影响胎儿的发育,甚至出现流产。

(3)饲喂发霉变质及结冰的饲料和饮水

如果给母羊提供的饲料发霉变质,或者温度过低,或者结冰,都很容易导致母羊发生流产。同时,妊娠期母羊如果饮用了温度过低的水或者冰碴水,很容易引起母羊肠胃疾病的发生,导致母羊流产。

(4)饲养密度过大

羊群的饲养密度过大时,母羊之间互相拥挤、踩踏、碰撞等的概率就会增加,很容易使妊娠母羊腹部受挤压而导致流产。

(5)运动量小

舍饲母羊特别是没有运动场的高床羊舍,母羊运动量的严重不足,不仅可使母羊肠胃蠕动减缓、内分泌失调、消化吸收能力减弱,同时也是母羊流产或者生产异常羔羊的主要原因。

2.疾病因素

(1)病原微生物

引起母羊流产的病原微生物主要有口蹄疫病毒和布鲁氏杆菌,两者均需注意。

(2)寄生虫疾病

寄生虫通过吸取母羊的血液,使母羊的组织器官受到破坏,而且寄生虫在母羊体内产生大量毒素,影响母羊的健康,导致胎儿死亡,最终使母羊出现流产症状。

(3)其他疾病

妊娠母羊如果器官(如肝脏、肾脏、肺)出现病变,或者生殖系统疾病(如盆腔炎、子宫内膜炎、子宫畸形等)也会引发母羊流产。此外,激素分泌失调、染色体异常也是引起母羊流产的重要原因。

3.药物原因

母羊怀孕期使用药物不当或者过量用药均可导致流产,比如投喂大量的泻药、利尿药、驱虫药、子宫收缩药及其他烈性药等。

4.中毒

怀孕母羊采食了有毒的植物,或者过量食入微量元素、食盐、维生素、矿物质等,或者农药中毒等,都可引起母羊流产。

(二)临床症状

1.妊娠早期流产

妊娠早期的流产通常是因为胎儿死亡后被母羊子宫吸收,没有明显的临床症状,有时可见从阴道流出红色黏液,后期母羊可能会出现返情现象。

2.妊娠中后期流产

母羊妊娠中后期发生流产,临床上通常会表现出较轻的症状,开始时只可见有分泌物从阴道流出,接着产出不足月的胎儿,如木乃伊胎、死胎、弱胎。有时母羊在流产前出现口渴、呻吟不安、腹痛、腹胀、卧地,频频努责,并有污红色的恶臭液体从阴门流出等。极少数母羊会出现体温升高,产道发炎,症状严重时预后不良。

(三)诊断要点

如果是管理不当引发的流产,大部分母羊在没有明显症状的情况下突然流产,有的母羊流产前会出现食欲废绝,阴门有黏液流出,检查时胎儿、胎盘不会有任何异常,而且细菌镜检呈阴性。如果是布鲁氏杆菌病导致母羊流产,开始母羊的阴门会呈现明显的红肿状态,且会有黄红色的液体流出体外,流出的胎儿体外包裹着一层黄色黏膜,母羊的羊水呈浑浊状态。弓形虫感染导致的母羊流产,主要发生在母羊妊娠期4~6周,该疾病在引发母羊流产的同时还会伴有胎衣不下、胎盘肿胀等问题,实验室分离检测可以看到明显的弓形虫。

(四)预防

(1)供给品质优良、富含营养的全价饲料,并加入适量的微量元素,保证妊娠母羊健康和体内胎儿健康发育,提高抗病能力。加强管理,避免妊娠母羊接触到有毒有害的饲草料,科学配料,防止微量元素、矿物质等摄入过量而中毒。

(2)确保妊娠母羊圈舍面积达到1.5m²/只,且圈舍内不能过于湿滑,饲养管理人员动作要轻,避免母羊受惊和剧烈运动。

(3)及时清出粪便和垃圾,避免舍内滋生病原微生物,保证圈内卫生和通风良好。对草场、圈栏、羊舍、活动场以及所有器具设施等定期进行消毒。还要减少环境中的各种应激因素,防止母羊发生应激而出现紧张导致流产。

(4)母羊配种前要做好常规驱虫工作,避免寄生虫对母羊的感染。当羊群发生疾病时,应及时隔离,并对圈舍进行消毒,防止疾病传染给妊娠母羊。如果母羊发生流产,也需要对其进行隔离处理,以防止感染其他母羊。

(5)妊娠母羊尽量避免用药,必须用药时一定要慎重,严格遵守用药规范。

(五)治疗

如果发现母羊在未到产期时表现出流产征兆,如腹痛不安,频繁起卧,经常排尿,阴道有血水或者黏液等流出,就表明其有动胎流产的征兆,此时要立即采取有效的治疗措施。母羊可内服50~100mL烧酒,配合采取轻度麻醉来抑制母体阵缩和努责。同时,肌肉注射2~5mL黄体酮以安胎。

如果母羊由于损伤性胎动而表现出不安,在肌肉注射黄体酮的基础上,给其内服止痛清热安胎散。取熟地6g、当归5g、酒知母3g、酒黄芩6g、酒黄柏3g、没药2g、川断6g、地榆5g、鹿角霜6g、茯苓5g、川芎2g、台乌5g、桑寄生5g、乳香3g、血竭花5g、生地炭3g、砂仁3g、甘草3g,全部研成细末,用适量开水冲调,用20g童便为引,混合均匀后灌服。

如果母羊血热宫燥,并有血水从阴道内流出,在肌肉注射黄体酮的基础上,给其内服苎麻根安胎汤。即取艾叶10g、仙鹤草30g、鲜苎麻根20g,加水煎煮,取药液灌服。

如果母羊有习惯性流产的现象,为防止再次发生流产,可在确定妊娠后,每间隔15天给其内服1剂保胎安全散。即取黄芩6g、当归6g、荆芥2g、川芎3g、炒白芍3g、续断6g、川贝母3g、羌活2g、炒枳壳3g、菟丝子6g、黑杜仲3g、补骨脂3g、艾叶2g、厚朴2g、甘草2g,全部研成细末,用5g生姜为引,混合均匀后灌服。

如果出现明显的流产症状,即胎儿及胎盘等一并排出,或个别母羊死胎难以排出等症状,需要及时进行引产或助产。当母羊产道正常、子宫颈已经开张的时候,可以使用肌肉注射催产素的方法排出胎儿。如果效果不明显,或子宫颈没有张开,需要利用肌肉注射雌激素的方法促使子宫颈张开。如果以上方法均不见效,则需要进行手术。

十四、阴道脱出

羊阴道脱出是指整个或者部分阴道外翻到阴户外面,导致阴道黏膜发生充血、炎症反应,甚至溃疡或者坏死,是老年体弱母羊比较容易发生的一种产科疾病,妊娠晚期比较常见,也有分娩初期和产后发生的。

(一)病因

1.营养不良

妊娠母羊饲养管理不当、营养缺乏,或者年老体弱,气虚血亏,中气不固;或者阴道周围的组织和韧带松弛,均会导致阴道脱出。

2.妊娠期

母羊妊娠后期可能由于胎儿过大或怀胎数多、胎水过多,使腹压过大而引发此病,这种情况通常在临产前多见。症状较轻时,只会在阴道入口部位存在如桃子大小的脱出物;症状较重时,会脱出长度达到20cm的阴道。

3.分娩期

母羊在分娩过程中也比较容易发生阴道脱出,主要是由于分娩过程用力努责,或者母羊发生难产而采取人工助产时操作不当等引起。

(二)临床症状

阴道脱出一般全身症状不明显,初期可见母羊起卧不宁,弓背努责,频频回头顾腹或者作排尿姿势。阴道部分脱出多见于临产前,当母羊卧地或者站立呼吸时可见如桃子大小的阴道脱出阴门外,起立或者停止呼吸时慢慢自行缩回。当阴道完全脱出时,脱出部分如拳头大小,明显可见一个大而圆的肿瘤样物突出于母羊阴门外,呈粉红色,无法自行缩回。当外翻的阴道黏膜发红、水肿,甚至青紫时,就要引起足够的重视。如果病情再严重就会因摩擦致使部分阴道黏膜受损,形成溃疡,出现局部出血或结痂。严重的全身症状明显,体温可高达40℃。

(三)诊断要点

该病根据临床症状很容易做出诊断。诊断要点为:阴道外翻、阴道黏膜充血、炎症甚至存在溃疡或者发生坏死。

(四)预防

加强饲养管理,确保饲料品质优良,搭配合理,增强怀孕母羊体质;怀孕母羊要坚持适量运动,避免长期卧地等,以有效预防阴道脱出的发生。

(五)治疗

对于症状较轻者用0.1%高锰酸钾溶液或新洁尔灭溶液清洗阴道四周,脱出的阴道局部可涂擦金霉素软膏或碘甘油溶液。然后用消毒纱布捧住脱出的阴道,由脱出基部向骨盆腔内缓慢推入,待完全推入后,用拳头顶进阴道,然后用阴门固定器压迫阴道,固定牢靠为止。如果阴道脱出时间较长,应先将坏死组织除去,用2%～3%的明矾水清洗干净,再用明矾粉按摩脱出部位,然后再慢慢送入复位。如果已经出现全身症状,可肌肉注射青霉素等抗菌消炎药,每日2次,连用7天。对形成习惯性脱出的,可用粗线对阴门四周进行适当缝合,待数天后,阴道脱出症状减轻或不再脱出时,拆除缝线。同时内服补气升阳的药物,提高母羊的固托能力,防止再次发生阴道脱出。

十五、胎衣不下

胎衣不下,又称胎衣滞留,绵羊母羊分娩后胎衣不能在2~6h、山羊母羊分娩后胎衣不能在1~5h排出,均称胎衣不下。胎衣不下不仅影响羊的繁殖,而且会继发其他疾病,如子宫内膜炎、乳房炎、产后代谢病等,大大增加了母羊的淘汰率。

(一)病因

母羊妊娠期内营养不良,运动不足,使分娩母羊体质衰弱,元气不足,子宫收缩无力,无法正常排出胎衣。如果母羊怀羔多、胎儿过大、胎水量多,在分娩过程中持续排出胎儿使子宫过度扩张,导致后期宫缩无力,无法排出胎衣。另外母羊早产、难产及其他异常分娩的情况,也容易引起胎衣不下。母羊临产前或者产羔过程中长时间处于潮湿、阴冷的环境中,使腹部严重受寒而引起子宫弛缓和阵缩无力,子宫颈过早收缩关闭,胎衣滞留于子宫内无法排出。母羊患有子宫内膜炎,可累及胎儿胎盘发炎,使母体胎盘和胎儿胎盘之间发生粘连,从而发生胎衣不下。

(二)临床症状

母羊产后胎衣完全没有排出,或者部分排出垂挂于阴门外。同时出现拱腰努责,精神沉郁,食欲废绝,起卧不宁,体温上升,呼吸及脉搏加快,并有红黑色的恶臭味液体从阴门流出,其中混杂胎衣碎片。如果长时间发生胎衣不下,滞留体内的胎衣腐败,导致机体中毒,泌乳量明显下降,或者停止泌乳,严重的会并发子宫内膜炎或阴道炎,甚至造成母羊死亡。

(三)预防

加强妊娠母羊的营养,补充适量的蛋白质、维生素和矿物质能够有效预防母羊发生胎衣不下。特别是产前10d补充适量的维生素E和硒,能够有效预防发生胎衣不下。适当增加母羊运动,保持产房的干净清洁和彻底的消毒,母羊产前要对阴门和周围皮肤进行擦拭消毒,提供安静的生产环境,母羊生产后尽早使其舔食羔羊身上的黏液,尽早让羔羊吃初乳或人工挤奶,以刺激子宫收缩,促使胎衣排出。

(四)治疗

1.手术剥离胎衣

在母羊子宫颈口没有闭合前,用消毒药水洗净母羊外阴部,手术者带上长臂手套并消毒,向子宫内灌入10%的温盐水100~200mL,避免胎衣粘在术者的手上妨碍操作。术者一手拉住露在外面的胎衣,另一个手伸入子宫,用手轻轻触摸,找到未分离的胎盘,用向外捏挤的方法使胎衣剥离,剥离时应由近及远,螺旋前进,先剥一个子宫角,再剥另一个子宫角。建议最好找专业的兽医或者有经验的养羊户进行操作,并注意操作过程严格消毒,必须戴上手套。胎衣剥离后,应向母羊子宫内注入适量的抗生素,以防感染。

2.药物治疗

(1)肌肉注射5～20mg乙烯雌酚注射液,或者5～10IU垂体后叶素。

(2)静脉注射2万IU青霉素和2万IU链霉素,每天2次,连续使用3～4d。

(3)取150mL水、8mL稀盐酸以及10g胃蛋白酶充分混合,灌注到子宫内。

(4)取黄花10g,炙甘草5g,川芎3g,炮姜10g,桃仁8g,党参6g,当归10g,全部研成细末,加入适量开水冲调,待温度适宜后再加入50mL黄酒,充分混合后给病羊灌服。

(5)取益母草30g,升麻20g,白术20g,甘草10g,茯苓20g,党参20g,黄芪20g,柴胡20g,添加2000mL水煎煮,待剩余500mL左右的药液时,取出药液添加300g红糖,分成2次给羊灌服,增强母羊中(元)气,促进胎衣尽快排出。

3.按摩疗法

给病羊先注射适量的催情药物,经过30min后进行按摩治疗。病羊呈站立姿势保定,术者倒骑在羊身上,并用双腿将其肋部紧紧夹住,待其出现弓腰后立即将双手放在体外腹壁两侧前端,并向骨盆腔方向逐渐合拢来进行按摩。注意按摩力度从轻到重,用力要确保病羊能忍受、不躲闪。一般持续按摩15～40min后，就会有完整的胎衣脱落。

十六、子宫炎

羊子宫炎是由于分娩、助产、子宫脱出、阴道脱出、胎衣不下、腹膜炎、胎儿死于腹中等导致细菌感染而引起的子宫黏膜炎症，属产科疾病。子宫炎发生后，母羊往往发情不正常，或者发情正常但不易受胎，即使母羊妊娠，也易发生流产，所以此病也是导致母羊繁殖率下降的重要原因。

（一）病因

通常是由多种病原微生物和养殖管理不当共同引发。养殖场卫生条件较差，粪便堆积，养殖密度较大，均会造成子宫炎症的发生和流行。人工授精操作中消毒不严格，输精操作过于粗暴，使子宫黏膜受到损伤，外界的多种致病菌均会侵入子宫中，引发子宫内膜炎。当母羊出现难产时，人工助产未进行严格消毒，产道被多种致病菌污染，子宫脱出修复中被细菌污染，或者在进行胎衣剥离过程中损伤到子宫等都可引发子宫炎。

（二）临床症状

1.急性型

病羊表现为体温升高，精神不振，食欲减退，产奶量降低，反刍减少或停止，并有轻度臌气，有时磨牙，后肢踢腹。常弓腰、努责，做排尿姿势，不时从阴门排出黏性或脓性分泌物，有时混有血丝，有腥臭味，病羊卧下时排出量较多，阴门周围及尾根、后肢常沾染渗出物并结痂。严重时病羊出现昏迷，治疗不及时，可引起膀胱炎、子宫坏死等，甚至死亡。

2.慢性型

多由急性转变而来。一般无明显的全身症状，有时病羊体温略升高，食欲及泌乳稍减，卧下或发情时，从阴门排出混浊或混有脓性絮状分泌物。病羊子宫颈外口肿胀、充血，并附有黏液，屡配不孕。子宫颈完全闭锁，外表无排出物，有时可发展成为子宫积水，病羊往往长期不发情。

（三）诊断要点

1.急性型

初期病羊食欲减少，精神欠佳，体温升高。因有疼痛反应而磨牙、呻吟，并出现前胃弛缓，弓背，努责，时时做排尿姿势，阴户内流出污红色黏液。

2.慢性型

病情较急性轻微，病程长，子宫分泌物量少，如不及时治疗可发展为子宫坏死，继而发生败血症或脓毒败血症。有时可继发腹膜炎、肺炎、膀胱炎、乳房炎等。

（四）预防

加强饲养管理，保持产房和圈舍的清洁卫生。人工授精时应遵守无菌操作规则；助产时要注意消毒，不要损伤产道；对产道损坏、胎衣不下及子宫脱出的病羊要及时治疗，防止感染发炎。患有生殖器官炎症的病羊在治愈之前，不宜配种，还应做好传染病的防治工作。

（五）治疗

1.清洗子宫

用0.1%的高锰酸钾溶液或协尔兴(含2%氧氟沙星)溶液300mL,灌入子宫腔内,然后用虹吸法排出灌入子宫内的消毒溶液,每天1次,可连用3~4次。

2.全身疗法

当急性或慢性子宫炎伴有全身症状时,宜尽早用抗生素静脉注射或肌肉注射,每次可加5%碳酸氢钠100~500mL,维生素C注射液10~20mL。

3.中草药治疗

急性病例:用连翘10g、银花10g,赤芍4g,黄芩5g,丹皮4g,桃仁4g,香附5g,延胡索5g,薏苡仁5g,蒲公英5g,加水煎煮,取药液晾温后一次灌服。

慢性病例:用益母草5g,当归8g,蒲黄5g,川芎3g,茯苓5g,桃仁3g,五灵脂4g,香附4g,加水煎煮,取药液晾温后加黄酒20mL,一次灌服,每天1次,2~3d为一个疗程。

十七、乳房炎

乳房炎,又称乳痈,临床上主要表现为乳房红肿胀痛,质地坚硬,严重时会造成乳房化脓坏死,甚至丧失泌乳功能。该病为母羊高发的一种疾病,特别是奶用羊,不仅会影响母羊产乳质量,还会危害母羊自身健康。

（一）病因

1.遗传因素

遗传因素是造成母羊乳房炎的主要原因之一,母体的遗传会在一定程度上增加该病的发病概率。如果母羊发生过乳房炎的话,其后代发生乳房炎的概率也会很大。

2.病原微生物

母羊在分娩阶段和泌乳阶段,乳腺很容易受到损伤,如果没有做好卫生消毒工作,各种病原微生物会通过乳腺侵入乳房组织中,引发炎症病变。临床上常见的引发母羊乳房炎的病原主要包括大肠杆菌、金黄色葡萄球菌、乳房链球菌、无乳链球菌等。

3.饲养管理

母羊在妊娠后期和泌乳期,长期卧在潮湿的地面,导致湿毒内陷,瘀血停滞于乳房,时间久了就会导致乳房炎;另外,泌乳母羊长时间卧在竹床上,乳房长期被挤压受伤,或者羔羊吸乳时损伤乳头等,均易引发乳房炎。

4.多种疾病的影响

在母羊分娩前后如果感染结核病、子宫炎、口蹄疫、羊痘或脓毒败血症等疾病,羔羊发生口腔炎等,均容易引起乳房炎。

（二）临床症状

乳房炎症状较轻时,大多数患病羊不会有明显的临床症状,只会表现出乳汁性状发生变化,在乳汁中会存在凝块、絮片,有时会呈现水样分层。病情加重后,患病羊会出现乳房红肿、体温升高,用手触摸有痛感,甚至拒绝触碰。病变乳房质地坚硬,泌乳量下降,排出的乳汁呈现黄褐色或淡红色,乳汁中夹杂大量脓性物质或血丝。发病母羊还可能出现全身症状,体温升高到42℃左右,食欲下降、反刍停止,起卧困难。随着病情的加剧,乳房肿大,表面出现丘疹,甚至化脓和溃烂,患病一段时间后,母羊逐渐消瘦,一旦演变为败血症,会造成母羊的死亡。

(三)诊断要点

病羊病情较轻时基本上没有明显的临床症状,仅仅是乳汁发生改变。急性乳房炎常表现为乳房肿胀、发硬、泌乳量降低,乳汁呈絮状,里面混有浓汁或血液等物质,乳汁颜色呈淡红色或褐色。病羊体温高达41℃,采食量下降,乳房有明显的疼痛感,拒绝给羔羊哺乳,或者挤奶时躲闪。如果乳房炎病程较长时可以转变为慢性,乳房内形成硬结,慢慢地泌乳量会减少,甚至丧失泌乳能力。有的绵羊感染脓性乳房炎疾病后,发脓的腺体与整个乳腺相连在一起,可以穿透皮肤形成瘘管。

(四)预防

养殖场应做好卫生清洁工作,避免妊娠母羊长期卧地。在母羊分娩前需要将产房进行彻底清理和消毒,减少母羊接触病原微生物的机会。母羊分娩后需要定期清理圈舍粪便、废弃物质和垫料,保持垫料干净清爽。奶用羊挤奶前需要将手臂和所用的挤乳工具进行认真清洗和消毒,并且动作熟练,避免对母羊乳房造成损伤或污染。在羔羊哺乳过程中,需要认真检查母羊乳房,一旦发现有擦伤或吸吮损伤等情况,需要用0.1%高锰酸钾或新洁尔灭溶液进行擦拭消毒,并且每次哺乳前也需要擦拭消毒,保证乳房周围和乳头卫生干净。羔羊断奶前要减少母羊的精料供给和饮水量,以减少泌乳量。

(五)治疗

1.注射抗生素

先将奶挤干净后,通过乳头向内插入已经消毒的导管,向导管内注入一定量的青霉素和链霉素,之后轻轻按揉,目的是让药液更好地吸收和均匀分布。在用药物治疗的前期阶段可先对乳房进行冷敷,之后进行热敷,温度为45℃比较合适。如果乳房已经化脓,需将脓液排干净后使用一定浓度的高锰酸钾进行清洗,同时使用抗生素治疗。在治疗的过程中可以配合肌肉注射维生素C,以提升母羊的免疫力和抵抗力,保护肝脏不受损害。

2.中药治疗

方剂一:取川芎25g、鱼腥草25g、黄芪25g、益母草25g、葛根20g,加水煎煮,取药液灌服,每天1次,连续服用3d。

方剂二:柴胡、淫羊藿、黄芪、川芎各30g,鱼腥草35g,益母草35g加水煎煮,取药液灌服,每天1次,连用3d。

十八、脓肿

脓肿是由于局部外科感染而引起的疾病,可在皮下、器官、肌肉等处见化脓性感染而引起的内含脓汁、外包脓肿囊的化脓性腔洞。

（一）病因

羊脓肿情况的出现多与药物注射消毒不严、刺激性药物渗漏皮下、外伤处理不当造成污染等相关。

（二）临床症状

1.浅表性脓肿

常见于皮下或距离体表近距离处，表现为急性炎症，触及坚硬、疼痛，数天后开始松软，有波动感，慢慢地脓肿中央皮肤变薄，皮毛脱落，开始向周边溃烂，排脓后一般不会伴有全身症状。

2.深部脓肿

症状不明显，不易被发现，在脓肿部位会有轻微肿痛感觉，触诊时有疼痛感并伴有压痕，无明显波动感。如果脓肿出现在下颌、咽喉等部位，压迫肿痛部位会有呼吸困难症状，而出现内脏组织脓肿，则不易诊断。

（三）诊断要点

可根据是否有红、肿、热、疼等症状，以及触诊是否有波动感、内部组织是否有水肿等等加以初步诊断，也可通过脓汁化验的方法进行确诊。

（四）预防

预防羊脓肿发生的主要办法是注射药物和外伤要严格消毒，特别是在静脉注射时要格外小心，若有羊只外伤感染情况出现，一定要进行彻底的治疗。

（五）治疗

可用栀子粉、鱼石脂软膏、复方醋酸铅散等，对病患部位进行涂抹，术部剪毛、消毒、穿刺减压，在波动明显部的最低处，与肌纤维方向平行切开，彻底排出脓汁，再用3%双氧水或0.1%高锰酸钾、灭菌生理盐水冲洗干净后，向内投入抗生素或外涂松碘油膏，以加速坏死组织的净化，防止再感染。

十九、脐疝

脐疝是指腹腔脏器(多指小肠)经脐孔坠入到皮下形成的一种疾病。羔羊容易发生，如果不能及时诊治，常继发肠粘连甚至肠坏死、脐瘘，严重影响羔羊的发育。

（一）病因

主要原因是脐孔先天发育不全，没有闭锁，脐部化脓或腹壁发育缺陷等。此外，不正确的断脐，如扯断脐带血管或尿囊管留得太短，使腹壁脐孔闭合不全，再加上强烈努责或用力跳跃等，促使腹内压增加，肠管很容易通过脐孔而进入皮下形成脐疝。

（二）临床症状

脐部呈现局限性球形肿胀，手摸时感到松软而有弹性，但没有红、痛、热等炎性反应，用手按压时，其内容物虽可缩回腹腔，但当压力去除后即又变大。听诊可听到肠蠕动音。患羊在行动和起卧时很不方便。若延迟治疗，常可发生粘连。

(三)诊断要点

该病根据临床症状便可做出诊断,诊断要点为脐部呈现局限性球形肿胀,质感柔软,手触摸似有水样,但没有红、痛、热等炎性反应。听诊可听到肠蠕动音。由于结缔组织增生及腹压大,往往摸不清疝轮。

(四)预防

做好接生工作,预防脐带从脐孔处断裂,在脐带未脱落前每日用碘酒涂抹脐带断端,防止发生脐炎。一旦发生脐炎,须及时治疗,避免炎症时间延长而使脐孔变大。

(五)治疗

1.保守疗法

有压迫绷带法、全层缝合疝气囊法、在疝气轮周围涂擦刺激剂法、肌肉注射96%酒精或10%食盐溶液法以及夹治法等。如果疝气孔较大,应采用夹治法比较方便,疗效也比较可靠。

2.手术疗法

如果疝气孔很大,根治的办法只能是手术治疗。全身麻醉或局部浸润麻醉,仰卧保定或半仰卧保定,在疝囊底部呈梭形疝囊皮肤和疝囊壁,小心不要伤及疝囊内的脏器。检查疝内容物有无粘连、变性和坏死。仔细剥离粘连的肠管,若有肠管坏死,需进行部分切除术。若无粘连和坏死,可将疝内容物直接还纳腹腔内,然后缝合疝轮。若疝轮较小,可做荷包缝合或钮孔缝合,但缝合前需将疝轮光滑面做轻微切割,形成新鲜创面,便于术后愈合。

参考文献

[1].牛春娥 等.羊肉质量安全风险控制及检验鉴别[M].兰州:甘肃科学技术出版社,2018.

[2].牛春娥.优质羊肉生产技术[M].北京:中国农业科学技术出版社,2016.

[3].辛蕊华 等.羊病防治及安全用药[M].北京:化学工业出版社,2016.

[4].杨博辉 等.适度规模肉羊场高效生产技术[M].北京:中国农业科学技术出版社,2016.

[5].魏彩虹,刘丑生.现代肉羊生产技术大全[M].北京:中国农业出版社,2016.

[6].冯瑞林.羊繁殖与双胎免疫技术[M].兰州:甘肃省科学技术出版社,2015.

[7].赵有璋.中国养羊学[M].北京:中国农业出版社,2013.

[8].国家畜禽遗传资源委员会.中国畜禽遗传资源志羊志[M].北京:中国农业出版社,2011.

[9].杨志强.微量元素与动物疾病[M].北京:中国农业科学技术出版社,1998.

[10].全国饲料工业标准化技术委员会.饲料卫生标准:GB13078-2017[S].北京:中国标准化出版社,2018.

[11].全国畜牧业标准化技术委员会.西藏羊GB/T30960-2014北京:中国标准化出版社,2011.

[12].全国畜牧业标准化技术委员会.种羊鉴定术语、项目与符号:GB/T26939-2011[S].北京:中国标准化出版社,2012.

[13]. 全国畜牧业标准化技术委员会.青贮玉米品质分级:GB/T25882-2010[S].北京:中国标准化出版社,2011.

[14].全国畜牧业标准化技术委员会.畜禽粪便还田技术规范:GBT25246-2010[S].北京:中国标准化出版社,2011.

[15].全国畜牧业标准化技术委员会.小尾寒羊:GBT22909-2008[S].北京:中国标准化出版社,2009.

[16].全国畜牧业标准化技术委员会.滩羊:GB/T2033-2008[S].北京:中国标准化出版社,2008.

[17].全国畜牧业标准化技术委员会.病害动物和病害动物产品生物安全处理规程:GB/T16548-2006[S].北京:中国标准化出版社,2006.

[18].全国畜牧业标准化技术委员会.湖羊:GB4631-2006[S].北京:中国标准化出版社,2006.

[19].全国畜牧业标准化技术委员会.羊寄生虫病防治技术规范:GB/T19526-2004[S].北京:中国标准化出版社,2004.

[20].全国畜牧业标准化技术委员会.波尔山羊种羊:GB19376-2003[S].北京:中国标准化

出版社,2004.

[21].全国畜牧业标准化技术委员会.畜禽养殖业污染物排放标准:GB18596-2001[S].北京:中国标准化出版社,2002.

[22].全国畜牧业标准化技术委员会.畜禽粪便堆肥技术规程:NY/T3442-2019[S].北京:中国农业出版社,2019.

[23].全国畜牧业标准化技术委员会.羊冷冻精液生产技术规范:NY/T3186-2018[S].北京:中国农业出版社,2018.

[24].全国畜牧业标准化技术委员会.羊传染性脓疱诊断技术规范:NY/T3235-2018[S].北京:中国农业出版社,2018.

[25].全国畜牧业标准化技术委员会.萨福克羊种羊:NY/T3134-2017[S].北京:中国农业出版社,2018.

[26].全国畜牧业标准化技术委员会.舍饲肉羊饲养管理技术规范:NY/T3052-2016[S].北京:中国农业出版社,2017.

[27].全国畜牧业标准化技术委员会.紫花苜蓿种植技术规程:NY/T2703-2015[S].北京:中国农业出版社,2015.

[28].全国畜牧业标准化技术委员会.饲草青贮技术规程玉米:NY/T2696-2015[S].北京:中国农业出版社,2015.

[29].全国畜牧业标准化技术委员会.饲草青贮技术规程紫花苜蓿:NY/T2697-2015[S].北京:中国农业出版社,2015.

[30].全国畜牧业标准化技术委员会.青贮设施建设技术规程贮窖:NY/T2698-2015[S].北京:中国农业出版社,2015.

[31].全国畜牧业标准化技术委员会.蒙古羊:NY/T2690-2015[S].北京:中国农业出版社,2015.

[32].全国畜牧业标准化技术委员会.标准化养殖场肉羊:NY/T2665-2014[S].北京:中国农业出版社,2014.

[33].全国畜牧业标准化技术委员会.羊外寄生虫药浴技术规范:NY/T1947-2010[S].北京:中国农业出版社,2010.

[34].全国畜牧业标准化技术委员会.动物免疫接种技术规范:NY/T1952-2010[S].北京:中国农业出版社,2010.

[35].全国畜牧业标准化技术委员会.羊胚胎移植技术规范:NY/T1571-2007[S].北京:中国农业出版社,2008.

[36].全国畜牧业标准化技术委员会.畜禽场环境质量及卫生控制规范NY/T1167-2006[S].北京:中国农业出版社,2006.

[37].全国畜牧业标准化技术委员会.畜禽粪便无害化处理技术规范NY/T1168-2006[S].北京:中国农业出版社,2006.

[38].全国畜牧业标准化技术委员会.苜蓿干草捆质量:NY/T1170-2006[S].北京:中国农

业出版社,2006.

[39].全国畜牧业标准化技术委员会.无角淘赛特种羊NY811-2004[S].北京:中国农业出版社,2004.

[40].全国畜牧业标准化技术委员会.肉羊饲养标准:NY/T816-2004[S].北京:中国农业出版社,2004.

[41].王晶晶.不同定时输精技术对绵羊受胎率的影响[D].石河子:石河子大学.2019.

[42].王永刚.播期和刈割期对不同品种燕麦产量和品质的影响[D].黑龙江八一农垦大学,2019.

[43].王振.初生羔羊的护理要点[J].现代畜牧科技,2020,69(9):38-39.

[44].禹永青.羔羊保育阶段的饲养管理要点[J].养殖与饲料,2020,06:42-43.

[45].王小雨.羔羊腹泻的防控措施[J].湖北畜牧兽医,2020,41(09):11-12.

[46].王海丽.羔羊早期断奶饲养管理技术[J].当代畜禽养殖,2020,07:13-14.

[47].周爱民.规模化羊场羔羊饲养管理技术[J].四川农业科技,2020,07:55-57.

[48].金牧仁.规模化羊场怀孕母羊护理及羔羊接产培育[J].畜牧兽医科学,2019,22:104-105.

[49].潘世秋,孙传红.母羊难产的原因及助产措施[J].中国动物保健,2020,06:62、63.

[50].柳松柏.病死动物无害化处理技术及其危害[J]畜牧兽医科学,2020,22:138-139

[51].刘莉母.羊难产发生的原因_临床表现_诊断和防治措施[J].现代畜牧科技,2020,66(06):137-138.

[52].张文广.母羊难产的原因与防治分析[J].当代畜牧,2019,02:69.

[53].杨伏山,马科.母羊难产的主要原因、临床症状及防治措施[J].现代畜牧科技,2019,53(05):38-39.

[54]. 李丽娟,宋德荣,邹细霞.羊的同期发情技术研究综述[J].江苏农业科学,2019,47(22):18-22.

[55]. 崔北亮,石国庆,万鹏程 等.羊腹腔镜深部授精技术的应用[J].新疆农垦科技,2019,(06):28-30.

[56]. 王杰,李鑫垚,屈金涛 等.羊腹腔镜子宫角人工输精技术[J].中国畜牧兽医,2019,46(10):3016-3022.

[57]. 王鑫,融晓萍,王凤梧.刘青燕麦草全株及茎叶穗主要营养成分分析[J]北方农业学报2019,47(1):91~96

[58]. 刁显辉,孟详人,何海娟 等.羊腹腔镜输精技术[J].黑龙江农业科学,2011(6):57-59.